スッキリわかる

C言語入門

第3版

中山清喬・著

株式会社フレアリンク・監修

インプレス

●読者特典ダウンロードデータの入手について

付録F「パズルRPG製作のヒントと解答例」で紹介しているデータは、本書のWebページでダウンロードいただけます。
特典は、以下のURLで提供しています。なお、特典入手時にお手元に本書をお持ちでない場合は、特典の入手ができませんのでご注意ください。

ダウンロードURL：https://book.impress.co.jp/books/1124101052

※ ダウンロードには、無料の読者会員システム「CLUB Impress」への登録が必要となります。
※ 本特典のご利用は、書籍をご購入いただいた方に限ります。
※ 特典の提供期間は、本書発売より4年間です。

● dokoCご利用上の注意事項

・dokoCは、本書著者の所属企業（株式会社フレアリンク）が運営するサービスです。正式利用にはユーザー登録が必要になります。
・dokoCは新刊販売による収益で維持・運用されているサービスです。古書店やネットオークション等、新刊以外を購入された場合、一部の機能はご利用いただけません。あらかじめご了承ください。
・dokoCでは個人の方による独学での利用を前提に無料プランが提供されています。研修や学校等での利用や商用利用に関する専用プランについては、株式会社フレアリンクへお問い合わせください（専用プランの契約なく、商用利用や研修等による多人数同時アクセスが発生した場合、個人学習者の利用環境を保護するため、予告なくアクセスを制限させていただく場合があります）。
・dokoCへのアクセスは、セキュリティ及び国際プライバシー保護法令上の理由から、日本国内のみに限定しています。海外のネットワークからはご利用いただけません。

まえがき

本書は、「とっつきにくく難所が多い」と言われるC言語を、プログラミングが初めてという人にも楽しくスムーズに学んでいただけることを願って誕生しました。発売以来ご好評いただいている「スッキリわかる入門シリーズ」のコンセプトを踏襲しながら、さらに次のような理念に基づいて構成されています。

1. 現代に最適化したC言語学習

「伝統的なCの制約」にこだわることなく、より学びやすく、将来的には別の言語学習にもつながるよう「近代的なC言語」を解説のベースとしました。この第3版では、これから普及する段階にある最新規格C23を解説のベースに据え、ITに関わるさまざまなものがブラックボックス化された現代を生きる学び手にとって、より理解しやすい題材や順序で解説を編成しています。

2. 「ポインタ」を難所と感じさせない学習ルート

各種の基本文法に加え、C言語特有のメモリや文字列の扱い、構文上のからくりに、初学者が同時に対峙しなくても済むよう、学習ルートを周到に練り上げ、キャラクターたちとともに楽しく学べるストーリーを構築しました。

3. すぐに学習を始めるための開発環境

学習の本筋ではない部分でのつまずきを防ぎ、学習意欲を削ぐことがないよう、VSCodeをはじめ必要なツール類の導入や設定をすべて整えた学習用コンテナを準備したほか、クラウド実行環境「dokoC」を提供しています。

次々に誕生する新しい技術を表面的になぞるだけでは、「その次」を読み、次代を生み出すことは困難だと言われます。AIや機械学習など華々しい技術が注目される今だからこそ、その根底に流れるITの理（ことわり）を学ぶ価値もまた高まっているのではないでしょうか。古く歴史あるCの世界に眠る、新たな未来と可能性を切り拓く財宝を探し出して手にしていただけたら、これに勝る喜びはありません。

著者

【謝辞】
イラストの高田先生ほか、執筆に協力いただいた岸さん、シリーズの立ち上げに尽力いただいた櫨田さん、教え方を教えてくれた教え子のみなさん、この本に直接的・間接的に関わったすべてのみなさまに心より感謝申し上げます。

dokoCの使い方

1 dokoCとは

dokoCとは、PCやモバイル端末のブラウザだけでC言語プログラムの作成と実行ができるクラウドサービスです。手間のかかる開発環境を構築せずとも、今すぐC言語プログラミングを体験できます。dokoCを利用するには、下記のURLにアクセスしてください。

※ dokoCは株式会社フレアリンクが提供するサービスです。dokoCに関するご質問につきましては、株式会社フレアリンクへお問い合わせください。

dokoCへのアクセス

https://dokoc.jp

2 dokoCの機能

dokoCでは、次の操作ができます。

- **ソースコードの編集**
- **コンパイルと文法エラーの確認／実行と実行結果の確認**
- **本書掲載ソースコードの読み込み（ライブラリ）**
- **サインイン、ヘルプなど**

※ 一部機能の利用には、ユーザー登録や購入者登録、サインインが必要です。また、技術的制約により、プログラムの内容によっては実行できない場合があります。

3 困ったときは

dokoCの利用で困ったときは、画面左下にある?をクリックしてヘルプを参照してください。また、メンテナンスなどでサービスが停止中の場合は、しばらく時間をあけて再度アクセスしてみてください。

sukkiri.jpについて

sukkiri.jpは、「スッキリわかる入門シリーズ」の著者や制作陣が中心となって運営している本シリーズのWebサイトです。書籍に掲載したコード（一部）がダウンロードできるほか、開発環境やツール類の導入手順を掲載しています。また、プログラミングの学び方やシリーズに登場するキャラクターたちの秘話、新刊情報など、学び手のみなさんのお役に立てる情報をお届けしています。

『スッキリわかるC言語入門 第3版』のページ

https://sukkiri.jp/books/sukkiri_c3

最新の情報を確認できるから、安心だね！

column

スッキリわかる入門シリーズ

本書『スッキリわかるC言語入門 第3版』をはじめとした、プログラミング言語の入門書シリーズ。今後も続刊予定です。

『スッキリわかるJava入門』
『スッキリわかるJava入門 実践編』
『スッキリわかるSQL入門 ドリル256問付き！』
『スッキリわかるサーブレット＆JSP入門』
『スッキリわかるPython入門』
『スッキリわかるPythonによる機械学習入門』

contents 目次

column

contents

※FE：国家資格の基本情報技術者試験の略号

contents

column

本書の見方

本書には、理解の助けとなるさまざまな用意があります。押さえるべき重要なポイントや覚えておくと便利なトピックなどを要所要所に楽しいデザインで盛り込みました。読み進める際にぜひ活用してください。

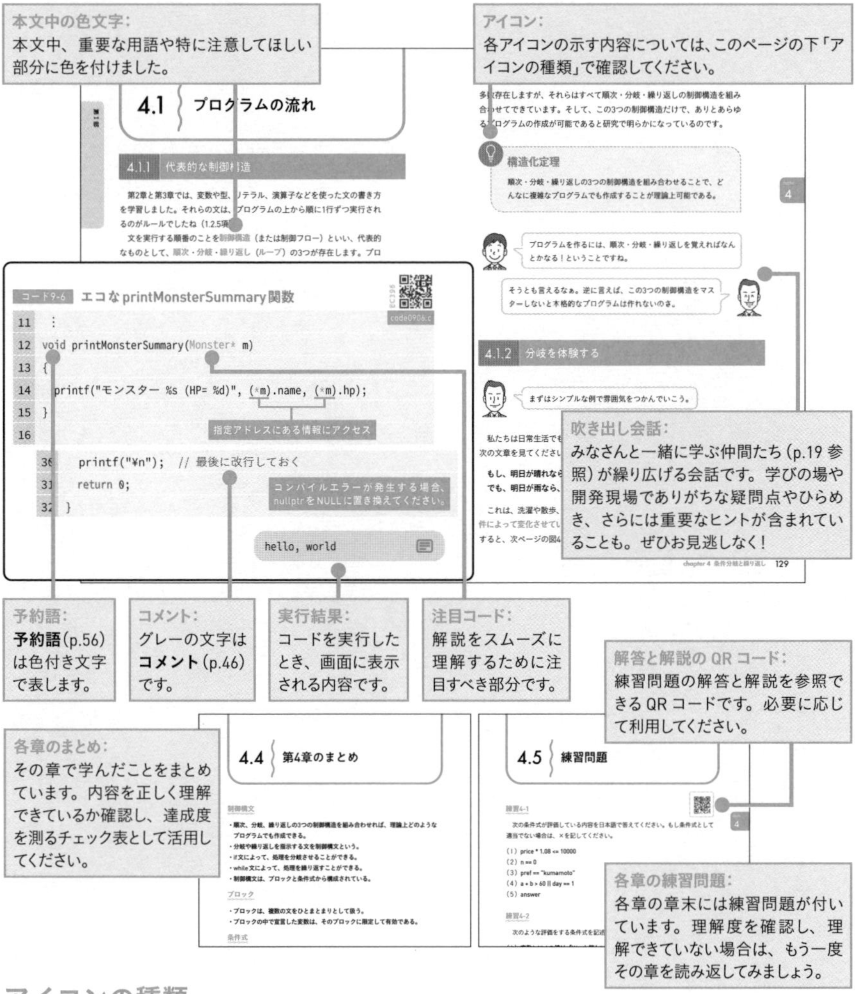

本文中の色文字：
本文中、重要な用語や特に注意してほしい部分に色を付けました。

アイコン：
各アイコンの示す内容については、このページの下「アイコンの種類」で確認してください。

吹き出し会話：
みなさんと一緒に学ぶ仲間たち（p.19 参照）が繰り広げる会話です。学びの場や開発現場でありがちな疑問点やひらめき、さらには重要なヒントが含まれていることも。ぜひお見逃しなく！

コード9-6 エコなprintMonsterSummary関数

```
  ⋮
void printMonsterSummary(Monster* m)
{
  printf("モンスター %s (HP= %d)", (*m).name, (*m).hp);
}

    printf("¥n");  // 最後に改行しておく
    return 0;
}
```

指定アドレスにある情報にアクセス

コンパイルエラーが発生する場合、nullptr を NULL に置き換えてください。

hello, world

予約語：
予約語（p.56）は色付き文字で表します。

コメント：
グレーの文字は**コメント**（p.46）です。

実行結果：
コードを実行したとき、画面に表示される内容です。

注目コード：
解説をスムーズに理解するために注目すべき部分です。

解答と解説の QR コード：
練習問題の解答と解説を参照できる QR コードです。必要に応じて利用してください。

各章のまとめ：
その章で学んだことをまとめています。内容を正しく理解できているか確認し、達成度を測るチェック表として活用してください。

各章の練習問題：
各章の章末には練習問題が付いています。理解度を確認し、理解できていない場合は、もう一度その章を読み返してみましょう。

アイコンの種類

構文紹介：
C 言語で定められている構文の記述ルールです。正確に覚えるようにしましょう。

文法上の留意点：
構文を記述するときの文法上の留意点などを紹介しています。

ポイント紹介：
本文における解説で、特に重要なポイントをまとめています。

column

コラム：
本書では詳細に取り上げないものの、知っておくと重宝する補足知識やトリビアを紹介します。

chapter 0
ようこそ C言語の世界へ

この本を手に取ってくださったみなさんは、
「C言語に興味を持つ」という貴重な一歩を
すでに踏み出しています。
そのかけがえのない一歩目を大切にしながら、
つまずくことなく二歩目、三歩目を踏み出していきましょう。

contents

0.1 ようこそC言語の世界へ

0.1.1 C言語を使ってできること

C言語とは、プログラムを作るために利用するプログラミング言語の1つです。C言語を使えば、さまざまな種類のコンピュータや装置の中で動作するプログラムを開発することができます。

図0-1 C言語を使ってできること

次のような特徴から、C言語はさまざまな分野で利用されています。

- **基本文法が標準的で学びやすい。**
- **CPUやメモリを自由自在に制御できる。**
- **PC以外の家電や機器の制御にも用いることができる。**
- **コンピュータやプログラムのしくみを深く学べる。**

このような特徴を持つC言語を自由自在に操り、プログラムを組めるようになりたいと思う人のために、この本は生まれました。初めてプログラミング言語に触れるという初学者にも、「基本文法」から「ポインタ」に至るまで、スッキリ理解できて楽しく読み進められるような仕掛けを各所に施しています。ぜひ実際に手を動かしてプログラミングをしながら、C言語をマスターしていきましょう。

0.1.2 一緒にC言語を学ぶ仲間たち

この本でみなさんと一緒にC言語を学んでいく4人を紹介します。

草薙 峰子(29)
海藤の同期。紛らわしい言動で周囲を惑わす悪い癖がある。
海藤 竜範(29)
普段は飄々としているが腕利きの技術者。バグやセキュリティホールの発見をお宝探しのように楽しむ。また、骨董など、古き良きものを愛し収集している。岬と赤城の2人をC言語を通して導いていく。
岬 悠馬(22)
プログラミングを初めて学ぶ新入社員。素直な性格の反面、難しいことはちょっと苦手。いつか自分でゲームを作りたいという子どもの頃からの夢がある。
赤城 ゆり(24)
岬と同期入社。Webやモバイル系の開発など新しいことに挑戦したいと考えていたが、少しずつC言語の良さに気づいていく。頼りになるがせっかちで負けず嫌いな一面も。

図0-2 一緒にC言語を学ぶ仲間たち

0.2 はじめてのプログラミング

さっそくC言語プログラミングを体験してみよう。

はい！

0.2.1 プログラミングの準備をしよう

C言語を用いたプログラミングを始めるには、さまざまな環境セットアップが必要です。しかし、その環境を準備する段階でつまずく人も少なくありません。そこで本書では、インターネットにつながるPCやスマートフォンがあれば今すぐC言語プログラミングを体験できるしくみ**dokoC**を用意しました。Webブラウザを起動して、次のURLにアクセスしてみてください。

dokoCにアクセスしてみよう

https://dokoc.jp

※ dokoCの使い方は、p.4でも紹介しています。

dokoCでは、次の3つの手順でプログラミングをします。

① プログラムの入力

画面にC言語のプログラムを入力します。

② コンパイル

入力したプログラムをdokoCが検査し、実行の準備をします。

③ 実行

dokoCがプログラムを実行し、結果を画面に表示します。

コンパイル…？　さっそく難しい言葉が出てきたなあ。

この3つの手順はプログラミングの基本なんだ。詳しいことはまたあとで解説するから、今は難しく考えずに体験してみよう。

0.2.2 はじめてのプログラムを動かしてみよう

それじゃ、まずはお約束のこのプログラムからだな。

dokoCにアクセスすると、画面には次のようなプログラムが表示されます。

コード0-1 初めてのCプログラム

code0001.c

```
#include <stdio.h>

int main(void)
{
  printf("hello, world¥n");
  return 0;
}
```

このプログラムは画面に「hello, world」という文字を出すだけの単純なものですが、現時点でそのしくみを理解する必要はありません。

で、こいつをまず「コンパイル」して、そのあとに「実行」してみてくれ。

dokoCの「コンパイル」ボタンと「実行」ボタンを順に押すと、画面にこのプログラムの実行結果が表示されます（図0-3）。

```
hello, world
```

code0001.c

```
#include <stdio.h>

int main(void)
{
  printf("hello, world¥n");
  return 0;
}
```

①「コンパイル」ボタンを押す

コンパイル結果

エラー・警告はありません
画面右下端の ▶ ボタン(SHIFT+Enter)で
実行できます

②「実行」ボタンを押す

実行セッション

hello, world

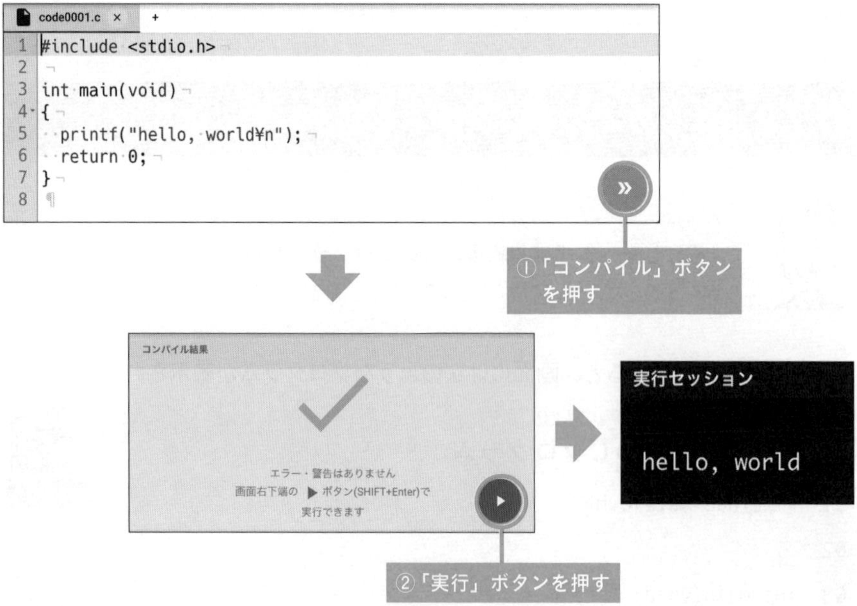

図0-3 dokoCの画面

column

QRコードでdokoCにアクセスしよう

本書のプログラムに付いているQRコードをスマートフォンやタブレットのカメラで読み取ると、dokoCのライブラリに直接アクセスできます。

0.2.3 画面に好きな文字を表示させてみよう

このプログラムでこの表示が出るなら、ひょっとしてここを書き換えれば…。

赤城さんは、先ほどのプログラムの中の `hello, world` の部分を次のように書き換えて、同じようにコンパイルと実行をしてみました。

code0002.c

コード0-2 赤城さんが書き換えたプログラム

```
#include <stdio.h>

int main(void)
{
  printf("赤城ゆりです。¥n");
  return 0;
}
```

この部分を書き換えた

赤城ゆりです。 

じゃ、僕も！　よし、さらにここを書き換えて…っと。

惜しいな。これじゃエラーで動かないよ。

プログラムに誤りがあると、コンパイルエラーが報告されます。誤りを取り除かない限り、コンパイルは完了せず、実行もできません。岬くんが書き換えた次ページのコード0-3のどこに誤りがあるかわかりますか？

コード0-3　岬くんが書き換えたプログラム（エラー）

BC303

code0003.c

```
01 #include <stdio.h>
02 
03 int main(void)
04 {
05   printf("岬くんかっこいい！最高！¥n);
06   return 0;
07 }
```

岬はかっこよくも最高でもないから…。

そこは関係ないだろ！　最高！¥n の後ろに " がないからかな？

岬くんの推測のとおり、5行目の終わり付近に " がないためにエラーが発生していました。プログラムを修正して、再びコンパイルと実行をしてみましょう。

```
岬くんかっこいい！最高！
```

0.2.4 たくさんの文章を表示させてみよう

次のようにすれば画面に2行以上の文章を表示させることもできます。

コード0-4　複数の行を表示する

BC304

code0004.c

```
#include <stdio.h>

int main(void)
```

```
{
  printf("海藤竜範です¥n");
  printf("29歳です¥n");
  printf("アンティークが好きです¥n");
  return 0;
}
```

```
海藤竜範です
29歳です
アンティークが好きです
```

0.2.5 計算させてみよう

いい調子だ。よし、さらに「プログラムらしいこと」にチャレンジするぞ。

今度はコンピュータに計算をさせてみましょう。次のようにコードを書き換えてコンパイルと実行をしてみます。

BC305 code0005.c

コード0-5 計算をする

```
#include <stdio.h>

int main(void)
{
  printf("29 + 29の計算をします¥n");
  printf("%d¥n", 29 + 29 );
  return 0;
}
```

数式（29 + 29）

```
29 + 29の計算をします
58
```

なるほど！ "%d¥n" の後ろにカンマで区切って数式を書いたら、その計算結果が表示されるんですね。

+（足し算）や-（引き算）のほかにも、*（かけ算）や/（割り算）などの記号も使えるんだ。

ぜひ、コード0-5の5・6行目を次のように書き換えて動作を確かめてみてください。

```
printf("%d¥n", 35 - 10);     25
printf("%d¥n", -5 * 2);      -10
printf("%d¥n", 6 * 6 * 3);   108
```

0.2.6 変数を使ってみよう

C言語でコンピュータを動かしてる感じがしてきたわね！

そうだね。もっと難しいこともやりたいな！

では、最後に「変数」を使ってみよう。

数学ではxやyといった文字を数式に使えますね。C言語でも似たようなことができます。見慣れない記述も登場しますが、さきほどのコード0-5に、次のコード0-6の7〜9行目を追加して、コンパイルと実行をしてみてください。

コード0-6 変数を使う

BC306 code0006.c

```
01 #include <stdio.h>
02
03 int main(void)
04 {
05   printf("29 + 29の計算をします¥n");
06   printf("%d¥n", 29 + 29 );
07   int x;          ← 変数xを準備する
08   x = 6;          ← xに6を入れる
09   printf("%d¥n", x * x * 3);
10   return 0;
11 }
```

```
29 + 29の計算をします
58
108   ← 変数を使った計算結果
```

0.2.7 プログラミング体験を終えて

なんだか、C言語を使えばいろんなプログラムを作れる気がしてきました。

僕は子供の頃からずっとゲームを作りたかったんです。いつかC言語でパズルRPGを作りたいなぁ…。

なるほど、ゲームねぇ。学習の題材としては悪くないかもな。

はじめてのプログラミング体験はここまでですが、C言語を習得すればもっと複雑で高度なプログラムを作ることも可能です。実際、世の中では、C言語で開発されたアプリケーション、家電、OS、そしてゲームなどが動いています。みなさんが思いつくプログラムの多くがC言語で開発されているか、開発が可能なものです。

みなさんもぜひ、「いつか作ってみたいプログラム」を自由に想像してみてください。それがC言語を学習する推進力となることでしょう。

図0-4 本書による解説の全体像

「作りたいプログラムがあること」も上達の近道なんだ。

さて、次章からはいよいよC言語の学習に入っていきます。岬くんが夢見るパズルRPGには、C言語の学習にうってつけのさまざまなエッセンスが詰まっていますので、楽しく学習を進めていきましょう。

column

【FE対策①】スッキリCで始めるIT国家試験入門

ITエンジニアの登竜門として広く知られている国家試験に、**基本情報技術者試験**（通称 FE）があります。ITの基礎知識からプログラミングの基本原理まで幅広くカバーし、そのスキルを立証できるため、現役で活躍している人はもちろん、これからエンジニアを目指す人にもうってつけの資格です。

- 試験構成　科目A　基礎IT知識60問（四肢択一式）
　　　　　　科目B　プログラミングとセキュリティ20問（多肢選択式）
- 合格基準　科目A・Bともに60%以上
- 受験方法　日本国内のテストセンターでCBT方式にて通年受験可能
　　　　　　随時、インターネット申込可能
- 詳細情報　https://www.ipa.go.jp/shiken/kubun/fe.html

FE合格を目指す人の多くが苦戦するのは科目Bです。特に、出題の大半を占めるのが「アルゴリズム」分野です。この分野では、**擬似言語**と呼ばれる試験専用の特殊な言語で書かれたプログラムが登場し、その動作を読み解いて解答する力が求められます。しかし、プログラミング未経験者やアルゴリズムに苦手意識のある人の場合、どこから勉強していいかわからないこともあるでしょう。もし、この本を手に取ってくれたあなたがFE合格にも興味があるなら、本書がお役に立てるかもしれません。その理由は2つあります。

1. 擬似言語はC言語をベースにしており、共通点が多い。
2. 本書は擬似言語対策学習に適した、珍しい構成のC言語入門書である。

以降、第I部・II部の各章末に、科目Bの学習に役立つトピックをお届けしていきます（第7章を除く）。

従業員に対して取得を奨励するIT企業も少なくない。そういや、うちの会社でも「入社3年目までに取ろう！」って言われているな。

これを機会に、僕もチャレンジしてみようかな。

第I部

基本構文

chapter 1　プログラムの書き方
chapter 2　変数と型
chapter 3　式と演算子
chapter 4　条件分岐と繰り返し
chapter 5　制御構文のバリエーション

C言語プログラミングことはじめ

「ゲーム作るぞ！」と思いついたのはいいけど、知識ゼロなんだよね。

なーに、心配することはないさ。誰だって初めは知識ゼロのスタートだ。

そうですよね。でも、まずは何から学んだらいいのかしら…。

C言語の場合は、学ぶ順番が特に重要なんだ。だが、それも心配無用。そのために俺がいるんだしな！

「普段はすごくいい加減なのに、C言語のことは頼りになる」って、本当なんですね！

まぁな…っておい、それ誰から聞いたんだ？

さあ、いよいよC言語を学ぶ旅を始めましょう。知識や経験がゼロでも、過去に挫折してしまったことがあっても大丈夫。決して平坦でラクな行程ではありませんが、きっと楽しくやり甲斐のある道のりとなるはずです。第1部では、C言語プログラムの基礎知識について学んでいきます。この部の5つの章を学び終えたら、ひととおりの基本的なプログラムを作成できるようになるでしょう。

chapter 1 プログラムの書き方

第0章で体験したようなプログラムを作るために、
まずは開発の流れと開発環境について理解しておきましょう。
また、正しいプログラムを作成するには、さまざまなルールに従った記述が求められます。この章の後半では、
プログラムの基本的な構造と書き方のルールを学びます。

contents

1.1 C言語プログラムの基礎知識

1.1.1 開発の流れ

ではまず、C言語プログラム開発の流れを再確認しよう。

第0章のプログラミング体験では、プログラムの作成と、その「コンパイル」および「実行」を繰り返し行いました。

このように、C言語プログラムの開発は、①ソースコードの作成、②コンパイル、③実行の3つの手順で行います（図1-1）。ここでは、それぞれの手順の内容を詳しく見ていきましょう。

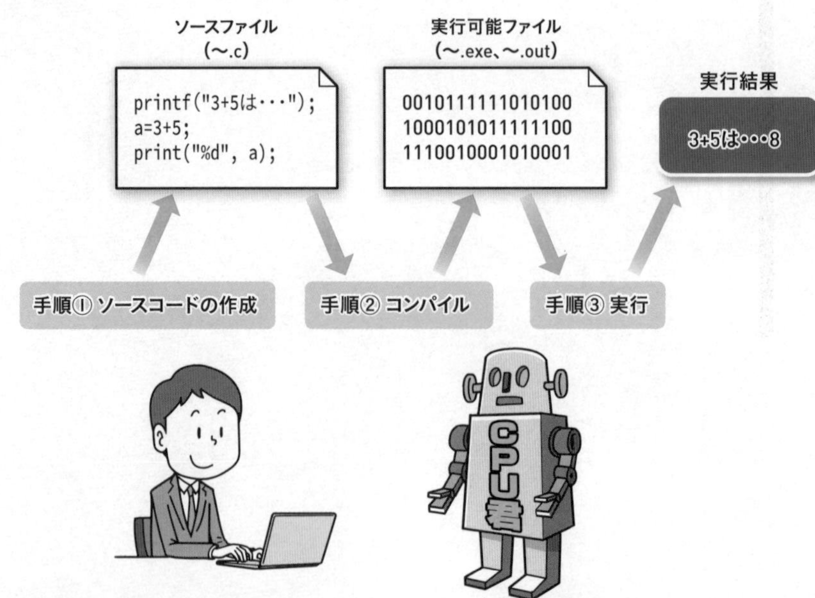

図1-1 C言語プログラムの開発の流れ

手順①　ソースコードの作成

最初に、C言語が定める文法に従ってコンピュータへの命令を記述していきます。`int main(void)`〜のような記述で、人間が読んで意味のわかる状態のプログラムを**ソースコード**（source code）、または単にソースやコードと呼びます。

第0章でdokoCに入力したものがソースコードなのね。

記述したソースコードは、通常、ファイルとしてコンピュータに保存します。これを**ソースファイル**（source file）といい、C言語のソースファイルには必ず「〜.c」という名前を指定します（命名の詳細は次節で解説）。

なお、dokoCはクラウドサービスなので、自分のPCにソースファイルを保存せずに次の手順に進むことが可能です。

手順②　コンパイル

ソースファイルとして保存しただけでは、プログラムは動作しません。なぜなら、コンピュータの心臓部であるCPUは、**マシン語**（machine code）と呼ばれる言語で書かれたプログラムしか実行できないからです。

そこで開発者は、**コンパイラ**（compiler）と呼ばれるツールを用いて、ソースファイルの内容をマシン語のプログラムに変換します。この変換作業を**コンパイル**（compile）と呼んでいます。

コンパイルは、コマンドプロンプトやターミナルと呼ばれる、文字でコンピュータにさまざまな指示をする画面に、コンパイルのコマンドとコンパイルするファイル名を入力して行います。

変換の過程ではコンパイラによりソースコードの文法チェックが行われ、もし誤りがあれば警告やエラーが表示されます。無事チェックを通過すると、マシン語で書かれた**実行可能ファイル**（executable file）が生成されます。

ファイル名のおしりが「〜.exe」となっているのが実行可能ファイルだ。macOSやLinuxでは「〜.out」だったり、何も付いていなかったりするけどな。

　コンパイルがエラーだった場合には、実行可能ファイルは生成されません。発生したエラーに応じて、ソースコードを修正する必要があります。また、警告が表示された場合には、実行可能ファイルは作られるものの、C言語プログラムの警告には致命的なものが少なくありません。警告であってもエラーと同様にその内容を検討し、対応すべきです。

入門者が陥りがちなエラーについては、付録B「エラー解決・虎の巻」（p.621）で解説している。警告やエラーで困ったときには、ぜひ参考にしてほしい。

　第0章で体験したdokoCでは、ソースファイルをPCに保存していないため、実行可能ファイルも手元のPCには保存されません。dokoCでコンパイルや実行をするたびに、クラウドサーバ上で自動的に生成されています。

手順③　実行

　コンパイラが作成した実行可能ファイルの実行が指示されると、OSは実行可能ファイルに書かれているマシン語を取り出して逐次CPUに送ります。CPUは届いたマシン語の命令に従い、計算や結果の表示などを忠実に実行します。

　このようにして、開発者がC言語で記述した指示どおりにコンピュータは動作するのです。

じゃあ、僕たちがC言語じゃなくて直接マシン語でプログラムを書けば、いちいちコンパイルなんてやらなくてもいいんじゃないですか？

理論的にはそうだが、マシン語は0と1が延々と並んでいるだけだから、普通の人間には読み書きなんてできないぞ。

1.1.2 開発環境の整備

前項で紹介したように、C言語でプログラム開発を行うためには、コンパイラというツールを準備し、実行可能ファイルを作成しなければなりません。その方法には、大きく分けて次の2つのアプローチがあります。

① 自分のPCにコンパイラをインストールする

世界のさまざまな企業や団体がC言語のコンパイラ製品を有償または無償で提供しています。

たとえば、インターネットから無償のコンパイラをダウンロードして自分のPCにインストールすれば、プログラミングが可能になります。C言語プログラム開発者の多くがこの方法でコンパイラを入手していますが、入門者には少々難しい手順も含まれます。

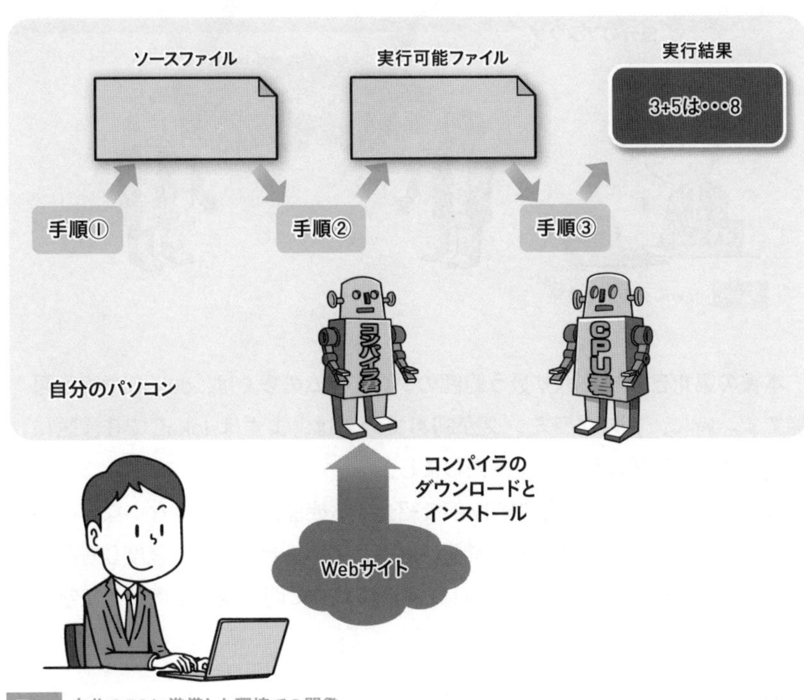

図1-2 自分のPCに準備した環境での開発

② Web上に準備された開発環境を利用する

第0章で体験したdokoCには、コンパイラがすでに導入されています。ブラウザからソースコードを入力すると、サーバ上でコンパイルと実行が行われ、その結果がブラウザに戻されて結果が表示されます。

dokoCを利用すれば、難しいセットアップ作業なしでC言語によるプログラミングを今すぐにでも始めることができます。

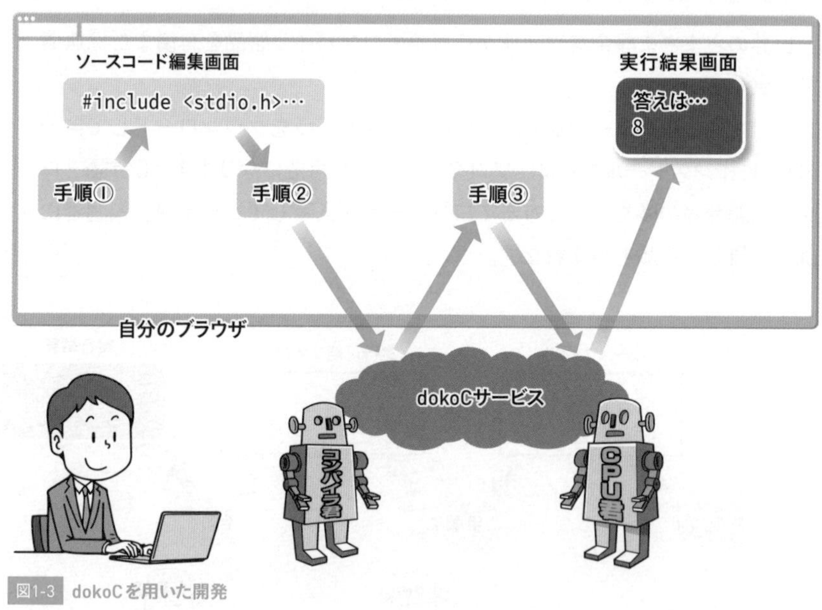

図1-3 dokoCを用いた開発

本書の第III部までに取り扱う範囲のプログラムの多くは、dokoCで実行可能です。特に、プログラミングが初めての人は、まずはdokoCでC言語にしっかりと慣れ親しむことを優先しましょう。

しかし、dokoCでは本書の第IV部で紹介する機能は実行できないなどの制約があり、本格的な学習や開発業務には適していません。ある程度C言語に慣れたら、付録A（p.613）を参考に、自分のPCに開発環境を構築して学習を進めてください。

開発の流れが理解できて開発環境が揃ったら、いよいよC言語の学習を始めていこう！

1.2 C言語プログラムの基本構造

1.2.1 プログラムの骨格

プログラミングを体験して思ったんですが、いろいろな命令を書いていくのはソースコードの真ん中の部分だけなんですね。

うん、そのとおりだ。C言語のプログラムには基本的な構造があるのさ。

どのような構造になっているのか、C言語プログラムの全体像を見てみましょう。

BC311

コード1-1 **プログラムの全体像を掴もう**

code0101.c

```
#include <stdio.h>

int main(void)
{
  printf("パズルRPG：スッキリ竜王征伐¥n");
  printf("Ver.0.1 by 岬¥n");
  printf("<ただいま鋭意学習・制作中！>¥n");
  printf("プログラムを終了します¥n");
  return 0;
}
```

指示・命令の部分

C言語のソースコードには、{}（波カッコ）で囲まれた部分が多く登場します。この部分を**ブロック**（block）と呼び、この中にコンピュータに対する指示や命令を記述していきます。ブロックの外側に記述する内容は、どのようなプログラムを作成する場合でもほぼ同じで、お決まりのパターンです（図1-4）。

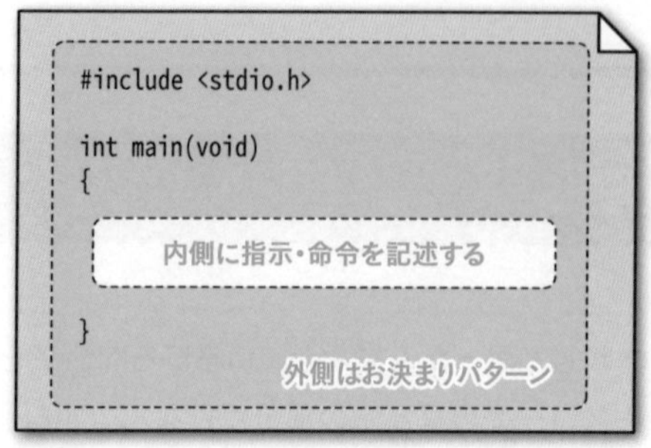
#include <stdio.h>
int main(void)
{
内側に指示・命令を記述する
}
外側はお決まりパターン

図1-4　内側は命令、外側はお決まりパターン

手紙の本文の前後に時候の挨拶と結語を書くのと似てますね。

そうだな。外側はほとんど毎回同じだから、何度も書いて覚えてしまうといいぞ。

作成したソースコードを保存するときのファイル名は、基本的に自由に決めることができます。次の注意点をふまえて、プログラムの名前やプロジェクト名、管理用の番号などを用いて決めるとよいでしょう。

C言語のソースファイル名

- ファイルの拡張子は必ず「.c」とする。
- 漢字やひらがなを使うとトラブルの原因になる可能性があるため、一般的には半角の英数字を用いる。

拡張子を大文字にしたり別の文字にしたりすると、コンパイラが意図とは異なる動きをする危険性があるので注意しよう。

1.2.2 プログラムの書き方

前項までに学んだことをまとめると、C言語のプログラムは次の流れで作成していくことになります。

C言語プログラムの書き方

① どのようなプログラムを作りたいかを考える。
② プログラムの名前を決める。
③「sample.c」などの名前でソースファイルを保存する。
④ ソースコードの外側部分（お決まりパターン）を記述する。
⑤ ソースコードの内側部分に処理を記述する。

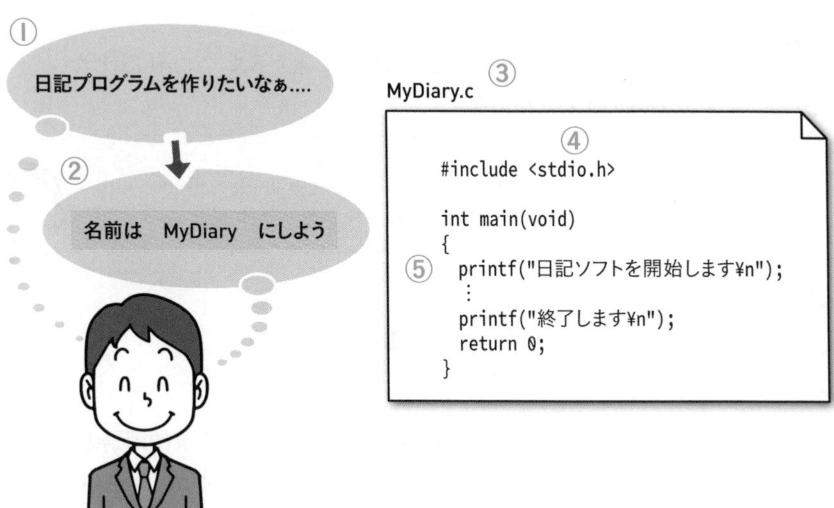
①
日記プログラムを作りたいなぁ....
②
名前は MyDiary にしよう
MyDiary.c ③
④
#include <stdio.h>
int main(void)
{
⑤ printf("日記ソフトを開始します¥n");
⋮
printf("終了します¥n");
return 0;
}

図1-5 C言語プログラムの書き始め方

ソースコードの記述にあたっては、次ページから解説するように、意識すべき大切なことが3つあります。

大切な意識① 正確に記述する

ソースコードには、さまざまな文字・数字・記号が登場します。見た目が似ていても、間違った文字を入力するとプログラムは正常に動きません。特に、次の点に気をつけましょう。

- **英数字は基本的に半角で入力し、大文字／小文字の違いも意識する。**
- **`o` ／ `O` （英字のオー）と `0` （数字のゼロ）、`l` （英字のエル）と `1` （数字のイチ）、`;` （セミコロン）と `:` （コロン）、`.` （ピリオド）と `,` （カンマ）を正確に入力する。**
- **`()`、`{}`、`[]` などのカッコや、`'` と `"` の引用符の種類を正確に区別する。**

特に正確な記述を求められるのは、プログラムの1行目から3行目にかけてです。#include <stdio.h>、`int main(void)` を一字一句間違えずにスラスラ書けるようになりましょう。

ちょっと恥ずかしいかもしれないが、覚えるまでは声に出しながら入力するといいな。

えっと、シャープ、インクルード、ス、スタジオ……。

ははは、それじゃstudioって書いちゃうだろ？

1行目の `stdio` は、「STandarD Input and Output」というIT専門用語の略で、日本語では「標準入出力」といいます。堅苦しい言葉ですが、キーボードなどから文字を入力（input）したり画面に出力（output）したりする操作を意味する用語ですので、「スタンダード・アイ・オー」と発音しながらの入力をおすすめします。

インクルード・スタンダード・アイ・オー・エイチ。イント・メイン・ボイド…ね。

大切な意識②　上から下へではなく外から内へ

プログラミングを始めてしばらくは、ブロックの { と } の対応が正しくないというエラーに悩まされがちです。原因は、ブロックの閉じ忘れ（閉じ波カッコの書き忘れ）ですが、このような「カッコの対応」で悩む入門者には、ある共通点があります。それは、ソースコードを「上から順に書こうとする」ことです。

えっ…、ソースコードは普通、上から下に1行ずつ書いていきますよね？

ソースコードを上から1行ずつ書こうとすると、①ブロックを開く→②内容を書く→③ブロックを閉じる、という手順になるため、ブロックの内容を一生懸命に書いている間にブロックを閉じる必要があることを忘れてしまうのです。

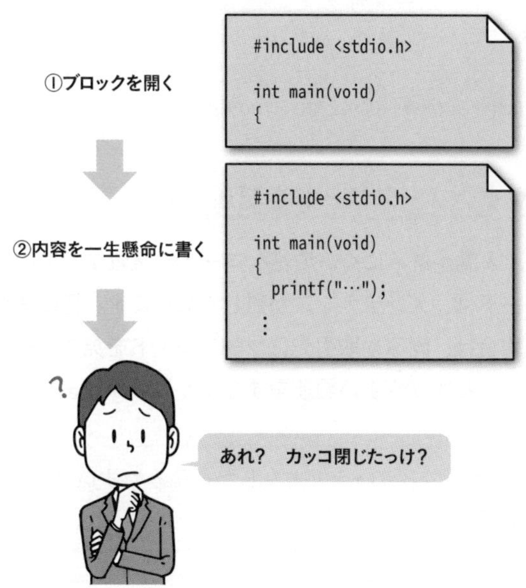

①ブロックを開く
#include <stdio.h>
int main(void)
{
②内容を一生懸命に書く
#include <stdio.h>
int main(void)
{
printf("…");
⋮
あれ？　カッコ閉じたっけ？

図1-6　ソースコードを上から書いていくとブロックを閉じ忘れやすい

波カッコの対応の崩れによるエラーを防ぐには、次の図1-7のように、①ブロックを開いたらすぐに閉じる→②内容を書く、という手順で書くようにするとよいでしょう。

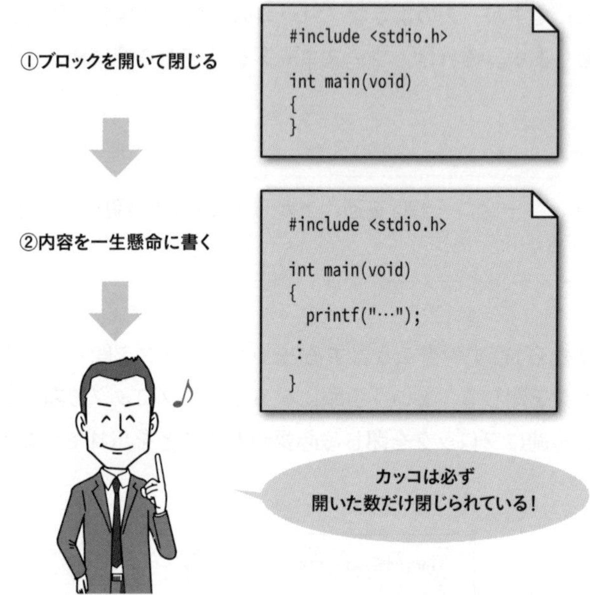
①ブロックを開いて閉じる
#include <stdio.h>
int main(void)
{
}
②内容を一生懸命に書く
#include <stdio.h>
int main(void)
{
printf("…");
⋮
}
カッコは必ず
開いた数だけ閉じられている！

図1-7　ソースコードは外から内へ書いていくと閉じ忘れの失敗が減る

大切な意識③　読みやすいソースコードを記述する

文法に誤りはなくても、人間が読みにくい煩雑なコードや複雑すぎて内容の理解に時間がかかるコードは、メンテナンスが難しくなります。特に業務でプログラムを作成する場合は、同僚や取引先にソースコードを見てもらう場面もあるため、誰が見てもわかりやすい記述をするように心がけましょう。

海藤さん、具体的にどういう工夫をしたら読みやすいソースコードを書けるようになりますか？

いい質問だな！　それにはな、インデントとコメントを活用するといいぞ。

1.2.3 インデント

C言語では、ソースコードのどこに改行や空白を入れるかは作り手の自由とされています（単語が途中で切れてしまうような書き方は除きます）。極端な例ですが、次のようなソースコードでも、コンパイルは成功します。

```
#include <stdio.h>
 int main(void) {printf("フリーフォーマットの実験です");return 0;}
```

図1-8 まったく改行しないソースコードでも動作するが…

しかし、これでは一目でプログラムの構造を把握するのは難しくなります。適切な場所に改行や空白を入れるようにしましょう。特に、**ブロックの開始と終了では正確に字下げを行い、カッコの対応とブロック構造の見通しをよくする**のがポイントです。字下げを**インデント**（indent）といい、キーボードの tab キーで行うのが一般的です。

```
#include <stdio.h>

int main(void)
{
        printf("フリーフォーマットの実験です");
        return 0;
}
```

図1-9 インデントと改行を入れたソースコード

ただし、インデントはでたらめに入れてはいけません。誤ったインデントはプログラム構造の読み間違いを誘発し、結果として致命的なエラーの原因になる可能性もあります。

そうはいっても、ちょっとぐらいインデントが変でもまあ動くんだし…いいじゃないですか？

ダメだって！　あとの章ではブロックが何重にもなる構造も登場するし、最初に良くない書き方で癖が付いてしまうと、学習効率にも大きな影響が出てしまうぞ。今のうちに正確なインデントを入れる習慣を付けておくこと！

1.2.4 コメント

今は短いからいいけど、長いソースコードになるとどこでどんな処理をしているのかわからなくなってしまいそうです。

心配ご無用。ソースコードの中に解説を書き込めるんだ。もちろん日本語でもOKさ。

プログラムをより読みやすくするため、ソースコードの中に解説の文を書き込むことができます。この解説文を**コメント**（comment）といい、プログラムのコンパイルと実行時には無視されますので、動作にはまったく影響しません。人間が読むためだけに書くものですから、日本語で記述してもかまいません。

コメント文（単一行）

```
// コメント本文（行末まで）
```

コメント文（複数行）

```
/* コメント本文
   （複数行を書いてもよい）*/
```

コード1-2 **コメントを入れたプログラム**

BC312 code0102.c

```
/* サンプルプログラム Main
   作成者：海藤　作成日：2025年1月25日 */
#include <stdio.h>

// mainブロック
int main(void)
{
  int age;    // 年齢を入れる箱
  age = 20;
  printf("私は%d歳です¥n", age);
  return 0;
}
```

/*から*/までコメント

//から行末までコメント

column

//コメントが使えないときは

環境によっては、 // によるコメントを使ったソースコードをコンパイルするとエラーまたは警告が表示されてしまうかもしれません。

実は、古いC言語では、 /*〜*/ 方式のコメントしか許されていませんでした。そのため、コンパイラが古いものだった場合、 // コメントのほか、本書で紹介しているいくつかの機能が利用できない可能性があります。古いコンパイラを使う必要がある場合には、付録C.3を参照してください。

1.2.5 main関数

さて、残るはソースコードの内側の書き方だな。

どんなルールに従って書いていけばいいんですか？

この節の最初に学んだように、計算や表示などの命令を書いていく場所はブロックの内側です。ブロックのすぐ上の行に `main` と書かれているため、この部分は**main関数**（main function）ともいわれます。

main関数の中には、**文**（statement）を処理させる順に書いていきます。プログラムの実行時には、文は上から順に1行ずつ処理されていくからです。そして最後の文として、`return 0;` という一文を書きます。この記述は、今の段階ではお約束として覚えておきましょう。

なお、文末には必ず `;`（セミコロン）を付けるのがC言語のルールです。慣れるまでは非常に忘れやすいので注意してください。

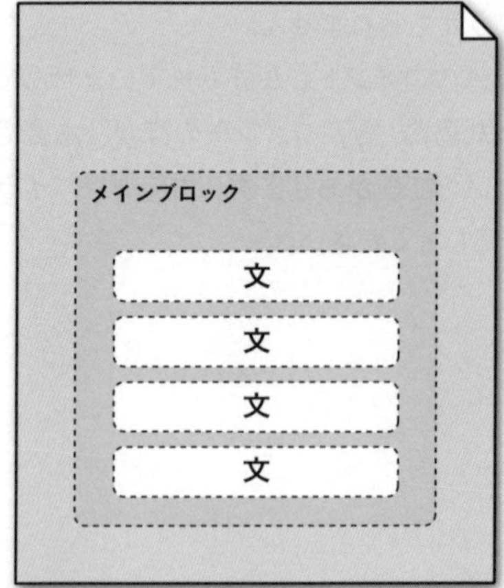

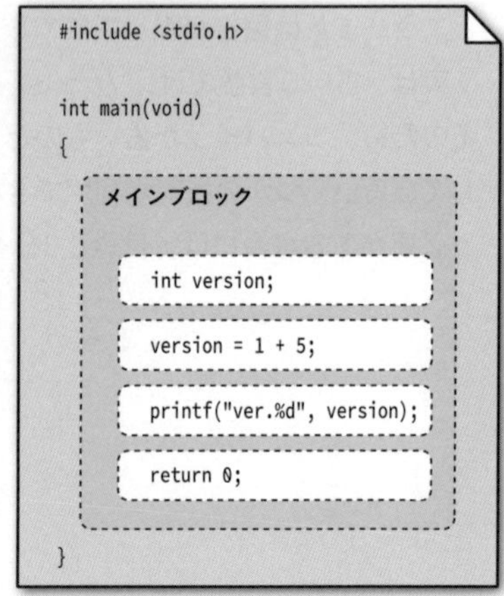

図1-10 main関数内に文を書く

図1-10に示したように、main関数の中にはさまざまな文を記述できます。C言語にはとても多くの種類の文が存在しますが、本書では、変数宣言の文、計算の文、命令実行の文、という3種類に分類して、次の章から解説していきます（図1-11）。

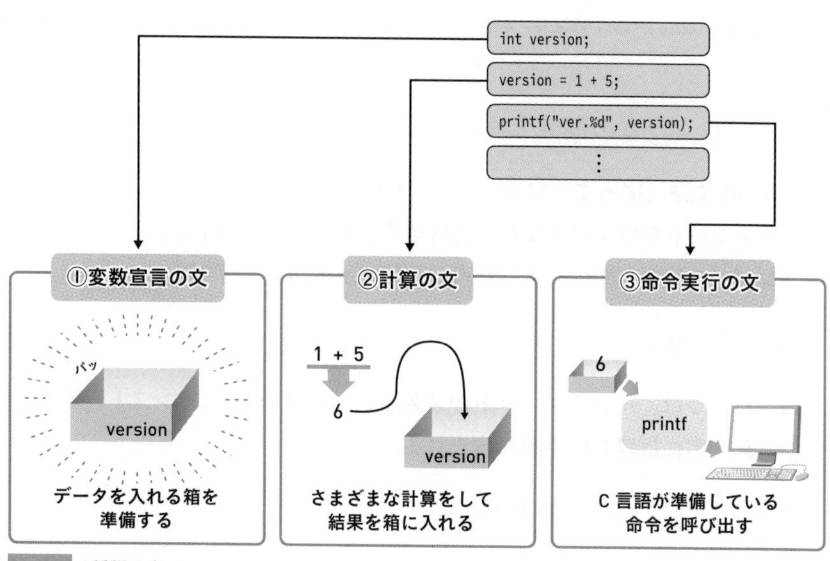

図1-11　3種類の文

column

ターミナルとは

ターミナル（p.35）とは、コンピュータに文字で指示を出すためのアプリケーションです。Windowsでは「コマンドプロンプト」、macOSやLinuxでは「ターミナル」「端末」などと呼ばれます。ターミナルを通して、C言語プログラムのコンパイルと実行、ファイルの操作など、さまざまな指示をコンピュータに与えることができます。

1.3 第1章のまとめ

C言語プログラムの開発と実行の流れ

- C言語の文法に従って、ソースコードを作成する。
- ソースコードをコンパイルし、実行可能ファイルに変換する。
- コンパイラによって生成された実行可能ファイルを実行する。

開発環境の整備

- コンパイラは、インターネットから入手して自分のPCにインストールできるが、入門者には難しい手順も含まれる。

C言語プログラムの基本構造

- ソースファイルには基本的に半角英数字を用いて自由な名前を付けることができるが、拡張子は必ず「.c」とする。
- ソースコードは、ブロックの外に形式的なパターンの内容を記述し、ブロックの中にコンピュータへの指示や命令を記述する。
- ブロックの内側はmain関数といい、この中へコンピュータに処理を指示する文を書いていく。
- 文は、変数宣言の文、計算の文、命令実行の文という3種類に分類できる。
- インデントやコメントを活用して、読みやすいソースコードを記述する。

1.4 練習問題

練習1-1

次の文章の［　　］に入る言葉を答えてください。

C言語プログラムは、①［　ア　］の作成、②［　イ　］、③実行、の3つの手順で開発します。①で作成するファイルは、［　ウ　］という拡張子を付けて保存します。②では、［　エ　］と呼ばれるツールを用いてソースファイルの内容を［　オ　］で書かれた実行可能ファイルに変換し、③でそれを実行します。

練習1-2

次の文章のうち、正しいものを選択してください。

(ア) **ソースファイル名は必ず「main.c」としなければならない。**
(イ) **コンパイラはソースコードの文法チェックを行い、コンピュータが理解できるマシン語という言語に変換する。**
(ウ) **ブロックの内側に記述する文の末尾には、必ずセミコロンを付ける。**
(エ) **voidやprintfは、大文字と小文字のどちらで書いてもかまわない。**
(オ) **ソースコードの中に書いたコメントは、コンパイルと実行時には無視される。**

練習1-3

改行とインデントを適切に使い、次のソースコードを読みやすくしてください。

```
#include <stdio.h>
int main(void){printf("プログラムを開始します¥n");
printf("プログラムを終了します¥n"); return 0;}
```

column

【FE対策②】科目Bの合格に必要な「2層のスキル」

FE試験の科目Bに合格するために求められるスキルは、次のように、大きく2層構造になっていると考えることができます。

世界的に有名なアルゴリズムの考え方を知っている	2層目（応用スキル）
プログラムを読み解ける	1層目（基盤スキル）

すべての基本となるのは「プログラムを読み解ける」スキルです。このスキルがあれば、論理上、科目Bのあらゆる問題は解けますが、なければ合格は困難でしょう。

通常、このスキルを身に付けるためには、紙の上に書かれた過去問を読んだり、机上で動作を辿ったり（トレースといいます）するのが一般的です。しかし、特にプログラミング未経験者の場合、このような方法では処理の内容を素早く読み取ったり、複雑な動作を読解したりするのは困難です。プログラムの中身をスムーズに理解できるようになるには、実際に「自分の手で」プログラムを書いて動かすのが上達の近道です。

でも、擬似言語は存在しない言語だから、動かせないんですよね？

そう、だからC言語を学ぶのがおすすめなんだ。

世の中にはたくさんのプログラミング言語が存在しますが、FE試験の歴史的な経緯から、擬似言語はC言語によく似た姿をしています。実際のC言語にはFE試験には出題されない難解な学習事項もありますが、本書ではそのような事項を第9章以降に配置していますので、第1～8章で紹介しているプログラムを書いて、動かしていけば、自然と「FE受験に必要なプログラム脳」が自身の中に形成されていくでしょう。

chapter 2
変数と型

プログラムでデータを取り扱うには、データを格納するための場所が不可欠です。また、データには数値や文字などのさまざまな姿があり、それぞれに対応した形式で準備をする必要があります。
この章では、そのような準備のためにC言語で定められた約束事について学んでいきましょう。

contents

2.1 変数宣言の文

第1章では3種類の文を紹介したが（図1-11、p.49）、まずは変数宣言の文から解説していこう。

2.1.1 変数宣言の文とは

変数宣言の文とは、新たな変数の準備をコンピュータに指示する文です。**変数とは、データを格納するためにコンピュータ内部に準備する箱**のようなもので、プログラムが扱う数値や文字などのさまざまな情報をこの箱に納めたり取り出したりしながら処理を進めていきます。

変数の実体はコンピュータのメモリ上の区画です。プログラムで変数に値を入れると、実際にはメモリに値が書き込まれます。

それでは、変数を利用するプログラムを見てみましょう。

コード2-1 変数宣言の文

code0201.c

```
#include <stdio.h>

int main(void)
{
  int age;
  age = 30;
  printf("%d¥n", age);
  return 0;
}
```

- int age; ―― 変数宣言の文（ageという箱を用意）
- age = 30; ―― 箱に数値30を入れる
- printf("%d¥n", age); ―― 箱の内容を表示

```
30
```

このプログラムでは、変数ageに値30を入れ、それを取り出して画面に表示しています。このように、変数に値を入れることを**代入**、取り出すことを**取得**といいますが、どちらの操作も変数を宣言した後にしかできません。

変数を使いたかったら、まずは変数宣言の文を使って変数を宣言する必要があるんだね。

変数を宣言するときには、変数名（データを格納する箱の名前）と型（変数の種類や大きさ）の2つを必ず指定します。

変数宣言の文

```
型 変数名;
```

型とは、変数に納められるデータの種類をいいます。たとえば、コード2-1で使われている `int` は整数を表す型です。この型で宣言された変数ageには整数しか代入できず、小数や文字の値は格納できません。

2.1.2 変数の名前

変数宣言の文が理解できたら、次は変数に付ける名前について見ていこう。

変数を宣言するときは、変数に名前を付ける必要があります。C言語プログラムでは変数以外のものにも名前を付けることがありますが、それらの名前に使える文字や数字の並びを**識別子**（identifier）といいます。

変数名を何にするかは基本的に開発者の自由ですが、通常はアルファベットや数字、_（アンダースコア）などを組み合わせて作ります。また、次のような命名ルールや慣習がありますから注意してください。

① 予約語は使用できない

C言語には、変数名に使用できない単語が35個ほどあります。これらを予約語（keyword）といいます（付録E.2）。たとえば、intやvoid、returnなどは予約語です。なお、本書のコードでは予約語を`int`のように色付きで表しています。

② 先頭に_を1つ付けた名前は使用しない

先頭に_（アンダースコア）記号を1つ付けた名前は、C言語自体のために予約されています。予約語同様、使用を避けてください。

③ すでに利用している変数名は使えない

たとえば、すでに変数nameを宣言しているプログラムでは、再び変数nameを宣言できません。2つの変数を区別できなくなってしまうからです。

④ 大文字／小文字、全角／半角は区別される

C言語では、大文字／小文字、全角／半角の違いは完全に区別されます。たとえば、変数nameと変数Nameは別のものとして扱われます。

⑤ 小文字で始まるわかりやすい名前が望ましい

変数には、小文字で始まる名詞形の名前を付ける慣習があります。また、格納する情報の内容を誰もが想像しやすく理解しやすい具体的な変数名が望ましいでしょう。例外はありますが、aやsのような1文字の変数名、dataやflagなどの抽象的で内容がわかりにくい変数名は避けましょう。なお、本書では、紙面の都合で短い変数名を用いる場合があります。

2.2 代表的な型

2.2.1 データ型

変数宣言に使う型には、どんな種類があるんですか？　いっぱいあったら覚えるの大変だ…。

まずは基本となる8つの型を覚えておけば大丈夫さ。

プログラムで扱えるデータの種類を、**データ型**（data type）または単に**型**といいます。C言語には多くの種類の型が用意されていますが、まずは代表的な8つの型を覚えておけばよいでしょう。

表2-1　代表的な8種類のデータ型

分類	型名	格納するデータ	変数宣言の例	利用頻度
整数	char	とても小さな整数	`char glasses;　　　　　// 眼鏡の所持数`	○
	short	小さな整数	`short age;　　　　　　// 年齢`	×
	int	一般的な整数	`int salary;　　　　　　// 給与の金額`	◎
	long	大きな整数	`long worldPopulation; // 世界の人口`	△
小数	float	少しあいまいでもよい小数	`float weight;　　　　　// 体重`	△
	double	一般的な小数	`double pi;　　　　　　// 円周率`	○
真偽値	bool	true か false	`bool isError;　　　　　// エラーか否か`	○
文字	char	半角の文字	`char initial;　　　　　// イニシャル`	◎

※ char型はとても小さな整数と半角文字の両方に使われる。

それでは、8つの型を4つのグループに分けて、1つずつ解説していきます。

2.2.2 整数を格納する4つの型

char型、short型、int型、long型には、整数を代入できます（**整数型**）。

```
char glasses;
glasses = 3;
short age;
age = 25;
int salary;
salary = 263000;
long worldPopulation;
worldPopulation = 8100000000L;
```

末尾のLについては第3章で解説

これらの4つの型には、箱の大きさ、つまりコンピュータ内部に確保されるメモリの量に違いがあります。そのため、それぞれの型に代入できる値の範囲は次の図のように制限されます。

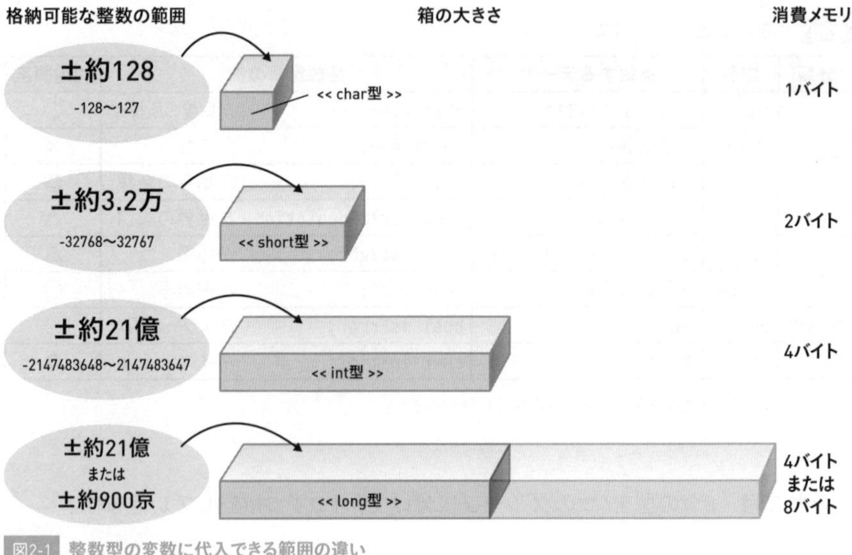

図2-1 整数型の変数に代入できる範囲の違い

ん？　long型って4バイトと8バイト、どっちなんですか？

それが、決まってなくってよぉ。

実はC言語では、それぞれの整数型のサイズについて、明確には決められていません。そのため、利用するコンパイラやCPUによってサイズが変化する可能性があります。図2-1は、現在、多くの環境で採用されているサイズに過ぎません。たとえば、int型が2バイトや8バイトである環境も実在します。long型については、4バイトまたは8バイトである環境の両方が普及していますが、本書では、8バイトの前提で解説を進めます。

なお、自分が利用している環境での厳密なサイズは、次のような文で調べることができます。

```
printf("%dバイト¥n", (int)(sizeof(long)));
```

ここに調べたい型名を書く

入門学習においては、開発環境によるサイズの違いをあまり気にしなくても問題ありません。しかし、本格的な業務システムや、電子機器などを対象とするいわゆる組み込みシステムの開発現場では厳密に意識する必要がある場合もあります。

整数型のサイズ

- 整数型のサイズは、環境によって異なることがある。
- int型は概ね4バイトだが、それが保証されているわけではない。

それにしてもたくさんあって、どの型を使えばいいのか迷っちゃいそう。年齢ならcharで十分だし…。でも、一応intにしておいたほうが安全かしら…。

ま、だいたいintを使っておけば大丈夫さ！　特別な場合を除いてな。

2バイト以下の変数を使い分ける必要があったのは、かつてはメモリが貴重でCPUの処理能力も低かったからです。昨今のコンピュータは十分な量のメモリを搭載していますし、char型やshort型よりもint型のほうがCPUにとっても効率がよく、高速に処理できます。±21億の範囲を超える数値を扱う場面もそう多くはないでしょうから、**整数を使いたい場合には一般的にint型を採用**しておけば問題ありません。

なお、もし何桁もある数を変数に代入したい場合、そのままコードに大きな数を書くと、読みにくくなるばかりか誤った値を指定してしまうかもしれません。そのようなときは、桁区切り文字（一重引用符）を入れておくと可読性が向上します。次のコードはどちらも同じ値を代入しています。

```
int population = 121270000
int population = 121'270'000   // 入れる位置は自由（実行時は無視される）
```

column

unsigned型

C言語の4つの整数型には、先頭にunsignedという修飾が付いた派生型が存在します。入門時にはあまり使いませんが、実用上はよく見かける型ですので、本書を読み終えてC言語について少し自信が付いたら、ぜひ付録D.1.1項（p.658）を読んでみてください。

2.2.3 オーバーフロー

海藤さん、もし格納可能な範囲を超える値を変数に入れてしまったらどうなるんですか？　エラーになるんですか？

いや、エラーなんて生易しいことでは済まないんだ。ちょうどいいから試しにやってみよう。

格納可能な上限値を超える値を変数に代入しようとすることを**オーバーフロー**（overflow）といいます。実際に、char型（最大値は127）を使ってオーバーフローを発生させてみましょう。

BC322

コード2-2 オーバーフローが起きるプログラム

code0202.c

```
#include <stdio.h>

int main(void)
{
  char c = 100;
  char d = c + 100;     // ここで溢れるはず！
  printf("%d¥n", d);
  return 0;
}
```

```
-56
```

がーん…。エラーで止まるか、200が表示されると思ったのに…。

プログラミング言語によっては、プログラム実行中にオーバーフローが発生すると、すぐに緊急停止して不具合箇所を教えてくれるものもあります。しかしC言語の場合、オーバーフローが発生してもエラーは発生せず、**変数の値は想定外の内容となって壊れてしまい**、そのまま何事もなかったかのようにプログラムが動き続けるケースもあります。オーバーフローには十分注意しましょう。

オーバーフローの特性

コード2-2では「char型に200を代入しようとして結果が-56となる例」を紹介しました。この結果から、オーバーフローしてもでたらめに変数の内容が書き換わっているわけではないと気づいた人もいるかもしれません。

多くのプログラミング言語では、内部的に「正と負の限界値が輪のようにつながる」ように変数を取り扱っています。コード2-2の場合も、char型の正の上限である127を超えた分が負の下限である-128からカウントされ、ちょうど-56となっている状況が推測できます（図2-2）。

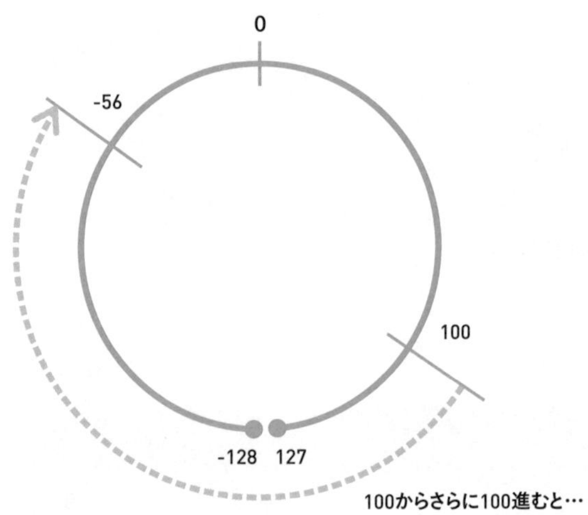

図2-2 正と負の限界値が輪のようにつながっている変数のイメージ

しかし、「輪のようにつながっている」と想定して、わざとオーバーフローを利用するような処理は決して書くべきではありません。なぜなら、C言語の正式なルールでは、**オーバーフローが発生した場合にどうなるかは未定義**だからです。今回の実験ではたまたま結果が-56になりましたが、状況によっては変数の中身がめちゃくちゃに壊れたり、プログラムが異常終了したりする可能性もあります。

2.2.4 小数を格納する2つの型

float型とdouble型は、3.14や-9.8などの小数部分を含む数値を代入するための型です。コンピュータの内部では、小数を浮動小数点という形式で管理していることから、**浮動小数点型**（floating point type）と総称されることもあります。

chapter 2

```
double height;
height = 171.2;
float weight;
weight = 67.5F;
```

末尾のFは第3章で解説

double型のほうがfloat型より多くのメモリを消費しますが、より精度の高い計算を行うことができます。そのため、特別な事情がない限り、小数の値を扱う場面では**通常はdouble型を利用**します。

ここで、必ず覚えておいてもらいたいことがある。忘れると大事故につながる可能性もある重要なことだ。

実は、**浮動小数点方式は真に厳密な計算ができない**という弱点があります。計算の際にわずかな誤差が生じることがあるのです。通常は無視できるほど小さな誤差ですが、それが積み重なると大きな問題になるケースもあります。そのため、誤差が許されない計算にfloat型やdouble型を用いてはいけません。

2.2.5 真偽値を格納する型

bool型は、YesかNoか、本当か嘘か、表か裏か、成功か失敗かなどといった二者択一の情報を格納するための型です。肯定的な情報を意味する**true**、否定的な情報を意味する**false**のどちらかの値のみを代入できます。

```
bool isError;
isError = true;    エラーである
bool result;
result = false;    結果は失敗
```

trueは真、falseは偽という意味を持つことから、bool型のことを**真偽値型**とも呼びます。なお、最新でないC言語を使っている場合、この型を利用するためにはソースコードの先頭に `#include <stdbool.h>` という宣言を追加する必要があります。

column

int型で真偽値を表す習慣

誕生したばかりの頃のC言語には、bool型やtrue、falseの値は存在しませんでした。そのため、C言語には**真偽値を表すためにint型を流用し、0を偽、1（または0以外の値）を真とする**習慣があります。実務では、この習慣に則ってint型を利用しているコードをよく見かけるでしょう。

真が0以外の値である、つまり1とは限らない事実は非常に重要なのでよく覚えておいてほしい。

2.2.6 文字を格納する型

コンピュータの内部では、すべての文字に**文字コード**という数値が割り振られています。たとえば、半角のAには65、*（アスタリスク）には42、_（アンダースコア）には95、{（開き波カッコ）には123が割り当てられています（付録E.10参照）。

C言語が誕生した当時から、半角1文字分の文字コード情報を変数に格納するために、char型がよく用いられてきました。そのため、char型は整数型であると同時に文字を入れるための型、つまり「文字型」としても利用されています。なお、C言語プログラムで1文字という場合、通常はこの半角1文字を指します。

たとえば、次のようにしてchar型にCという1文字（文字コードは67）を代入できます。

```
char langName;
langName = 'C';
```

処理としてはlangName = 67; と同じこと

しかし、次のようなコードを書くと、コンパイルエラーが発生します。

```
char element;
element = '火';
```

これは、容量が1バイト、つまり256種類の文字しか格納できないchar型は、何千種類もの文字がある日本語文字（ひらがな・カタカナ・漢字などの全角文字）を扱えないためです。全角文字を格納できる文字型にはwchar_t型がありますが、詳細は付録D.4節（p.672）で紹介します。

column

あなたはチャー派？ それともキャラ派（キャラクター派）？

charをどのように読むかは人それぞれですが、多くは「チャー」もしくは「キャラ（またはキャラクター）」などと発音されています。以前はチャー派が多かった印象ですが、近年はキャラ派がやや優勢のようです。この二大派閥は、往々にしてネットなどで結論の出ない論争を楽しんでいるようです。初めて出会う人でも、charの発音を尋ねれば、すぐに仲良しまたは永遠のライバルになれるかもしれません。

2.3 初期化と定数

2.3.1 変数の初期値

変数の利用では、気をつけなければならないことがあります。それを体験するために、次のコード2-3を実行してみましょう。このプログラムは、変数を宣言したあと、値を代入せずに変数の内容をそのまま表示しています。

コード2-3 値を代入しない変数を使うプログラム

code0203.c

```
#include <stdio.h>

int main(void)
{
  int x;
  printf("%d¥n", x);     // 代入しないまま表示
  return 0;
}
```

8410298 実行するたびに結果は変わる

ん？　なんだ、この8410298って…。

私のPCで実行したら、-4920って表示されちゃった。

岬くんと赤城さんがこのプログラムを実行してみると、でたらめな数字が表示されました。何度か実行すると、そのたびに異なる値が表示されるで

しょう。これは、C言語の変数に次のような特性があるからです。

生み出した直後の変数の内容

変数宣言で生成した直後の変数の中には何が入っているかわからない。

chapter 2

偶然0が格納されている場合もありますが、岬くんや赤城さんのように、意味不明な値が入っている可能性もあり、取り出してみるまで誰にもわかりません。まさにくじのようなものです。予測のできない値が入っている変数を使って計算などを行ってしまうと、正しく処理が行えないのは想像に難くありません。

このような事態を避けるためにも、**変数を宣言したらすぐに何らかの値を代入**しておきましょう。

2.3.2 変数の初期化

でも、宣言のあとの代入をうっかり忘れちゃいそう。

それなら、変数宣言と代入を一緒にやっちまえばいいのさ。転ばぬ先の杖ってヤツだな。

これまでは、変数宣言の文の直後に値を代入してきました。

```
int age;      ← 変数宣言の文
age = 22;     ← 変数ageに22を代入
```

このような変数宣言とそれに続く代入は、次のように1行にまとめて書くことができます。

```
int age = 22;   ← 変数宣言と代入を1行で行う
```

このように、変数を宣言すると同時に値を代入することを変数の**初期化**（initialization）といいます。

変数の初期化

```
型 変数名 = 代入するデータ;
```

2.3.3 定数の利用

変数には、任意の値を何度でも代入できます。変数にいったん値を入れたあと、別の値を代入するとどうなるかをコード2-4で見てみましょう。

BC324

コード2-4 **変数の再代入**

code0204.c

```
#include <stdio.h>

int main(void)
{
  int number = 7;
  printf("私の好きな数字は%d¥n", number);
  number = 16;
  printf("いや、本当に好きなのは%d¥n", number);
  return 0;
}
```

変数numberを7で初期化

16を代入

```
私の好きな数字は7
いや、本当に好きなのは16
```

この実行結果からわかるように、変数numberの内容は新たな値16で上書きされ、最初に初期化した値7は、16が代入された時点で消滅します。

変数の上書き

すでに値が格納されている変数に新しい値を代入すると、古い値は消滅し、変数の内容は新しい値に書き換わる。

しかし、これだだと困る場合もあるんだよな。

さまざまなプログラムを作成していくうちには、変数の値を上書きされたくない、内容が書き換わると困る場面も出てきます。次のコード2-5を見てください。

コード2-5 書き換えてはいけない変数を上書きしてしまう

BC325

code0205.c

```
#include <stdio.h>

int main(void)
{
  double pi = 3.14;    // 円周率を入れた変数
  int pie = 5;
  printf("半径%dcmのパイの面積は%f¥n", pie, pie * pie * pi);
  printf("パイの半径を倍にします¥n");
  pi = 10;
  printf("半径%dcmのパイの面積は%f¥n", pie, pie * pie * pi);
  return 0;
}
```

%f は第3章で解説

NG！　代入すべき変数はpie

```
半径5cmのパイの面積は78.5
パイの半径を倍にします
半径5cmのパイの面積は250.0
```

半径は変わってないのに、面積はすごく増えちゃってるね。

でも、これが大切なデータの計算プログラムだったら笑いごとじゃ済まないわよ。私だって間違えちゃいそう…。

9行目で、変数pieに新しい値を代入すべきところを誤って変数piに代入してしまったため、計算結果がおかしくなってしまいました。そもそも円周率である変数piは、**プログラムの動作中に書き換わる必要のない変数**です。このような場合、変数piの宣言にconstという記述を加えると不要な書き換えを防止できます。

const付きで宣言された変数は**定数**（constant variable）と呼ばれ、宣言と同時に初期化されたあとは、別の値を代入して上書きできなくなります。

定数の宣言

```
const 型 定数名 = 初期値;
```

※ 定数名は一般的にすべて大文字とする。

定数を使ってコード2-5を修正してみましょう。

コード2-6 定数を使ったプログラム

code0206.c

```
#include <stdio.h>

int main(void)
{
  const double PI = 3.14;
  int pie = 5;
  printf("パイの半径を倍にします¥n");
  PI = 10;
```

定数として円周率を設定（5行目）

コンパイルエラーが発生、間違いに気づく（8行目）

```
    printf("半径%dcmのパイの面積は%f¥n", pie, pie * pie * PI);
    return 0;
}
```


2.3.4 列挙定数

うーん、いくつも定数を宣言してたら、プログラムがゴチャゴチャしてきたぞ…。

たくさんの定数を宣言したいときは、いい書き方があるんだ。

複数のint型の定数を宣言する必要がある場合、**列挙体**（enumeration）を用いるとエレガントに記述できます。

列挙体

```
enum {定数名1 = 整数, 定数名2 = 整数, …};
```

※ `= 整数` の部分はいずれも省略可能。その場合、最初の定数では0、その後は前の定数に1を加えた数となる。

列挙体で定義した1つひとつの定数を**列挙定数**といいます。これらはint型で、`{}` の中に記述した順に、0、1、2…と整数が割り振られていきます。たとえば、DAIKICHI、CHUKICHI、KICHI、KYOの4つに0〜3を割り当てる場合、次のように記述します。

```
enum {DAIKICHI, CHUKICHI, KICHI, KYO};
```

0からではなく任意の値から割り当てを開始したい場合は、定数名のすぐ後ろに、イコール記号とともに値を明示的に指定します。

```
enum {DAIKICHI = 1, CHUKICHI = 2, KICHI = 3,  KYO = 4}
```

また、次の書き方でも同じ内容を実現できます。

```
enum {DAIKICHI = 1, CHUKICHI, KICHI, KYO};
```

さらに、連続しない数字を割り当てることも可能です。

```
enum {DAIKICHI = 1, CHUKICHI = 10, KICHI = 100, KYO = 1000};
```

column

int以外を用いる列挙型

本文で紹介したとおり、列挙型として定義される列挙定数は、原則、int型の情報として扱われます。しかし、最新のC言語標準（C23）では、次のようにしてchar型やlong型による列挙定数の定義も可能になりました。

```
enum : char {DAIKICHI, CHUKICHI, KICHI, KYO};
```

2.4 文字列の取り扱い

2.4.1 文字列型という難所

おめでとさん！　型と変数に関する章はこれでおしまいだ…と言いたいところだが、ここで「とっておきの秘密の型」を紹介しておこう。

もしこれまでに職場や学校などでほかのプログラミング言語を学んだ経験があるなら、文字列型がなかなか登場しないのを不思議に感じていることでしょう。C言語以外のほとんどのプログラミング言語では、数値や文字だけでなく、文字列（0個以上の文字の並び）を格納できるデータ型が用意されており、プログラムの中で手軽に文字列を取り扱えます。

たとえば、現在広く使われているJavaという言語には、Stringと称する型があり、文字列を格納できます（図2-3）。

"ドラゴン" という文字列を String 型の monsterName に入れる

```
// Java 言語の例
String monsterName;
monsterName = "ドラゴン";
```

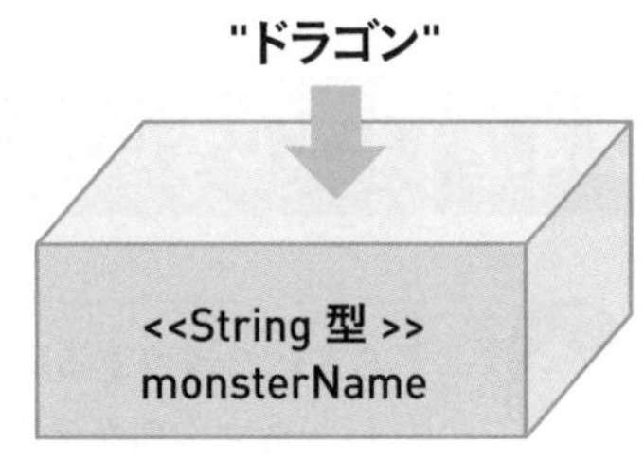

図2-3 Javaでの文字列型

通常、プログラミングの学び始めには、このような文字列型の利用が欠かせません。なぜなら、いざプログラムを作ろうとすると、何らかの名前や表示するメッセージなどの文字列を変数に入れて処理する機会がとても多いからです。

もし文字列型の変数が使えないとなると、変数に格納できるのは数値や1つの文字だけに限定されてしまい、プログラミングの学習は味気なく、面白くないものになってしまいます。

そしてとっても残念なことに、C言語には**文字列を手軽に扱うための型は用意されていないんだ。**

もちろん、C言語で文字列がまったく扱えないわけではありません。C言語をマスターした先輩たちは、当たり前のように文字列を使いこなしています。しかし、C言語における文字列の取り扱いは、時にプロでさえ混乱したり間違えたりするほど複雑です。エラーメッセージを見てもどこを間違えたのかわからない場合が多いため、C言語を学び始めたばかりの私たちには正しく使いこなすのは難しいでしょう。

入門直後に立ちはだかる文字列の壁

入門当初から文字列をたくさん使いたい。しかしC言語における文字列は落とし穴やワナが多く、入門者にとっては非常にハードルが高い。理解が深まっていないうちはうまく使うことができない。

2.4.2 おまじないと7つの約束

C言語を習得するにはプログラムをたくさん書かなきゃいけないから文字列を使いたいのに、その文字列が激ムズなんて、もう詰んでるじゃないですか！

ああ、これこそC言語の入門者がぶつかる最初の壁なのさ。なんとかする手がないこともないんだが…。

C言語における文字列の難易度が高いのは事実ですが、そこで立ち止まってしまってはC言語をマスターすることはできません。この壁を乗り越えるために、これ以降のソースコードにちょっとしたおまじないを書いて、String型をなんとか使えるようにしてみましょう。

コード2-7　ムリヤリ文字列型を使えるようにしたプログラム

BC327

code0207.c

```
#include <stdio.h>

typedef char String[1024];

int main(void)
{
  String monsterName = "ドラゴン";
  printf("敵は%s¥n", monsterName);
  return 0;
}
```

最大1000文字程度まで入る文字列型を利用可能にするおまじない

文字列の場合は%sを使う

たった1行書いただけなのに、String型が使えてる！　これで気軽に文字列が使えますね！

まあ待て。強力なおまじないにはそれ相応の代償がつきものさ。コイツも例外じゃないんだ。

今回紹介したおまじないは、入門者の学習をスムーズにするとても強力な道具です。しかし、いくらかの危険性も秘めており、誤った使い方をすると逆に混乱を招きかねません。

そうならないためにも、私たちはString型を安全に使うための約束を交わす必要があります。約束は全部で7つありますが、まずは3つだけ紹介し、残りは次の章以降で取り上げていきます。

文字列型の「7つの約束」

（約束1）　1024を小さな数字に書き換えてはならない
（約束2）　最大1024文字入るとは考えてはならない
（約束3）　初期化を除いて=で代入してはならない
（約束4）　第3章で紹介
（約束5）　第4章で紹介
（約束6）　第8章で紹介
（約束7）　第8章で紹介

それではさっそく、約束1から3について詳細を見ていきましょう。

2.4.3 （約束1）1024を小さな数字に書き換えてはならない

最初の約束は `typedef char String[1024];` というおまじないに関する約束です。みなさんの中にはおまじないの1024という数字が、格納できる文字数を左右する指定であると想像した人もいるでしょう。

ええ、1000文字も文字を入れることはないから、次から30とかにしようかなって思ってました。

確かに、この数字が大きいほど長い文字列を格納できますが、プログラムの実行時にコンピュータのメモリを多く消費してしまいます。赤城さんのような節約志向の人は、1024をより小さな数字に書き換えて使いたくなるかもしれません。

しかし、この約束1に従い、**決して1024より小さな数字を指定しない**でください。1024より大きな5000や10000を指定してもかまいませんが、メモリのムダな消費につながるため、本書で学習を進める間は何も考えずに1024を指定しておけば大丈夫です。

2.4.4 （約束2）最大1024文字入るとは考えてはならない

でも、せっかく1024を指定するなら、1024文字ギリギリまで使わないと、なんかもったいないわよね。

ゆりちゃんって、結構ケ…、えーっと、ケ、け、倹約家なんだな！

1024という数字が格納可能な文字列の長さを決定づける事実は前述のとおりです。しかし、**1024文字入るとは考えない**でください。

実際には、ひらがな・カタカナ・漢字などの全角文字は250文字程度までしか入らない可能性があります。アルファベットや数字の半角文字であれば、通常1000文字以上入りますが、1024文字ギリギリまでは絶対に入りません。String型は**ギリギリまで使おうとせず、かなりの余裕を持って使うべき道具**なのです。

2.4.5 （約束3）初期化を除いて＝で代入してはならない

この章で紹介する約束の中で最も重要なのが、この第3の約束です。int型やfloat型と違い、**String型の変数に＝を使ってデータを代入してはなりません**。

ただし、初期化（p.68）として"（二重引用符）で囲った文字列を代入するケースだけが例外的に許されます。

念のために、具体的な例で確認しておきましょう。

```
String a = "ドラゴン";     // OK（"で囲まれた文字列で初期化)
String b;
b = "ドラゴン";            // NG（初期化ではない）
String c = a;              // NG（初期化だが、変数を指定している）
```

でも、なんだかピンとこない約束だなぁ…。

これらの約束を守らなければならない理由は、キミたちがC言語を学んでいく過程で必ず理解できるようになる。気にはなるだろうが、今日のところは約束しておいてくれ。

column

複数の単語から作る識別子の命名規則

複数の単語をつなげて変数名を作るには、いくつかの方法があります。

- **アッパーキャメルケース**：MyAge、UploadData
- **ロワーキャメルケース**：myAge、uploadData
- **スネークケース**：my_age、UPLOAD_DATA
- **チェインケース**：my-age、UPLOAD-DATA

どの方法にも一長一短があり、どれを選ぶかは基本的に開発者の自由です。ただし、C言語ではチェインケースの識別子は構文上許されていません。また、同じ種類の識別子に対しては複数の方法を混在させずに統一しましょう。

なお、C言語では伝統的にスネークケースが広く用いられてきましたが、近年ではキャメルケースの利用も多く見かけるようになりました。本書に掲載しているコードは次のようなルールで表記しています。

- **関数名**：**ロワーキャメルケース（動詞で始まる）**
- **変数名**：**ロワーキャメルケース（名詞で始まる）**
- **定数・タグ名**：**スネークケース（すべて大文字）**
- **ユーザー定義型名**：**アッパーキャメルケース**

2.5 第2章のまとめ

変数宣言の文

- 変数宣言によって、さまざまな情報を入れるための箱を準備する。
- 変数名は自由に付けられるが、予約語は利用できない。
- 格納するデータに応じて、適切なデータ型の変数を宣言する。

データ型

- C言語には、代表的な8種類のデータ型が用意されている。
- 環境によってデータ型のサイズは変化するが、整数を扱うほとんどの場面では、int型を利用する。
- データ型の範囲を超えたサイズの値を変数に代入すると、オーバーフローが起きてデータが壊れてしまう。
- 浮動小数点型では、真に厳密な計算はできない。
- 真偽値型のfalseは0、trueは0以外の値を表す。
- char型は半角1文字分の文字コードを格納できる型であり、その文字自体を代入することもできる。
- C言語には、文字列を手軽に扱うための型がない。

変数の初期化

- 変数宣言直後の変数には、予測できない値が入っている。
- 変数宣言と同時に初期値を代入できる（初期化）。

定数

- constを付けて宣言した変数は定数となり、処理の途中で別の値に上書きすることはできない。

2.6 練習問題

練習2-1

次の値を格納するために適したデータ型を考え、それぞれ変数宣言の文を記述してください。値は初期値として代入します。なお、変数名はC言語のルールに従った適切なものを付けてください。

（ア）1504611718L　（イ）'X'　（ウ）false
（エ）3.1415　（オ）19800

練習2-2

次の表にあるデータ型の変数を宣言してください。変数名はC言語のルールに従ってできるだけわかりやすいものとします。また、変数の用途について、宣言文の後ろに簡単なコメントを記述してください。

	宣言する型	変数の用途
（1）	int 型	預金残高を保存する
（2）	float 型	体脂肪率を記録する
（3）	bool 型	カレンダーの平日と休日を区別する
（4）	char 型	0～9の数字を文字として保存する
（5）	long 型	資産を管理する

練習2-3

次のプログラムを実行すると、でたらめな値が表示されてしまいます。このプログラムについて、次の問いに答えてください。

```
#include <stdio.h>

```

```
int main(void)
{
  int age;
  int year;
  printf("%d年生まれの岬くんは今年%d歳です¥n", year, age);
  return 0;
}
```

BC32a

（1）でたらめな値が表示される理由を述べてください。

（2）岬くんは2025年時点で22歳です。この事実と矛盾しない表示をするために、変数ageとyearに適切な値を代入する処理を追加してください。なお、代入のタイミングは問いません。

【FE対策③】科目Bの問題にチャレンジしてみよう

第2章までの学習で、私たちはある程度、国家試験であるFEの問題を読み解けるようになっているのを実感できます。次のIPAが公開している科目Bの問題に挑戦してみてください。

問1　次の記述中の ［　　　］ に入れる正しい答えを，解答群の中から選べ。

プログラムを実行すると，“［　　　］”と出力される。

〔プログラム〕

```
整数型: x ← 1
整数型: y ← 2
整数型: z ← 3
x ← y
y ← z
z ← x
yの値 と zの値 をこの順にコンマ区切りで出力する
```

解答群

ア　1,2	イ　1,3	ウ　2,1
エ　2,3	オ　3,1	カ　3,2

（出典）IPA 基本情報技術者試験（科目B）サンプル問題、2022、https://www.ipa.go.jp/shiken/syllabus/henkou/2022/gmcbt80000007cfs-att/fe_kamoku_b_set_sample_qs.pdf

擬似言語では、変数宣言の文は `整数型: age`、代入文は `age ← 20` のように表します。つまり、この問題の1行目は、C言語なら `int x = 1;` に相当します。これを踏まえて、プログラムの内容を読み解いてみましょう。もし途中で混乱してしまっても大丈夫です。dokoCでこのプログラムをC言語として書いて動かせば、理解がぐっと進むはずです。

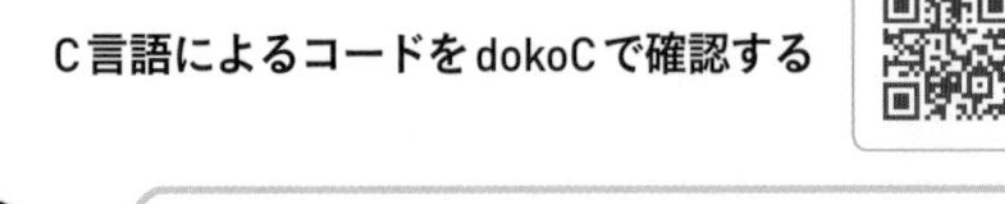

C言語によるコードをdokoCで確認する

どうしてもわからないときは、途中に `printf("%d", x);` などと入れて、変数の中身を確認してみよう。大丈夫、あせらずいこうぜ！

僕にも国家試験の問題が解けました！　やったー！

chapter 3
式と演算子

第2章では、3種類の文のうち「変数宣言の文」を学びました。
この章ではさまざまな計算をするための「計算の文」と、
キーボードから文字を入力したり、画面に文字を出力したり、
さらには乱数を生み出すなどの「命令実行の文」を学んでいきます。
みなさんのC言語の世界がまた少し広がることでしょう。

contents

3.1 計算の文

3.1.1 計算の文とは

計算の文とは、変数や値を用いたさまざまな計算処理をコンピュータに指示するための文です。ここでいう計算処理は、いわゆる四則演算（加減乗除）だけではありません。変数に値を代入するのも、真・偽を判定するのも、コンピュータにとっては計算処理の一種です。

コード3-1 **計算の文**

BC331

code0301.c

```
01 #include <stdio.h>
02 
03 int main(void)
04 {
05   int a;
06   int b;
07   a = 20;
08   b = a + 5;
09   printf("%d¥n", a);
10   printf("%d¥n", b);
11   return 0;
12 }
```

05–06: 変数宣言の文
07: 計算の文（代入）
08: 計算の文（足し算して代入）

```
20
25
```

コード3-1の8行目、`b = a + 5`のような部分を**式**（expression）と呼びます。見た目は数学の式によく似ていますね。

数学か…。あんまりいい思い出ないんだよなぁ…。

数学は苦手意識のある人も多いからなぁ。でもプログラミングで使う式は数学よりずっと簡単だから安心してくれ。

3.1.2 式の構成要素

それじゃあ悠馬の苦手意識を取っ払うためにも、式が何からできているのか、分解してみよう。

式 `b = a + 5` を分解すると、計算の記号である+と=、そしてa、b、5に分けることができます。C言語だけでなく、多くのプログラミング言語では、+と=を**演算子**（operator）、a、b、5の部分を**オペランド**（operand）と呼んでいます。

演算子は式にあるオペランドを使って計算をします。たとえば+演算子は、左右にあるオペランドを加算する機能を持っています（図3-1）。

これはごく単純な式ですが、より複雑な式であっても同様で、**すべての式はオペランドと演算子のたった2種類の要素だけで構成されています。**

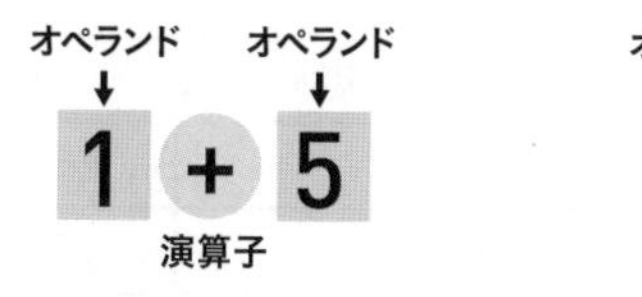

図3-1 式はオペランドと演算子で構成される

3.2 オペランド

3.2.1 リテラル

オペランドって難しそうな響きですけど、aとか5だから…、変数と値だと考えておけばいいのかしら？

オペランドとは、演算子によって計算処理されるすべてのものを指します。具体的には、変数や定数、命令の実行結果、そして「リテラル」が該当します。変数や定数はすでに第2章で学習しましたね。命令の実行結果については、この章の最後に触れます。ここでは「リテラル」について詳しく見ていきましょう。

ソースコードに直接記述されている数値 `5` や文字 `'a'` などの具体的な値を**リテラル**（literal）といいます。リテラルはその値に応じたデータ型を持っており、それぞれのリテラルがどの型の情報を表すのかは、リテラルの表記方法で決まります（表3-1）。

表3-1 代表的なリテラルの表記方法とデータ型

リテラルの種類	表記例	型
何も付かない整数	`30`	int 型
末尾に L または l が付いた整数	`300000L`	long 型
末尾に F または f が付いた小数	`60.5F`	float 型
何も付かない小数	`3.1514`	double 型
true または false	`true`	bool 型
引用符で囲まれた文字	`'A'`	char 型と認識※1
二重引用符で囲まれた文字	`"Hello"`	String 型※2

※1 C言語仕様においてはint型。本書では、入門時の混乱を抑止する目的でchar型とする。
※2 厳密には異なるが、ここではString型とする（2.4節）。

一見、'A' と "A" は同じものに見えるが、引用符が違うから別のデータ型と見なされる。前者はchar型の**文字**「A」で、後者はString型の**文字列**「A」だ。

ということは、1 と '1' と "1" も別の型なのね。気をつけなきゃ。

column

10進数以外の整数リテラル記法

整数リテラルとして、10進数以外の数を指定することもできます。先頭に 0x または 0X を付けると16進数、0 を付けると8進数、0b または 0B を付けると2進数として解釈されます。

```
int a = 0x11;          // aには17が代入される
int b = 011;           // bには9が代入される
int c = 0b0011;        // cには3が代入される
```

また、符号なし整数型（付録D.1.1項）を意味する整数リテラルは、数字の末尾に u または U を記述します。

3.2.2 エスケープシーケンス

リテラルについて理解できたら、次はリテラルと一緒によく使われる特殊な記号について学んでおこう。

文字列リテラルを記述する際にしばしば用いられるのが、**エスケープシーケンス**（escape sequence）と呼ばれる特殊な記号です。これは、次ページの表3-2のように¥記号とそれに続く文字からなる表記で、それぞれ特殊な文字を意味します。

表3-2 代表的なエスケープシーケンス

表記	意味
¥n	改行を表す制御文字
¥r	復帰を表す制御文字
¥xhh	16 進数 hh の文字コードを持つ文字
¥"	二重引用符記号 (")
¥'	引用符記号 (')
¥¥	円記号 (¥)

※ これ以外のエスケープシーケンスは付録E.8で紹介。

これまでもよくprintfの記述と共に用いてきたのが ¥n です。この2文字が「改行を意味する特殊な1文字」の役割を果たします。次のようなコードで、その役割を改めて確認しておくのもよいでしょう。

```
printf("はじめまして¥n赤城です。¥n趣味はドライブです。¥n");
```

```
はじめまして
赤城です。
趣味はドライブです。
```

column

円記号とバックスラッシュ

本書では、エスケープシーケンスを¥（円記号）で紹介していますが、世界的には\（バックスラッシュ）が標準です。これは、日本国内でコンピュータが使われ始めた頃、\記号の文字コードに¥記号を割り当てたため、日本では¥記号として広まりました。

PCの環境やフォントの設定によっては、¥の入力で\が表示されることもありますが、コンピュータ内部では同じ記号として処理されるので問題ありません。ただし、一部のLinuxやmacOSなどでは、¥と\を明確に区別しています。¥記号でエラーになってしまうときには、\記号（macOSでは、Option＋\キーで入力）を使ってみてください。

その他のエスケープシーケンスで利用の機会が比較的多いのは、¥"や¥¥です。

な、なにこれ？　どうしてこんなものが必要なんですか？

画面に一部の記号を表示したいときに必要なのさ。

たとえば、「私の好きな記号は"です」という文字列を画面に表示する処理を考えてみましょう。次のコード3-2のようにプログラムを書いてしまうと、コンパイルエラーが発生してしまいます。

コード3-2　エスケープシーケンスを用いないと…（エラー）

BC332

code0302.c

```
01 #include <stdio.h>
02 
03 int main(void)
04 {
05   printf("私の好きな記号は"です¥n");
06 
07   return 0;
08 }
```

この部分だけが文字列と見なされる

Cのコンパイラは、**2つの二重引用符で囲まれた部分**を文字列リテラルと見なします。そのためコード3-2の5行目では、`私の好きな記号は`までが文字列と解釈され、それ以降はコンパイラにとって不明な文となり、エラーとなってしまいます。

Cのコンパイラは気が利かないなぁ。2つ目の`"`は文字列の終わりじゃなくて、画面に出す文字としての`"`なのに…。

このような場合、エスケープシーケンスを用いれば、2つ目の " が画面に表示する記号であるとコンパイラに伝えられます（図3-2）。

```
String msg  =  "私の好きな記号は"です";
```

この部分のみが文字列と見なされてしまう

```
String msg  =  "私の好きな記号は¥"です";
```

エスケープ記号（¥）により途中の二重引用符も
文字列として見なされる

図3-2　文字列中の記号はエスケープシーケンスで表す

先ほどのコード3-2をエスケープシーケンスを用いて修正すると、次のようになります。

コード3-3　エスケープシーケンスで記号を表現する

BC3333

code0303.c

```
#include <stdio.h>

int main(void)
{
  printf("私の好きな記号は¥"です¥n");

  return 0;
}
```

この部分が文字列と見なされる（¥によって2つ目の二重引用符は文字と見なされる）

```
私の好きな記号は"です
```

ほかにも、金額やファイルの場所を扱うときにエスケープシーケンスを使う機会があるだろう。

リテラルの中では二重引用符を `¥"` と記述する必要があったように、円記号は `¥¥` と記述しなければなりません（表3-2、p.88）。たとえば、画面に「¥1200」と表示するには、リテラルでは `¥¥1200` と記述します。

そのほか、Windowsでファイルのパスを表示したい場合には、`¥¥` と記述することになるでしょう（コード3-4）。

コード3-4　¥を2つ重ねてパスの区切り文字を表現する

BC334

code0304.c

```
#include <stdio.h>

int main(void)
{
  printf("c:¥¥misaki¥¥document¥¥MyDiary.c¥n");
  return 0;
}
```

```
c:¥misaki¥document¥MyDiary.c
```

3.3 評価のしくみ

3.3.1 評価結果への置換

プログラムに記述された式によって計算処理が行われることを、式の**評価**（evaluation）といいます。コンピュータは、次に挙げる3つの単純な原則に従いながら式を部分的に処理し、最終的に式全体の計算結果を導き出します。

まずは、3つの中で最も重要な置換の原則だ。これは必ず理解してくれよ。

置換の原則

演算子は、周囲のオペランドを使って計算を行い、使用した**オペランドを巻き込んで結果に化ける**（置き換わる）。

たとえば式`1 + 5`の場合、+演算子はオペランド1と5を足した計算結果である6に置き換わります。

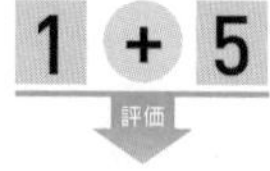

図3-3 演算子はオペランドを巻き込んで結果に化ける

演算子が複数ある式`1 + 5 - 3`では、段階的に評価が行われます。まず`1 + 5`の部分が計算結果である6に置き換わり、式は`6 - 3`になります。次にその式が評価され、最終結果の3に置き換わって計算が終了します（図3-4）。

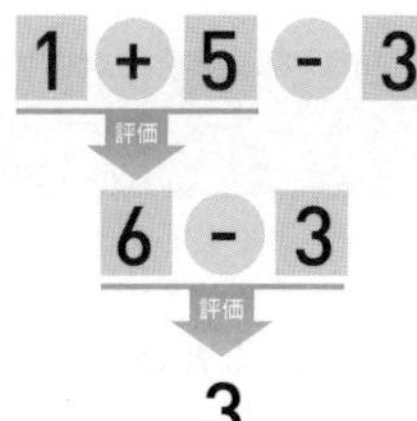

図3-4 段階的に評価される

3.3.2 評価の優先順位

今の例みたいに演算子が複数ある式は、評価する順番が決まっているんだ。演算子ごとに優先順位が決められているからな。

優先順位の原則

異なる種類の演算子が複数ある場合、**優先順位の高い演算子から順に評価される。**

C言語にはさまざまな種類の演算子がありますが、それらには**優先順位**が定められています。たとえば、+演算子は5番目、*演算子は4番目という順位であり、式`1 + 5 * 3`では先に掛け算が行われます。もし足し算を優先したいのであれば、丸カッコを使って評価の順位を引き上げることができます。

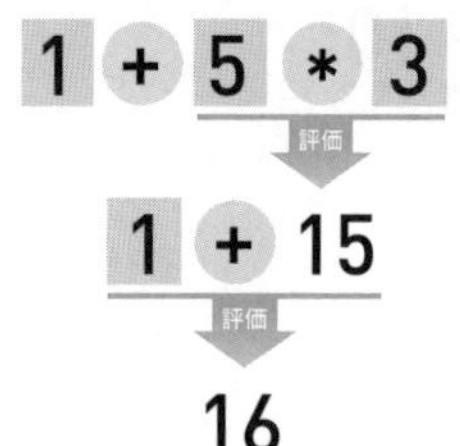

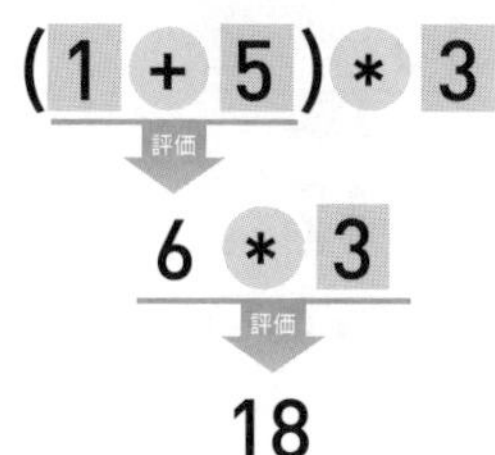

図3-5 優先度が高い演算子から評価される

第I部

3.3.3 結合の規則

うーん、もし同じ優先順位の演算子が2つ以上あるとどうなっちゃうのかな？

その場合は評価の方向が重要になるんだ。

結合規則の原則

同じ優先順位グループに属する演算子が複数ある場合、**演算子ごとに定められた方向から順に**評価される。

すべての演算子には、左から評価するか、右から評価するか、「評価の方向」が**結合規則**として定められています。たとえば、+演算子は左から評価する決まりですから、式`10 + 5 + 2`では、まず`10 + 5`の部分を評価して`15 + 2`という式になり、それを評価して最終的な結果である17が算出されます（図3-6左）。

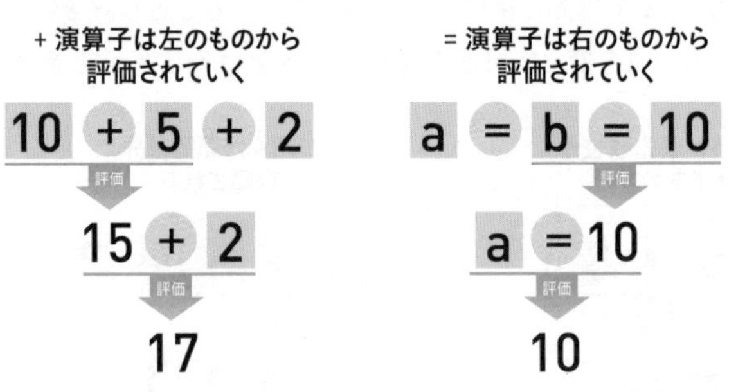

図3-6 結合規則によって評価される

一方、=演算子は右から評価します。たとえば式 `a = b = 10` では、次のように計算されます（図3-6右）。

① 右の=演算子とその左右のオペランドを評価する。つまり `b = 10` について計算し、変数bに10を代入して、この部分の式は10に置き換わる。
② 置き換わった式 `a = 10` を評価し、変数aに10を代入して結果は10になる。

各演算子の具体的な優先順位や結合規則については、次節以降で順番に紹介していきますが、付録E.3節にもまとめて掲載しています。

優先順位とか結合規則とか、覚えることがたくさんありそう！がんばらなきゃ！

覚えようとしなくたって、プログラム組んでりゃ自然に覚えるし、必要だと思ったらそのときに調べればいいんだよ。

海藤さんの言うように、現段階ですべてを暗記をしようとする必要はありません。普段よく使う演算子は限られますし、C言語のプログラムを数多く書いていくうちに自然と覚えていくでしょう。現時点では、置換の原則・優先順位・結合規則がどのようなものであるか、その根幹をしっかりとイメージできれば十分です。

3.4 演算子

これまでに見た演算子は+とか-とか、電卓にもある記号ばかりだったけど、もっとほかにもあるんですよね？

もちろん、プログラミングならではの演算子もあるから、ここで代表的なものを紹介しておこう。

3.4.1 算術演算子

左右に配置された数値のオペランドを使って四則演算を行う演算子は、**算術演算子**と呼ばれています。次の5つが最もよく使われます。

表3-3 代表的な算術演算子

演算子	機能	優先順位	評価の方向	評価の例
+	加算	中（5）	左→右	`3 + 5` → 8
-	減算	中（5）	左→右	`10 - 3` → 7
*	乗算	高（4）	左→右	`3 * 2` → 6
/	除算（整数演算では商）	高（4）	左→右	`3.2 / 2` → 1.6 `9 / 2` → 4
%	剰余（除算の余り）	高（4）	左→右	`9 % 2` → 1

算術演算子では、注意が必要な演算子が2つあります。1つ目は除算演算子です。この演算子は割り算を行いますが、**整数同士の割り算では商**を計算します。たとえば、式`9 / 2`の結果は4になります。もし小数点以下まで求めたい場合は、`9.0 / 2`のように、左右どちらかのオペランドを小数にしましょう。

2つ目は+演算子です。この演算子は数値を足すことはできますが、文字列を連結する機能は持たないため、次のような使い方はできません。

```
String color = "レッド";
String name = "ドラゴン";
printf(color + name);
printf("version" + 2);
```

「レッドドラゴン」にしたくて…

「version2」にしたくて…

だが、真の問題は連結できないことではないんだ。

うっかり上記のような間違いをしても、4行目のようなケースではコンパイルエラーは出ないため、開発者はミスに気づけません。実行して初めて、動作に異常が生じたり、途中で強制終了したりといった致命的な状況が発生し、事態に気づくことになります。

ちょっと間違えたくらいで強制終了しちゃうなんて…。

「7つの約束」を覚えてるか？　これこそ、4番目の約束なんだ。

文字列型の「7つの約束」

- (約束1)　1024を小さな数字に書き換えてはならない
- (約束2)　最大1024文字まで入るとは考えてはならない
- (約束3)　初期化を除いて=で代入してはならない
- **(約束4)　演算子で計算や連結をしてはならない**
- (約束5)　第4章で紹介
- (約束6)　第8章で紹介
- (約束7)　第8章で紹介

この約束にあるように、文字列または文字列の入ったString型の変数を算術演算子で計算しようとしてはなりません。特に、文字列連結をしようとして+演算子を使わないよう十分注意してください。

併せて、「第3の約束」を振り返ってみましょう（p.77）。文字列を=演算子で代入すると約束違反となってしまいます。次に紹介する代入演算子を含め、この節で登場する**すべての演算子は、文字列に対して使用できません**のでよく覚えておきましょう。

うーん、とにかく文字列は演算子を使って何かしようとしちゃダメなんですね。

3.4.2 代入演算子

代入演算子は、右オペランドの内容を左オペランドの変数に代入する演算子です。代入をする際に、四則演算を行う演算子もあります。いずれも優先順位は最も低いグループに属するため、基本的に、代入は式の最後に行われると覚えておきましょう。

表3-4 代表的な代入演算子

演算子	機能	優先順位	評価の方向	評価の例
=	右辺を左辺に代入	最低（16）	右→左	`a = 10` →a（内容は10）
+=	左辺と右辺を加算し左辺に代入	最低（16）	右→左	`a += 2` →a（`a = a + 2` と同じ）
-=	左辺から右辺を減算し左辺に代入	最低（16）	右→左	`a -= 2` →a（`a = a - 2` と同じ）
*=	左辺と右辺を乗算し左辺に代入	最低（16）	右→左	`a *= 2` →a（`a = a * 2` と同じ）
/=	左辺を右辺で除算し左辺に代入	最低（16）	右→左	`a /= 2` →a（`a = a / 2` と同じ）
%=	左辺を右辺で除算しその余りを左辺に代入	最低（16）	右→左	`a %= 2` →a（`a = a % 2` と同じ）

評価の例にもあるように、変数aの内容に3を足したい場合は、`a += 3`と`a = a + 3`の2種類の書き方があり、どちらを用いても結果は変わりません。

aに2が格納されているとすると…

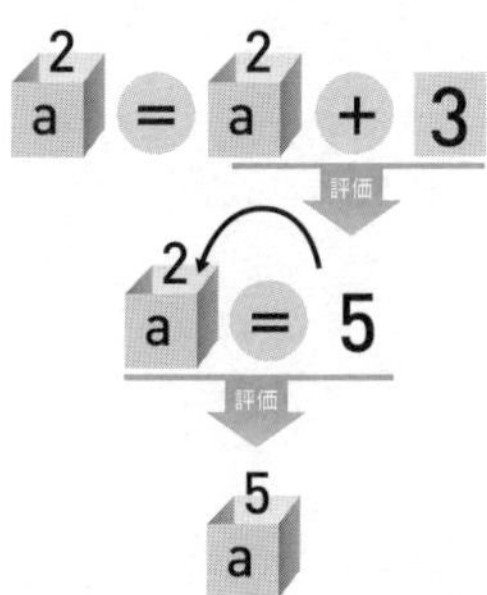

図3-7 式「a＝a＋3」が評価される様子

`a = a + 3` が数式だと思うと違和感があるけど、プログラムとして評価の流れを考えれば納得できるね。

3.4.3 インクリメント・デクリメント演算子

前項では、変数aの内容を加算するには2種類の書き方があることを紹介しました。しかし、もし1だけ増やしたり減らしたりしたい場合には、さらに便利な記述方法があります。

表3-5 インクリメント・デクリメント演算子

演算子	機能	優先順位	評価の方向	評価の例
++	値を1増やす	最高(1)	左→右	a++ → a (a = a + 1 や a += 1 と同じ)
--	値を1減らす	最高(1)	左→右	a-- → a (a = a - 1 や a -= 1 と同じ)

コード3-5 インクリメント演算子

code0305.c

```
#include <stdio.h>

int main(void)
{
```

```
  int a;
  a = 100;
  a++;
  printf("%d¥n", a);
  return 0;
}
```

aの内容が1増える

```
101
```

この演算子は左右両方にオペランドを持たないんですね。

そうなんだ。1つしかオペランドを持たない演算子はほかにもあるが、そいつらはまとめて**単項演算子**(unary operator)と呼ばれているんだ。

column

インクリメント・デクリメント演算子は単独で使う

インクリメント・デクリメント演算子は、`++a` のように、オペランドの前に付けることもできます。どちらの表記でも変数の内容が1だけ加減する評価に違いはありません。しかし、ほかの演算子と同時に使おうとすると、`++a` と `a++` では結果に違いが生じてしまいます。

```
#include <stdio.h>

int main(void)
{
  int a = 10;
  int b = 10;
```

```
07    printf("%d¥n", ++a + 50);
08    printf("%d¥n", b++ + 50);
09    return 0;
10  }
```

```
61
60
```

変数aも変数bも初期値は10です。これに1を足し、さらに50を加えたものを表示するよう指示していますが、結果が異なっている点に注目してください。この動作の違いを理解するために、7〜8行目がどのように実行されるのかを見てみましょう。

・7行目の処理
① 変数aの値が1だけ増え、11になる。
② 変数aに50を加えた値が表示される。

・8行目の処理
① 変数bに50を加えた値が表示される。
② 変数bの値が1だけ増え、11になる。

このように、インクリメント・デクリメント演算子をほかの演算子と組み合わせた場合、オペランドの前にあるか後ろにあるかで1を加減するタイミングが変わってきます。そのため、不用意に使うとバグの原因になりかねません。特別な理由がない限り、コード3-5のように単独で使うようにしましょう。

3.5 型の変換

3.5.1 3種類の型変換

おや？　整数をdouble型に代入できちゃいました。型って意外といい加減なのかな？

それはな、式が評価されるときに「型変換」というしくみが働いてくれているからなんだ。

前節で学んだ演算子の多くは、原則として左右に同じデータ型のオペランドを要求します。しかし実際には、違う型の変数に代入したり、異なる型同士で計算したりしても文法エラーにならないケースがあります。そのため、C言語は型を「いい加減」に解釈して動いてくれているように感じる場面もあるでしょう。

```
double d = 3;
float f = 5 + 2.4f;
```

double d = 3; → double型変数にint型の3を代入できる

float f = 5 + 2.4f; → int型とfloat型を足し算できる

これらの記述がエラーにならないのは、**式を評価する過程で自動的に型を変換している**ためです。C言語には、型変換のしくみが3つ備わっています。

① 代入時の自動型変換
② 明示的な型変換
③ 演算時の自動型変換

特に、①と③はプログラムの書き手が意識しなくても自動的に機能するものですから、そのしくみをしっかりと学んでいきましょう。

3.5.2 代入時の自動型変換

第2章の変数の解説で触れたように、**あるデータ型で宣言された変数にはその型の値のみを代入できます**（2.1.1項）。int型変数にはint型の整数だけ、double型の変数にはdouble型の小数だけが代入できる、これが原則です。

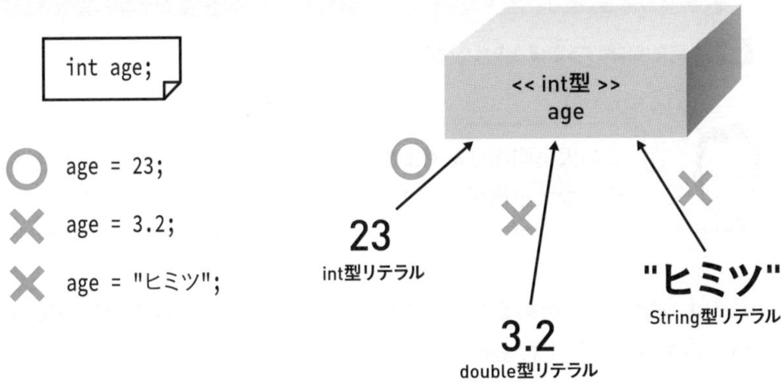

図3-8 変数の型と一致した型の値のみ代入できる

たとえばlong型の値はint型の変数には代入できない。数値が大きすぎて箱に入りきらないかもしれないからな。まぁ、器が大きすぎて会社におさまりきらない俺みたいなもんだな。

…それはともかく、逆にint型の値はlong型の変数に入るんじゃないですか？　箱のほうが大きいなら問題ないだろうし。

…さすががゆりちゃん。察しがいいな！

型変換が可能かどうかは、数値型の間に次ページの図3-9のような大小関係（順位）が存在すると考えるとわかりやすいでしょう。この大小関係において、小さな型の値を大きな型の変数に代入する場合に限って、**値が自動的に変数の型に変換される**ためコンパイルエラーになりません。

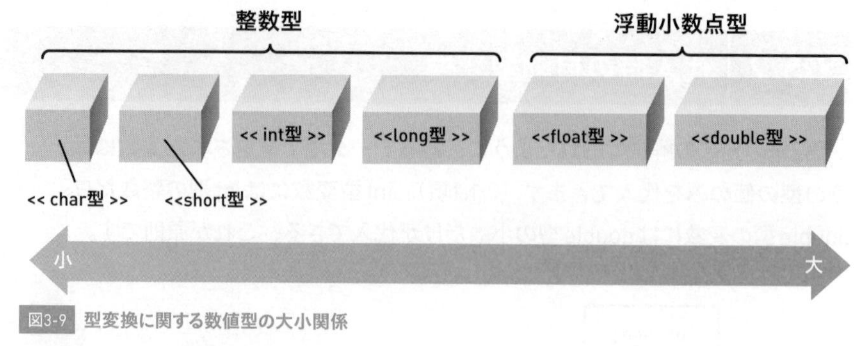

図3-9 型変換に関する数値型の大小関係

この大小関係はあくまでも型変換に関する概念的なもので、物理的な大小関係（メモリ消費量の違い）とは無関係だ。

このようなしくみがあるため、次のコード3-6のような代入を行ってもコンパイルエラーは発生しません。

コード3-6 値の型より大きな型の変数に代入

BC336

code0306.c

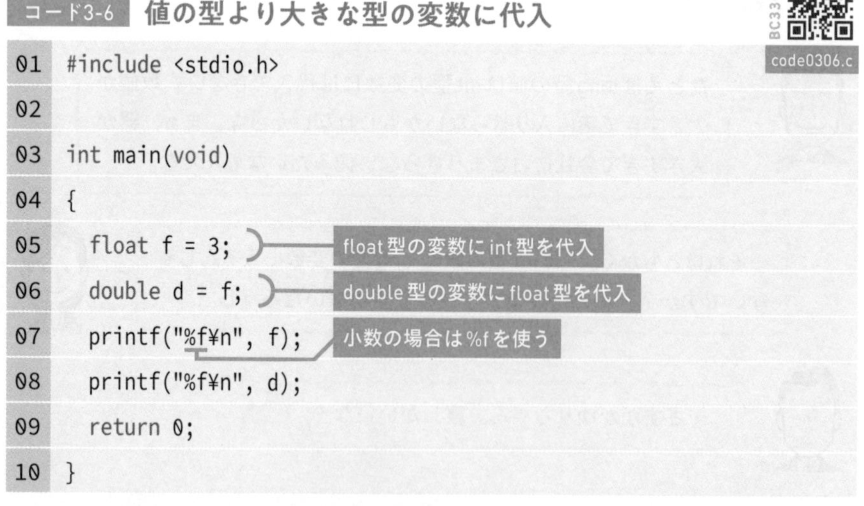


```
#include <stdio.h>

int main(void)
{
  float f = 3;
  double d = f;
  printf("%f¥n", f);
  printf("%f¥n", d);
  return 0;
}
```

```
3.000000
3.000000
```

コード3-6の5行目では、リテラルの`3`（int型）は`3.0F`（float型）に自動的に変換されてから変数fに代入されています。6行目でも同様に、float型の変数fに格納されている値がdouble型に変換されてから変数dに代入されます。

代入時の型変換

小さな型の値を大きな型の変数に代入すると、自動的に型が変換される。

なるほど、代入先に合わせて姿が変化するんですね。「郷に入っては郷に従え」というところでしょうか。

逆に、大きな型の値を小さな型の変数に代入するのは大変危険です。次のコード3-7をコンパイルすると、一部のコンパイラでは、型変換によって値が変化してしまった、という警告が表示されるかもしれません。実行してみると、元のdouble型のリテラルだった`3.2`に含まれていた小数点以下の情報が失われてしまったことを確認できるでしょう。

コード3-7　値の型より小さな型の変数に代入（警告）

code0307.c

```
#include <stdio.h>

int main(void)
{
  int i = 3.2;
  printf("%d¥n", i);
  return 0;
}
```

ムリな代入で小数点以下が失われて3になる

chapter 3

でも、エラーじゃなくて警告なんだから、あまり気にしなくてもいいですよね？

いーや、ダメだね。データがぶっ壊れたっていう深刻な状況だぞ。エラーと同様に捉えるべきだろう。

海藤さんが言うように、今回発生した「ムリな代入の警告」は、警告の中でもかなり深刻な部類にあたります。事実、コンパイラの種類や設定によっては警告では済まされずにエラーになる可能性もあります。決して無視をしていいものではありません。この警告が出たら、誤ってムリな代入をしようとしてしまった原因を突き止めて、直ちにソースコードを修正すべきです。

ムリな代入の警告は無視しない

ムリな代入は意図せずにデータを破壊し、深刻な不具合につながる可能性が高い。すぐに原因を特定して修正するべきである。

なお、次のように明らかに実害が生じないケースでは、警告は発生しません。

```
char c = 3;
```

char型の変数にint型の情報を入れようとしている

意味的に大きな型から小さな型（図3-9）に変換されますが、3はchar型にも格納可能な値なので代入は認められます。

3.5.3 明示的な型変換

前項で解説したムリな代入をするプログラムは、すぐに修正する必要があります。しかし、あえて「意図して明示的に」型変換を行いたい場合には、それを強制的に指示する方法があります。

コード3-8 明示的な型変換

```
01 #include <stdio.h>
02
03 int main(void)
04 {
05   int age = (int)3.2;
06   printf("%d¥n", age);
07   return 0;
08 }
```

3.2をintに変換して代入せよ！

```
3
```

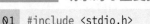

5行目のdouble型のリテラルである `3.2` の前に記述された `(int)` を、明示的な型変換を指示する**キャスト演算子**（cast operator）といいます。

キャスト演算子による明示的な型変換

(変換先の型名)式

こんなことして大丈夫なんですか？

大丈夫…ではないな。データが壊れてしまうんだからな。

キャスト演算子は、データの部分的な欠損を開発者が了承した上で変換を指示する機能です。コンパイル時には警告が出なくなりますが、ムリな代入により情報の一部が失われます。

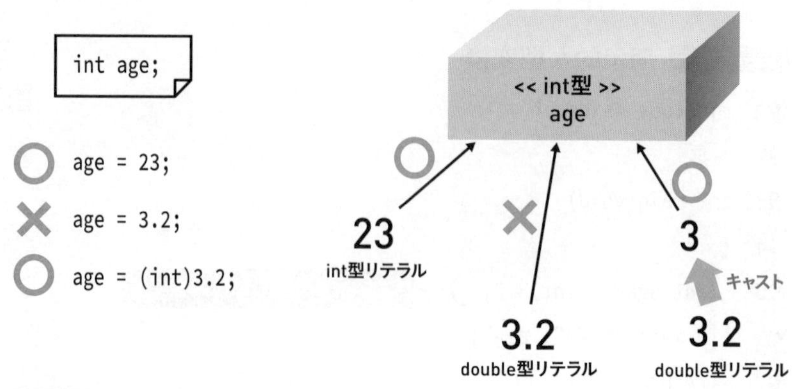

図3-10 明示的な型変換による代入

キャスト演算子は乱暴な道具なので利用には代償が伴います。キャスト演算子を用いても変換できない型の組み合わせも存在しますし、データの欠損が不具合につながる可能性もあります。キャスト演算子の利用がやむを得ない場合もありますが、**気軽に用いる道具ではない**と覚えておいてください。

column

キャストの限界

キャスト演算子は強制的に型を変換できるとはいえ、どんな型にでも変換できるわけではありません。主に整数型や小数型を相互に変換する程度であり、数値型を文字型や文字列型などに変換できるわけではありません。数値型と文字列型との変換には、この章の最後に紹介するatoi()命令などを使う必要があります。

3.5.4 演算時の型変換

最後は、3つ目の「演算時の自動型変換」ですね。

代入だけでなく算術演算子などによる計算の場合でも、左右のオペランドの型が統一されていることが原則です。たとえば、除算演算子による割り算の様子を見てみましょう。

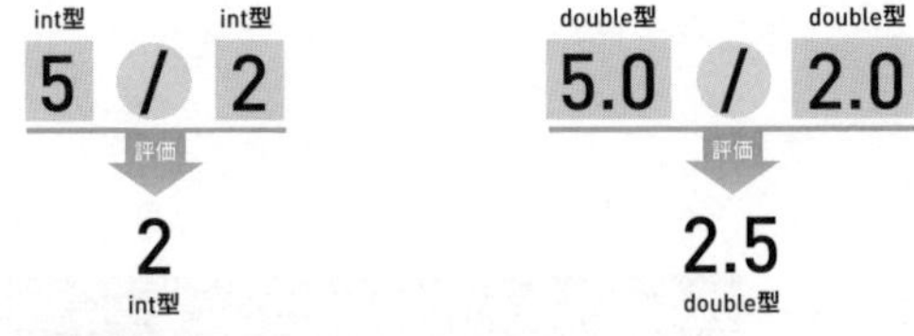

図3-11 同じ型同士で演算を行った場合

算術演算の結果は、計算で使用されたオペランドの型になります。つまり、int型同士の計算結果はint型、double型同士の計算結果はdouble型になります（図3-11）。

では、異なる型で演算を行うとどうなるのでしょうか？　その場合には、図3-9（p.104）に示した**「意味的に大きな型」に統一**されてから演算が行われます（図3-12）。

図3-12 異なる型同士で演算を行った場合

代入にしても演算にしても、きっちりと型を揃えてから処理されるんですね。

そのとおり。念のため、異なる型同士で演算するプログラムも見ておこう。

コード3-9 **異なる型同士の算術演算**

BC339

code0309.c

```
#include <stdio.h>

int main(void)
{
  double d = 8.5 / 2;
  long l = 5 + 2L;
  printf("%f¥n", d);
  printf("%ld¥n", l);
  return 0;
}
```

2（int型）を2.0（double型）に変換してから計算

5（int型）を5L（long型）に変換してから計算

longの場合は%ldを使う

```
4.25
7
```

ご苦労さん、これで計算の文の解説は終わりだ。理解できたら、最後の命令実行の文に進もう。

column

C言語の標準規格を覗いてみよう

本書では、初めてプログラミング言語を学ぶ人にもわかりやすいように、文を3種類に分類して解説しています。また、型変換も代表的な3つを紹介しました。

しかし、C言語における厳密な文の分類や型変換のしくみは、本書で紹介したものよりもかなり複雑で、コンパイラの実装に依存した部分も多く含んでいます。C言語の国際的な標準規格は「C言語標準規格（ISO/IEC 9899）」としてまとめられています。付録Cに概要と閲覧方法を紹介していますので、学習が一段落したら覗いてみるのもよいでしょう。

3.6 命令実行の文

3.6.1 命令実行の文とは

計算の文は演算子とか型変換とか、いろんなものがたくさん出てきて複雑でした…。

よくがんばったな。でも喜べ！　最後の命令実行の文は簡単だし楽しいぞ！

ここで図1-11（p.49）をもう一度振り返ってください。これまでに、C言語における3種類の文のうち2種類について解説してきました。最後に残ったのは命令実行の文です。

命令実行の文は、**C言語が準備しているさまざまな命令を呼び出す**ための文です。この文を使うと、加算や代入などよりももっと高度な処理をコンピュータに指示できます。最も代表的な命令に、おなじみの `printf` があります。

コード3-10 命令実行の文（画面出力） code0310.c

```
#include <stdio.h>

int main(void)
{
  int age = 29;
  printf("今年%d歳で、", age);
  int newAge = age + 1;
  printf("来年%d歳ですね¥n", newAge);
```

```
09    return 0;
10 }
```

```
今年29歳で、来年30歳ですね
```

ちなみに、7行目と8行目を1つの文にまとめて、`printf("来年%d歳ですね¥n", age + 1);`と書くこともできるんだ。

命令実行の文の中で式を使えるんですね。

まずは、命令実行の文の形式を見ておきましょう。命令実行の文には、必ず丸カッコで囲まれた部分が登場するのが特徴です。

命令実行の文

```
呼び出す命令の名前(引数);
```

カッコの中に記述するのは**引数**（ひきすう）や**パラメータ**と呼ばれるもので、その命令を呼び出すにあたって必要となる追加の情報です。printf()であれば、画面に表示する情報を引数で指定する決まりです。

C言語で利用できる命令はprintf()以外にも数多くありますが、引数を2つ指定するものや、引数をまったく指定しないものなど、命令によって引数の種類や数が異なっています。

ほかにはどんな命令があるんですか？　もしかしてゲームが作れちゃうような命令なんかもあるんですか？

悠馬は本当にゲームが好きだな。1つずつ紹介していくから、楽しみにしていてくれ。

使える命令がprintf()だけでは楽しくありませんね。C言語には、ファイルに書き込む、キーボードから入力を受け付けるなどのさまざまな命令が準備されています。しかし、現時点の私たちには、それらをすべて使いこなすのは難しいので、ここでは入門者にも使いやすい命令を紹介していきます。

なお、紹介する命令の書き方を丸暗記する必要はありません。使いたくなったときに、「そういえばこんな命令があったはず」と思い出して本書を読み返せば大丈夫です。気楽に読み進めてください。

3.6.2 画面に表示する命令

まずは基本中の基本、画面に文字を表示する命令だ。すでに使ってきたprintf()だが、あらためて構文を紹介しておこう。

1つの内容を画面に表示する

```
printf(①, ②);
```

※ ①は書式文字列（後述）、②は内容を表示したい変数（整数・小数・文字列など）や式を指定する。
※ プログラムの先頭に `#include <stdio.h>` が必要。

printf()命令は、画面に情報を表示したいときに用いる最も一般的な命令です。①に指定する**書式文字列**によって、②に指定する変数や式にさまざまな修飾を施して表示できます。

書式文字列って、今まで `"年齢は%d¥n"` とか書いてきたものですよね。

そうだ。特に%の部分にはいろいろな指定ができるからすっごく便利なんだぜ。

書式文字列とは、表示内容の雛形のようなものです。書式文字列の中には、%で始まる**プレースホルダ**（place holder）と呼ばれる表記を含めることができ、実行時にはプレースホルダの場所に②の内容が流し込まれます。プレースホルダの表記は、流し込む変数の型によって使い分ける決まりになっています（表3-6）。

表3-6　表示する情報の型に対応するプレースホルダ

種別	データ型	プレースホルダ
整数	char （数字として表示）	%d
	short	
	int	
	long	%ld
小数	float、double	%f
文字	char （文字として表示）	%c
文字列	String	%s

※ プレースホルダの完全な一覧は付録E.7を参照。

うわぁ…全部覚えきれるかな…。

まあすぐに慣れると思うが、まずは%dと%sの2つを覚えておけば不便はないはずさ。

プレースホルダは、%の直後に表示桁数を指定すると、その桁数に満たない部分に0やスペースが流し込まれて、次のような表示もできます。

```
printf("%d", 123);         // 表示は「123」
printf("%5d", 123);        // 表示は「  123」
printf("%05d", 123);       // 表示は「00123」
```

ふむふむ。モンスターのHPなどをきれいに並べて表示するときに使えそうだなぁ。

また、printf()命令の書式文字列には複数のプレースホルダを指定できます。その場合は、命令を呼び出すときに指定する引数の数を増やします。

複数の内容を画面に表示する

```
printf(①, ②, ③, ④,…);
```

※ ①は書式文字列、②以降は内容を表示したい変数や式を指定する。
※ プログラムの先頭に `#include <stdio.h>` が必要。

コード3-11　2つのプレースホルダを使ったprintf()命令　code0311.c

```
#include <stdio.h>

typedef char String[1024];

int main(void)
{
  int age = 29;
  String name = "かいとう";
  printf("私は%d歳の%sです。¥n", age, name);
  return 0;
}
```

もしプレースホルダを1つも指定しないと、printf()命令に対する引数は①のみとなり、プログラムに記述した固定の文字列がそのまま表示されます。

```
printf("こんにちは");
```

コード3-3（p.90）みたいな、いちばんシンプルなパターンですね。

column

プレースホルダのさまざまな呼び方

printf()などの書式文字列で使用される%sや%dを、本書では「プレースホルダ」という名称で紹介しました。あとから変数の情報を流し込む位置の指定を、お花見などの「場所（place）取り（hold）」に見立てた名称で、一度覚えれば比較的イメージしやすいでしょう。

一方で、%sや%dは、ほかにもさまざまな名前で呼ばれることがあります。正式な仕様では**変換指定子**（conversion specifier）となっているほか、歴史的には**書式指定子**（format specifier）や**フォーマット指定子**と呼ばれてきました。開発者同士の会話に登場する機会も多いので、業務としてプログラミングに携わる人はこれらの少し堅苦しい名前も知っておくとよいでしょう。

3.6.3 文字列を整数に変換する命令

仮に、String型の変数に「10」が格納されているとします。この情報は文字列なので、そのままでは加減算などの計算には使えません。文字列の「10」を整数の10に変換して計算を行いたい場合は、次の命令を使いましょう。

文字列を整数に変換する

```
int n = atoi(①);
```

※①は整数に変換したい文字列を指定する。
※左辺の変数名は任意。
※プログラムの先頭に `#include <stdlib.h>` が必要。

引数①に、整数として解釈できる文字列が入ったString型の変数やリテラルを指定すると、int型の整数に変換して左辺の変数に代入してくれます。

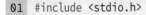

コード3-12 文字列を整数に変換する

BC33C code0312.c

```
#include <stdio.h>
#include <stdlib.h>   ← この行も忘れずに

typedef char String[1024];

int main(void)
{
  String age = "29";
  int n = atoi(age);
  printf("あなたは来年%d歳になります。¥n", n + 1);
  return 0;
}
```

あなたは来年30歳になります。 

ageに文字列の「29」が入ってるときに `atoi(age)` とすると、結果が整数の29になるんですね。

`atoi(age)` が29に化ける…。これ、ひょっとして式の「評価」(p.92) ですか？

鋭いね。実は「命令の実行」も厳密には式の一種なんだ。

なお、もし「10A23」のように数値ではない文字が引数に含まれていると、その文字から後ろはすべて無視され、この場合は10という整数に変換されます。また、引数に数字が含まれない場合は、0が返されます。

3.6.4 乱数を作る命令

悠馬の大好きなゲームに欠かせないのが乱数だな。

ランスウ…？

コンピュータの中に入っているサイコロみたいなものよ。毎回ランダムに違う値が取り出せるの。

乱数を作る

```
int r = rand() % ①;
```

※①は1以上の整数で、作る乱数の上限値を指定する（指定値は含まれない）。
※プログラムの先頭に `#include <stdlib.h>` が必要。

①に1以上の整数を指定してこの命令を呼び出すと、0以上かつ①に指定した数未満の整数が変数rに代入されます。どのような数が代入されるかは、実行するまでわかりません。たとえば、①に10を指定すると、rには0～9のいずれかが代入されます。

コード3-13 乱数を作る

code0313.c

```
#include <stdio.h>
#include <stdlib.h>

int main(void)
{
```

```
    int r = rand() % 100;
    printf("あなたはたぶん、%d歳ですね？¥n", r);
    return 0;
}
```

0～99のいずれかの整数がrに代入される

あれ？　ランダムになるはずなのに、何回プログラムを実行しても毎回同じ数字が出ちゃうなぁ…。

おっと、すまんすまん。準備を忘れていたな。

rand()命令を使うときには、きちんとランダムな乱数が生み出されるように準備作業が必要です。

乱数生成の準備をする

```
srand((unsigned)time(nullptr));
```

※ rand()命令を使う前に1度だけ実行しておけばよい。
※ プログラムの先頭に `#include <stdlib.h>` と `#include <time.h>` が必要。
※ unsignedやnullptrなど見慣れない用語が含まれるが、現段階ではイディオムとして利用する。
※ nullptrでエラーが発生する場合は、NULLと記述する。

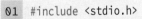

コード3-13に準備作業を追加したのが次のコード3-14です。

BC33E

コード3-14　準備をしてから乱数を作る

code0314.c

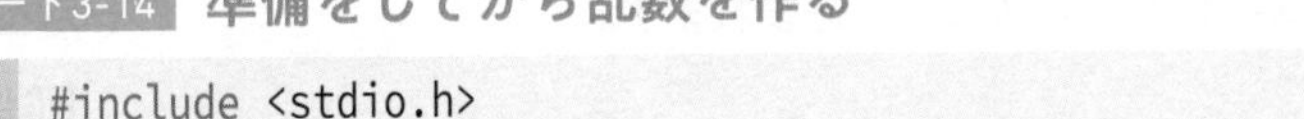

```
#include <stdio.h>
#include <stdlib.h>
#include <time.h>

int main(void)
```

```
{
  srand((unsigned)time(nullptr));
  int r = rand() % 100;
  printf("あなたはたぶん、%d歳ですね？¥n", r);
  return 0;
}
```

コンパイルエラーが発生する場合、nullptrをNULLに置き換えてください。

```
あなたはたぶん、31歳ですね？
```

実行するたびに結果は変わる

3.6.5 キーボードから文字列の入力を受け取る命令

あとゲーム作りに必要なのは…キーボードから文字が入力できる必要があるな。

キーボードから1行分の文字列入力を受け付ける

```
scanf("%s", ①);
```

※ ①は文字列型の変数を指定する。
※ プログラムの先頭に `#include <stdio.h>` が必要。

この命令を実行するとプログラムは一時停止状態となり、キーボードで文字列を入力できるようになります。文字列の入力後に Enter キーを押すと、入力した内容が文字列型の変数に書き込まれます。

コード3-15 キーボードからの文字列入力を受け付ける

code0315.c

```
#include <stdio.h>
#include <stdlib.h>    // atoi()のために必要

```

```
typedef char String[1024];

int main(void)
{
  String name;
  printf("あなたの名前を入力してください。¥n");
  scanf("%s", name);

  String ageStr;
  printf("あなたの年齢を入力してください。¥n");
  scanf("%s", ageStr);

  int age = atoi(ageStr);
  printf("ようこそ、%d歳の%sさん。¥n", age, name);
  return 0;
}
```

あれ？　実行すると、「あなたの名前を入力してください。」と表示したままプログラムが止まっちゃいましたよ。

それは止まってるんじゃなくて、ゆりちゃんが入力するのを待ってるんだ。

キーボードからの入力を受け付ける命令にさしかかると、プログラムは黙って入力を待ち続けます。実行が止まってしまったわけではないので、何らかの入力をすれば処理は続行されます。

```
あなたの名前を入力してください。
かいとう↵            ← キーボードから名前を入力
あなたの年齢を入力してください。
29↵                  ← キーボードから年齢を入力
ようこそ、29歳のかいとうさん。
```

よし！　これでもう乱数生成もキーボード入力もできるようになりました。簡単な占いゲームなら僕にも作れるかも！

そうだな！　これまでに習った型・演算子・命令を使って、自分なりのプログラムをたくさん作ってみてくれよな。それがC言語上達への近道だ。

なお、すでに気づいた人も多いかもしれませんが、C言語が準備してくれている各種の命令を使えるようにするには、ソースファイルの先頭に必ず `#include<〜.h>` という記述が必要になります。これについては第13章で紹介しますので、今の段階では、「C言語の命令を使うために必要なおまじない」程度に考えておいてください。

column

より安全なscanfの使用法

scanfは便利な命令ですが、何度も呼び出すと意図しない動作をするなどセキュリティ上の懸念があるため業務ではあまり利用されません。複雑ですが次のように記述すると安全にscanfを利用できます。

```
scanf("%1023s%*[^¥n]%*c", ①);
```

※ ①はString型の変数を指定する。

3.7 第3章のまとめ

chapter
3

計算の文

- 計算の文とは四則演算や代入をコンピュータに指示するための文であり、式と呼ばれる形で記述される。
- 式は、オペランドと演算子から構成されている。

オペランド

- オペランドには、変数や定数、リテラルや命令の実行結果がある。
- ソースコードに直接記述される具体的な値をリテラルという。
- リテラルの表記方法によって、そのリテラルのデータ型が判別される。
- 特殊な記号をリテラルとして表すためにエスケープシーケンスを用いる。

式の評価と型変換

- 式は、置換、優先順位、結合規則の3つの原則に従って評価され、計算結果を導き出す。
- 大きい変数に小さい値を代入する場合、自動的に変数の型に変換される。
- キャストによって明示的に型変換できるが、値よりも小さい型に代入するとデータが欠損する。
- 異なる型同士での演算は、大きいほうの型に揃えてから処理される。

命令実行の文

- C言語が準備したさまざまな命令を呼び出すことができる。

3.8 練習問題

練習3-1

次に記述されたリテラルのデータ型を答えてください。

（ア）1.4142　（イ）123456L　（ウ）'a'
（エ）50.5F　（オ）"1"　（カ）300

練習3-2

次の式を評価した結果、左辺の変数に格納される値とそのデータ型を答えてください。もしエラーや警告が出る場合は、エラーとしてください。

（ア）double d = 10 * 3.14;　（イ）int i = 10.0F;　（ウ）int j = (int)10.0;
（エ）char c = 65;　（オ）long l = 60000L + 10;

練習3-3

次の内容のプログラムを作成してください。

（1）画面に「4桁の暗証番号を生成します」と表示する。
（2）int型の変数を4つ準備し、それぞれに0〜9の乱数を代入する。
（3）画面に「暗証番号：○○○○」と表示する（○○○○には作成した乱数を表示）。

練習3-4

次の内容のプログラムを作成してください。

（1）画面に「カレンダーから縦に並んだ数字を3つ選び、その合計を入力してください」と表示し、キーボードからの入力を受け付け、String型変数に格納する。

（2）**（1）の変数を数値に変換し、3で割る。**

（3）**「選んだ数字はXとYとZですね？」と画面に表示する。X、Y、Zにはそれぞれ、（2）の値から7を引いたもの、（2）の値、（2）の値に7を足したものを表示する。**

【FE対策④】擬似言語に登場する演算子

第3章ではC言語のさまざまな演算子を学びました。FE試験の科目Bで使用される擬似言語に登場する演算子も、その多くはC言語と共通しています。ここでは、次の6つの違いを知っておきましょう。

言語	値の代入	割り算の余り	条件			
			等しい	かつ	または	否定
C言語	=	%	==	&&	||	!
擬似言語	←	mod	=	and	or	not

たとえば、xを2で割った余りは x mod 2 だ。ちなみに、試験ではこれを応用する知識があるかを試されることもある。

科目Bの合格には、2層のスキルが必要だと第1章で紹介しました（p.52）。2層目は、ある目的の処理を実現するための、お決まりパターンの書き方を知っているかどうかを意味します。たとえば、xが奇数か偶数かを判定するには、どんなプログラムを書けばよいでしょうか。

えっ、どうするんだろう。…あ、そうか、x mod 2 よ！

まったくのゼロから自力で考え出すのは難しいのですが、一度でも奇数偶数を判定するために2で割って余りを調べる方法を見聞きした経験があれば、すぐに思い付けるので安心してください。このように、実際の試験問題で x mod 2 を見たら、「もしかすると奇数偶数の判定をしているのかな？」と想像できる能力こそが「2層目のスキル」です。

残念ながら本書では「2層目のスキル」はほとんど扱わない。だが、「1層目のスキル」をこの本でしっかりと身に付けておくと、2層目のスキル習得に有利なんだ。

chapter 4 条件分岐と繰り返し

私たちは日常、その時々の状況に応じて行動を選んだり、
同じような行動を繰り返したりしています。
コンピュータプログラムも同様で、さまざまな条件を判断しながら
処理を進めていきます。
この章では、条件によってプログラムの流れをコントロールする
方法について学んでいきましょう。

contents

4.1 プログラムの流れ

4.1.1 代表的な制御構造

第2章と第3章では、変数や型、リテラル、演算子などを使った文の書き方を学習しました。それらの文は、プログラムの上から順に1行ずつ実行されるのがルールでしたね（1.2.5項）。

文を実行する順番のことを**制御構造**（または制御フロー）といい、代表的なものとして、**順次・分岐・繰り返し**（**ループ**）の3つが存在します。プログラムの処理は、基本的にこの3つの流れだけで構成可能とされています。

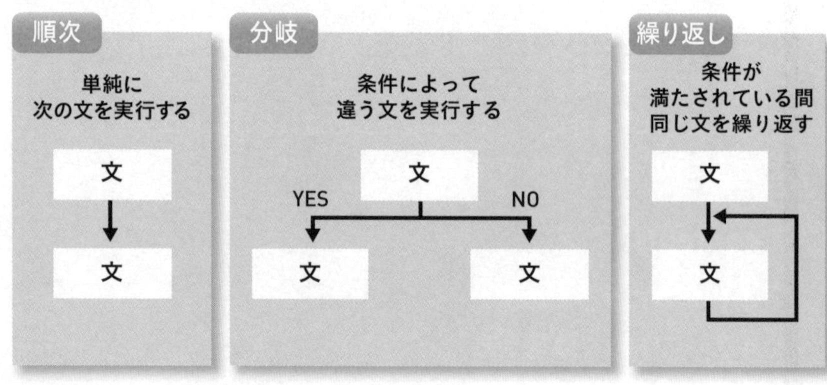

図4-1 代表的な制御構造

これまで出てきたプログラムの上から順に1つずつ実行するのは、順次のことなんですね。

そのとおり。この章では残りの2つを学ぼう。

世の中には、ゲームや業務システムなど、複雑な動作をするプログラムが多数存在しますが、それらはすべて順次・分岐・繰り返しの制御構造を組み合わせてできています。そして、この3つの制御構造だけで、ありとあらゆるプログラムの作成が可能であると研究で明らかになっているのです。

構造化定理

順次・分岐・繰り返しの3つの制御構造を組み合わせることで、どんなに複雑なプログラムでも作成することが理論上可能である。

プログラムを作るには、順次・分岐・繰り返しを覚えればなんとかなる！ということですね。

そうとも言えるなぁ。逆に言えば、この3つの制御構造をマスターしないと本格的なプログラムは作れないのさ。

4.1.2 分岐を体験する

まずはシンプルな例で雰囲気をつかんでいこう。

私たちは日常生活でも、さまざまな条件によって行動を変化させています。次の文章を見てください。

もし、明日が晴れなら、洗濯してから散歩に行こう。
でも、明日が雨なら、部屋で映画を観ていよう。

これは、洗濯や散歩、映画鑑賞などの行動を、晴れまたは雨という気象**条件によって変化させている**わけです。この例の行動をフローチャートで表現すると、次ページの図4-2のようになります。

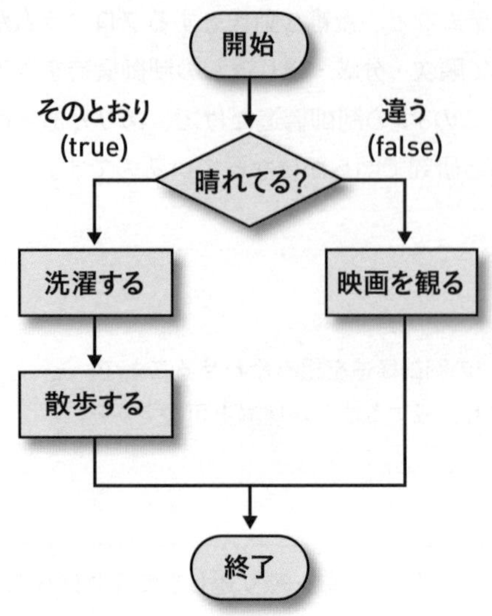

図4-2 天気による行動の変化をフローチャートで表す

この流れをC言語のソースコードで表現してみましょう。

コード4-1 天気による行動の変化をC言語で表す

BC341

code0401.c

```
01 #include <stdio.h>
02
03 int main(void)
04 {
05   bool tenki = true;
06   if (tenki == true) {
07     printf("洗濯をします¥n");
08     printf("散歩に行きます¥n");
09   } else {
10     printf("映画を観ます¥n");
11   }
12   return 0;
13 }
```

もし変数tenkiがtrueだったら…

そうでなければ…

コンパイルエラーが発生する場合、2行目に #include <stdbool.h> を追加してください。

5行目でtrueを代入したとき

```
洗濯をします
散歩に行きます
```

5行目でfalseを代入したとき

```
映画を観ます
```

図4-2のフローチャートとコード4-1を見比べて、コードの意味を読み取ってみましょう。

- **ifという命令を使えば、処理を分岐できる（ifは「もしも」という意味の英単語）。**
- **ifの後ろの()内には、「晴れているか？」などの分岐条件を書く。**
- **条件が成立していたら、()の後ろにあるブロックの内容だけを実行する。**
- **条件が成立していなければ、elseの後ろにあるブロックの内容だけを実行する（elseは「そうでなければ」という意味の英単語）。**

こんな感じでifを使った文のことをif文というんだ。

if文って、「もし○○ならばAをする、そうでなければBをする」と読めるから、英語の文章みたいですね。

if文

```
if (分岐条件) {
    条件成立のときに実行する処理
} else {
    条件不成立のときに実行する処理
}
```

4.1.3 繰り返しを体験する

次は、繰り返しを見てみましょう。

もしスマートフォンのバッテリーが少なかったら、30分充電する。

この行動は、次のフローチャートで表すことができます。

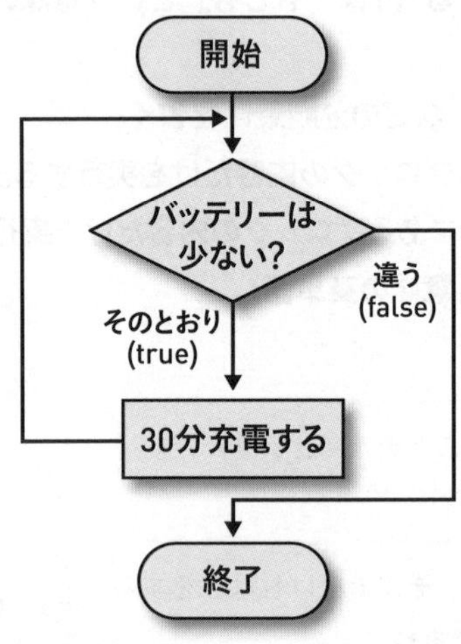

図4-3 充電を待つ行動をフローチャートで表す

これをC言語で表すと、次のようになります。なお、5行目でtrueを代入して実行すると延々と繰り返し処理が行われてしまいますので、Ctrl＋Cキーでプログラムを強制終了させてください（dokoCの場合はしばらく待つと処理は自動的に停止します）。

コード4-2 充電を待つ行動をC言語で表す

BC342

code0402.c

```
01 #include <stdio.h>
02 
03 int main(void)
04 {
05   bool lowCharging = true;
```

コンパイルエラーが発生する場合、2行目に #include <stdbool.h> を追加してください。

```
06    while (lowCharging == true) {
07      printf("30分充電する¥n");
08    }
09    return 0;
10  }
```

バッテリーが少ない間は…

5行目でtrueを代入した場合、無限に処理が繰り返されますので Ctrl ＋ C で強制終了してください

5行目でtrueを代入したとき

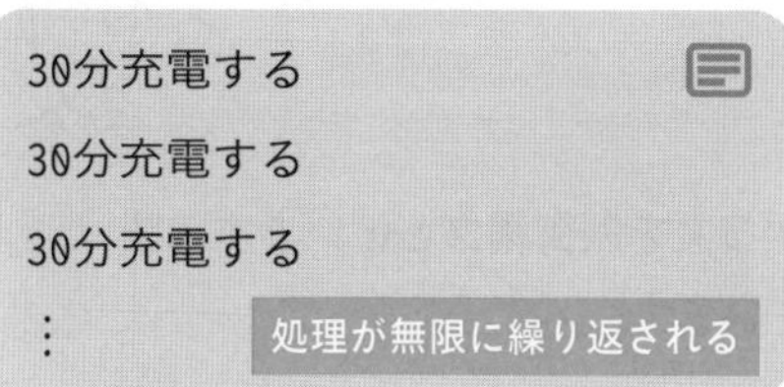
30分充電する
30分充電する
30分充電する
⋮
処理が無限に繰り返される

5行目でfalseを代入したとき

何も表示されない

図4-3のフローチャートとコード4-2を見比べると、次のことに気づくでしょう。

- **whileという命令を使えば、繰り返し処理を行うことができる（whileは「～の間は」という意味の英単語）。**
- **whileの後ろの()内には、繰り返しを続ける条件を書く。**
- **繰り返しを続ける条件が成立している限り、直後のブロックの内容が何度でも繰り返し実行される。**

whileを使った繰り返しはwhile文と呼ぶんだ。

while文

```
while (繰り返しを続ける条件) {
  繰り返し実行する処理
}
```

4.1.4 制御構文の構成要素

分岐のif文と繰り返しのwhile文は違う制御構造の文なのに、書き方はどこか似ていますね。

そう感じるのは、両方の構文が共に条件式とブロックから構成されているからだな。

if文やwhile文のような制御構造を指示する文を**制御構文**といいます。制御構文は、次の2種類の要素から成り立っています。

制御構文の構成要素

条件式　分岐条件や繰り返しを続ける条件を示した式
ブロック　分岐や繰り返しで実行する一連の文の集まり

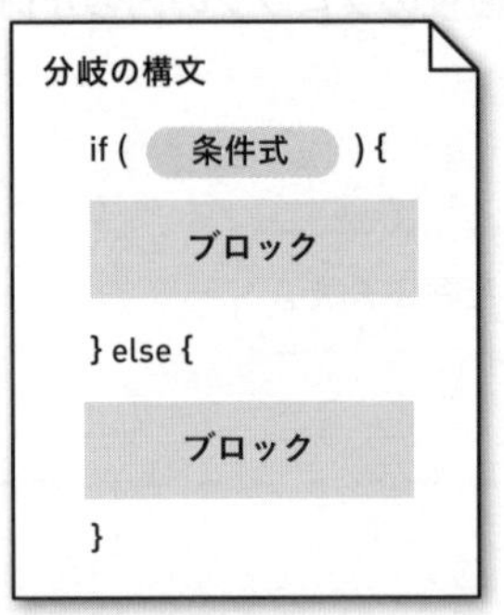

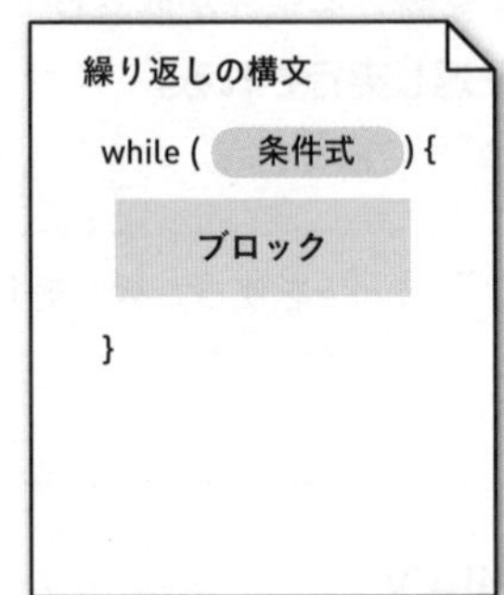

図4-4 制御構文は条件式とブロックから成り立つ

このように制御構文は条件式とブロックから成り立っているため、この2つの要素を理解できれば、制御構文を身に付けることができます。次節では、まずブロックの書き方について学んでいきましょう。

4.2 ブロックの書き方

4.2.1 ブロックとは

ブロックは、複数の文をひとまとまりとして扱うためのしくみです。ブロックの中には複数の文を記述できますが、次に紹介するブロックにまつわる2つのルールを守る必要がありますので、必ず覚えましょう。

ルール1　波カッコの省略

ブロックは通常、 { と } の波カッコで囲まれた部分ですが、内容が1行だけの場合は波カッコを省略できます。たとえば、コード4-1（p.130）は、次のように記述してもまったく同じ意味になります。

BC343

コード4-3　波カッコを省略したブロック

code0403.c

```
#include <stdio.h>

int main(void)
{
  bool tenki = true;
  if (tenki == true) {
    printf("洗濯をします¥n");
    printf("散歩に行きます¥n");
  } else
    printf("映画を観ます¥n");
  return 0;
}
```

（06行目の注記）内容が2行なので波カッコは省略不可

（09行目の注記）内容が1行なので波カッコは省略可能

ただし、業務の開発現場では、プログラミングのミスを防止するため、**ブロックの波カッコ省略は推奨されない**ことを併せて覚えておきましょう。

波カッコの省略が推奨されない理由は、章末の練習問題を解けばわかる。ぜひチャレンジしてくれよな。

ルール2　ブロック内で宣言した変数の寿命

ブロックの中で新たに変数を宣言することもできます。しかし、**ブロック内で宣言した変数は、そのブロックが終わると同時に消滅**します。たとえば、while文のブロック内で宣言した変数は、そのブロックの外側では利用できません。このような、変数が利用可能な場所の範囲を**スコープ**（scope）といいます。

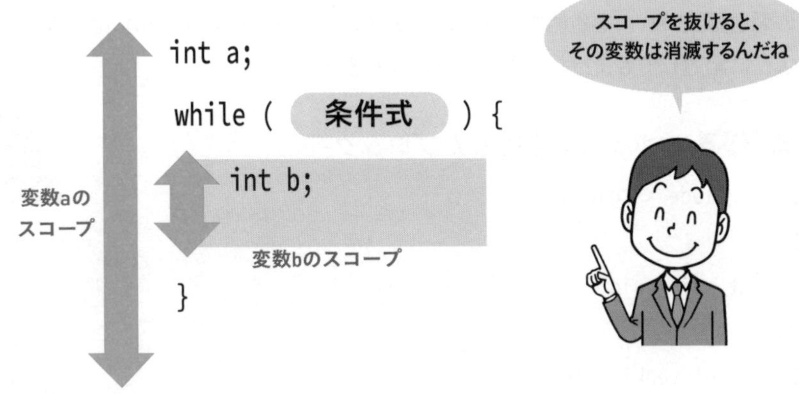

int a;
while (条件式) {
int b;
}
変数aのスコープ
変数bのスコープ
スコープを抜けると、その変数は消滅するんだね

図4-5　ブロック内で宣言された変数のスコープはそのブロック内に限定される

図4-5のようなソースコードで、while文のブロックが終わってから変数bを利用しようとすると、宣言されていない変数を使用しています、という意味のコンパイルエラーが発生します。

変数を宣言したはずなのに、undeclared（宣言されていない）というエラーが出たら、変数名のつづりとスコープを確認するクセを付けよう。

4.3 条件式の書き方

4.3.1 条件式とは

条件式とは、if文やwhile文で利用される式で、処理を分岐するための条件や繰り返しを続ける条件を表現するためのものです。

条件式

```
if ( tenki == true ) {
```

もし変数tenkiの内容がtrueなら

条件式

```
while ( age >18 ) {
```

もし変数ageが18より大きいなら

条件式の内容が評価されて、
分岐や繰り返しが処理されるんだ

図4-6 条件式は処理を分岐するための条件や繰り返しを続ける条件を表現する

条件式の中に現れる==や>の記号に注目してください。これらは**関係演算子**（relational operator）と呼ばれ、左辺と右辺を比較する演算子です。比較演算子には、次の表のような種類があります。

表4-1 関係演算子の種類と意味

演算子	意味
==	左辺と右辺は等しい
!=	左辺と右辺は等しくない
>	左辺は右辺より大きい
<	左辺は右辺より小さい
>=	左辺は右辺より大きいか等しい
<=	左辺は右辺より小さいか等しい

関係演算子を使うと、たとえば、次のような条件式を作ることができます。

- `sw != false` **変数swがfalseでなかったら…**
- `deg - 273.15 < 0` **変数degから273.15を引いた結果が0未満なら…**
- `initial == 'Z'` **変数initialに入っている文字がZなら…**

特に、「等しい」を表現する関係演算子は==（イコール記号を2つ並べる）であることに注意してください。誤ってイコールを1つしか書かないと代入演算子を意味するので、まったく異なる動作をしてしまいます。

うっかりイコール1つにしてしまいそうね。気をつけなきゃ。

おう、初心者がやっちまいがちなミスの代表格さ。

条件式では==を使う

条件式に登場するイコール記号は2つ。
単独でイコール記号を使うケースはほとんどない。

4.3.2 if文やwhile文の正体

第3章で、演算子は評価されて別のものに「化ける」と習ったのを思い出しました。関係演算子も演算子だとしたら、`1 + 2` が3に化けるのと同じように `age > 18` みたいな条件式も何かに化けるんですか？

おっ、よく覚えていたな。そのとおりだ。

第3章で学んだように、演算子は前後の値と一緒に評価され、別のもの（計算結果）に置き換わります。前項で登場した関係演算子も、+（算術演算子）や=（代入演算子）の仲間ですから、評価されて置き換わる特性を持っています。具体的には、**関係が成立するならtrue（真）に、そうでないならfalse（偽）に置き換わります。**

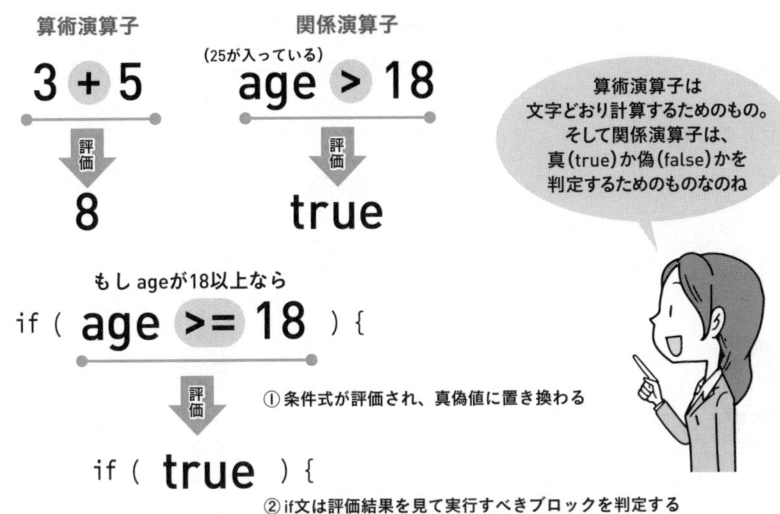

算術演算子
3 + 5
評価
8
関係演算子
(25が入っている)
age > 18
評価
true
算術演算子は
文字どおり計算するためのもの。
そして関係演算子は、
真(true)か偽(false)かを
判定するためのものなのね
もし ageが18以上なら
if (age >= 18) {
評価
① 条件式が評価され、真偽値に置き換わる
if (true) {
② if文は評価結果を見て実行すべきブロックを判定する
(この場合はtrueなので、直後のブロックを実行)

図4-7 条件式の評価結果によってif文の動作は変化する

したがって、if文やwhile文は次のように捉えることができます。

- **if文とは、条件式の評価結果が真なら第1ブロックを、偽なら第2ブロックを実行する文。**
- **while文とは、条件式の評価結果が真の間、ブロックを繰り返し実行する文。**

この条件式の本質を理解できていれば、次のようなbool型の変数1つだけを指定した条件式の意味も読み取れるでしょう。

```
if (isError) {
  printf("エラーが発生しました");
}
```

エラー状況ならtrueが格納されている

4.3.3 bool型に評価されない条件式

ここまでは、評価結果がすべてtrueまたはfalseになる条件式を紹介してきました。条件式の結果がYesなのかNoなのかによって動きが変化するので、直感的でわかりやすいでしょう。

しかし、みなさんが将来、ほかの開発者によって書かれたソースコードを読むようになると、次のような条件式を見かけることもあるかもしれません。

```
int count = 10
if (count) {
      ⋮
  }
```

えっ？　もし10なら…ってどういう意味？

ぱっと見、意味不明だよなぁ。これを理解するには、C言語の「隠れた常識」を知っておく必要があるんだ。

実は、C言語では結果がbool型とはならない条件式の記述が許されています。その場合、コラム「int型で真偽値を表す習慣」(p.64) でも紹介したように、C言語の世界に存在する次のような考え方に沿って解釈され、動作します。

整数をtrueまたはfalseに解釈する

0　　　→　false　(偽)
0以外　→　true　 (真)

条件式の結果がbool型にならない場合、if文は0か0以外かによって、実行するブロックを決定します。つまり、結果が0以外ならばtrueと解釈して第1ブロックを、0ならばfalseと解釈して第2ブロックを実行します。

先ほどの `if (count)` をこのルールに則って読み解くと、変数countは0ではないため、ifブロックが実行されることになります。

結局、`if (count != 0)` と同じなんですね。わざわざこんなわかりにくい書き方をしなくたって…。

p.64のコラムでも少し触れたが、昔のC言語にはbool型が存在しなかったんだ。だから、みんな0か0以外かという条件式を書かざるをえなかったのさ。

海藤さんが言うように、C言語の歴史的経緯もあって、整数に評価される条件式の表記は非常に多く見受けられます。もし開発現場でこのような条件式に出会っても、驚かずにソースコードの意味を正しく読み取れるよう、しっかりと理解しておきましょう。

ただし、私たち初学者が条件式を記述する場合は、意味が明確であるbool型に評価される条件式を使いましょう。

column

boolとintは親戚関係

昔のC言語がbool型の代わりにint型を使っていた事実は、先に触れたとおりです（p.64）。実は、C言語におけるbool型は、次のような特殊な性質を持つint型のようなものとして取り扱われます。

- **整数を自由に代入できるが、0以外を代入すると1として格納される。**
- **int型として扱おうとすると、0と1に自動型変換される。**

本書では、関係演算子の評価結果や制御構文の条件式をbool型であるかのように紹介していますが、ほとんどのC言語のコンパイラはこれをint型の0または1として扱っています。

結局int型になるなら、僕は普通に0や1を使いたいな。

確かにそういう意見もあるが、C言語の進化版言語であるC++をはじめ、現在利用されているほとんどのプログラミング言語ではboolはintとは違う独立した型なんだ。将来のために今から真偽値型を使い慣れておくことをすすめるよ。なにより、ソースコードの意味もわかりやすくなるしな。

C言語でbool型を使用する際に1つだけ注意点があります。それは、**条件式ではtrueと比較する書き方を避けるべき**という点です。具体的には、`if (a == true)` や `if (a != true)` などと記述する代わりに、`if (a)` や `if (!a)` と書きます。

これは、真の場合は1ではなく「0でない」int値を返す命令がC言語には多く存在するからです。たとえば、10や-5などを返す可能性があるため、結果をtrue（すなわち1）と比較してしまうと意図と異なる動作をしてしまうためです。

4.3.4 文字列の比較

海藤さん、習った関係演算子を使ってみたんですけど、何だか動きがおかしくて…。

どれどれ…？　あちゃー、もうやっちまったか！

関係演算子の意味を理解できれば、条件式を記述するのは難しいことではありません。しかし、初心者のほぼ全員が必ず落ちてしまう落とし穴があります。岬くんが作成した次のコード4-4を見てみましょう。

コード4-4 **文字列を比較する？**

BC344 code0404.c

```c
#include <stdio.h>

typedef char String[1024];

int main(void)
{
  String answer;
  printf("かっこよくて最高な、C言語男子の名前は？¥n");
  scanf("%s", answer);
  if (answer == "ミサキ") {
    printf("大正解！　見る目あるね！¥n");
  } else {
    printf("残念。¥n");
  }
  return 0;
}
```

入力された文字が「ミサキ」か判定

```
かっこよくて最高な、C言語男子の名前は？
ミサキ⏎
残念。
```

涙拭きなよ。今日からでも自分をしっかり磨いて、最高を目指せばいいじゃない。

いや、そこじゃないだろう。

C言語では、+演算子で文字列の連結はできないのと同様に、**==演算子では文字列の比較が正しくできない**ことになっています。ただ、間違って比較してもコンパイルエラーは出ませんので、原因に気づくまでに時間がかかってしまうタチの悪い問題です。

文字列が正しく比較できないなんて、そんなぁ。じゃあどうすればいいんですか。

理由はおいおい紹介するが、今のところは文字列型に関する「第5の約束」としておいてくれ。

文字列型の「7つの約束」

（約束1） 1024を小さな数字に書き換えてはならない
（約束2） 最大1024文字まで入るとは考えてはならない
（約束3） 初期化を除いて=で代入してはならない
（約束4） 演算子で計算や連結をしてはならない
（約束5） 演算子で比較をしてはならない
（約束6） 第8章で紹介
（約束7） 第8章で紹介

入力された文字列を比較できないと不便かもしれませんが、もうしばらく我慢をすることにしましょう。先ほどの岬くんのプログラムは、選択肢の番号を入力してもらう形式であれば実現が可能です。

コード4-5 文字列の代わりに数値で比較する

code0405.c

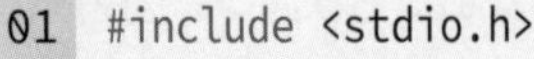

```
#include <stdio.h>
#include <stdlib.h>

```

```
typedef char String[1024];

int main(void)
{
  String answerNo;
  printf("かっこよくて最高な、C言語男子の名前は？¥n");
  printf("1：ミナト　 2：ミサキ　 3：ツバサ　 4：ミサエ¥n");
  scanf("%s", answerNo);
  int n = atoi(answerNo);
  if (n == 2) {
    printf("大正解！　見る目あるね！¥n");
  } else {
    printf("残念。¥n");
  }
  return 0;
}
```

入力された数値の文字列をintに変換

数値なら==で比較してOK！

4.3.5 論理演算子を用いた複雑な条件式

「年齢が18歳以上、かつ8月生まれ」のように、2つ以上の条件を組み合わせたより複雑な条件式を使いたい場合は、**論理演算子**を用います。

表4-2 論理演算子の種類と意味

演算子	意味
&&	かつ　（両方の条件が満たされたら true）
||	または（どちらかの条件が満たされたら true）

では実際に、論理演算子を用いた条件式を見てみましょう。

```
if (age >= 18 && month == 8) { …
if (hp < 100 || lv % 10 == 0) { …
```

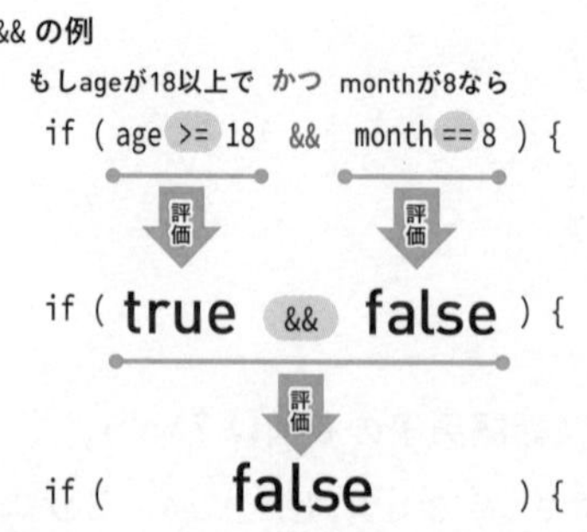

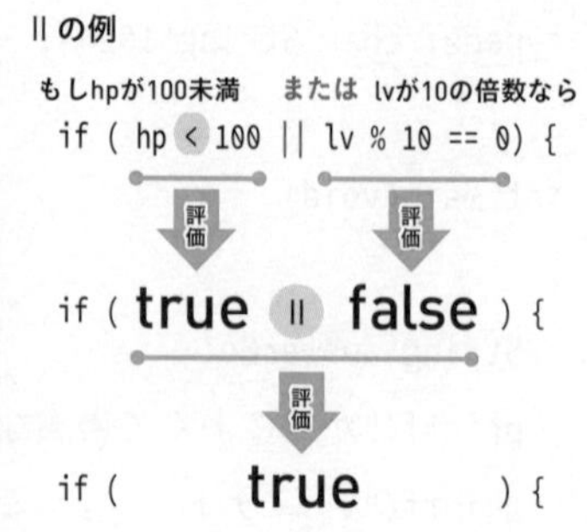

&&は左辺と右辺の両方が成立したときtrueになる。
それに対して||はどちらか片方が成立すればtrueだ。この違いを理解しよう

図4-8 &&は両方の条件が成立したらtrue、||はどちらかの条件が成立したらtrueになる

&&と||を組み合わせて、さらに複雑な条件式を作ることも可能です。次の条件式では、「hpが100未満かつlvが10の倍数である」または「hpが100以上かつlvが10の倍数でない」ときにブロックの内容が実行されます。

```
if ((hp < 100 && lv % 10 == 0) || (hp >= 100 && lv % 10 != 0)) { …
```

関係演算子と論理演算子を組み合わせれば、どんな条件でも作れますね！

なお、もし〜でなければのような否定形の条件式を作りたい場合は、条件式の前に否定演算子である ! を付けます。

```
if (!(age == 29)) { …
```

ageが29でなければ（29以外）ならtrue

この ! は論理演算子の一種ですが、直後の条件式や真偽値を反転させる機能を持っています。

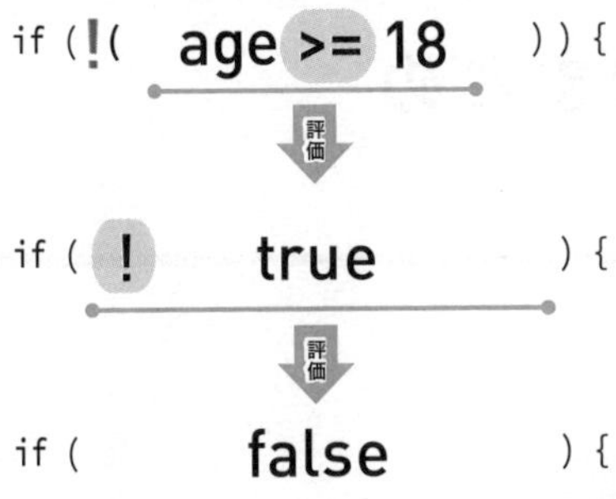

!は、その右にあるtrueやfalseを
逆転させる演算子だよ

図4-9 !は続く評価式の結果を反転させる

よしよし、これでブロックと条件式の両方をマスターしたぞ。
もうどんな制御構造も書けるはずさ。

column

数学とC言語における条件式の表現の違い

Xは10より大きく20より小さい場合、数学では10 < X < 20と表現します。しかしC言語の条件式では、`10 < X && X < 20` と表記しますので注意してください。

4.4 第4章のまとめ

制御構文

- 順次、分岐、繰り返しの3つの制御構造を組み合わせれば、理論上どのようなプログラムでも作成できる。
- 分岐や繰り返しを指示する文を制御構文という。
- if文によって、処理を分岐させることができる。
- while文によって、処理を繰り返すことができる。
- 制御構文は、ブロックと条件式から構成されている。

ブロック

- ブロックは、複数の文をひとまとまりとして扱う。
- ブロックの中で宣言した変数は、そのブロックに限定して有効である。

条件式

- 関係演算子は左辺と右辺を比較した結果の真偽値に置き換わる。
- if文は、条件式の結果が真なら第1ブロック、偽なら第2ブロックを実行する。
- while文は、条件式の結果が真の間、ブロックを繰り返し実行する。
- 条件式の結果が整数の場合、0を偽、0以外を真として解釈する。
- 0以外のすべての値は真に解釈されるため、評価の結果をbool型のtrue（すなわち1）と比較してはならない。
- 2つ以上の条件を組み合わせるには、論理演算子を用いる。

4.5 練習問題

練習4-1

次の条件式が評価している内容を日本語で答えてください。もし条件式として適当でない場合は、×を記してください。

（1）price * 1.08 <= 10000
（2）n == 0
（3）pref == "kumamoto"
（4）a + b > 60 || day == 1
（5）answer

練習4-2

次のような評価をする条件式を記述してください。

（1）変数initialの値は「W」と等しいか
（2）変数ageと変数yearの合計は7の倍数か
（3）変数magicが50以上かつ変数lvが20未満かどうか
（4）変数dayの値が28・30・31のいずれかかどうか
（5）変数xと変数yの値が一致しないかどうか（否定演算子を用いる）

練習4-3

コード4-3（p.135）の変数tenkiがfalseの場合に、「映画の感想をブログに書きます」と表示する処理を追加するため、11行目に次のようなソースコードを挿入しました。

```
09    } else
```

BC34a

```
        printf("映画を観ます¥n");
        printf("映画の感想をブログに書きます¥n");
    return 0;
}
```

この行を追加

しかし、このプログラムは意図したように動きません。発生している現象とその原因を説明してください。また、このプログラムの誤りを修正してください。

練習4-4

if文を使って、次の内容のプログラムを作成してください。

（1）画面に「いただきます（改行）バナナを食べます（改行）」と表示する。
（2）bool型の変数moreを宣言し、trueかfalseを代入する。
（3）もし変数moreがtrueならば、「おかわりをください（改行）」と画面に表示し、それ以外ならば「お腹がいっぱいです（改行）」と表示する。
（4）画面に「ごちそうさまでした（改行）」と表示する。

練習4-5

while文を使って、次の内容のプログラムを作成してください。

（1）int型の変数tempを宣言し、30で初期化する。
（2）画面に「現在の設定温度：」の文言と、変数tempの値を表示する。
（3）画面に「暑いですか？Yes=1　No=0」と表示し、入力を受け付ける。
（4）0が入力されたら「設定を終了します」と表示して処理を終了する。
（5）1が入力されたら変数tempの値から1を引き、（2）の処理へ戻る。

column

条件式の短絡評価

複雑な条件式を評価するとき、Cコンパイラは少し賢い翻訳をします。たとえば、図4-8（p.146）の左の条件式を評価する場合、変数ageの値が18未満であれば、前半の `age >= 18` を評価した時点で全体の結果はfalseになることが確定します。そのため、続く後半の `month == 8` については評価を行う必要がないため、その評価自体を省いてしまいます。

このようなふるまいを、**短絡評価**（minimal evaluation）といいます。

chapter 4

column

【FE対策⑤】擬似言語に登場する制御構文

第4章ではC言語のif文やfor文を学びましたが、擬似言語でもほぼ同じです。ブロック記号 { ～ } を使わずに、インデントとendif、endwhile、endforなどで制御を表現する点に違いがありますが、大勢に影響はないでしょう。

C言語	擬似言語

if（条件式）{
　文
}
	if（条件式）
	　文
	endif

while（条件式）{
　文
}
	while（条件式）
	　文
	endwhile

do { 　文 } while（条件式）;	do 　文 while（条件式）

for（記述1; 記述2; 記述3）{
　文
}
	for（条件の説明）
	　文
	endfor

for文のカッコの中は、C言語のセミコロンで区切る書き方ではなく、たとえば「iを0から3まで増やしていく」のように日本語で記述されます。また、C言語のswitchやgoto（第5章で紹介）は擬似言語の仕様には含まれず、出題されません。

Pythonのように、switchやgotoがないプログラミング言語もあるから、その言語を学習している人が不利にならないように配慮しているのかもしれないな。

chapter 5
制御構文のバリエーション

前章では、分岐と繰り返しの基本となる構文を学習しました。
基本の構文だけでもプログラムの流れを制御することは可能ですが、
制御構文のさまざまなバリエーションを知っておくと
複雑になりがちな制御の処理をもっとラクに、
エレガントに書けるようになります。
この章では、制御構文のバリエーションを解説し、
さらにその応用テクニックを紹介します。

contents

5.1 分岐構文のバリエーション

あれ？　制御構造についてまだ何か学ぶんですか？

この章では、制御構造の後半戦として、if文やwhile文をもっと便利に使えるように、そのバリエーションを紹介しようと思うんだ。

5.1.1 3種類のif文

if文には3つのバリエーションがあります。すでに紹介したif-else構文は最も基本的な形ですが、ifのみの構文やif-else if-else構文といったバリエーションもあります。それらは、条件式の評価結果が偽の場合に、基本形とは処理の流れが変わってきます。

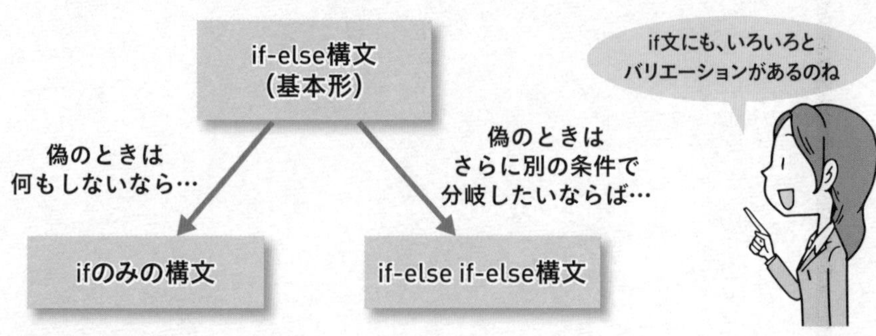

図5-1 if文の3つのバリエーション

if-else構文

まずは基本形となる**if-else構文**を確認しておきましょう。図では、左から順にフローチャート、基本構文、具体的なコードの例を示しています。

if-else構文（基本形）

フローチャート

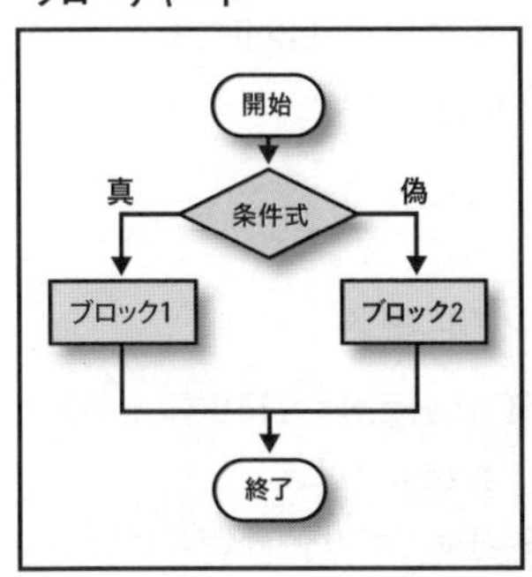

基本構文

```
if ( 条件式 ) {
  ブロック1
} else {
  ブロック2
}
```

サンプルコード

```
if ( age >= 20 ) {
  canDrink = true;
} else {
  canDrink = false;
}
```

これがif-else構文の基本形だよ。
真と偽で別々の処理ができるね

図5-2 if-else構文

ifのみの構文

もし**条件が満たされなかった場合は何もしない**、すなわち条件式の評価が偽のときは何もしない処理では、elseのブロックは空になります。このような場合は、elseを省略できます。これが**ifのみの構文**です。

ifのみの構文

フローチャート

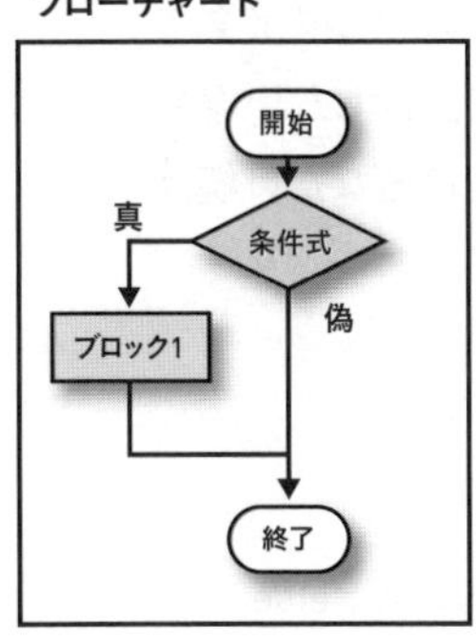

基本構文

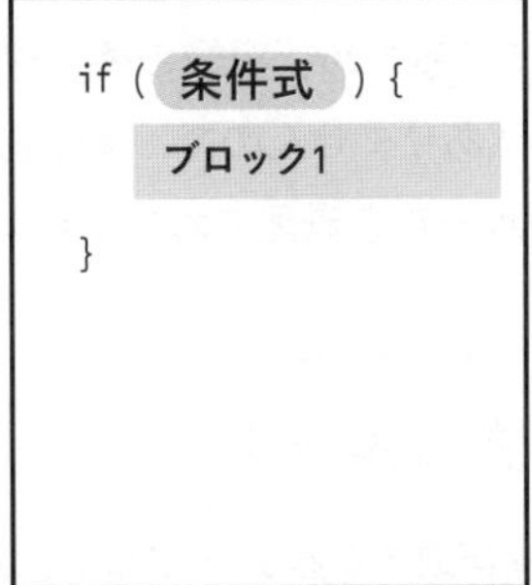

サンプルコード

```
if ( age >= 20 ) {
  canDrink = true;
}
```

else文がないので、
条件式が偽のときは何もしないのよ

図5-3 ifのみの構文

if-else if-else構文

もし条件が満たされなかった場合に別の条件で評価するには、else ifで始まるブロックをelseの前に挿入したif-else if-else構文を使います。

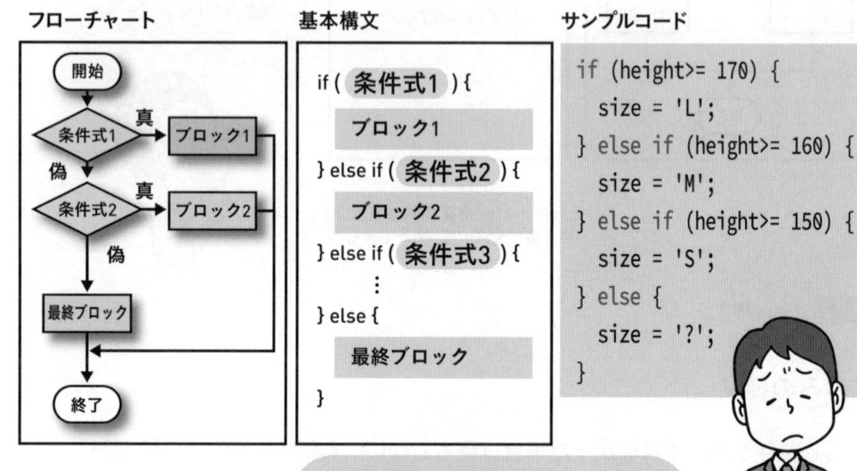

if-else if-else構文
フローチャート
開始
条件式1
真
ブロック1
偽
条件式2
真
ブロック2
偽
最終ブロック
終了
基本構文
if (条件式1) {
ブロック1
} else if (条件式2) {
ブロック2
} else if (条件式3) {
⋮
} else {
最終ブロック
}
サンプルコード
if (height>= 170) {
size = 'L';
} else if (height>= 160) {
size = 'M';
} else if (height>= 150) {
size = 'S';
} else {
size = '?';
}
if-else if-else… うーん、
条件式がたくさんあって目が回りそうだよ～

図5-4 if-else if-else構文

if-else if-else構文は、if-else構文やifのみの構文と異なり、1つのif文で3つ以上のルートに処理を分岐できるため、複数の条件式で評価したい場合に便利です。else ifの数に制限はありませんので、条件式を必要なだけ続けて記述できます。しかし、次のルールを覚えておきましょう。

if-else if-else構文のルール

- 複数のelse ifブロックを記述できるが、ifブロックより後ろ、elseブロックより前にのみ記述できる。
- 最後のelseブロックは、内容が空ならばelseごと省略できる。

else ifって、「それがだめならこれはどう？」っていくら断っても何度も粘ってくる人みたいですね。

なお、if-else if-else構文における最後のelseブロックは、いずれの条件にも合致しなかった場合の動作（デフォルト動作）を記述しておく箇所です。構文上は省略が認められていますが、想定外の状況における動作は処理としてきちんと記述しておくべきです。したがって、elseブロックは省略すべきではありません。

たとえば、図5-4右のサンプルコードでelseブロックが省略されると、身長150cm未満の場合、変数sizeに値が設定されないという致命的な不具合につながります。

特にデフォルト動作の内容がないケースでも、コメントとして `// do nothing` などと記述して、作成者の意図をコードに残しましょう。

海藤さん、elseブロックの中に、単に `;` と1行だけ書かれたコードを見つけたんですが…。

それは「空文（くうぶん）」だな。何もしない処理を指示する文で、これも立派な文の1つだ。do nothingコメントの代わりに使われることがあるんだ。

5.1.2 switch文による分岐

if-else if-else構文を使っておみくじプログラムを書いてみたけれど…冗長でスッキリしないなあ…。

コード5-1 冗長でスッキリしないおみくじプログラム

code0501.c

```
#include <stdio.h>
#include <stdlib.h>
```

```
#include <time.h>

int main(void)
{
  printf("あなたの運勢を占います¥n");
  srand((unsigned)time(nullptr));
  int fortune = rand() % 4 + 1;

  if (fortune == 1) {
    printf("大吉¥n");
  } else if (fortune == 2) {
    printf("中吉¥n");
  } else if (fortune == 3) {
    printf("吉¥n");
  } else {
    printf("凶¥n");
  }
  return 0;
}
```

1〜4の乱数発生

コンパイルエラーが発生する場合、nullptrをNULLに置き換えてください。

このソースコードには条件式が3つ登場し、そのいずれもが変数fortuneと整数との比較であることに注目してください。このように、同じ変数を繰り返し比較し、かつ次に挙げる2つの条件を満たすなら、**switch文**を使ってスッキリと書き換えることができます。

switch文に書き換えられるif文の条件

1. すべての条件式が==演算子で左辺と右辺が**一致するかを比較する式**である（<、>、!=が使われていない）。
2. 比較する値が**整数**（char、short、int、long型）や**整数に類する型**（bool型、列挙定数）であり、小数や文字列ではない。

では、switch文の構文と具体的なコードの例を見てみましょう。

switch構文

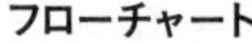
フローチャート

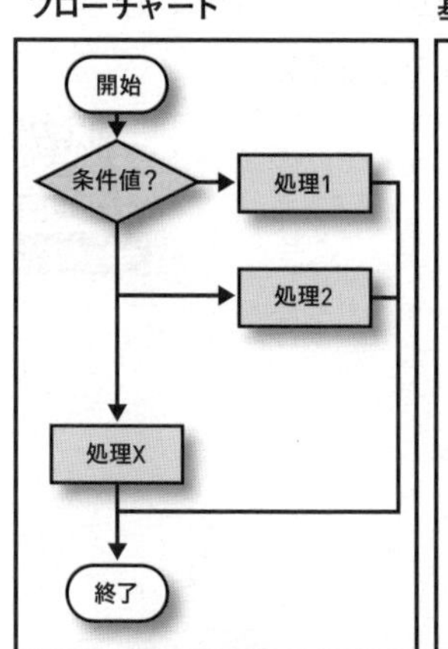

基本構文

```
switch ( 条件値 ){
  case 値1:
    処理1
    break;
  case 値2:
    処理2
    break;
     ⋮
  default:
    処理X
}
```

サンプルコード

```
switch (fortune) {
  case 1:
    printf("大吉¥n");
    break;
  case 2:
    printf("中吉¥n");
    break;
  case 3:
    printf("吉¥n");
    break;
  default:
    printf("凶¥n");
}
```

if-else if-elseの条件式が何重にもなる場合には、
switch文に置き換えたほうがスッキリする

図5-5 switch構文

switch文

```
switch (変数) {
  case 値:
    変数が値と一致したときに実行する処理
    break;
    ⋮
  default:
    変数がどの値とも一致しなかったときに実行する処理
}
```

※ `case 値:` の部分をcaseラベル、または単にラベルと呼ぶ。
※ caseラベルには、整数や整数に類する型のリテラル・定数のみ指定でき、変数は記述できない。
※ デフォルトラベルは省略可能だが、通常は省略すべきではない。

5.1.3 break文を忘れると？

switch文で特に注意しなければならないのが**break文の書き忘れ**です。もしbreak文を忘れてしまうと、どのようなことが起きるでしょうか。

code0502.c

コード5-2 break文を忘れたswitch文

```c
#include <stdio.h>
#include <stdlib.h>
#include <time.h>

int main(void)
{
  printf("あなたの運勢を占います¥n");
  srand((unsigned)time(nullptr));
  int fortune = rand() % 4 + 1;

  switch (fortune) {
    case 1:
      printf("大吉¥n");
```

ここにbreak;を入れ忘れている

```c
    case 2:
      printf("中吉¥n");
      break;
    case 3:
      printf("吉¥n");
      break;
    default:
      printf("凶¥n");
  }
  return 0;
```

コンパイルエラーが発生する場合、nullptrをNULLに置き換えてください。

```
25 }
```

```
あなたの運勢を占います
大吉
中吉
```

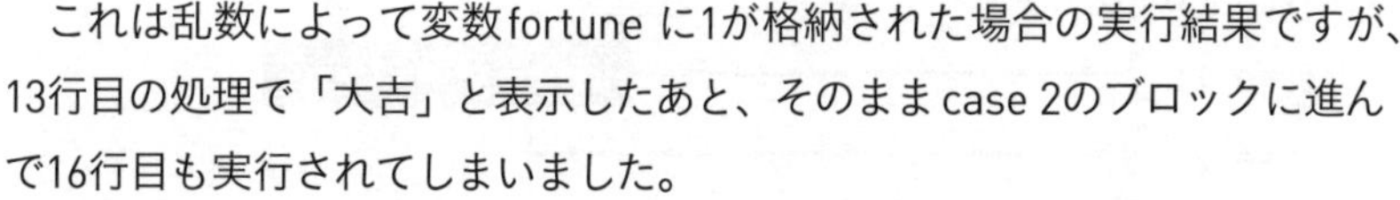

これは乱数によって変数fortune に1が格納された場合の実行結果ですが、13行目の処理で「大吉」と表示したあと、そのままcase 2のブロックに進んで16行目も実行されてしまいました。

実は、switch文の正体は、**条件に一致するcaseラベルまで処理をジャンプさせる命令**に過ぎません。また、caseブロックでは、break文という**処理を中断してswitch文を抜ける明示的な指示**がない限り、制御構造の1つである順次に従って次の行へ処理が進みます。15行目の `case 2:` はただのラベルですから、変数fortune がどのような値であってもブロック内の文が実行されてしまうのです。

いっそのこと、caseブロックの実行が終わったらbreak文なしでもswitch文を抜けるような決まりにしておけばいいのに…。

確かにな。だがこの性質を利用して、break文をあえて書かないテクニックもあるんだぜ。

break文がなければ次のcaseブロックも実行してしまうswitch文の特性を逆手にとって、次のような書き方をすることもできます。

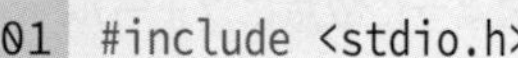

あえてbreak文を書かないswitch文

code0503.c

```
#include <stdio.h>
#include <stdlib.h>
#include <time.h>

```

```
int main(void)
{
  printf("あなたの運勢を占います¥n");
  srand((unsigned)time(nullptr));
  int fortune = rand() % 5 + 1;      1〜5の乱数発生

  switch (fortune) {
    case 1:                          fortuneが1か2なら…
    case 2:
      printf("いいね！¥n");
      break;
    case 3:                          fortuneが3なら…
      printf("普通です¥n");
      break;
    case 4:                          fortuneが4か5なら…
    case 5:
      printf("うーん…¥n");
  }
  return 0;
}
```

コンパイルエラーが発生する場合、nullptrをNULLに置き換えてください。

column

フォールスルーコメント

break文がなければ次のcaseブロックも続けて実行されるswitch文での動作を**フォールスルー**(fall through)といいます。コード5-3のように故意にフォールスルーを利用する場合は、breakの記述漏れではないことを示すために、当該箇所に `/* FALLTHROUGH */` などのコメントを残し、意図を明確にしておきましょう。

5.1.4 switch文での定数の利用

コード5-2や5-3のように、switch文では整数リテラルを伴うcaseラベルがよく登場します。整数のままでは意味が捉えにくいため、次のように定数(p.70)を用いてもよいでしょう。

コード5-4 定数で改良したおみくじプログラム

BC354

code0504.c

```
#include <stdio.h>
#include <stdlib.h>
#include <time.h>

int main(void)
{
  const int DAIKICHI = 1;
  const int CHUKICHI = 2;
  const int KICHI    = 3;
  const int KYO      = 4;

  printf("あなたの運勢を占います¥n");
  srand((unsigned)time(nullptr));
  int fortune = rand() % 4 + 1;

  switch (fortune) {
    case DAIKICHI:
      printf("大吉¥n");
      break;
    case CHUKICHI:
      printf("中吉¥n");
      break;
    case KICHI:
```

定数を使って
数字の意味を定義する

定数を使って
処理内容をわかりやすくする
(一部コンパイラではエラーや警告が発生、次ページのコラムを参照)

```
24         printf("吉¥n");
25         break;
26       default:
27         printf("凶¥n");
28     }
29     return 0;
30 }
```

コンパイルエラーが発生する場合、nullptrをNULLに置き換えてください。

なるほど。でも、定数を4行も書くのは面倒だなぁ…。

そう言うと思ったさ。そんな悠馬にぴったりの道具を、以前、紹介しただろ？

第2章で学んだ列挙定数（p.71）を用いると、コード5-4の7〜10行目は次の1行で置き換えられます。

```
enum {DAIKICHI = 1, CHUKICHI, KICHI, KYO};
```

column

列挙定数とconst定数の微妙な違い

列挙体により定められた定数とconst指定（p.70）によるint型定数とは、厳密には取り扱いが異なります。たとえば、C言語の仕様ではswitch文のcaseラベルにはリテラルか列挙定数の記述しか認められず、コード5-4のようにconstによる定数の使用は許されません。

一部のコンパイラではcaseラベルへのconst定数の利用を許容しますが、コンパイラの種類や設定によっては警告やエラーを出すものもあります。

5.2 繰り返し構文のバリエーション

5.2.1 2種類のwhile文

繰り返しのwhile文にも2種類のバリエーションがあります。

while構文

まずは、while文の基本形を復習しておきましょう。基本のwhile文では、ブロックを実行する前に条件式を評価します。

while構文（基本形）

フローチャート

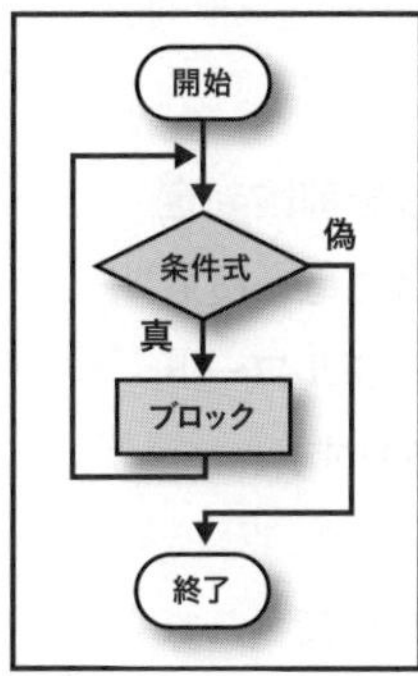
開始
条件式
偽
真
ブロック
終了

基本構文

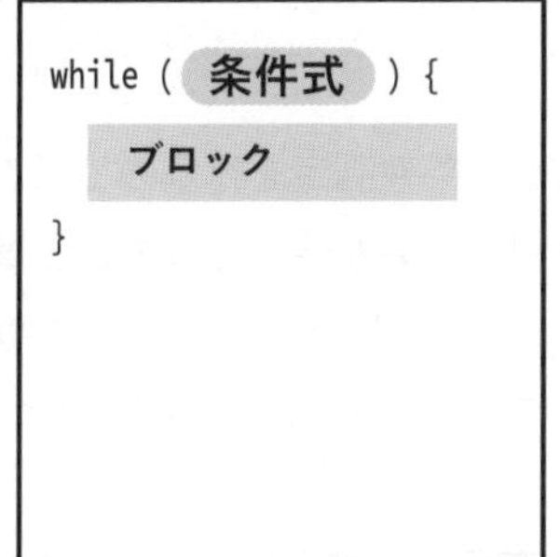
while (条件式) {
ブロック
}

サンプルコード

```
while (temp > 25) {
  temp--;
}
```

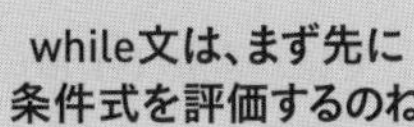
while文は、まず先に
条件式を評価するのね

図5-6 while構文

do-while構文

もし、条件式を評価する前に、必ず1回は繰り返し処理をさせる必要がある場合は、do-while文を使いましょう。do-while構文では、ブロックを実行したあとに条件式を評価します。

do-while構文

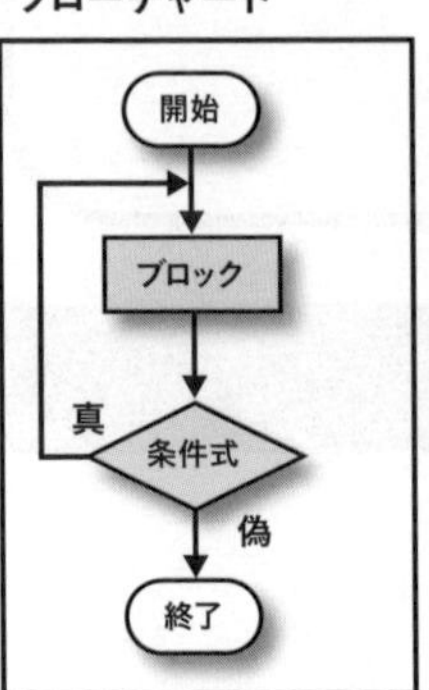

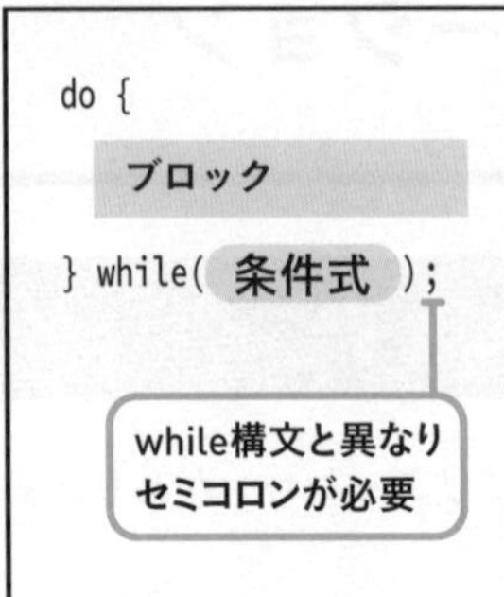

サンプルコード

```
do {
  temp --;
} while (temp > 25);
```

do-while文は、まず実行してから
条件式を評価するよ

図5-7 do-while構文

while文とdo-while文のいちばんの違いは、「必ず実行されるループの回数」だ。

while文はブロックを実行する前に条件判定を行うので（これを**前置判定**といいます）、最初から条件式の判定結果が偽になっている場合には一度もブロックの内容を実行しません。たとえば、図5-6に示したサンプルコードでは、変数tempが10だった場合にはブロック内の処理は実行されず、tempの値も10のままです。

一方、do-while文はブロックを実行したあとに条件判定を行うので（これを**後置判定**といいます）、必ず最低1回はブロックの内容が実行されます。図5-7に示したサンプルコードでは、変数tempの値が10であってもまずブロック内の処理が実行され、その結果、tempの値は9になります。

5.2.2 for文による繰り返し

海藤さん。計算を10回繰り返したいのですが、while文を使っていたらとてもわかりにくくなっちゃいました。

うーん、確かにな。繰り返す回数が決まっている場合は、もっとスマートに書く方法があるから、それを紹介しよう。

条件で繰り返しを判断するのではなく、あらかじめ繰り返したい回数が決まっているケースでは、while文やdo-while文でも記述できないことはありませんが、for文を使うとよりシンプルに記述できます。

さっそく、for文を利用して「こんにちは」の表示を10回繰り返すプログラムを見てみましょう。

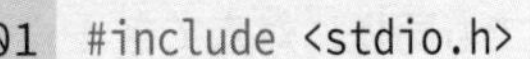

コード5-5 基本的なfor文

BC355 code0505.c

```
#include <stdio.h>

int main(void)
{
  for (int i = 0; i < 10; i++) {
    printf("こんにちは¥n");
  }
  return 0;
}
```

なんだかfor文って難しそうですね。

決して難しくはないんだが、とっつきにくいよな。でも、付き合ってみると案外イイ奴だったりするぞ。

for文の文法は一見複雑そうに見えますが、条件式で判定しているという意味ではこれまで学んできたwhile文と変わりません。そこで、文法の細かい解説はあとにして、まずはfor文の基本形を見てみましょう。

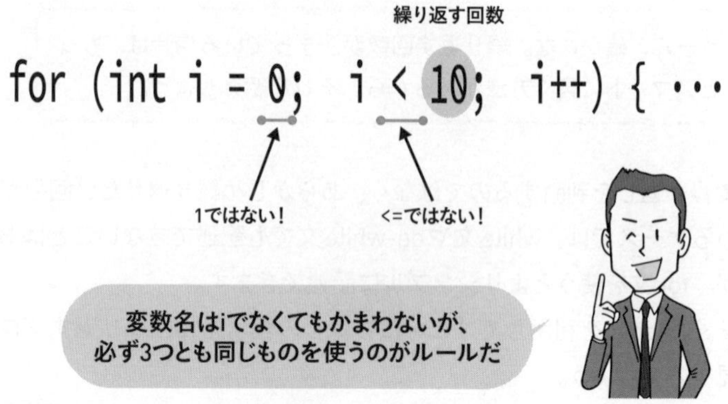

繰り返す回数

```
for (int i = 0;  i < 10;  i++) { …
```

1ではない！

<=ではない！

変数名はiでなくてもかまわないが、
必ず3つとも同じものを使うのがルールだ

図5-8 for文の基本形（10回繰り返す）

この基本形を覚えてしまえば、あとは100回でも256回でも同様に対応できます。真ん中の式の10を繰り返したい回数に変更すればよいだけだからです。

5.2.3 for文の各部の意味

for文の基本形に慣れたら、構文の詳細部分を理解していきましょう。forに続くカッコの中は、セミコロンによって区切られた3つの部分で構成されています。左から①初期化処理、②繰り返し条件、③繰り返し時処理です。それぞれの部分について、詳しく見ていきましょう。

① 初期化処理

forによる繰り返しを始める前に、最初に1回だけ実行される文です。通常、何周目のループなのかを記録する変数の宣言や初期化を行います。このような変数を**ループ変数**といいます。

② 繰り返し条件

このループを継続するか否かを判定する条件式です。ブロックの内容を実行する前に毎回評価されます。評価結果が真である間は、ブロックが繰り返し実行されます。なお、for文はwhile文と同じ前置判定の繰り返し構文であり、後置判定はできません。

③ 繰り返し時処理

ブロックを閉じる波カッコまで処理が到達した直後に自動的に実行される文です。通常は、図5-8の基本形のようにループ変数の値を1だけ増やす文を書きます。

基本構文

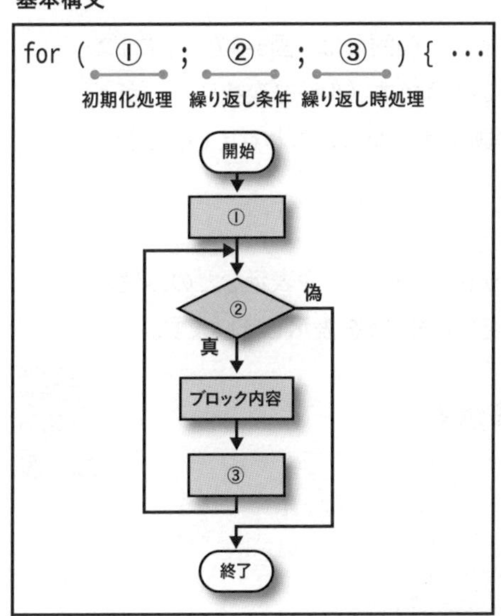

具体例

```
for (int i = 0; i < 10; i++) { …
```

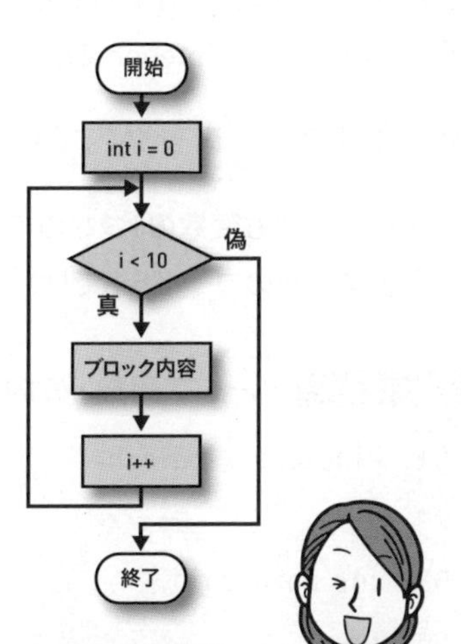

これがfor文の基本構文よ。
初期化処理は最初の1回だけ実行されるの

図5-9 3つの部分がfor文の繰り返しを制御している

5.2.4 ループ変数

①初期化処理で宣言するループ変数って、普通の変数と同じものと考えていいんですか？

おう。いくつかの注意点を除けば普通の変数と変わらないぞ。

ループ変数に関しては、3つのポイントがあります。

ポイント1　ループ変数の名前は自由

ループ変数の名前は自由に決められます。一般的には、図5-8のように1文字程度の短い変数名が選ばれることが多いようです（ループ変数に「i」がよく使われるのは、integerまたはindexの頭文字だからと言われています）。

ポイント2　ブロック内で利用可能

ループ変数も変数の1つなので、ブロック内での計算や表示などの処理に使えます。次のコード5-6では、ループ変数iの内容を表示しています。

コード5-6　ループ変数iの内容を表示する

BC356

code0506.c

```c
#include <stdio.h>

int main(void)
{
  for (int i = 0; i < 3; i++) {
    printf("現在%d周目です¥n", i + 1);
  }
  return 0;
}
```

```
現在1周目です
現在2周目です
現在3周目です
```

ポイント3　ブロック外では利用不可

ifブロックで宣言した変数がブロック外では使えないように、for文の初期化処理で宣言したループ変数もfor文のブロック内でのみ有効です。**for文を抜けるとループ変数は消滅**してしまいますので注意が必要です。

5.2.5 複雑なfor文

for文の①初期化処理、②繰り返し条件、③繰り返し時処理の3つの部分を工夫すると、任意の回数を繰り返すだけの単純なループではなく、より高度な条件による繰り返しを実現できます。次に、for文のさまざまなバリエーションの例を示します。

```
// ループ変数を1から開始する
for (int i = 1; i < 10; i++) {…}

// ループ変数を2ずつ増やす
for (int i = 0; i < 10; i += 2) {…}

// ループ変数を10から1ずつ1まで減らす
for (int i = 10; i > 0; i--) {…}

// ループ変数を初期化しない
for (; i < 10; i++) {…}

// 繰り返し時処理を行わない（無限ループ）
for (int i = 0; i < 10;) {…}
```

chapter 5

5.3 制御構文の応用

5.3.1 制御構造のネスト

これまで学んできた分岐や繰り返しの制御構造は、その中に別の制御構造を含むことができます。たとえば、分岐したブロックの中でさらに分岐したり、繰り返し処理の中で分岐したりという構造にできます。このような多重構造を**入れ子**や**ネスト**といいます。

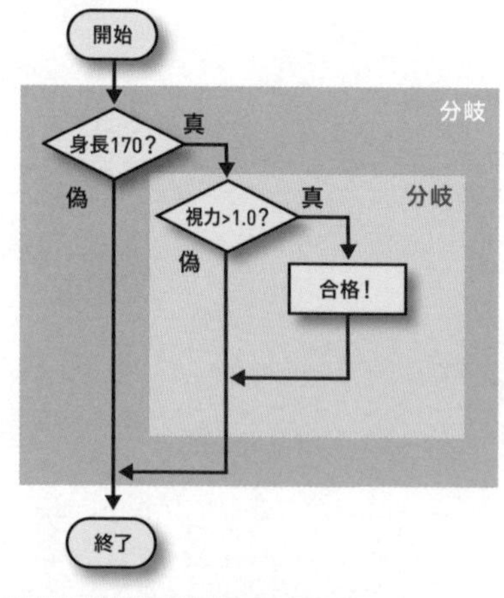


```
if (height > 170) {
  if (eye > 1.0) {
    printf("合格!");
  }
}
```

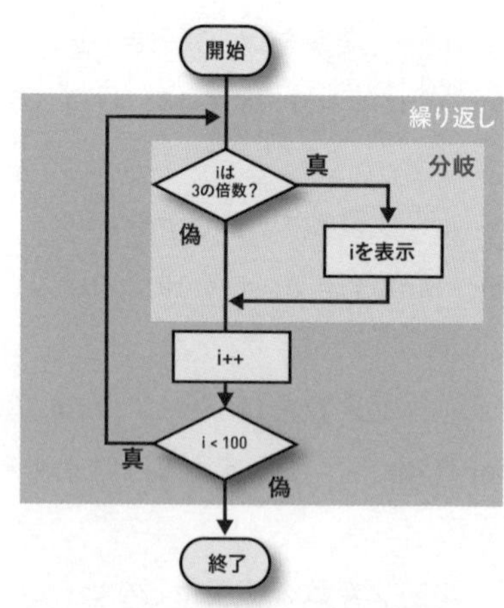


```
do {
  if (i % 3 == 0) {
    printf("%d¥n", i);
  }
  i++;
} while (i < 100);
```

図5-10 ネストした制御構造

それでは、for文によるループ処理をネストさせて、九九の表を出力するプログラムを作成してみましょう。

コード5-7 九九の表を出力する

BC357

code0507.c

```
01 #include <stdio.h>
02 
03 int main(void)
04 {
05   for (int i = 1; i < 10; i++) {
06     for (int j = 1; j < 10; j++) {
07       printf("%2d ", i * j);
08     }
09     printf("¥n");
10   }
11   return 0;
12 }
```

iは1〜9を繰り返す

jも1〜9を繰り返す

```
 1  2  3  4  5  6  7  8  9
 2  4  6  8 10 12 14 16 18
 3  6  9 12 15 18 21 24 27
 4  8 12 16 20 24 28 32 36
 5 10 15 20 25 30 35 40 45
 ⋮
```

内側のループが1周するたびに、掛け算の結果が空白を挟みながら右へと表示されていきます。内側のループが終了する（1つの段の掛け算の結果が出力される）と、9行目の `¥n` で改行して外側のループの1周が終了します。外側のループがすべて終了するまで、これを繰り返していきます。

外側のループが1周目のときはiが1だから、内側のループで「1×1、1×2、…1×9」が実行されて、2周目のときはiが2だから「2×1、2×2、…2×9」が実行されるのね。

chapter 5

5.3.2 繰り返しの中断

処理によっては、繰り返しを最後まで行わずに途中で中断したいことがあります。その場合は、**break文**と**continue文**という2種類の方法によって中断できます。それぞれ中断の意味が微妙に異なりますので用いる際には注意が必要です。

break文
（繰り返し自体を中断）

```
for (int i = 1; i < 10; i++) {
  if (i == 3) {
    break;
  }
  printf("%d¥n", i);
}
```

1回目　2回目　3回目

continue文
（現在の周回だけを中断し、次の周回へ）

```
for (int i = 1; i < 10; i++) {
  if (i == 3) {
    continue;
  }
  printf("%d¥n", i);
}
```

1回目　2回目　3回目　4回目　5回目

図5-11　2種類の中断方法

break文はループそのものを中断し、ループの次に記述された処理へと進みます。一方のcontinue文は現在の周回だけを中断してループの先頭へ戻り、次の周回のループを継続します。

5.3.3 無限ループ

強制的に停止しない限り永久に繰り返しを続ける制御構造を**無限ループ**（infinite loop）と呼びます。

たとえば、第4章のコード4-2（p.132）で、処理が無限に繰り返された状態がまさにそうだな。

プログラミングに慣れない間は、for文やwhile文の条件式を誤って、意図せずにこのようなループに陥ってしまうことがよくあるため注意が必要です。

しかし、あえて意図的に無限ループを作りたい場合は、次の2つの方法で記述するのが一般的です。

無限ループを作る

```
① while (true) {…}
② for ( ; ; ) {…}
```

※ while文のtrueは1としてもよい。

5.3.4 goto文

お疲れ。制御構文の紹介はここまでだ。あとは…うーん…。

よし、一応伝えておくか。「良いコードに力を与えるには、悪いコードも知らなければならない」って言うもんな。

この章で解説してきた制御構文とは、コンピュータがどのような順番で処理を実行していくかをコントロールするものでした。具体的には、順次・分岐（if、switch）・繰り返し（while、do-while、for）の3種類がありましたね。

しかしC言語では、この3つの制御構造に次ぐ第4の制御構文、**ジャンプ**（jump）の利用が可能です。まずは次ページのコード5-8を見てください。

BC358

コード5-8 goto文の利用

code0508.c

```
#include <stdio.h>

int main(void)
{
  printf("1〜4までカウントします¥n");
  printf("1¥n");
  goto END;
  printf("2¥n");
  printf("3¥n");
  printf("4¥n");
END:
  printf("カウント終了¥n");
  return 0;
}
```

「END」という場所にジャンプしろ

ラベル「END」

```
1〜4までカウントします
1
カウント終了
```

C言語では、ソースコード中の任意の場所に**ラベル**（label）を書いて印を付けられます。コード5-8ではENDという名前ですが、ラベル名は開発者が自由に設定できます。そして、goto文でラベルを指定すると、そのラベルの位置が次に実行される文になるのです。

ラベル

```
ラベル名:
```

※ goto文でジャンプする先として利用する。

goto文

```
goto ラベル名;
```

※ 同じブロック内のラベルに限定される。

これ、すごく便利じゃないですか！　ソースコードの中を自由自在にワープできちゃう感じ！

でも、なんだか危うさも感じるんだけど…。

goto文は望む箇所に制御を飛ばすことができる、とても便利な道具です。しかし、多用するとプログラムの構造が複雑でわかりにくくなり、原因の特定が非常に難しい深刻なバグを作ってしまうリスクが知られています。

処理構造が複雑に絡んだプログラムを**スパゲティプログラム**と呼ぶんだ。激マズだけどな。

そして、C言語で書かれたプログラムの複雑なバグは、突然の強制終了やセキュリティ事故につながる可能性も少なくありません。だからこそ、**goto文は相応のリスクを覚悟して使うべき道具**なのです。

会社や開発プロジェクトの現場によっては、goto使用禁止令が出されている場合もありますので、各現場の考えに従ったプログラミングを行うようにしてください。goto文の使用に関するルールがない場合も、基本的には最後の手段と心得ておくべきです。ただし、「順次・分岐・繰り返しだけでも書けなくはないが、かえってプログラムが複雑になったり、バグを誘発しそうな状況」であれば、リスクを理解した上でgoto文を用いましょう。

goto文は「諸刃の剣」

安易な気持ちでgoto文に手を出さない。しかし「リスクよりメリットが勝る」と確信できる状況では効果的に活用する。

長かった制御構文の学習もこれで終わりだ。そしておめでとう。3種類の文と、その制御方法のすべてを学び終わった今、俺たちはコンピュータにどんな仕事でも指示できるようになったんだ。

やったー！　よーし、さっそくパズルRPGの開発に取りかかります！

column

「諸刃の剣」をあえて使用すべき状況

本文にあるように、goto文は原則として使用禁止とするのをおすすめしますが、例外として、あえて用いるべき場面は次の2つが代表的です。

① 深くネストしたループを一気に脱出するため
② 後片付けを必要とするエラー処理を記述するため

5.4 第5章のまとめ

分岐構文のバリエーション

- if文には、if-else構文・ifのみの構文・if-else if-else構文の3つのバリエーションがある。
- 同一の変数に対して、いくつかの整数との一致を比較するif文は、switch文に置き換えることができる。
- switch文のブロックは、break文によって終了できる。

繰り返し構文のバリエーション

- while文には、while構文とdo-while構文の2つのバリエーションがある。
- whileブロックは条件によっては実行されない場合もあるが、do-whileブロックは必ず1回は実行される。
- for文は、任意の回数の繰り返しだけでなく、より高度な条件での繰り返しを実現できる。
- break文は繰り返しそのものを中断するが、continue文は現在の周回の繰り返しだけを中断し、次の周回の繰り返し処理を実行する。
- while文やfor文を用いて意図的に無限ループを作ることができる。

制御構文の応用

- 制御構造はネストできる。
- goto文は、ソースコード内のラベルへ処理をジャンプさせる。
- goto文を安易に使用すると構造が複雑で深刻なリスクを含むプログラムになる懸念があるため、原則として使わない。

5.5 練習問題

練習5-1

次の分岐を記述するには、どのif文を用いればよいでしょうか。if-else構文・ifのみの構文・if-else if-else構文のいずれかを答えてください。

（1）変数isErrorがfalseかつ変数nが100未満なら画面表示を行う。

（2）変数xとyの合計が期待値と等しいならプランA、それ以外ならプランBを実行する。

（3）変数pointが100以上なら旅行券、50以上100未満なら買い物券、10以上50未満なら割引券、それ以外はあめ玉をプレゼントする。

練習5-2

次の繰り返し処理では、ループを何回実行しますか。回数を答えてください。

（1）

```
int count = 0;
while (count < 10) {
  count++;
}
```

（2）

```
int count = 10;
do {
  count++;
} while (count < 10);
```

（3）

```
for (int count = 10; count >= 0; count--) {
  if (count != 0) {
    printf("%d, ", count);
  } else {
    printf("booster ignition and liftoff!¥n");
```

```
    }
  }
```

＊QRコードは（1）～（3）で共通。

練習5-3

次の要件を満たすプログラムを作成してください。ただし、break文の使い方を工夫して、画面表示の処理は最小限に留めてください。

- **最初に「1～9の数を入力してください」と表示する。**
- **入力された数字に応じて、1～2は「バッテリー」、3～6は「内野手」、7～9は「外野手」、それ以外は「入力された守備位置はありません」と表示する。**

練習5-4

タカシくんは、もらったお年玉3,000円をすべて使って、1個120円のリンゴまたは1袋6個入り400円のミカンのどちらを買おうか迷っています。次の要件を満たすプログラムを作成してください。

- **2つの果物について、それぞれ最大いくつ買えるかを計算する。ただし、割り算は使わないこと。**
- **次の例を参考に、それぞれの果物を買える数を表示する。*は購入できる果物の数を表し、XとYには余るお金を出力する。**

リンゴ　**********************　余りはX円**
ミカン　**********************　余りはY円**

練習5-5

次の内容で数当てゲーム（レベル1）を作成してください。なお、表示にあたって、特に指定のないものは自由に決めてかまいません。

（1）画面に「***数当てゲーム（レベル1）***（改行）回答のチャンスは4回までです（改行）1桁の数を入力してください>」と表示する。
（2）int型の変数answerを準備し、0〜9のランダムな数を格納する。
（3）入力された数が正解と一致したら、当たりのメッセージと何回目の入力で当たったかを表示してゲームを終了する。
（4）入力された数が正解と一致しなければ、入力された数と正解の大小を比較し、その結果をヒントとして表示する。
（5）4回の入力で正解しなければ、正解を表示してゲームを終了する。

column

【FE対策⑥】無限ループはNG選択肢の証？

第5章ではあえて無限ループを作り出す方法を紹介しましたが、プログラムの不具合によって意図せず無限ループに陥ってしまう場合もあります。そして、科目Bのアルゴリズム分野においては、「無限ループに突入してしまう選択肢はほぼ間違いと見なしてよい」というテクニックを知っておくとよいでしょう。

アルゴリズムは、定義上、「必ず実行が終わるプログラム」なんだ。無限ループになるなら、それはもはやアルゴリズム**ではない**んだよ。

また、5.3節で扱った制御構造のネストはFE試験では頻出です。近年の実務では記述の機会が減っている複雑な制御構造の組み合わせも、過去には多数出題されていますので、第4・5章で制御構造の基礎をしっかり理解し、さまざまな問題に出会っていきましょう。

第Ⅱ部

開発をより便利にする機能たち

chapter 6　構造体

chapter 7　配列

chapter 8　関数

C言語の基礎知識を発展させよう

むふっ…むふふふっ…ははは…はーはっはっはっ！！

ど、どうしたのよ、悪役笑いなんてして、気持ち悪い。

気づかないのかね、赤城君。順次・分岐・繰り返しをマスターした今、僕らに不可能はない。つまり卒業したのだよ、C言語をッ！

確かにいろいろ勉強したけど…。でも、ちゃんとしたアプリを作ろうとするなら、まだまだ大変なんじゃない？

まぁ、そこで見ていたまえ。このC言語マスター・岬が、パズルRPGをチャチャッと作ってあげようじゃないか。はーっはっはっはっ！

私たちは第I部でC言語の基礎となる文法を学びました。これらの知識を使えば、ある程度の規模のプログラムなら作成できるようになりました。しかし、数多くのさまざまな種類のデータを扱ったり、より複雑な処理を実現するためには、こうした基礎的な知識をいかに効率よく上手に使いこなしていくかが鍵となります。第II部では、基礎知識をさらに発展させ、実用的な開発で活用するための道具を手に入れましょう。

chapter 6
構造体

第1部で学んだ知識があれば、私たちはどのようなプログラムでも作れるはずです。しかし実際には、処理が複雑さを増すにつれて、プログラムの内容を把握しきれなくなる状況に気づくでしょう。この章では、そのような状態に陥ってしまう理由を学び、状況を打開するための最初の道具を手に入れます。

contents

6.1 実用的な開発に必要なもの

6.1.1 開発の限界

うわぁぁぁ！　もうダメだぁ！　全然ワケわからん！

そろそろ頭を抱えてるころかと思って来てみれば、こりゃまたずいぶんとがんばったじゃないか。forの中にif、その中にifでさらにswitch、その中でもwhileか…。

行数は500行くらい、変数は70個くらいですが…もういろいろと混乱してきちゃって…。

　岬くんと赤城さんのパズルRPG作りは、あまり順調ではないようです。第I部で学んだ「3種類の文」と「3種類の制御構文」を使えば、どんなプログラムでも基本的には作成できるはずでした。できない理由をあえて挙げるとすれば、printf()やrand()など、「命令実行の文」を少ししか学んでいないことがありますが、これは問題の本質ではありません。

　仮に命令をすべて知っていたとしても、開発するプログラムの規模が数百行を超えると、現実問題として開発者自身が混乱し、自分が書いたプログラムの内容を理解し難いものに感じるようになります。文の書き方も、分岐や繰り返しの方法も理解しているはずなのに、開発が思うように進まなくなってしまうのです。

俺たちのプログラミングを邪魔している本当の敵が、いよいよ見えてきたようだな。

私たちが克服すべき新たな課題

作成しているプログラムが大規模かつ複雑になり、開発者が把握できる範囲を超えてしまう。

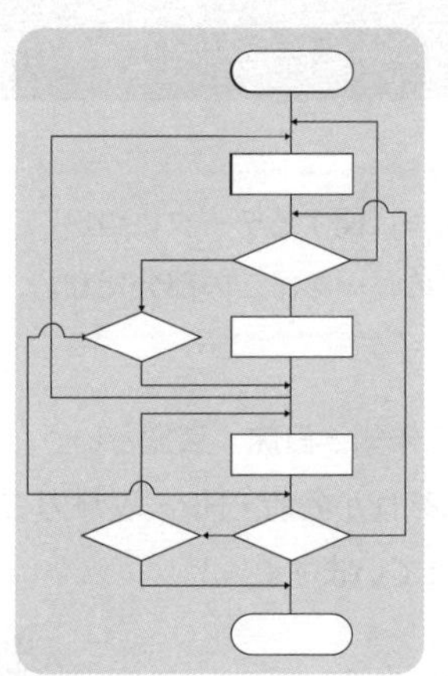

あ〜！ ワケわからん!!

早くプログラムくれよ
処理してやるからさ…

図6-1 人間自身が巨大なプログラムを把握できなくなり「ボトルネック」になってしまった

私たちがこれから克服していかなければならないのは、**複雑性**(complexity)という新たな課題です。

複雑性は、プログラミングに携わるすべての人間を悩ませ続けている、とても根が深い課題です。しかしC言語をはじめ、多くのプログラミング言語には、**プログラムが複雑になり過ぎないように整理しながら記述できるしくみ**が備わっています。

複雑性を克服するには

整理しながらプログラムを書くための構文を知り、活用する。

6.2 構造体とは

6.2.1 構造体の必要性

たとえば、パズルRPGの味方モンスターに関するデータについて考えよう。悠馬が作っているコードの、…あ、この部分だな。

岬くんが作りかけているパズルRPGでは、青龍・朱雀・白虎・玄武という4体の味方モンスターが登場します。これらはそれぞれが名前・HP・攻撃力の情報を持っており、次のようなコードで表現されています。

BC361

コード6-1 変数の数が多すぎて内容が把握できないコード

code0601.c

```
#include <stdio.h>

typedef char String[1024];

int main(void)
{
  String seiryuName = "青龍";
  int seiryuHp = 100;
  int seiryuAttack = 20;
  String suzakuName = "朱雀";
  int suzakuHp = 100;
  int suzakuAttack = 30;
  String byakkoName = "白虎";
  int byakkoHp = 100;
  int byakkoAttack = 10;
```

```
    String genbuName = "玄武";
    int seiryuHp = 100;

    :
}
```

コンパイルエラー（コピー＆ペーストのせいで変数名が重複している）

ここに攻撃力の変数を用意し忘れている

味方モンスターは将来6体に増やしたいし、防御力や素早さなんかのパラメータも持たせたいんですけど、変数の数がすごく増えてしまいそうで…。

岬くんの努力は素晴らしいものですが、数多くの変数をばらばらに準備するとミスも発生しやすくなります。このコードのように、コピー＆ペーストしたあとの変数名を修正し忘れた箇所や、必要な変数の宣言漏れなども増えることでしょう。このような場面にピッタリなのがC言語に備わる構造体というしくみです。

構造体（structure）とは、1つの変数の中に異なる型のデータを複数格納できる型の一種です。構造体では、変数の箱の中に、さらに各データを納める箱が用意されます。この内側の箱を**メンバ**（member）といい、それぞれに名前を付けて利用します。岬くんのパズルRPGでは、1体のモンスターあたり3つの情報を持ちますが、構造体を使えば、次の図6-2の左側のように、1つの変数の中に3つの値をまとめて入れることができるようになります。併せて右側の図で、変数の中にモンスター1体を丸ごと格納する様子をイメージしてみましょう。

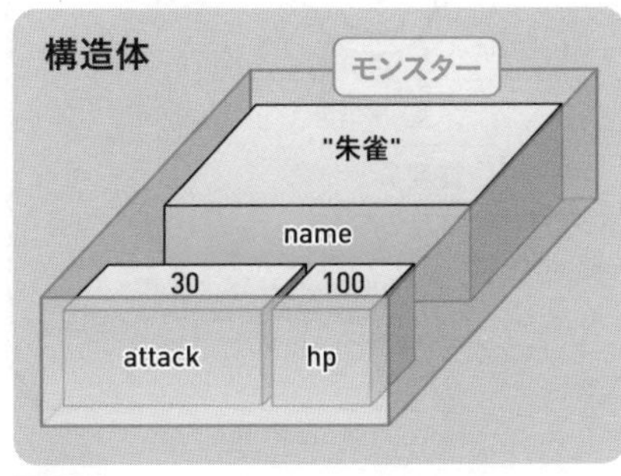

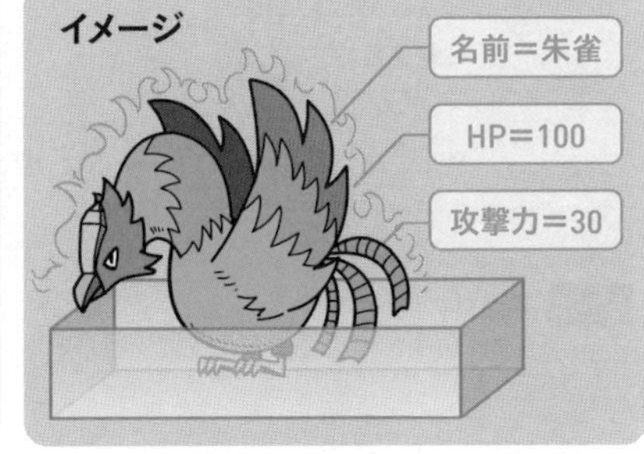

図6-2 モンスター構造体（朱雀の情報を格納）

最初は違和感があるかもしれないが、身の回りの人や物をそのまま変数に放り込むっていう感覚に慣れておくと、プログラミング中に混乱しなくて済むかもな。

column

構造体のイメージと現実世界

構造体が特に威力を発揮するのは、現実世界の人や物に関連する情報をひとまとめにして格納する場合です。モンスター以外にも、構造体として扱った例を見てみましょう。

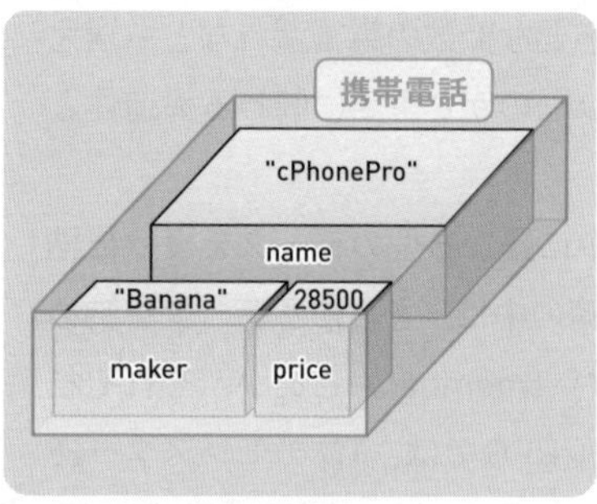

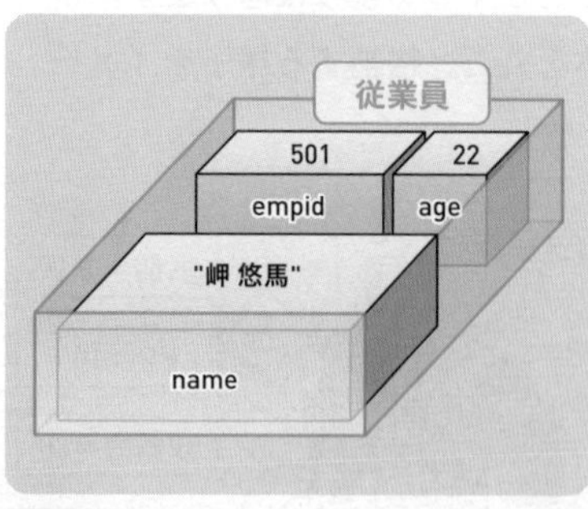

図6-3 構造体の例

6.3 構造体の使い方

6.3.1 構造体の宣言

モンスターを箱に入れて操れるなんて、なんだかワクワクしてきました！

さて、実際にさきほどの図6-2のようなモンスター構造体を生み出すには、次の2つの準備作業が必要になります。

ステップ1　構造の定義
作りたい構造体がどのようなメンバを持つのかを定義する。

ステップ2　変数の生成
構造体自体の名前を決め、構造体変数の実体を生成する。

まずはステップ1から始めましょう。構造体は、次のような構文で定義します。なお、構造体自体の名前を**タグ名**と呼びます。

構造体の定義

```
struct タグ名 {
  型 メンバ名1;
  型 メンバ名2;
  ⋮
};
```

図6-2（p.189）左図のような、1体の味方モンスターの情報を格納する構造をタグ名MONSTERとして定義する場合、次のような記述になります。

```
struct MONSTER {
  String name;
  int hp;
  int attack;
};
```

このステップ1だけでは、構造体の変数はまだ存在せず、利用できないことに注意してください。この記述はあくまでも、「このプログラムでは今後、String型のメンバname、int型のメンバhpとattackを持つ構造体をMONSTERと呼びます」と宣言しているに過ぎません。ただし、この宣言は、**「struct タグ名」型という名前の新しい型（構造体型）が利用できるようになる**という効力を持っています。

えっ？　新しい型が自分で作れちゃうんですか？

そのとおり。あらかじめ準備されているintやcharのほかに、必要になったら自分で好きな型を作れるのさ。面白いだろ？

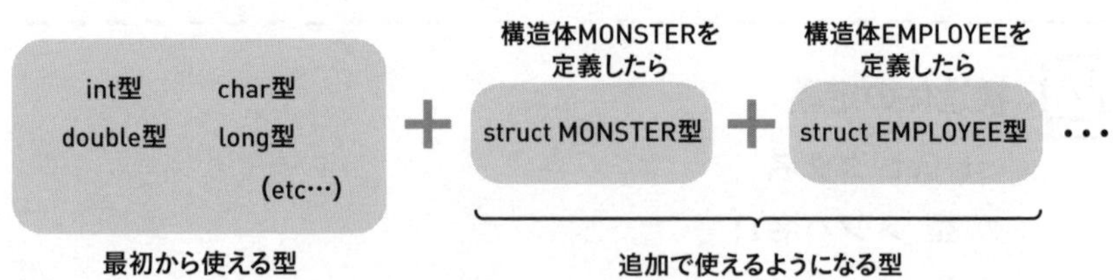

図6-4　構造体を定義すると使える型が増える

さて、定義した構造体に従ってデータを格納できる変数を生み出すには、ステップ2が必要です。通常の変数宣言の文と同様に、次の構文で構造体変数を生成できます。

構造体変数の宣言

```
struct タグ名 変数名;
```

※「struct タグ名」で1つの型名となる。

それでは早速、味方モンスター4体分の構造体変数を生み出すソースコードを書いてみましょう。

コード6-2 構造体を使って味方モンスターを生み出す

BC362

code0602.c

```
#include <stdio.h>

typedef char String[1024];

int main(void)
{
  struct MONSTER {
    String name;
    int hp;
    int attack;
  };

  struct MONSTER seiryu;
  struct MONSTER suzaku;
  struct MONSTER byakko;
  struct MONSTER genbu;

  return 0;
}
```

構造を定めて、MONSTERというタグ名を付ける

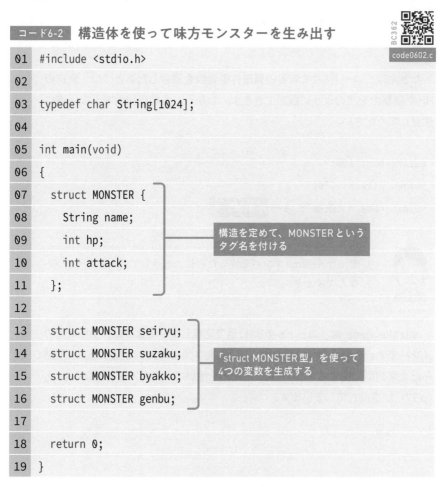

「struct MONSTER型」を使って4つの変数を生成する

6.3.2 メンバへのアクセス

構造体の変数を生成した以降のプログラムでは、次の構文を使って、各メンバを通常の変数のように扱うことができます。

メンバへのアクセス

構造体変数名.メンバ名

第Ⅱ部

たとえば、コード6-2で朱雀の構造体型変数を宣言したあとでは、朱雀のHPや攻撃力を次のように設定できます。しかし、名前は設定できない点に注意してください。

```
suzaku.hp = 100;
suzaku.attack = 30;
suzaku.name = "朱雀";
```

これはダメ

せっかくnameメンバを作ったのに、どうして代入しちゃダメなんですか？

`suzaku.name` は、コード6-2の8行目で定義しているように、String型のメンバです。このメンバに「朱雀」という文字列を代入する操作は、以前結んだ文字列型に関する第3の約束「初期化を除いて=で代入してはならない」(p.77) に違反してしまいます。

6.4 構造体宣言のテクニック

6.4.1 構造体の初期化

せっかくMONSTER構造体を作ったのに、名前を代入できないんじゃ意味がないよ。

…あ、でも初期化による代入はOKなのよね？

「第3の約束」では、変数を初期化するときの代入は例外的に認めています。したがって、構造体のメンバnameに対しても、初期化であれば文字列を代入できます。構造体の初期化は、次の構文で行います。

構造体変数の宣言と初期化（1）

```
struct タグ名 変数名 = {
   メンバ1の初期値,
   メンバ2の初期値,
   ︙
};
```

※ 初期値は、構造体に定義したメンバの順に記述する。
※ メンバの数に対して初期値の数が不足する場合、以降は0で初期化される。

この構文を使って、味方モンスターを初期化しながら登場させてみましょう。

```
struct MONSTER suzaku = {"朱雀", 100, 30};
```
順次指定で初期化

なお、次のような初期化構文も利用可能です。

構造体変数の宣言と初期化（2）

```
struct タグ名 変数名 = {
  .メンバ名1 = 初期値1,
  .メンバ名2 = 初期値2,
  ⋮
};
```

第Ⅱ部

この構文を使った初期化は次のようになるでしょう。

```
struct MONSTER suzaku = {
  .name = "朱雀",
  .hp = 100,
  .attack = 30
};
```

6.4.2 型に別名を与える

あっ、また間違えた…。いつもstructを付け忘れちゃうよ！

6.3.1項で紹介したように、構造体の定義によって利用可能になる型の名前は「struct タグ名」型です。しかし、実際に構造体型を多用するようになると、ソースコードが読みにくくなったり、岬くん同様に、次のようなミスをしやすくなったりしてしまいがちです。

```
MONSTER suzaku;
```

先頭にstructを付け忘れてエラーになる

そうだ！　「struct MONSTER型」じゃなくて「MONSTER型」っていう型名にできないんですか？

できるよ。俺、いっつもそうしてる。

そこで登場するのが、typedef宣言という新たな構文です。これを利用すると、既存の型に別名を与えることができます。

typedef宣言

```
typedef 型名 型に付ける別名;
```

typedef宣言は、構造体に限らず、C言語のどのような型に対しても別名を付けることができる構文です。たとえば、`typedef int integer;` とすると、それ以降はint型とまったく同じものとしてinteger型を使えるようになります。

さっそく、岬くんのプログラムにもtypedef宣言を用いてみましょう。

```
typedef struct MONSTER Monster;
Monster suzaku;
```

struct MONSTER型にMonster型という別名を付与

以降、Monster型を利用可能

structを省略したほうが直感的にわかりやすいため、構造体はtypedef宣言と組み合わせて利用するパターンが一般的です。そのため、構造体定義とtypedef宣言を同時に行う次ページの構文も準備されており、実用上はこちらを利用することがほとんどです。

次ページの書き方さえ覚えていれば、最初の構造体定義の方法（p.191）は忘れてしまってもいいぞ。紛らわしいからな。

構造体定義とtypedef宣言を同時に行う

```
typedef struct {
   型名 メンバ名;
   ⋮
} 構造体型名;
```

それでは、これまで学んだテクニックを用いて、4体の味方モンスターを生み出し、画面に表示させてみましょう。

コード6-3 **構造体を使って4体の味方モンスターを生み出す**

BC363

code0603.c

```
#include <stdio.h>

typedef char String[1024];

int main(void)
{
  typedef struct {
    String name;
    int hp;
    int attack;
  } Monster;

  Monster seiryu = {"青龍", 80, 15};
  Monster suzaku = {"朱雀", 100, 30};
  Monster byakko = {"白虎", 100, 20};
  Monster genbu = {"玄武", 120, 10};

  const String TEMPLATE = "%s : HP=%3d 攻撃力=%2d¥n";
  printf(TEMPLATE, seiryu.name, seiryu.hp, seiryu.attack);
```

構造体定義と同時に別名Monsterを付与

構造体変数を宣言すると同時に初期化

```
  printf(TEMPLATE, suzaku.name, suzaku.hp, suzaku.attack);
  printf(TEMPLATE, byakko.name, byakko.hp, byakko.attack);
  printf(TEMPLATE, genbu.name, genbu.hp, genbu.attack);
  return 0;
}
```

(…あれ？　そういえばtypedefって、ずいぶん前からよく見てたような…？　うーん…ま、いっか。)

column

列挙型

2.3.4項で紹介した列挙体は、構造体のようにタグ名を付けると**列挙型**として取り扱えるようになります。たとえば、次のような宣言により、型 `enum SIGNAL` や型 `Signal` が利用可能になり、その型の変数にはRED（0）やYELLOW（1）が代入できます。

```
enum SIGNAL {RED, YELLOW, GREEN};
typedef enum {RED, YELLOW, GREEN} Signal;
```

しかし、C言語の列挙型はint型の別名に過ぎません。Signal型の変数に対して、REDやYELLOW、GREEN以外にも整数であれば3や-10が代入できてしまう点には注意が必要です。しかし、単純にint型で宣言するより意図が明確になるというメリットがあります。

6.5 構造体の注意点

6.5.1 構造体を用いる際の注意点

この章で紹介した構造体をプログラムに用いる場合に、必ず頭の片隅に置いておかねばならない注意事項があります。

構造体の注意点

計算や比較などの各種の演算子は、構造体には使えない。ただし、代入だけは例外的に使用することができる。

第I部では、変数の値に加算をするには+演算子、変数の内容を表示するにはprintf()命令など、演算子や命令を当たり前のように使ってきました。しかし、**これらはいずれも1つの値が格納されている基本型の変数のためのもの**であり、複数の値が格納されている変数、つまり構造体の変数に対しては使うことができません。

唯一の例外が=演算子による代入で、構造体の変数そのものをコピーするために使うことができます。

表6-1 基本型と構造体型に対する操作の可否

操作	表示 printf() など	計算 + - * /など	比較 == != < など	代入(コピー) =
基本型※	○	○	○	○
構造体型	×	×	×	○

※ int型、char型など。なお、String型は基本型には含まれない。

以上のことを念頭に、構造体に対する表示・計算・比較・代入の4つの操作について、次項から確認していきましょう。

6.5.2 構造体の表示

えーっと、どうやるんだっけ？　%d…いや、%sか…？

岬くんは、朱雀の情報が入った構造体変数suzakuの内容を画面に表示するために、次のようなコードを書いてしまったようです。

```
Monster suzaku = {"朱雀", 100, 30};
printf("%s", suzaku);
```

朱雀(HP=100/攻撃=30)と表示したい

複数のデータを1つの構造体にまとめることができたのですから、その情報一式を1回の命令で画面に表示したい、という気持ちはよくわかります。しかし、残念ながらこの指示では正しく動作しません。

まず注目すべきは、printf()命令に記述したプレースホルダの `%s` です。これは文字列型の情報を流し込むためのもの（3.6.2項）ですが、第2引数に指定した変数suzakuはMonster型なので、うまく処理できないのです。

じゃあ、Monster型を流し込むにはどうしたらいいんですか？　%Mとかないの？

さすがにないな。ないっていうか、準備できないのさ。

岬くんが言うように、`printf("%M", suzaku);` と書くだけで朱雀の各メンバの情報がわかりやすく表示されたら理想的です。しかし、「わかりやすく表示する」とは、具体的にどのような表示をすればよいのでしょうか。岬くんは「モンスター名(HP＝数値/攻撃＝数値)」のように表示したいと考えていますが、必ずしもC言語を使う人全員がそのような表示を望むとは限りません。人によっては「モンスター名[HP:数値][攻:数値]」だったり、「モンスター名(HP＝数値)」だけでいいと考える人もいるでしょう。岬くんも、状況によって異なる表示をしたいと思うかもしれません。

つまり、printf()命令としては、構造体変数だけを渡されても、各メンバの情報をどのように表示したらよいのか判断ができないのです。したがって、少し手間はかかりますが、コード6-3（p.198）の18〜22行目にあるように、各メンバの値を1つずつ取り出し、その表示内容を指示する必要があります。

6.5.3 構造体の計算

一括して表示することができないのと同様に、構造体変数を一括して計算することもできません。たとえば、次のようなコードはコンパイルエラーになります。

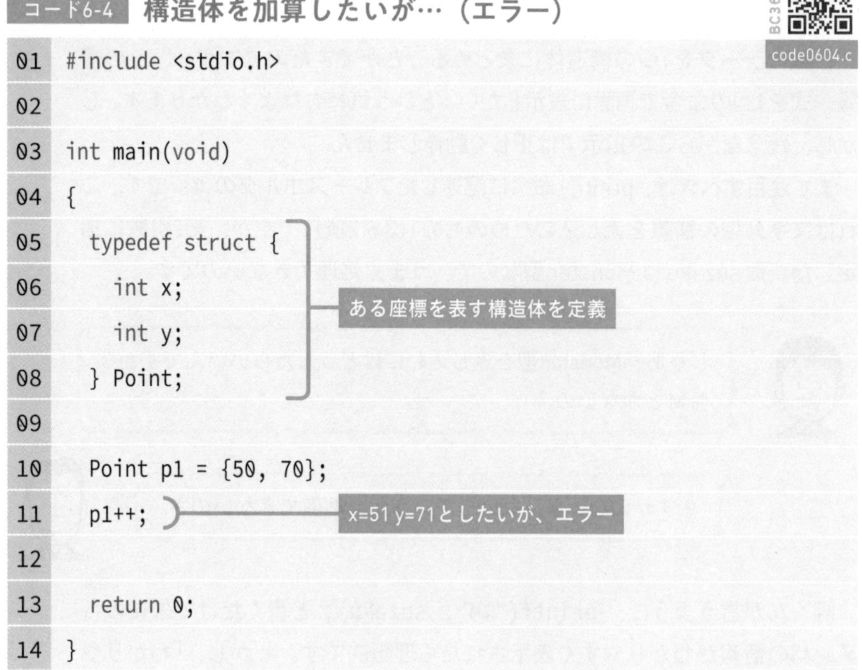

コード6-4 構造体を加算したいが…（エラー）

BC364 code0604.c

```
01 #include <stdio.h>
02 
03 int main(void)
04 {
05   typedef struct {
06     int x;
07     int y;
08   } Point;
09 
10   Point p1 = {50, 70};
11   p1++;
12 
13   return 0;
14 }
```

ある座標を表す構造体を定義
x=51 y=71としたいが、エラー

このソースコードの読み手が人間であれば、11行目の処理はp1のメンバであるxとyの値をそれぞれ1ずつ増やしたいのだろうと推測できます。しかし、C言語では、このような書き方は文法上許されていません。面倒でも、次のように、各メンバに対して計算を指示する必要があります。

```
p1.x++;
p1.y++;
```

まぁ間違って使ってしまってもコンパイルエラーになるから致命傷は避けられる。ただ、複数の値が入った変数を計算してはならないという意識はしっかり持つようにしてほしい。

6.5.4 構造体の比較

まったく同じメンバ構成を持つ構造体の変数が2つある場合、すべてのメンバが同じ値かどうかを調べるために、==演算子を使いたくなるかもしれません。しかし残念ながら、前項の+や-などの算術演算子と同様に、==や>といった関係演算子も構造体変数に対して使うことはできません。

```
Monster suzaku1 = {"朱雀", 100, 30};
Monster suzaku2 = {"朱雀", 105, 25};
    ⋮
if (suzaku1 == suzaku2) {    ← コンパイルエラー
    ⋮
}
```

構造体の内容を比較したいときは、すべてのメンバについて1つずつ比較していくしかないんだ。メンバ数が多いと、ちょっと面倒だけどな。

6.5.5 構造体の代入（コピー）

前項までに解説したように、多くの演算子は基本的に構造体での利用を前提としていません。しかし、ただ1つの例外が=演算子の動作です。たとえば、次のコードは同じ情報を持つ味方モンスターを2体に増やします。

```
Monster suzaku = {"朱雀", 100, 30};
Monster suzaku2;
suzaku2 = suzaku;
```

3つのメンバの内容がすべてコピーされる

これって、メンバとしてnameもコピーしちゃうから、「第3の約束」を破ることになるんじゃないですか？

そこに気づくとは、ゆりちゃんもなかなか隅に置けないなぁ。

幸いにも、このケースは文字列型の第3の約束「初期化を除いて=で代入してはならない」(p.77) の違反にはあたりません。この代入の場合、=演算子の左右のオペランドはともにMonster型の構造体変数です。そして、構造体に限っては、**中のメンバがどのような型なのかはあまりに気にせずに全体をコピー**してしまう、という特別な動作をする決まりになっています。1つひとつのメンバに対して代入しているわけではないため、文字列型の代入には該当しないのです。

構造体の代入（コピー）

構造体変数は、=演算子によって内容を一括してコピーできる（メンバに文字列型があっても懸念する必要はない)。

6.6 第6章のまとめ

プログラムの複雑性

- プログラムの規模が大きくなるにつれ、複雑性という課題が生まれる。
- 複雑性を克服するには、整理しながらプログラムを書くための構文を知り、活用する必要がある。

構造体の使い方

- 構造体は、1つの変数に複数の異なるデータ型の値を格納できる。
- 構造体を構成する1つひとつのデータをメンバという。
- 構造体を使うには、構造体のメンバを定義した上で構造体変数を宣言する。
- typedef宣言によって構造体の型名に別名を与え、構造体の宣言をシンプルにできる。

構造体型の注意点

- 構造体型の変数に対して、一括して表示や計算、比較はできない。メンバ1つひとつに対して処理する必要がある。
- 構造体型の変数に対して、一括して代入（コピー）できる。

6.7 練習問題

練習6-1

次の事柄について、構造体として扱う場合にメンバとなる要素を挙げてみましょう。

(1) 書籍　(2) 名刺　(3) SNSへ投稿する記事

練習6-2

練習6-1 (1) で考えた書籍について、型名をstruct BOOK型とした構造体を宣言してください。

練習6-3

練習6-2で作成した構造体を使って、変数「text」「dictionary」を宣言すると同時に初期化し、各メンバに適当な値を設定してください。

練習6-4

練習6-1 (2) で考えた名刺について、構造体を定義すると同時にtypedef宣言を使って別名を与えてください。型名は任意とします。

練習6-5

次のような構造体が定義され、構造体型の変数「m」が宣言とともに初期化されています。

```
typedef struct {
```

第Ⅱ部

```
    String title;          // 件名
    String from;           // 送信元メールアドレス
    String datetime;       // 受信日時
    int size;              // サイズ（KB）
    bool attached;         // 添付ファイルの有無
    String body;           // 本文
} Mail;

Mail m = {"あけましておめでとう", "sugawara@miyabilink.jp",
    "2025/01/01 10:10:58", 302, false};
```

このとき、変数「m」の必要なメンバにアクセスして、次のようなメール受信のお知らせを画面に表示してください。

メール受信のお知らせ
（送信元メールアドレス）さんから、（受信日時）にメールです。サイズは（サイズ）KB、（添付ファイルの有無）。

column

三項条件演算子

練習6-5の問題は、三項条件演算子（単に三項演算子ともいいます）という少し変わった演算子を用いるとエレガントに回答できます。

三項条件演算子

条件式 ? 値1 : 値2

※ 条件式が満たされれば値1に、そうでなければ値2に全体が化ける。

使用例は、練習6-5の解答を参照してください。

column

【FE対策⑦】「クラス」を学んでおこう

科目Bでは、**クラス**（class）と呼ばれる構文を利用したプログラムが出題されることがあります。クラスは、構造体をさらに進化させたようなもので、変数だけでなく命令もメンバとして持っている特徴があります。

たとえば、第6章で登場したMonster型が、hpやmpといったメンバに加え、attack()のような命令を持っていると考えてほしい。`Monster m;` で宣言した後は、`m.attack();` と書けばそのモンスターに攻撃を指示できるイメージだ。

残念ながら、クラスはC言語には存在しない構文ですが、C言語を拡張したC++では利用可能です。幸いdokoCでは、ソースファイルの拡張子を.cppにするとC++としてコンパイルや実行ができます。

例として、C++が標準で準備しているstd::stack<long>型というクラスを使ったコードをdokoCに準備しました。このクラス型は「long型の情報を格納したり取り出したりできる場所」のようなものです。

C++のコードをdokoCで確認する

擬似言語では、クラスに関する厳密な構文や高度な使い方、定義方法などは仕様で定められていません。そのため、複雑な出題は困難と想像されます。ここで紹介したコードが理解できたなら、あとはクラスが登場する過去問をいくつか解いておけば十分に対処可能でしょう。

chapter 7
配列

第6章で紹介した構造体に続き、この章では
異なるデータをひとまとまりとして扱う新たな道具、
「配列」を紹介します。
使用上の注意は多いものの、C言語の本質にも
繋がっている奥深いしくみをぜひマスターしましょう。

contents

7.1 配列とは

7.1.1 変数の限界

どうした悠馬。構造体をマスターしたってのに、難しそうな顔をしてるなぁ。

あ、海藤さん。ゲーム画面の下半分を作ろうと思って。宝石が何個か並ぶイメージなんですが…。

　岬くんは、パズルRPGの画面下部に表示する、宝石が並ぶ部分の開発に入ったようです。まずは、このゲームの画面下半分について確認しておきましょう。

パズルRPGの画面下半分で実現したいこと

1. 4種類の属性（火・水・風・土）の宝石がランダムに10個並ぶ。
2. プレイヤーは宝石を左右に指定個数分だけ動かすことができる。
3. 同じ属性の宝石が3個以上連続して並ぶと消滅し、その属性の味方モンスターが敵を攻撃する。
4. 宝石が消滅した場所には、再びランダムに宝石が現れる。

図7-1 ゲーム画面下部のイメージ

こういう複雑な処理は一度に全部を実現しようとすると大変だ。この章では、1つ目の10個並べるところを攻略しよう。

前提として、現時点では図7-1のようなグラフィカルなゲーム画面を表現することはできません。そこで、4種類の宝石を次のような文字として表示しましょう。

```
printf("$");      // 火の宝石（ゆらめきの様子）
printf("~");      // 水の宝石（波の様子）
printf("@");      // 風の宝石（風の渦の様子）
printf("#");      // 土の宝石（地面の様子）
```


単に10個の宝石を画面に並べるだけであれば、これまでに学習してきた知識だけでも次のように実現できるはずです。

コード7-1 宝石をランダムに表示する

code0701.c

```
#include <stdio.h>
#include <stdlib.h>
#include <time.h>

int main(void)
{
  srand((unsigned)time(nullptr));      // 乱数生成の準備
  enum {FIRE, WATER, WIND, EARTH};     // 宝石の属性を表す定数(0～3)

  // 宝石の属性をランダムに決定
  for (int i = 0; i < 10; i++) {
    int gemType = rand() % 4;
    switch (gemType) {
      case FIRE:
        printf("$");
```

```
                break;
            case WATER:
                printf("~");
                break;
            case WIND:
                printf("@");
                break;
            case EARTH:
                printf("#");
                break;
        }
        printf(" ");    // 見やすいようにスペースを入れる
    }

    printf("¥n");   // 最後に改行しておく
    return 0;
}
```

コンパイルエラーが発生する場合、nullptrをNULLに置き換えてください。

```
@ # ~ ~ # $ # $ $ #
```

ここまではできたのですが、実現したいことの2つ目以降を考えると、宝石を変数に入れておかないとマズイですよね？

このゲームでは10個の宝石を単に表示するだけでなく、左右に動かしたり、宝石が消滅した際にはその属性を調べたりしなければなりません。そのためには、岬くんが懸念しているように、どの場所に何の属性の宝石があるのかといった情報を変数などに保存しておき、ゲームが続く間は管理が必要になります。

7.1.2 データを並び順で管理する

こんな課題にぶつかったときこそ、配列という新しい道具の出番なんだ。

配列（array）は**同じ種類の複数のデータを並び順で格納するデータ構造**で、岬くんが抱えている課題をスマートに解決できます。

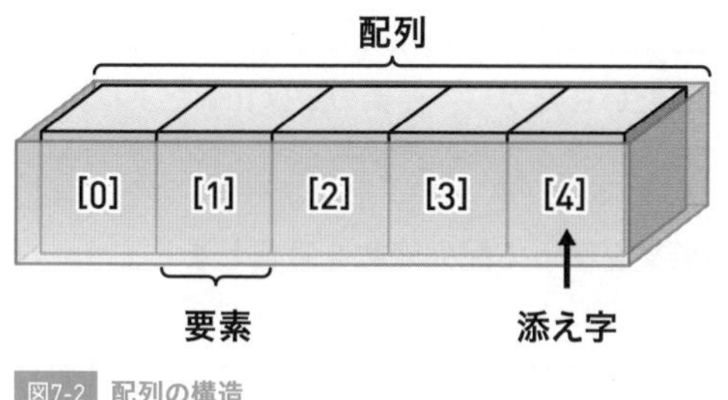

図7-2 配列の構造

配列の中には、箱が連続して並んでいます。箱の1つひとつを**要素**（element）といい、変数と同じように型があり、データを格納できます。

配列の各要素の型はすべて同じで、図7-2のように番号が付いています。この要素の番号を**添え字**（index）といい、**0から始まる決まり**になっています（1からではないことに注意してください）。たとえば、要素が5つある配列では、0番から4番までが存在し、5番の添え字を持つ要素はありません。

配列の要素は0から始まる

配列の最初の要素は0番から始まり、最後の添え字は全体の要素数より1つ小さな数になる。

7.2 配列の準備

7.2.1 配列宣言の文

配列を利用するには、まず、必要になる要素の数を決めます。

10個の宝石を並べたいんだから、要素の数は10個だよね。

要素数が決まったら、次の構文を使って配列変数を宣言しましょう。

配列宣言の文

```
要素の型 変数名[要素数];
```

次のように記述すると、int型の要素が10個並んだ配列変数gemsを利用できるようになります。

```
int gems[10];
```

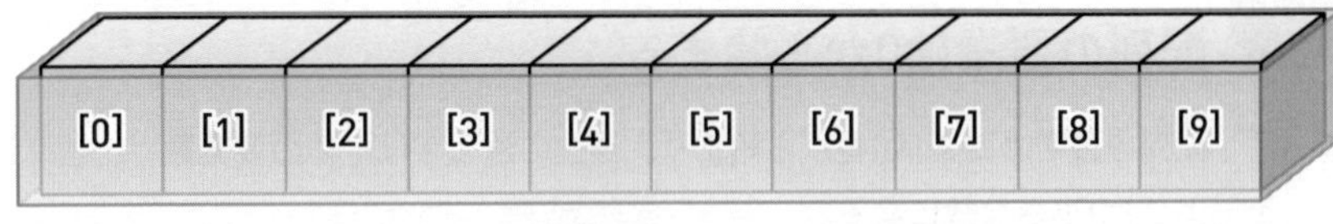

図7-3 10個の宝石を格納する配列gems

（あれっ？ [10] って書き方、ひょっとして…。）

7.2.2 配列の利用

配列変数の準備ができましたので、さっそく配列を使っていきましょう。配列に含まれるそれぞれの要素は次の構文で利用します。

配列要素へのアクセス

配列変数名[添え字]

たとえば、図7-3の配列gemsの1番の要素に数値を代入するには、`gems[1] = 3;` のように記述します。

ここで、**配列の最初の要素は0番の添え字を持つ**というルールを思い出してください。 `gems[1] = 3;` は配列gemsの**先頭ではなく、先頭から2番目の要素**に3を代入することになります。次のコードでは、gemsの2番目の要素に3を代入し、それを画面に表示しています。

コード7-2 配列の要素に値を代入して表示

BC372 code0702.c

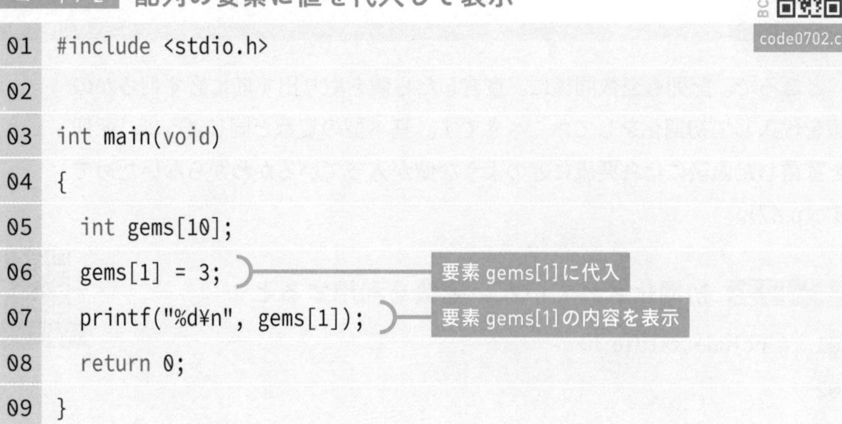

```c
#include <stdio.h>

int main(void)
{
  int gems[10];
  gems[1] = 3;
  printf("%d¥n", gems[1]);
  return 0;
}
```

`gems[添え字]` と書くと各要素（小箱）を指す。ちなみに、単に `gems` と書くと配列全体（外側の大箱）を意味するんだ。

ところで、gems[10]という配列を宣言した場合、配列の要素数は10ですが、最初の要素を示す添え字は0であるため、最も大きい添え字の値は9になります。

宣言するときは [10] なのに、使うときには [9] までなんて、ちょっと紛らわしいなあ。

これは、配列を宣言するときに書く [] と、配列の要素を指定するときに書く [] では、その意味も機能も似て非なるものだからです。宣言の [] の中に書く数字は、何個の要素が必要なのかを**個数で指定**するものです。一方、配列を使うときの [] に書く数字は、何番目の要素なのかを**位置で指定**するものです。そして、C言語では、位置を指定するときには0から始めるというルールを考慮する必要があります。

宣言時の [] と利用時の [] はまったくの別物だと思ったほうがいい。

7.2.3 配列の初期化

ところで、配列も変数同様に、宣言したら値を取り出す前に必ず何らかの値を代入して初期化をしておくべきです。基本型の変数と同じように、配列を宣言した直後には各要素にどのような値が入っているかわからないためです（p.67）。

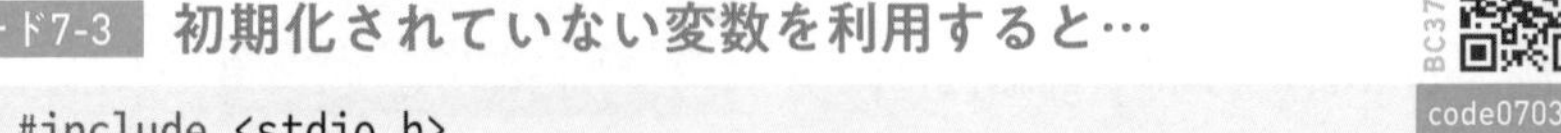

コード7-3 初期化されていない変数を利用すると…

BC373

code0703.c

```
#include <stdio.h>

int main(void)
{
  int i;
  printf("変数iの内容：%d¥n", i);
```

変数の初期値は不定

```
    int a[5];                                   配列の要素も初期値は不定
    printf("配列aの要素[0]の内容：%d¥n", a[0]);
    return 0;
}
```

```
変数iの内容：4029100102        でたらめな値が表示される
配列aの要素[0]の内容：0         偶然に0になることもある
```

もし、生成した配列の全要素を0に初期化したい場合には、それぞれの要素に0を代入する必要があります。1つひとつの要素に代入文を書いてもよいのですが、次のように1行で記述することも可能です。


```
int a[5];
a[0] = a[1] = a[2] = a[3] = a[4] = 0;
```

へぇ〜！　こんなふうに連鎖的な代入もできるんだ。便利！

うーん、でも要素数が多くなったらこんなの書いていられないわよ。普通の変数はもっとエレガントに初期化できたわよね。

基本型の変数は、変数宣言と同時に初期化できました（p.68）。配列についても、次の構文で宣言と初期化を同時に行うことができます。

配列の宣言と初期化

```
要素の型 配列変数名[要素数] = {要素[0]の初期値,
    要素[1]の初期値, …};
```

※ 右辺を 要素の型 配列変数名[] とすると、初期値に指定した数が要素数となる。

たとえば、前述の要素を5つ持つ配列aでは、次のように書きます。

```
int a[5] = {0, 0, 0, 0, 0};
```

なお、この構文を利用する場合、[] の中に書く要素数の指定は省略することができ、{} 内に記述した初期値の数を要素数として配列が定義されます。

```
int a[] = {0, 0, 0, 0, 0};
```

配列aは要素数5として定義される

また、要素数を具体的に指定した場合は、{} 内の初期値の数が要素数に対して不足していても問題ありません。足りない分は0で初期化される決まりになっています。

```
int a[5] = {20, 30, 10};
```

要素[3]と[4]は0で初期化される

これを応用すると、全要素を0で初期化する処理は、さらに次のように書き換え可能です。すべての要素が0で初期化されます。

```
int a[5] = {0};
int a[5] = {};
```

従来から使える表記

最新のC言語で使える表記

すごくシンプルになりましたね！　これなら要素数がいくつであってもラクに初期化できます。

7.3 配列変数と要素の型

7.3.1 配列型の意味

先に進む前に、ここでちょっと考えてほしいことがあるんだ。gemsは何型の変数といえるだろうか？　大事なことなんだ。

`int gems[10];` って宣言したんだし…int型かな？

chapter 7

岬くんの言うように、配列の宣言文を見ると、int型のgems[10]という変数を宣言しているかのように考えてしまいがちです。しかし、本来int型は整数を1つだけ格納できるデータ型のはずです。図7-3（p.214）を改めて眺めてみると、配列全体を表す変数gemsには、整数ではなく10個のint型の箱が格納されていることがわかります。

そっか、gemsは箱を格納している箱なのね。これ、いったい何型なのかしら。

配列変数gemsのデータ型は、C言語の世界ではint[10]型と呼ばれます。要素数が重要でない場合は、int[]型またはint配列型ともいいます。少し奇妙に感じるかもしれませんが、「int型の小箱を複数持つ配列の型」と解釈すればしっくりくるのではないでしょうか。

配列変数の型と要素の型は区別しておこう

int gems[10]; と宣言した場合

・配列変数の型（gemsの型）：int[10]型

・各要素の型（gems[0]の型）：int型

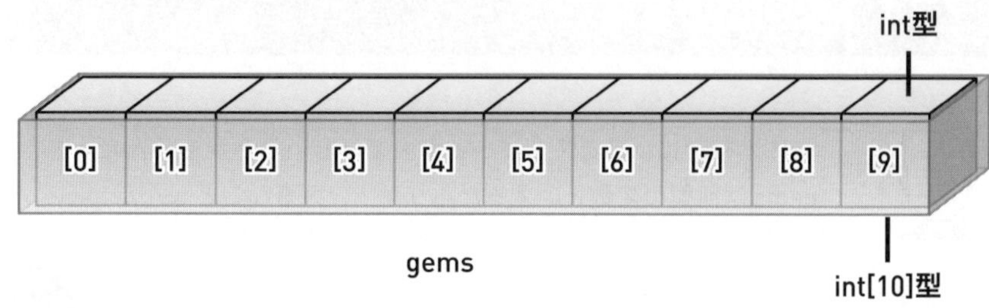

図7-4 配列変数の型と要素の型

なお、int[10]型やfloat[3]型のように配列全体を表す型は**配列型**（array type）と呼ばれています。「複数の値を1つの変数に入れるための型」という意味では構造体と同じであり、配列型と構造体型は**集成体型**（aggregate type）と総称されています。

表7-1 C言語における主な型

分類		型名
基本型	真偽値型	bool
	文字型	char
	整数型	short、int、long
	浮動小数点型	float、double
集成体型	構造体型（第6章）	struct タグ名
	配列型（第7章）	型[要素数]
参照型	（第III部第9章で紹介）	

※ 列挙型をはじめ、これ以外にも型は存在する。

シュウセイタイ…ってまた、なんか難しそうな名前だなぁ…。

聞き慣れない日本語だが、要するに集合体のことだ。「集合体型」と読み替えれば、複数のデータが入る様子がなんとなくイメージできるだろ？

表7-1は、C言語で準備されているさまざまなデータ型が、その根本的な役割の違いから、基本型・集成体型・参照型の3つに分類されることを示しています。

C言語の学習を始めて日が浅いうちは、int[10]型とint型を似たもののように錯覚しがちです。しかし、この表によると、int[10]型のような配列型は複数の値を格納できる集成体型に分類される一方、int型は1つの値のみを格納する基本型に分類されています。つまり、この2つの型は見た目が似ているものの、実は**似ても似つかない根本から異なる存在**なのです。

型の見た目にだまされない

int[10]型とint型とは似て非なるもの。int型とlong型のほうがまだ近しい存在である。

7.3.2 配列型に関する表記上の特徴

うーん…。int[10]っていう型の名前なら、`int[10] gems;`って宣言したほうがわかりやすいのに…。

残念ながら、これがC言語のルールなんだよな。

配列型には、ソースコード上で**型名が左右に分断されて登場することがある**という特徴があります。代表的な例が、配列宣言の文でしょう。

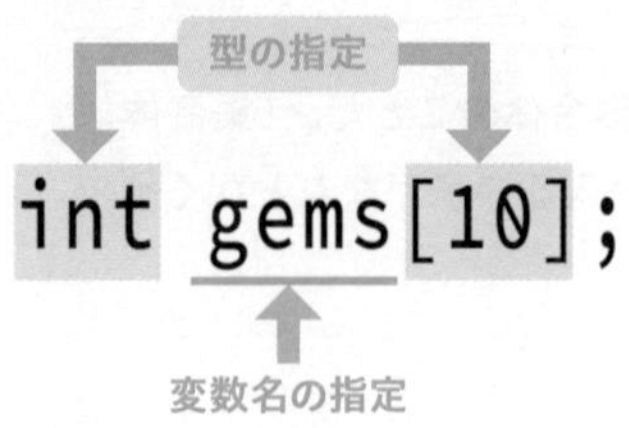

図7-5 配列宣言では型名が分断される

型名が左右に分かれて記述されてしまうためにわかりにくいと感じるかもしれませんが、あまりこだわらずに、単なるルールだと割り切ってしまいましょう。

頭の中では正しい型である `int[10] gems;` を常にイメージしていてほしいんだが、ソースコード上では型を分断して書く、と覚えるといいだろう。

column

可変長配列

原則として、C言語の配列宣言では、コンパイル時に要素数を確定させる必要があります。具体的には、`int gems[10];` のように要素数をリテラルで示す必要があり、`int gems[n];` のように、要素数に変数を記述できないのが原則です（nはconst定数でも許されませんが、列挙定数の場合は許されます）。

近年のC言語規格では**可変長配列**（VLA：variable length array）という機能が追加されたためこの制約は取り払われ、変数による要素数の指定も一応可能となっています。しかし、可変長配列に対応しないコンパイラが存在したり、初期化構文（7.2.3項）が使えないなどのいくつかの制約も存在しますので、注意が必要です。

7.4 配列の使い方

7.4.1 変数による添え字の指定

それじゃ、いよいよ配列を使って、パズルRPGの問題をスッキリ解決！といこう。

はい、頑張ります！

章の冒頭で紹介したコード7-1（p.211）の一部を、配列を使って改良したのが次のコードです。ここではまず、宝石の生成までを実装しています。

コード7-4 配列を使って宝石をランダムに生成する

BC374 code0704.c

```
#include <stdio.h>
#include <stdlib.h>
#include <time.h>

int main(void)
{
  srand((unsigned)time(nullptr));     // 乱数生成の準備
  enum {FIRE, WATER, WIND, EARTH};  // 宝石の属性を表す定数(0〜3)
  int gems[10];

  // 宝石をランダムに生成
  for (int i = 0; i < 10; i++) {
    int gemType = rand() % 4;
```

```
        gems[i] = gemType;
    }

    return 0;
}
```

ループのたびにiの値が0〜9で変化する

コンパイルエラーが発生する場合、nullptrをNULLに置き換えてください。

えっ、gems[i]っていう書き方ができるんですか？

これまで、[]の中、つまり配列の添え字には0や2といった固定の値（リテラル）を指定してきました。しかし添え字には変数を用いることもできます。たとえば、変数aに3という値が入っているときにgems[a]とすれば、前から4番目の要素にアクセスできます。

配列は、添え字を変数で指定してこそ真価を発揮する道具なんだ。むしろ、添え字に固定値を書く機会のほうが少ないはずだ。

特に、配列と繰り返しを組み合わせた次の3つは、配列を活用するためにぜひ押さえておきたい定石パターンです。

パターン1　ループによる全要素の利用
パターン2　ループによる集計
パターン3　添え字に対応した情報の利用

次項からは、これらのパターンについて詳しく見ていきましょう。

7.4.2 パターン1　ループによる全要素の利用

最もよく用いられるパターンが、配列の最初から最後までの全要素に対して順にアクセスする処理です。コード7-4でも用いられているこのパターンは「配列を回す」ともいい、添え字にはループ変数を指定します。

forループで配列を回す

```
for (int i = 0; i < 配列要素数; i++) {
  配列変数名[i]を使った処理
}
```

このパターンは、配列の先頭から要素を1つずつ取り出して画面に表示するなど、すべての要素に同じ処理を行うときに用いると便利です。

7.4.3 パターン2 ループによる集計

パターン1の変形バージョンが、ループで配列の要素を集計するパターンです。たとえば、配列gemsにFIREの属性を持つ宝石がいくつあるのかを調べるには、次のような処理を書きます。

chapter 7

```
int count = 0;
for (int i = 0; i < 10; i++) {
  if (gems[i] == FIRE) {
    count++;
  }
}
printf("火の宝石の数は：%d¥n", count);
```

えっと、countの初期値を0にして、ループごとに増やす…？

forとifを組み合わせているから、少し複雑に見えるかもしれないな。集計するときの定石さ。ま、すぐに慣れるよ。

ループを始める前に、集計結果を入れるための変数countを0で初期化して準備しておきます。for文などのループを回して要素を1つずつ調べ、もし

値がFIREと一致すれば変数countを1増やします。

最終的にループが終了した段階で、countには配列gemsのうちFIREである要素の数が格納されているというわけです。このような処理をカウント集計とも呼びます。

配列を集計する

```
int 集計結果の変数= 0;
for (int i = 0; i < 配列要素数; i++) {
  配列変数名[i]を調べて集計結果の変数を書き換える処理
}
```


なお、このパターンは、カウント集計のほかに、配列の合計や平均を求める集計にもよく用いられますので、しっかり理解しておきましょう。

コード7-5 配列の合計と平均を求める code0705.c

```
#include <stdio.h>

int main(void)
{
  int scores[] = {75, 57, 90, 46, 82};
  int sum = 0;
  for (int i = 0; i < 5; i++) {
    sum += scores[i];
  }
  int avg = sum / 5;
  printf("合計点：%d¥n", sum);
  printf("平均点：%d¥n", avg);
  return 0;
}
```

- int scores[] = {75, 57, 90, 46, 82}; → 5科目のテスト結果
- int sum = 0; → 合計を0でリセット
- sum += scores[i]; → 1科目ずつsumに足していく
- int avg = sum / 5; → 合計を科目数で割る

7.4.4 パターン3　添え字に対応した情報の利用

配列の利用方法としてもう1つ欠かせないのが、添え字に対応した情報を取り出すパターンです。

まずは、配列を活用していないコードを見てみよう。

コード7-6 宝石をランダムに並べる（パターン3を使わない）

code0706.c

```
#include <stdio.h>
#include <stdlib.h>
#include <time.h>

int main(void)
{
  srand((unsigned)time(nullptr));    // 乱数生成の準備
  enum {FIRE, WATER, WIND, EARTH};  // 宝石の属性を表す定数(0〜3)
  int gems[10];

  // 宝石をランダムに生成
  for (int i = 0; i < 10; i++) {
    int gemType = rand() % 4;
    gems[i] = gemType;
  }

  // 次に宝石10個の内容を画面に表示
  for (int i = 0; i < 10; i++) {
    switch (gems[i]) {
```

```
      case FIRE:
        printf("$");
        break;
      case WATER:
        printf("~");
        break;
      case WIND:
        printf("@");
        break;
      case EARTH:
        printf("#");
        break;
    }
    printf(" ");      // 見やすいようにスペースを入れる
  }

  printf("¥n");       // 最後に改行しておく
  return 0;
}
```

FIRE（0）なら$

WATER（1）なら~

WIND（2）なら@

EARTH（3）なら#

コンパイルエラーが発生する場合、nullptrをNULLに置き換えてください。

この章の最初の配列を使わないプログラム（コード7-1）と同じやり方ですよね。これのどこが悪いんですか？

まあ悪かないんだけどさ、ちょっと泥臭いんだよな。

配列のしくみをよく理解した私たちであれば、次のような書き方も納得ができるはずです。

BC377

コード7-7 宝石をランダムに並べる（パターン3を使う）

code0707.c

```
01 #include <stdio.h>
02 #include <stdlib.h>
03 #include <time.h>
04
05 int main(void)
06 {
07   srand((unsigned)time(nullptr));   // 乱数生成の準備
08   enum {FIRE, WATER, WIND, EARTH};  // 宝石の属性を表す定数(0～3)
09   const char GEM_CHARS[] = {'$', '~', '@', '#'};
10   int gems[10];
11
12   // 宝石をランダムに生成
13   for (int i = 0; i < 10; i++) {
14     int gemType = rand() % 4;
15     gems[i] = gemType;
16   }
17
18   // 次に宝石10個の内容を画面に表示
19   for (int i = 0; i < 10; i++) {
20     printf("%c ", GEM_CHARS[gems[i]]);
21   }
22
23   printf("¥n");      // 最後に改行しておく
24   return 0;
25 }
```

属性に対応した表示用の文字を配列に格納

char型を流し込むためのプレースホルダ（p.114）

コンパイルエラーが発生する場合、nullptrをNULLに置き換えてください。

えっ！　あの長いswitch文（コード7-6の19～32行目）がたった1行（コード7-7の20行目）になってる！？

chapter 7

このプログラムを読み解くには、まず、9行目で宝石の属性に対応する表示用の文字を配列GEM_CHARSとして準備している点に着目しましょう。この配列を利用すれば、宝石の属性に対応した表示文字をシンプルに取り出せます。たとえば、`GEM_CHARS[FIRE]` と書くと `'$'` に、`GEM_CHARS[WATER]` と書くと `'~'` に解釈されます。

実際に20行目では、配列GEM_CHARSから、配列gemsの各要素に格納されている宝石に対応する文字を取り出しています。`GEM_CHARS[gems[i]]` は一見とっつきにくく感じる書き方ですが、配列GEM_CHARSの `[]` の中に、`gems[i]` が指定してあるだけです。もしこの一文ではわかりにくい場合は、次のように3行に書き直してもいいでしょう。

```
int gemType = gems[i];                // i番目の宝石の属性(0～3)を取得
char gemChar = GEM_CHARS[gemType]; // その宝石の表示用文字を取得
printf("%c ", gemChar);               // 表示用文字を画面に表示
```


column

添え字演算子とその真の意味

本文で学んだように、配列gemsの前から4番目の要素にアクセスするためには、`gems[3]` と記述します。何気なく使っている `[]` の部分、実は**添え字演算子**（subscript operator）と呼ばれる演算子であり、直前に書かれた変数名の要素に「化ける」動作をします。

なお、7.2.2項でも少し触れたように、配列宣言時の `[]` は添え字演算子ではなく、まったく別の構文です。

7.5 配列の応用

7.5.1 多次元配列

ここからは配列の応用編だ。難しく感じたら、とりあえず知っておくだけでもいいぞ。

前節までに学習してきた配列は、1次元配列といいます。1次元配列に縦の並びを加えると、2次元配列になります。2次元配列は図7-6のように、要素が縦横に並んだ表のようなものです。データを表のような形で扱いたい場合に使用すると便利です。

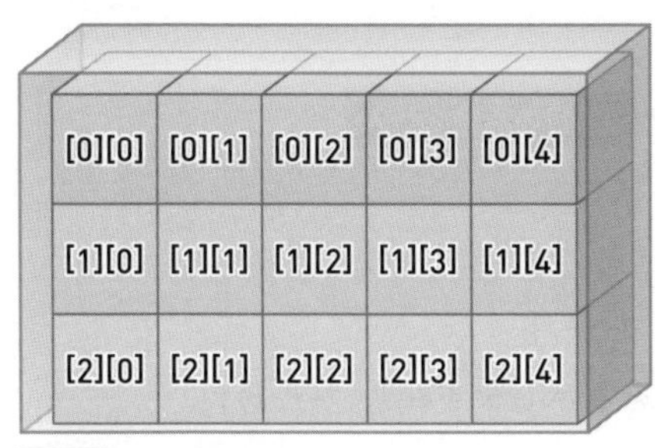

図7-6 2次元配列のイメージ

なお、2次元以上の配列を多次元配列と呼びます。業務アプリケーションの開発では用いる機会は少ないものの、科学技術計算などでは広く利用されています。

2次元配列の宣言

要素の型 配列変数名[行数][列数];

2次元配列の要素の利用

配列変数名[行の添え字][列の添え字];

たとえば、兄弟2人の3科目のテスト結果を格納してみましょう。

BC378

コード7-8 **2次元配列の利用**

code0708.c

```
#include <stdio.h>

int main(void)
{
  int scores[2][3];
  scores[0][0] = 80;
  scores[0][1] = 77;
  scores[0][2] = 65;
  scores[1][0] = 51;
  scores[1][1] = 80;
  scores[1][2] = 95;

  for (int i = 0; i < 2; i++) {
    printf("%d人目の点数を表示します¥n", i + 1);
    for (int j = 0; j < 3; j++) {
      printf("%d科目め：%d¥n", j + 1, scores[i][j]);
    }
  }

  return 0;
}
```


このプログラムの2次元配列は、次の図7-7のようなイメージになります。

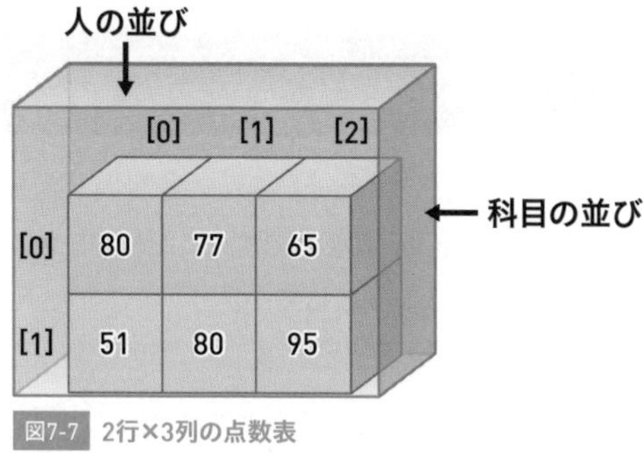

図7-7 2行×3列の点数表

多次元配列では、要素を指定する [] を次元の数だけ記述します。2次元配列の場合、最初の [] で行、次の [] で列を指定します。

ちなみにコード7-8の変数scoresのデータ型は、int[2][3]型になる。int型ではないことを改めて確認しておいてくれ（7.3.1項）。

column

C言語には2次元配列は存在しない？

2次元配列のイメージとして、図7-6（p.231）を紹介しました。縦と横に箱が並んでいる姿から、Excelや将棋盤のようなものをイメージしたかもしれません。

しかし、実際のコンピュータ内部では、2次元配列の要素は縦横に並んでいるわけではありません。C言語の世界では、1次元配列の要素の中にさらに1次元配列が格納されているものとして2次元配列を実現しています。これは、3次元以上の配列についても同様です。したがって、厳密には、C言語には1次元の配列しか存在しないのです。

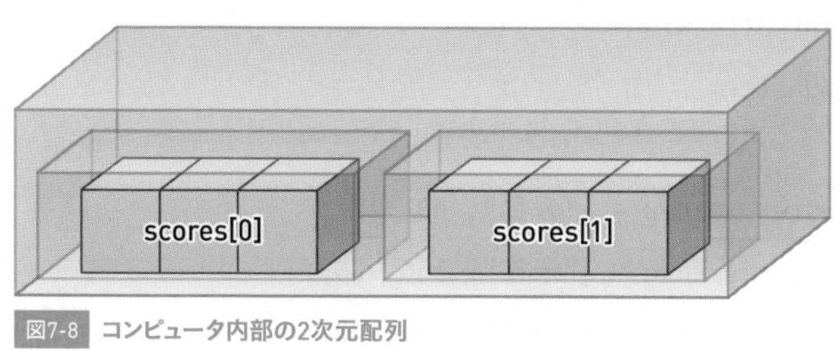

図7-8 コンピュータ内部の2次元配列

7.5.2 構造体の配列

海藤さん、第6章で作ったMonster型なんですが、4体のモンスターを連れて冒険する場合、ひょっとして…。

いいところに目をつけたな！　もちろんできるぞ。

この章ではこれまで、基本型を要素とする配列を題材として学習してきました。しかし、集成体型も配列の要素にできます。第6章で作ったMonster型（6.4.2項）を要素に持つ「Monster配列型」を使うと、第6章のコード6-3（p.198）は次のように改良できます。

コード7-9　配列を使って味方モンスターを扱う

code0709.c

```
#include <stdio.h>

typedef char String[1024];

int main(void)
{
  typedef struct {
    String name;
    int hp;
    int attack;
  } Monster;

  Monster seiryu = {"青龍", 80, 15};
  Monster suzaku = {"朱雀", 100, 30};
  Monster byakko = {"白虎", 100, 20};
```

```
16    Monster genbu = {"玄武", 120, 10};
17
18    Monster monsters[] = {seiryu, suzaku, byakko, genbu};
19
20    const String TEMPLATE = "%s：HP=%3d 攻撃力=%2d¥n";
21    for (int i = 0; i < 4; i++) {
22      printf(TEMPLATE,
23          monsters[i].name, monsters[i].hp, monsters[i].attack);
24    }
25
26    return 0;
27  }
```

要素数4のモンスター配列型を作って初期化

ループでモンスターを順番に表示

なお、13〜18行目は、次のように1つの式でも記述できます。

```
Monster monsters[] = {{"青龍", 80, 15},
                      {"朱雀", 100, 30},
                      {"白虎", 100, 20},
                      {"玄武", 120, 10}};
```

やった！　味方モンスターをスッキリ配列に格納できました！

7.6 配列の注意点

7.6.1 配列を用いる際の注意点

配列についていろいろと学んできたけれど、なんとか使えそうです。

嬉しいねえ。それじゃ最後に、いくつか注意点を添えておくとしよう。

配列の使い方についての解説は、基本的には前節までの内容で終了です。構文自体が難しいわけではないため、繰り返し利用していくことで使いこなせるようになるでしょう。

ただし、配列も集成体型の1つですから、構造体型と同じように使用上の注意点があります。前章の6.5節と同様に、表示・計算・比較・代入の操作について、それぞれ見ていきましょう。

7.6.2 配列の表示

配列の内容をすべて表示したい場合であっても、printf()命令に配列変数そのものを引き渡すことはできません。たとえば、次のような記述をしたソースコードは、コンパイルはできますが想定外の動作をします（コンパイラによっては、コンパイル時に警告が表示されます）。

```
int a[] = {10, 20, 30, 40, 50};
printf("%d ", a);
```

NG！　配列変数を渡しても全要素の表示はできない

```
19224029103
```

でたらめな数字が表示される

なんだこれ？　また意味不明な数字が出てきましたよ。

配列の内容をすべて表示するには、面倒ではありますが、コード7-6（p.227）やコード7-7（p.229）のように、for文などのループ処理で要素を1つずつ取り出しながら表示するしかありません。

7.6.3 配列の計算や比較

配列の計算や比較に関しても、同様に注意が必要です。誤って配列変数そのものに算術演算子や関係演算子を使ってしまうと、想定外の動作をします。コンパイル時の警告すら出ない可能性もあります。

```
int a[] = {10, 20, 30, 40, 50};
int b[] = {5, 15, 25, 35, 45};
int c[] = a + b;        NG！　配列変数の計算はできない
if (a == b) {           NG！　配列変数の比較はできない
    ⋮
}
```

計算や比較をする場合は、配列変数自体ではなく、for文などのループ処理で、各要素について1つずつ行っていく必要があります。

7.6.4 配列の代入（コピー）

構造体のときは、代入だけはOKでしたよね。同じ集成体型なんだし、配列もきっと…。

おっと、配列はダメなんだ。

構造体では例外的に許されていた操作が、=演算子による代入（コピー）でした。しかし残念ながら、配列の場合は代入することができません。

```
int a[5] = {1, 2, 3, 4, 5};
int b[5];
b = a;   ← NG！ 配列変数には代入できない
```

これ、ダメなんですか？　構造体みたいにまるごとコピーしてくれればいいのに。

気持ちはわかるが、これがC言語のルールなんだよ。

配列変数には代入できない

=演算子を使って配列変数にほかの配列の内容をまるごと代入（コピー）することはできない。

配列の内容をコピーしたい場合には、次のように要素を1つずつ代入していく必要があります。

code0710.c

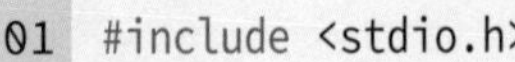

コード7-10 配列の内容をコピーする

```
#include <stdio.h>

int main(void)
{
```

```
  int a[5] = {1, 2, 3, 4, 5};
  int b[5];
  for (int i = 0; i < 5; i++) {
    b[i] = a[i];
  }

  return 0;
}
```

要素を1つずつコピー

本格的なプログラムを作り始めると、配列をコピーしたくなる場面に出会う機会は特に多く、つい配列変数に=演算子で代入しようとしてしまうかもしれません。そんなときは、ぜひこの注意点を思い出すようにしてください。

7.6.5 集成体型の禁止事項のまとめ

あのぉ…、結局、全部ダメってことですか？

平たく言えばそういうことだな。そもそも、集成体型にまるごと何かをしようとする発想自体を捨てたほうがいいぞ。

この節では、配列変数に対しては表示・計算・比較・代入のいずれの操作も行えないことを紹介しました。

第6章でも取り上げたように、そもそもprintf()などの命令や各種演算子は、基本的に値が1つしか格納されない基本型のためのものです（6.5.1項）。構造体型変数や配列変数のように、さまざまなデータが複数格納されている変数に対してまるごと計算や比較をすることはできないのが原則です。

しかも配列は構造体と異なり、**誤った操作をしてしまってもコンパイルエラーにならず、実行時に強制終了や想定外の動作をする可能性がある**点にはさらに注意が必要です（次ページの表7-2）。

表7-2 基本型と集成体型に対する操作の可否

操作	表示 printf() など	計算 + - * / など	比較 == != < など	代入(コピー) =
基本型※1	○	○	○	○
構造体型	×	×	×	○
配列型	☠	☠	☠	× ☠※2

○:可能　×:コンパイルエラー　☠:コンパイルは通るが異常動作または予測不能

※1　String型は基本型には含まれない。
※2　基本的には×だが、見かけ上、配列への代入が許される特殊なケースがある。

配列は全部ダメ、しかも☠じゃないですか!

配列が、「使うのは簡単、正しく使うのは難しい」とよく言われるゆえんだな。配列を使うときには常に頭の片隅にこれらの注意点を置いてほしい。

7.7 配列と文字列型

7.7.1 配列に別名を与える

おやおや？　無事に配列を学び終えたというのに、浮かない顔をしているなあ。

実は、配列宣言の書き方がどうしてもしっくりこなくって。

岬くんは、配列宣言の際に、型に関する記述が左右に分かれてしまうこと（7.3.2項）について悩んでいるようです。`int gems[10];` という宣言文は、int型の配列変数gems[10]を宣言しているのではなく、int[10]型の配列変数gemsを宣言するものでした。

そう考えると、`int[10] gems;` と書くほうがしっくりくるのですが、本当にこう宣言しちゃダメなんですか？

C言語をしばらく使っていれば自然と慣れますが、岬くんのように、どうしても気になる人もいるでしょう。その場合は、すでに学習したtypedef宣言（6.4.2項）を使うとスッキリするかもしれません。

```
typedef int GemList[10];
```

typedefって型に別名を与える命令ですよね。これは、int型にGemList[10]型という別名を与えてるのかな？

いや、違うんだ。配列型名は分かれて登場することを思い出してくれ。

配列宣言の文では型名を左右に分断して記述しますが（7.3.2項）、typedef宣言で別名を与える場合でもそのルールは変わりません。従って、先程のtypedef宣言は「int[10]型にGemList型という別名を与える」ことを意味します。これを用いてコード7-2（p.215）を書き換えてみましょう。

BC37B

コード7-11　配列に別名を与える

code0711.c

```
#include <stdio.h>

int main(void)
{
  typedef int GemList[10];
  GemList gems;
  gems[1] = 3;
  printf("%d¥n", gems[1]);
  return 0;
}
```

int[10]型にGemListという別名を与える

int gems[10]; と同じ

なるほど！　typedefを書く手間はあるけど、ボクはこっちのほうが好きだな。…赤城さん、どうしたの？　そんなに口を大きく開けちゃって。

7.7.2　「おまじない」の意味

私、わかっちゃいました！　あの「おまじない」！

赤城さんが気づいたのは、第2章で使い始めたString型のおまじないです。

```
typedef char String[1024];
```

ここまで配列を学んできた今の私たちであれば、このおまじないの意味がもうわかりますね。この一文は、「要素数が1024個あるchar配列型」にString型という別名を与えているに過ぎません。char型の変数には半角1文字分の情報を格納できます。そのようなchar型の箱を複数並べて、文字列として扱ってきただけなのです。

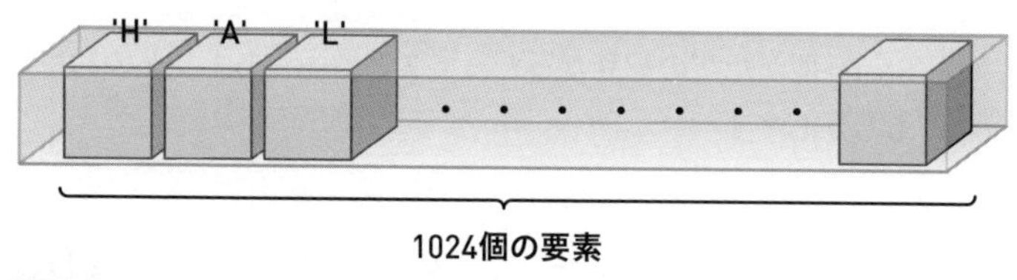

図7-9 String型の正体

String型の正体

これまで使ってきたString型は、単なるchar配列型の別名である。

実際に、次のようにString型から1文字ずつ取り出すことが可能です。

コード7-12 String型から1文字ずつ取り出す

```
#include <stdio.h>

typedef char String[1024];

```

```c
int main(void)
{
  String msg = "HAL";
  printf("%c¥n", msg[0]);   // 'H'
  printf("%c¥n", msg[1]);   // 'A'
  printf("%c¥n", msg[2]);   // 'L'
  return 0;
}
```


7.7.3 約束の理由

String型がただの配列だったってことは…、あ！　あの約束はもしかして！

String型のおまじないを使うにあたって、私たちは7つの約束を交わしました。赤城さんが注目したのは、そのうちの次の3つです。

赤城さんが注目した「約束」

（約束3）　初期化を除いて=で**代入**してはならない
（約束4）　演算子で**計算**や連結をしてはならない
（約束5）　演算子で**比較**してはならない

これらの約束がなぜ必要だったのか、String型の正体を理解したみなさんならもうわかりますね。そう、この3つの約束で禁止されている代入・計算・比較は、いずれも配列で行ってはならない危険な操作だったのです（7.6節）。

そのような事情をまだ知らないみなさんが、**String型という別名が付いた配列に対して代入・計算・比較をしてしまうことを防ぐ**ために、これらの約束が必要だったというわけです。

疑問だった謎が解けて、謎にはちゃんとしたしくみと理由があって…。なんだかC言語が楽しくなってきました！

そうだろう？　C言語には、俺たちをワクワクさせてくれるお宝がほかにもたくさん眠ってるんだぜ。

そもそも、なぜ配列に対して代入や比較をしてはならないのか、その核心部分については、またあとの章で出会うことになります。楽しみにしていてください。

column

文字列の表示はなぜ許されるか

配列はprintf()命令で表示できません（7.6.2項）。従ってchar配列であるString型も、本来はまるごと表示させることはできません。

ただし、printf()命令の特別な配慮で、char配列のみ、プレースホルダに `%s` を指定することで表示が許されています。具体的には、渡されたchar配列をループ処理し、1文字ずつ取り出して配列の内容を画面に表示してくれるしくみになっているのです。

7.8 第7章のまとめ

配列とは

- 同じ種類の複数のデータを並び順で格納できるデータ構造である。
- 配列を構成するそれぞれの箱を要素、要素の番号を添え字という。添え字は0から始まり、最も大きな添え字は要素数よりも1つ小さな数になる。

配列の準備と利用

- 格納するデータ型と必要な要素の数を決め、配列を宣言する。
- 配列の各要素には、配列名[添え字]でアクセスする。
- 基本型の変数と同様に、配列の宣言と同時に初期化できる。

配列の型

- 配列自体の型は集成体型に分類される配列型であり、要素の型とは区別する必要がある。

配列の応用

- 要素に配列を持つ多次元配列を利用できる。
- 配列の要素には、構造体型も利用できる。

配列型の注意点

- 配列型自体を計算や比較に直接用いることはできない。1つひとつの要素に対して処理を行う必要がある。

7.9 練習問題

練習7-1

次に指示する配列を宣言してください。初期値の指定がある場合は、宣言と同時に初期化を行ってください。

（1）**5教科の試験結果を格納する配列scores（初期値はすべて0とする）**
（2）**光の三原色の頭文字を格納する配列primary（初期値は「R」「G」「B」とする）**
（3）**部員30人の打率を格納する配列averages**
（4）**九九の答えを格納する配列table**

練習7-2

練習7-1（1）の配列を使って、次の処理を行うプログラムを作成してください。

- **5教科の試験結果88、61、90、75、93を配列に格納する。**
- **試験の最高点、最低点、平均点を求め、画面に表示する。なお、平均点は小数点以下第2位までを表示する。**

※ヒント　プレースホルダに `%.1f` を指定すると、小数点以下第1位まで表示できる。

練習7-3

次の仕様を満たすプログラムを作成してください。

- **メンバとして「code」（int型）、「character」（char型）を持つ構造体Asciiを宣言する。**
- **26の要素を持つAscii型の配列charactersを準備する。**

- 配列charactersの全要素について、メンバ「character」にAからZまでの文字を、メンバ「code」に各文字に対応するASCIIコードを格納する。このとき、格納する文字やASCIIコードはリテラルで指定しない。
  ※ヒント　for文とループ変数を利用する。
- 配列charactersの内容を、対応するASCIIコードと文字が見やすいように画面に表示する。

練習7-4

次の数当てゲーム（レベル2）を作成してください。なお、表示にあたって、特に指定のないものは自由に決めてかまいません。

（1）画面に「*** 数当てゲーム（レベル2）***（改行）3桁の数を当ててください！（改行）ただし各桁の数字は重複しません」と表示する。
（2）要素数3のint型の配列answerの各要素に0〜9のランダムな1桁の数を重複しないように格納する（たとえば232は設定できない）。
（3）画面に「○桁目の予想を0〜9の数字で入力してください>」と表示し、入力された数字を1桁ずつ要素数3のint型の配列inputに格納する。○には桁数を表示し、これを3回繰り返す。
（4）配列answerとinputを比較し、次の数字の数を数える。
- 位置も値も一致している
- 位置は異なるが、answerにもinputにも出現している

（5）（4）の結果を「○ヒット！○ブロー！」と画面に表示する（一致した数をヒット、含まれる数をブローとする）。
（6）3ヒットの場合は、画面に「正解です！」と表示してゲームを終了する。それ以外の場合は、「続けますか？（0：終了　0以外の数字：続ける）>」を表示する。
（7）0が入力されたら正解を表示してゲームを終了する。0以外の数字が入力されたら（3）に戻って処理を繰り返す。

chapter 8
関数

第6章と第7章では、複雑性へのアプローチとして
データを整理する道具を手にすることができました。
この第8章では、処理の流れを整理して部品化することで、
見通しのよいシンプルなプログラムを作成する方法を学びます。

contents

8.1 関数とは

8.1.1 関数の必要性とメリット

あぁ、やっぱりムリだよ！　配列とか使っても、どうしてもコードが何百行にもなるとわけがわからなくなっちゃう！

使える道具も増えたし、main関数の中もだいぶ複雑になってきたもんなぁ。

第Ⅱ部

私たちは、第6章で構造体、第7章で配列という強力な武器を手に入れました。これらの道具を使えば、複雑なデータを体系立てて整理した上でひとまとめにして扱えるようになり、C言語でできることがぐっと広がったと実感した人も多いでしょう。

しかし、いざこれらを活用した本格的なプログラムを作ろうとしても、また次なる壁にぶつかります。main関数の中に大量の処理を複雑に詰め込むため、プログラムの作り手である人間の混乱は完全には解消されません。

業務でC言語プログラムを開発する現場では、その規模が数千から数万行に及ぶことも珍しくありません。もしもmain関数だけでこのような巨大なプログラムを作ったら、どのような事態が想定されるでしょうか。たとえば、main関数のあちらこちらで似たような画面表示の処理を記述していると、表示内容の修正が必要になった場合、すべての該当箇所を洗い出すだけでも骨が折れるのは容易に想像できます。

次に立ち向かうべき壁は「処理の複雑性」

main関数が複雑になりすぎて、人間の理解が追いつかない。

C言語をはじめとしたほとんどのプログラミング言語では、このような不便がないように、1つのプログラムを複数の部品に分けて開発できる、**部品化**のしくみを備えています。本章で学ぶ**関数**（function）は、複数の文をまとめて1つの処理として名前を付けたもので、部品の最小単位になります。

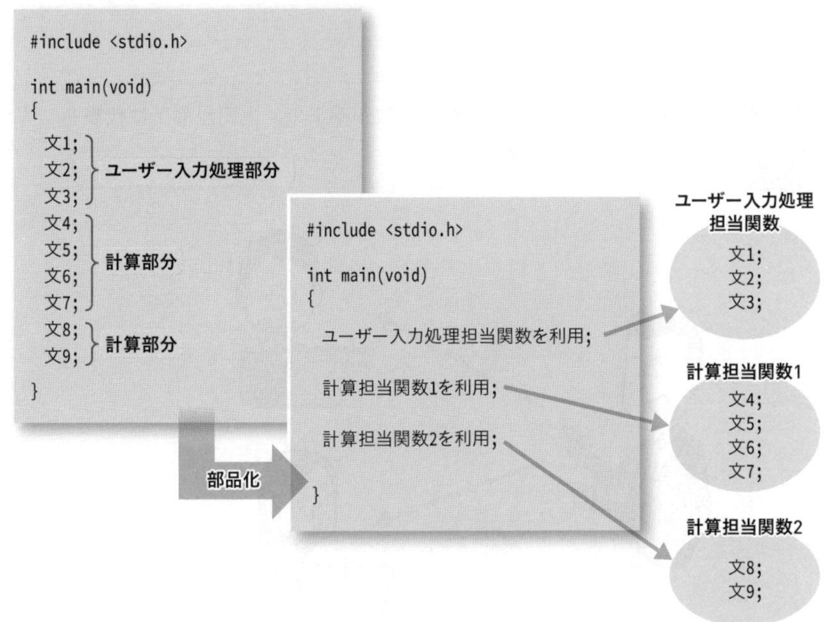

図8-1 関数による部品化

たとえば、図8-1のように、main関数の処理を内容ごとに複数の関数に分割します。すると、main関数の役割は、分割した処理を担当する関数を呼び出すだけなので、見通しのよいスッキリしたソースコードになります。つまり、処理を機能単位で関数に分割すれば、プログラムの大局を見通せるようになって処理全体の把握が非常に楽になるのです。

また、処理を関数に分割しておけば、「表示がおかしい」などの不具合が見つかった場合、それを担当する関数だけを調べればよいため、修正の範囲を限定できるメリットがあります。さらに、関数は繰り返し使用できるので、同じ処理を何度も書く手間がなくなり、改良や修正も効率的に行うことができるようになります。

関数利用によるメリット

- プログラムの見通しがよくなり、処理全体を把握しやすくなる。
- 機能単位で処理を記述するため、修正範囲を限定できる。
- 同じ処理を1つの関数にまとめることで、作業効率が上がる。

main関数が上司、ほかの関数が部下で、上司が部下に仕事を指示しているみたいですね。

図8-2 関数のイメージ

8.1.2 関数の定義

パズルRPGにいきなり関数を組み込むのは難しいから、この章で関数のしくみをしっかり学んでいこう。

関数を利用するには、まず関数を作成し、次に作成した関数を使用するという2つのステップが必要です。最初は関数の作成から始めましょう。関数を作成することを**関数の定義**といい、シンプルな関数の場合は次の構文を使って定義します。

関数の定義

```
void 関数名(void)
{
  関数が呼び出されたときに実行する処理
}
```

※ 関数を定義すると、それより下の部分のソースコードでその関数を利用できる。
※ 関数定義の中で、別の関数を定義してはならない。

次のコード8-1は、helloという名前の関数を定義しています。

BC381

コード8-1 シンプルな関数を定義する

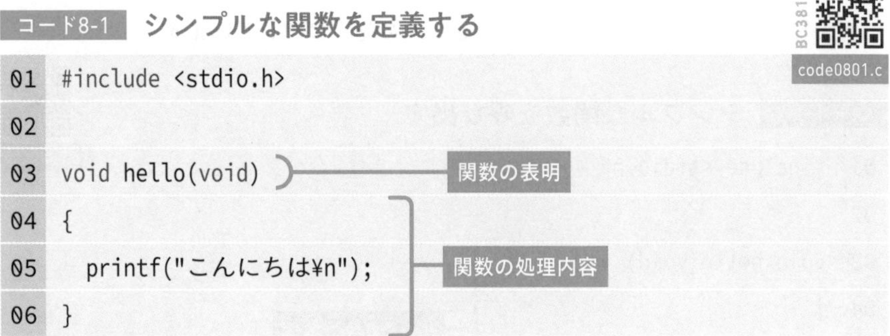
code0801.c

```
#include <stdio.h>

void hello(void)
{
  printf("こんにちは¥n");
}
```


※ main関数を含まないため、これまでと同じ方法でのコンパイルは失敗します。

この関数を使うと、画面に「こんにちは」が表示されるんだね。

関数名の左右にある void がなんだか意味深よね。

voidとは、「無」や「何もない」ことを意味する英単語ですが、その詳細はこのあとの節で紹介しますので、現時点で気にする必要はありません。

8.1.3 関数の呼び出し

それでは、コード8-1で定義した関数を使ってみましょう。関数を利用することを**関数の呼び出し**といい、シンプルな関数を呼び出すには、次の構文を使います。

関数の呼び出し

```
関数名();
```


次のコード8-2は、前項で定義したhello関数を呼び出しています。

BC382

コード8-2 **シンプルな関数を呼び出す**

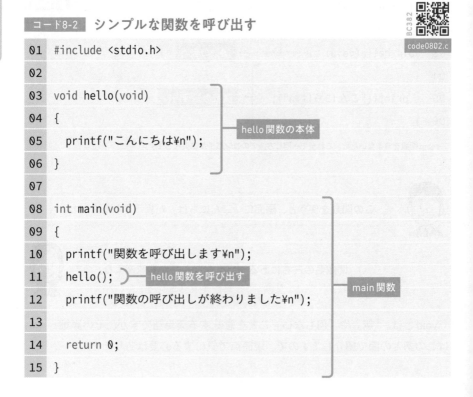

code0802.c

```
#include <stdio.h>

void hello(void)
{
  printf("こんにちは¥n");
}

int main(void)
{
  printf("関数を呼び出します¥n");
  hello();
  printf("関数の呼び出しが終わりました¥n");

  return 0;
}
```

hello関数の本体

hello関数を呼び出す

main関数

コード8-2では、hello（3行目）とmain（8行目）の2つの関数が定義されています。C言語には、**関数がいくつ定義されていても、必ずmain関数から動き始める**というルールがあります。したがって、このプログラムをコンパイルして実行すると、まず10行目から動作し始めます。そして、main関数内の `hello();` で関数helloが呼び出され、画面には次のように表示されます。

```
関数を呼び出します
こんにちは
関数の呼び出しが終わりました
```

なお、関数は定義しただけでは実行されません。コード8-2の11行目、関数呼び出しの行を削除すると、「こんにちは」は表示されなくなります。

関数は定義しただけでは動かない。呼び出されてはじめて動くんだ。

chapter 8

また、次の図8-3のように、呼び出された関数の処理が終了すると、関数を呼び出した元の場所に処理が戻り、続きが実行されていきます。

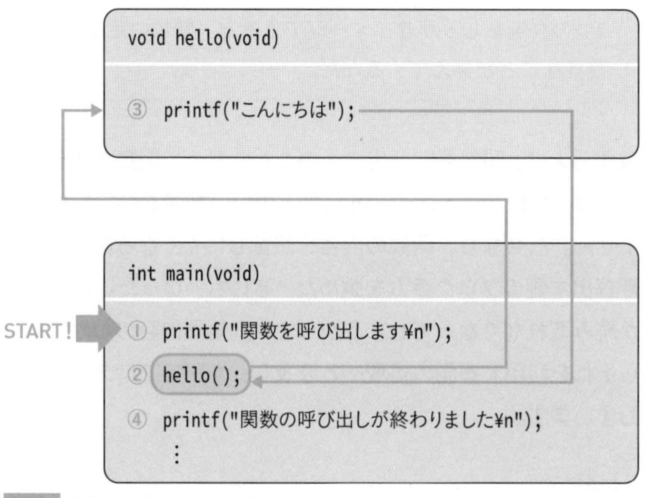

図8-3 関数呼び出しの処理の流れ

8.1.4 関数にまつわる2つの立場

関数の定義と呼び出しを体験したところで、私たちがしっかりとイメージしておくべき重要なことがあります。

関数にまつわる2つの立場

立場1　関数を定義する立場

立場2　関数を呼び出す立場

第II部

コード8-2（p.254）では、helloとmainの両方の関数を自分ひとりの手で記述しました。しかし、「hello関数を定義する自分」と「main関数の中でhello関数を呼び出す自分」とをあたかも別の人物として捉えてプログラムを書くことが、C言語プログラミングの上達への近道です。

実際に、本格的な業務システムやゲーム開発のような大規模プロジェクトの場合、何百人もの技術者が分業するため、関数を定義する人とその関数を呼び出して利用する人はまったくの別人であることがほとんどです。

2つの立場をしっかりイメージできると、関数の定義で本当に重要なことが見えてくるんだ。

関数を定義する人は、**関数を呼び出す人のことを考えて**関数を作成するべきです。たとえば、関数名にaaaやkansuなどのいい加減な名前を付けるべきではありません。なぜなら、関数の内容を想像しにくくなるばかりでなく、その関数を呼び出す側のプログラムを眺めたときにも、いったい何の処理をしているのか読み取れなくなってしまうからです。処理内容のわかりにくさは、関数からそれを利用する側の処理へと波及し、やがてプログラム全体へと拡大してしまいます。

```
int main(void)
{
```

```
  hello();          // ここでは挨拶を表示させている…と推測できる
  saveToFile();     // ここではファイルに保存している…と推測できる
  aaa();
}
```

ここで何をしているのか想像がつかない！

関数名は、関数を定義する人だけでなく、関数を呼び出す人にも大きな影響を与えます。**自分ひとりだけでなく、同じチームの仲間の開発効率をも左右する**ため、非常に重要なことなのです。

仲間に影響を与える「関数名」って、関数の1行目に書くもの（8.1.2項）ですよね。

そう、1行目こそ、関数定義のキモなんだ。

chapter 8

hello関数のようなシンプルな関数でも、今後登場する複雑な関数でも、関数定義は次の図8-4のように必ず2つの部分から構成されています。

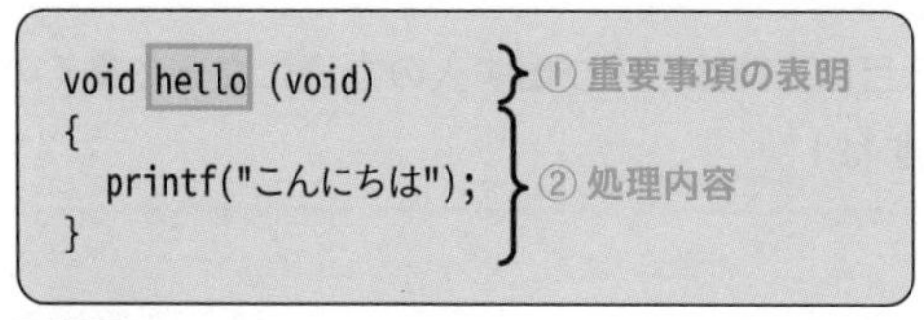

図8-4 関数の定義

関数定義の1行目は特に重要な部分です。ここには、この関数を定義する人と呼び出す人の双方に関わる重要な情報が記述されます。関数を作る側は、「この関数はこの名前で、このように呼び出してほしい」と1行目で表明します。関数を呼び出す側は、1行目に記述された情報を見て、「この関数はこの名前を使ってこのような形で呼び出せばよい」と理解します（次ページの図8-5）。

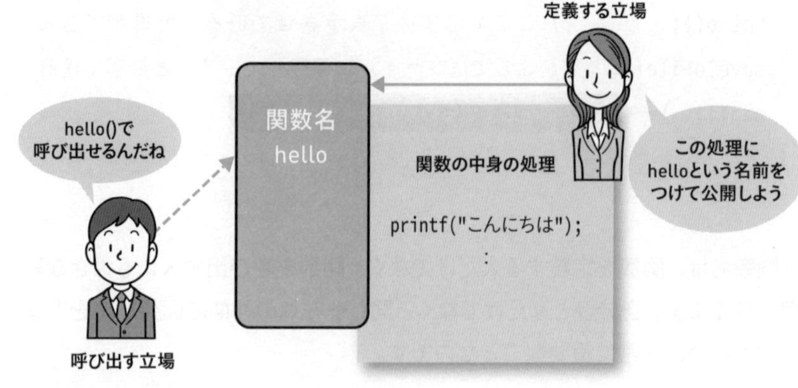

図8-5 関数定義の1行目は2つの立場の接点

第Ⅱ部

つまり、関数を定義する人、関数を呼び出す人の2つの立場の接点にあたるのが、この関数定義の1行目であるというわけです。

関数定義の1行目は人と人との接点

関数定義の1行目は、定義する人と呼び出す人の接点となる重要な情報が書かれる。

関数定義の1行目は、関数を呼び出す人の立場に立って書くのが大切なんですね！

一方、関数定義の2行目以降に書く関数ブロックは、1行目ほどの重要性はありません。なぜなら、この部分の詳細を気にしなければならないのは、関数を定義する人だけだからです。関数を呼び出す人は、「正しい形で呼び出しさえすれば、きちんと仕事をしてくれる」という前提のもとに関数を呼び出します。関数が内部でどのように処理するかまではいちいち気にする必要がないのです。

8.1.5 main関数以外からの関数呼び出し

ところで、関数はmain関数以外からも呼び出すことができます。次のコード8-3では、funcAがfuncBを呼び出しています。処理の流れとして、main関数→funcA→funcBの順に実行されます。

コード8-3 main関数以外からの関数呼び出し

BC383

code0803.c

```
#include <stdio.h>

void funcB(void)
{
  printf("関数Bです¥n");
}

void funcA(void)
{
  printf("関数Aです¥n");
  funcB();
}

int main(void)
{
  funcA();
  return 0;
}
```

関数Bの呼び出し

関数Aの呼び出し

```
関数Aです
関数Bです
```

chapter 8

8.1.6 プロトタイプ宣言

海藤さん、コード8-3の関数の宣言順を逆にしちゃダメなんですか？

したいよなぁ。わかるぜ、その気持ち。

関数定義の構文で紹介したように（8.1.2項）、関数は定義した行より後ろの部分でしか呼び出せません。そのため、コード8-3ではfuncB、funcA、mainの順で3つの関数が定義されています。

しかし、岬くんのように、コード8-3の関数宣言の順序をmain、funcA、funcBの順にしたいと考えるのは自然なことです。なぜなら、関数が実行される順序であり、プログラムを読む人間にとっては、実行順に書かれているほうが内容を直感的に把握しやすいからです。

そのようなニーズに応える道具として、C言語では**プロトタイプ宣言**（prototype declaration）を利用することができます。

プロトタイプ宣言

```
戻り値の型 関数名(引数リスト);
```

※ 関数宣言の1行目と同じ内容を記述し、末尾にセミコロンを付ける。

プロトタイプ宣言には関数の処理内容は書かれませんが、関数の存在が表明されるため、プロトタイプ宣言を記述した行以降で関数を呼び出せるようになります。

この構文を使ってコード8-3を書き直したのが、次のコード8-4です。

コード8-4 プロトタイプ宣言の利用

BC384

code0804.c

```
01 #include <stdio.h>
02 
03 void funcA(void);
04 void funcB(void);
05 
06 int main(void)
07 {
08   funcA();
09   return 0;
10 }
11 
12 void funcA(void)
13 {
14   printf("関数Aです¥n");
15   funcB();
16 }
17 
18 void funcB(void)
19 {
20   printf("関数Bです¥n");
21 }
```

funcAの存在を表明

funcBの存在を表明

chapter 8

3、4行目でプロトタイプ宣言し、「このソースコードにはfuncAとfuncBが存在します」とコンパイラに伝えています。通常であれば、8行目で「funcAなんていう関数は定義されていない！呼び出せない！」と怒り始めるコンパイラも、「後ろのほうで定義されるんだろう」と見込んでエラーを出しません。

本書では紙面の都合で用いる機会はほとんどありませんが、業務でC言語を使う場合には、プロトタイプ宣言を常用することになるでしょう。

8.2 引数の利用

8.2.1 引数とは

コード8-2のhello関数で、「海藤さん、こんにちは」とか「赤城さん、こんにちは」とか、名前も一緒に表示するには名前の数だけ関数を作らないといけないんですか？

うーん、それをするとプログラムが同じような関数だらけになるな。そういうときには「引数」を使えば一挙解決さ。

第Ⅱ部

関数を呼び出す際に、呼び出し元から値を渡すことができます。渡される値を**引数**（ひきすう）（argument）といい、呼び出された関数では、渡された値を受け取って処理に利用できます。

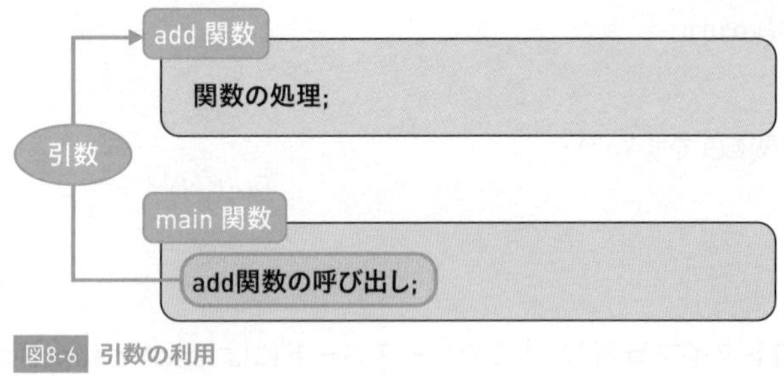

図8-6 引数の利用

一緒に表示する名前の数だけ関数を作らなくても、引数を利用すれば1つの関数だけで岬くんの要望を実現できます（コード8-5）。

コード8-5 **1つの引数を渡す**

BC385

code0805.c

```
#include <stdio.h>

void hello(int no)
{
  if (no == 1) {
    printf("岬さん、こんにちは¥n");
  } else if (no ==2) {
    printf("赤城さん、こんにちは¥n");
  } else {
    printf("海藤さん、こんにちは¥n");
  }
}

int main(void)
{
  printf("関数を呼び出します¥n");
  hello(1);
  hello(2);
  hello(3);
  printf("関数の呼び出しが終わりました¥n");

  return 0;
}
```

hello(1); — 引数1を渡しながら関数を呼び出す

hello(2); — 引数2を渡しながら関数を呼び出す

hello(3); — 引数3を渡しながら関数を呼び出す

```
関数を呼び出します
岬さん、こんにちは
赤城さん、こんにちは
海藤さん、こんにちは
関数の呼び出しが終わりました
```

まずは17行目の `hello(1);` に注目してください。カッコの中に、整数の1が指定されています。これは、hello関数を呼び出す際に、併せてその値を引き渡すことを意味します。同様に、18・19行目では、2と3が渡されます。

次に、3行目のhello関数の定義を見てみましょう。関数名の後ろのカッコの中で、int型の変数noを宣言しています。hello関数が呼び出されると、渡された値が変数noに自動的に代入され、関数内で使用できるようになります。このソースコードでは画面に表示する内容の判定に引数が使われ、1が渡された場合には、結果として「岬さん、こんにちは」と出力されます。

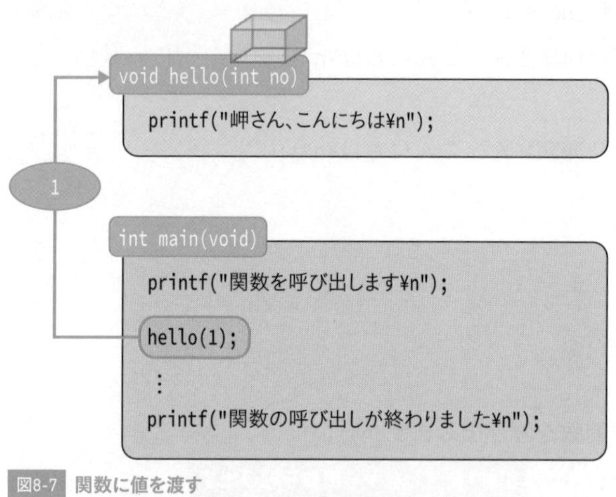

図8-7 関数に値を渡す

コード8-2（p.254）のhello関数の呼び出しは、カッコの中に何も書いてないから値は渡していないんですね。

そのとおり。何も渡さないときでもカッコ自体は書く必要があるから気をつけてくれ。`()` は「何も渡さない」ことを意味しているんだ。

第Ⅱ部

8.2.2 複数の引数を渡す

引数は1つだけじゃなくて2つ以上渡すこともできる。これができると、もっと便利に関数を使えるようになるぞ。

コード8-6 複数の引数を渡す

BC386

code0806.c

```
01 #include <stdio.h>
02 
03 void add(int x, int y)
04 {
05   int ans = x + y;
06   printf("%d + %d = %d¥n", x, y, ans);
07 }
08 
09 int main(void)
10 {
11   int year = 2025;
12   add(year, 4);
13   add(year, 50);
14 
15   return 0;
16 }
```

12行目：変数yearと4を渡してadd関数を呼び出す

13行目：変数yearと50を渡してadd関数を呼び出す

引数として渡す値が複数ある場合、12、13行目のように、**値をカンマで区切って指定**します。また、関数側でも、変数をカンマで区切って宣言します(3行目)。

次ページの図8-8は、このプログラムを実行したときの動作イメージです。

void add(int x, int y)

```
int ans = x + y;

printf("%d + %d = %d", x, y, ans);
```

2025

4

int main(void)

```
int year = 2025;

add(year, 4);

add(year, 50)
 ⋮
```

図8-8 2つの引数を渡す

引数が複数の場合は、関数定義の1行目で宣言されている変数と、引数として渡す値の型と順序を揃えておかなければならない点に注意してください。次の図8-9のように、引数と変数の型が一致していなかったり、受け取るべき箱がなかったりするとコンパイルエラーが発生します。

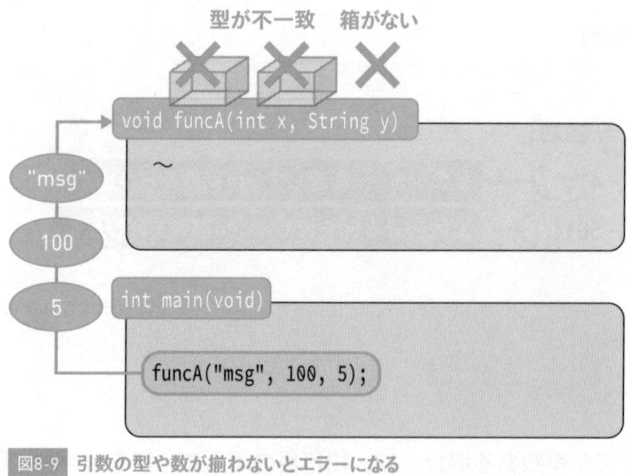

図8-9 引数の型や数が揃わないとエラーになる

引数の使い方がわかったら、引数のある関数の定義と呼び出しの構文についても確認しておこう。

引数のある関数の定義

```
void 関数名(引数リスト)
{
  関数が呼び出されたときに実行する処理
}
```

※ 引数リストには、型 引数名 をカンマで区切って指定する。

引数のある関数の呼び出し

```
関数名(引数リスト);
```

※ 引数リストには、リテラルや変数をカンマで区切って指定する。

上に示した構文にもあるように、関数定義の1行目を見ればその関数の呼び出し方がわかります。この部分に、必要な引数の種類と数が表明されているからです（図8-10）。

定義する立場
関数名
add
引数
x
y
add(3, 5)などで呼び出せるんだね
関数の中身の処理
int ans = x + y;
この処理にaddという名前をつけて公開しよう。呼び出すときは2つの数値を渡してね
呼び出す立場

図8-10 関数の1行目には引数の情報も表明されている

関数の1行目は、言ってみればその関数の「トリセツ」なんだ。

8.2.3 仮引数と実引数

ここで、前項に示した関数定義と呼び出しの構文をもう一度確認してみましょう。関数定義でも、関数呼び出しでも、関数名の後ろにあるカッコ内の「引数リスト」で受け渡しを行います。どちらも同じように見えますが、厳密には違うものです。

関数定義に記述する引数は、関数が受け取る引数のデータ型と変数名を定めているもので、厳密には**仮引数**といいます。コード8-5のhello関数でたとえるなら、「私を呼び出すときは、int型の情報を持ってきてくださいね。私の中ではnoという変数名で取り扱います」と自己紹介をしているようなものです。実際にどのような値が入って動作するかは、関数が呼び出されるまでわかりません。

一方、関数呼び出しに書かれる引数は、関数に仕事を依頼するにあたって、「この値を使って作業してください」と具体的な情報を引き渡しているもので、厳密には**実引数**といいます。

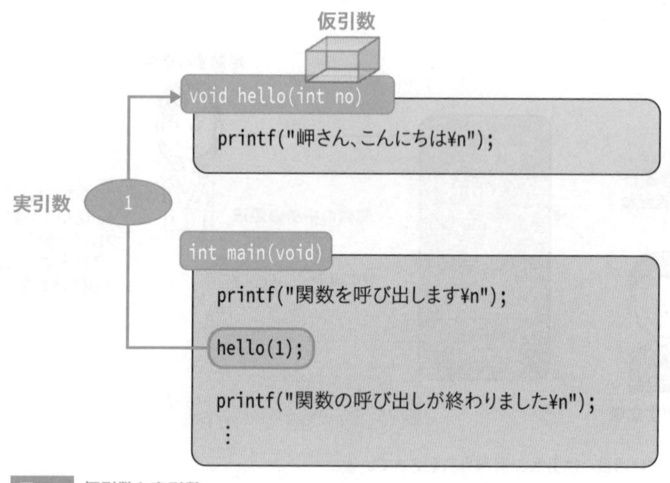

図8-11 仮引数と実引数

column

仮引数がない関数ではvoidを明記する

仮引数が0個、つまり引数を受け取らない関数の定義では、うっかりvoidの記述を忘れて次のようなコードを書いてしまうことがあります。

BC387

コード8-7 引数を定めていない関数

code0807.c

```
#include <stdio.h>

void hello()
{
  printf("こんにちは¥n");
}

int main(void)
{
  hello();
  return 0;
}
```

引数にvoidを書き忘れている

このプログラムはコンパイルも成功しますし、実行もできます。しかし次の理由から、このような関数の定義はすべきではありません。

- **C言語の仕様バージョンによってはvoidの省略は認められていないため、エラーや警告の原因になる可能性がある。**
- **プロトタイプ宣言でvoidを省略すると、任意の個数の引数を許容する意図になる。コンパイルチェックも行われないため、非常にリスクの高いコードになってしまう。**

8.3 戻り値の利用

8.3.1 戻り値とは

コード8-6のadd関数は答えの表示までやってくれますが、画面表示は呼び出し側でするようにしたいなあ。

それなら戻り値を返すようにすればOKだ。

コード8-6（p.265）のadd関数は、2つの引数を受け取ってそれを足した値を画面に表示する関数でした。つまり「足し算処理」「表示処理」の2つをやってくれていました。

しかし、add関数には足し算の計算だけを依頼して、画面表示は呼び出した側が行いたい場合、呼び出し側はadd関数の実行後に足し算の結果を受け取る必要があります。

このように、呼び出した関数による処理結果の情報を呼び出し元に返してほしい場面はよくあり、このときに使われるのが、関数の**戻り値**（または返り値）と呼ばれるしくみです。

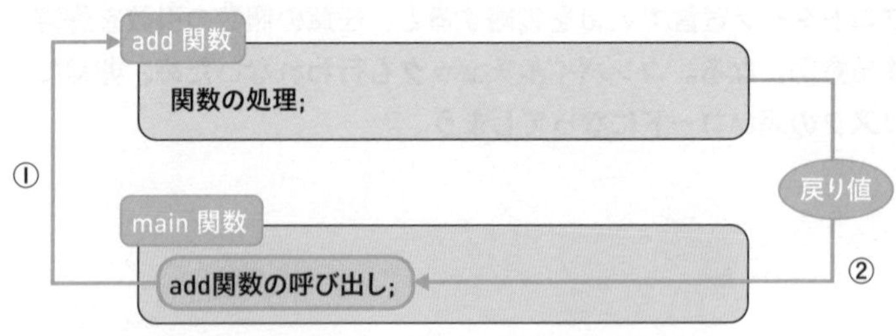

図8-12 戻り値の利用

戻り値を返す関数は、次の構文で定義します。

戻り値を返す関数の定義

```
戻り値の型 関数名(仮引数リスト)
{
  関数が呼び出されたときに実行する処理
  return 戻り値;
}
```

まずは関数定義の1行目に注目してください。関数名の直前にはこれまでvoidを記述していましたが、これは「戻り値がない関数」の表明でした。ここにvoidではなくデータ型を指定すると、その型の戻り値があることを表します。たとえば、`int`を記述すると、実行後にint型の値を1つ返す関数だと表明できます。

コード8-6（p.265）の3行目で定義しているadd関数は、何も返さないことを表明しているからvoidなんですね。

次に、関数の処理内容の最終行、`return`の部分に着目してください。これは**return文**といい、多くの場合、関数の処理のもっとも後ろに書かれます。関数の実行を終了する役割を持つとともに、呼び出し元に返す具体的な値をここに指定できます。関数定義でint型の値を1つ返すと表明したら、必ずreturn文で整数値を1つ返さなければなりません。

次のコードは、この構文を使って、画面表示は行わずに足し算の結果を呼び出し元に返すadd関数を定義しています。

コード8-8 戻り値を返すadd関数

code0808.c

```
#include <stdio.h>

```

```
int add(int x, int y)
{
  int ans = x + y;
  return ans;
}

int main(void)
{
  int year = 2025;
  add(year, 4);
  add(year, 50);

  return 0;
}
```

2つの引数を受け取って処理し、1つのint値を返すことを表明

変数ansに入っている合計値を返す

8.3.2 return文の注意点

return文には、次の3つの注意点があります。

戻り値を持たない関数のreturn文は省略可能

戻り値のない関数では、return文を書かなくてもかまいません。あえて記述する場合は、`return;` とだけ書きます。

戻り値は1つしか返せない

引数は複数の値を受け取ることができますが、**戻り値は1つしか返せません**。当然、return文にも値は1つしか指定できません。どうしても複数の値を返す必要がある場合は、これまでに紹介してきた配列や構造体などの集成体型を使います（8.6.1項）。

処理の途中でもreturn文を記述できるが…

関数の最終行ではなく、処理の途中にreturn文を記述することもできます。

しかし、return文には、戻り値を返すだけでなく、**関数の実行を終了して呼び出し元に制御を返す**機能がある点に注意が必要です。もし関数の途中でreturn文を使うと、それより下に書かれた文は実行されません。

コード8-9 処理の途中にreturn文のある関数

code0809.c

```
#include <stdio.h>

int add(int x, int y)
{
  int ans = x + y;
  return ans;

  printf("addを終了します¥n");   // この文は実行されない
}
// main関数は省略
```


8.3.3 戻り値を受け取る

あれ？　戻り値を返すようにしたコード8-8を動かしても画面に何も出ないですよ。

そりゃそうだ。もうadd関数には画面表示までやる責任がないんだから、呼び出した側がやらなきゃな。

戻り値を返さないこれまでのadd関数は、足し算をして画面に表示する処理を担当していましたが、今回の変更で足し算だけを行う関数になりました。add関数の立場としては、合計の結果は戻り値として返すから、あとは呼び出し元が表示するなりファイルに保存するなりご自由に、というわけです。

このことを前提に、コード8-8の12行目を見てみましょう。変数yearと4を引数としてadd関数を呼び出すと、足し算の結果である整数値が返されます。

しかし、**呼び出し元ではこの戻り値を受け取る記述をしていない**ため、それを無視して処理を続行してしまっているのです。

add関数はちゃんと仕事をしたのに結果を受け取っていないのか…。そういえば最近似たようなことが…。

図8-13 依頼された仕事をして結果を返したのに呼び出し元が受け取らない

ちょっと！　私こんなにヒドい人じゃないわよ！（ま、まあ確かにオフィスで見かけたあの先輩はちょっと気になってるけど…。）

ある関数を呼び出し、かつ戻り値を受け取るためには、関数の呼び出しに次の構文を使います。

関数を呼び出して戻り値を受け取る

戻り値を受け取る変数名 ＝ 関数名(引数リスト);

それではこの構文を使って、add関数の戻り値を受け取ってみましょう。

コード8-10 add関数の戻り値を受け取る

BC38A

code0810.c

```
#include <stdio.h>

int add(int x, int y)
{
  int ans = x + y;
  return ans;
}

int main(void)
{
  int year = 2025;

  int ans1;
  ans1 = add(year, 4);
  printf("%d年の%d年後は%d年です¥n", year, 4, ans1);

  int ans2 = add(year, 50);
  printf("%d年は%d年の%d年後です¥n", ans2, year, 50);

  return 0;
}
```

addの結果が変数ans1に代入される

変数宣言と同時に呼び出してもよい

```
2025年の4年後は2029年です
2075年は2025年の50年後です
```

次ページの図8-14でこのプログラムが動作するイメージを確認してみてください。

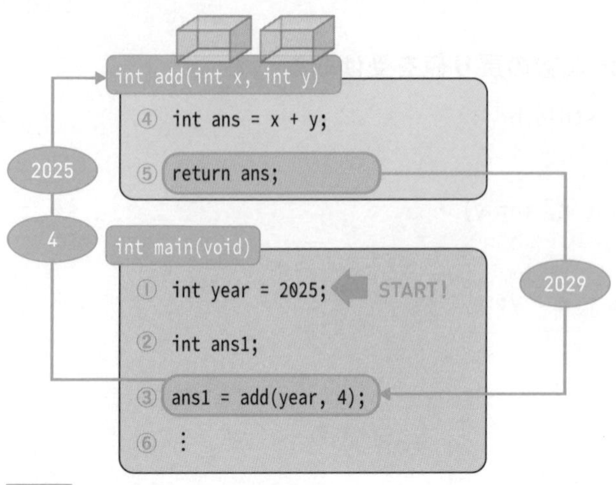

図8-14 関数の戻り値を受け取る

8.3.4 関数呼び出しの正体

前項では戻り値を返す関数呼び出しの構文を紹介しましたが、プログラミングを学び始めて日が浅いうちは、次の図8-15のように迷ってしまう人も多いでしょう。

add 関数で 100 と 20 の合計値を計算し、
答えを変数 ans に受け取りたい！
1. まずはadd関数を呼び出さなきゃ！
→ add(100, 20)を書く
2. 次は結果を変数ansで受け取る！
→ add(100, 20)の後ろに
= ansと書いてしまう

図8-15 戻り値のある関数を呼び出すときの間違った思考回路

このような間違った思考パターンから脱出するには、正しい書き方が処理されるしくみを知るのが近道です。

ここで、第3章で学んだ演算子を思い出してください。=や+などのさまざまな種類の演算子があり、それぞれ処理の優先順位が決められていました。また、演算子は周囲のオペランドを巻き込んで、何かの結果の値に「化ける」という特性を持っています（p.92）。

そして、関数呼び出しも、実は()演算子の働きによるものなのです。

関数呼び出し演算子

関数名(引数リスト)

※ ()の中に指定されたものを引数として関数を実行し、実行結果の戻り値に「化ける」。
※ 優先順位は16段階中の「最高」で、ほかのどの演算子よりも優先して動作する。

えっ！　関数名の後ろに書く()って演算子だったんですか！

意外かもしれないが、これが演算子だったの？ってヤツは、実はほかにも山ほどあるんだ。

()演算子の存在を知ると、`ans = add(100, 20);` という式の本質が見えてきます。この式には=演算子と()演算子の2つが存在しますが、最高の優先順位を持つ()演算子がまず処理され、add関数の実行により、右辺が120という値に化けます。その結果、`ans = 120;` という単純な代入式になり、変数ansに120が代入されるというカラクリなのです。

```
ans = add ( 100, 20 ) ;
      ↓ 評価
ans = 120;
```

図8-16 ()演算子の評価

結局、ただの代入文だと考えれば、=演算子の左辺と右辺は間違えようがないね。

関数の呼び出しが演算子による評価だと理解できれば、関数の呼び出し方でさまざまな応用ができることもわかります。次のような書き方をしているソースコードに出会っても、驚くことはないでしょう。

```
int n = add(add(10, 20), add(30, 40));
```

30に化ける　70に化ける

```
int p = gems[add(pos, 3)];
```

変数posに3を加算した値に化ける

戻り値は変数で受け取らないとダメなわけではないんですね。

関数呼び出しは値に化けるだけだからな。化けた値をどう使おうが呼び出し側の勝手、というわけさ。

第Ⅱ部

8.4 関数とスコープ

8.4.1 変数のスコープとローカル変数

引数とか戻り値とかいろいろ学んだけど、ルールが多くてややこしいですね。そんなことしなくても、main 関数で用意した変数を使えばいいんじゃないですか？

岬くんは、次のようにすれば、引数や戻り値は不要だと推測したようです。

chapter 8

コード8-11 引数や戻り値は不要？（エラー）

BC38B code0811.c

```
#include <stdio.h>

void add(void)
{
  int ans = x + y;
  printf("%d + %d = %d¥n", x, y, ans);
}

int main(void)
{
  int x = 100;
  int y = 50;
  add();

  return 0;
}
```

main 関数で作った変数 x と y を利用？

確かに、入門者にとって引数や戻り値のある関数は敷居が高く感じられるかもしれません。しかし、コード8-11は、変数xとyが定義されていないというコンパイルエラーが5行目で発生します。

えっ、でも、変数xとyは11・12行目で宣言してるじゃないですか。

原因は変数のスコープだな。

私たちは第4章の4.2節で、変数のスコープ（有効範囲）について学びました。ブロックで宣言された変数のスコープは、そのブロック内に限定されるのがルールでした。変数は宣言したブロックの内側でのみ有効であって、外側からは利用できず、ブロックが終わると消滅してしまいます。

したがって、**main関数で宣言された変数xとyは、main関数の外では利用できません**。add関数などの別の関数でこれらの変数を使おうとすると、変数xとyを見つけることができずにエラーになるのです。

プログラム全体を見ている僕たちは、どこにどんな変数があるか見えるけど、それぞれの関数からはよその関数の中までは見えないのか。

なお、mainやaddなどの関数内で宣言した変数を**ローカル変数**といい、関数の1行目で宣言される仮引数もその一種です。ローカル変数は、その変数が属する関数の中だけで有効な存在であり、**別の関数に属する同じ名前のローカル変数が存在していたとしても、それはまったくの別物**です。

ローカル変数の寿命と独立性

① ローカル変数は、関数の実行が終わると消滅してしまう。
② ローカル変数は属する関数の外からは読み書きできない。
③ 異なる関数に同名のローカル変数が存在しても、互いに独立していて無関係である。

慣れないうちは面倒に感じるかもしれないが、関数と関数の間で情報をやり取りするには、基本的に引数や戻り値を使うしかないんだ。

8.4.2 グローバル変数

そうは言っても！　引数とか戻り値とか面倒ですよ！　そんな決まり、バーンと打ち破れないんですか？

いやまあ、できないことはないんだが…。

これまで関数の内部に用いてきた変数宣言の文は、実は関数の外でも記述できます。そのように定義された変数は**グローバル変数**（global variable）といわれ、すべての関数からアクセス可能になります。

たとえば、コード8-11（p.279）の11、12行目を2行目の位置に移動すれば、変数xとyはグローバル変数として扱われ、addとmainの両方の関数から読み書き可能となり、このコードは問題なく動作します。

なぁんだ！　便利な文法があるんじゃないですか！

でも、ちょっと怖さも感じるんだけど…。

「すべての関数で変数xとyが使える」ことは、一見すると便利そうですが、大きなデメリットを含んでいます。

- **ほかの場所で変数xとyを宣言すると名前が衝突してしまう。**
- **すべての関数で、変数xとyの内容を誤って書き換えてはならない。**

現時点では関数を3つか4つ作っている程度ですが、この先たくさんの関数を定義していくようになると、たちまちプログラムが複雑になり、グローバル変数が致命的な不具合の原因となる事実が古くからよく知られています。したがって、グローバル変数は原則として使用禁止とするプロジェクトや、そもそもグローバル変数自体を使用できないプログラミング言語も存在します。

他人が書いたソースコードの中に見かけるケースはあるかもしれませんが、キャスト（p.107）やgoto文（p.177）と同様、乱用を避け、リスクを理解した上で上手に活用していきましょう。

グローバル変数は乱用厳禁

グローバル変数に頼る前に、まずは引数や戻り値で解決できないかを考える。

第Ⅱ部

8.4.3 その他のグローバルな宣言

関数宣言の外で宣言できるのは変数だけではありません。これまでmain関数内で宣言してきた列挙体定義（2.3.4項）、列挙型定義（コラム「列挙型」、p.199）、構造体型定義（6.3.1項、6.4.2項）なども関数宣言の外側に記述することができます。

これらの型定義が関数の外側で行われると、その型は記述された行以降に登場するすべての関数で使用可能となります。たとえば、コード8-11の2行目で `enum {FIRE, WATER, WIND, EARTH};` と列挙体定義をすると、main関数とadd関数のどちらでもFIREやWINDを利用できます。

column

ブロック内外で名前が重複する変数宣言

基本的に同じ名前の変数は宣言できませんが（2.1.2項、③)、ブロックの内外においては文法上許されています。これらの変数は個々に独立した存在であり、より内側で宣言されたものが優先されるため、外側の変数を内側のブロックから利用することはできません。

たとえば、グローバル変数ageが宣言されているとき、main関数でローカル変数ageを宣言すると、main関数内に記述する「age」はローカル変数ageを意味するため、グローバル変数ageにはアクセスできません。

```
int age = 4;              グローバル変数ageの宣言

int main(void)
{
  int age = 39;           ローカル変数ageの宣言
  printf("%d¥n", age);    // 39が表示される
  return 0;
}
```

なお、制御構文のブロックで宣言した変数（for文のループ変数など）についても同様です。名前が重複した場合、外側で宣言されているはずの変数の存在が意図せず覆い隠されて予期せぬ不具合の原因となることがあります。次のようなルールでのコーディングを心がけましょう。

① グローバル変数を乱用しない。
② グローバル変数は変数名の先頭にg_などの接頭辞を付ける。
③ ブロックのネスト構造を複雑にしない（関数に切り出すなど)。
④ ループ変数以外では、iやjなどの1文字の変数名を使わない。

chapter 8

8.5 身近な関数たち

8.5.1 C言語が準備する関数

関数の構文を見ていて思ったのですが、rand()命令ってもしかすると…。

お、気づいたか。そう、今まで使ってきた命令な、こいつら別に特別なもんじゃないんだ。

関数を学びながら気づいた人もいるかもしれません。私たちはC言語を学び始めたその日から、いくつかの関数を使ってきました。

第3章の命令実行の文（3.6節）で紹介したrand()やprintf()などはすべて単なる関数です。ただし、これらの関数は、自分たちで定義せずとも呼び出すことができました。これは、C言語を利用する人がすぐに使えるように、別のところで定義されているためです。C言語が標準で備えるこうしたさまざまな関数を**標準関数**といい、今後の章や付録E.5でも紹介しています。

8.5.2 main関数と終了コード

実はmain関数も、数ある関数定義の中の1つに過ぎません。プログラム実行時に最初に呼ばれること以外、ほかの関数となんら違いはありません。

ずっと気になっていたけれど、main関数の最後で返している0って何なんですか？

それを理解するためには、main関数の呼び出し元を知る必要があるな。

これまで、main関数の最後の行には必ず `return 0;` を記述してきました。この一文がmain関数を呼び出した相手に0という値を返す文だということは、関数をここまで学んできた私たちなら理解できます。

ではmain関数を呼び出した元は誰かというと、そのプログラムを起動したコンピュータシステム自体です。より具体的には、プログラムの起動はコンピュータのOSが行っていますから、**OSに対して0という数値を返している**ことになります。

へえ～、main関数の呼び出し元は、C言語プログラムの中の関数じゃなくてOSなのね。

chapter 8

C言語プログラムに限った話ではありませんが、多くのOS（Windows、macOS、Linuxなど）では、あるプログラムを起動したあと、そのプログラムのmain関数が戻す値を**終了コード**（exit code）と呼び、参照しています。どのようなプログラムであっても、実行が終了したときには必ず終了コードをOSに返す決まりになっており、終了コードが0ならば正常終了、0以外ならば異常終了を意味します。

column

消滅しないローカル変数

ローカル変数の宣言の先頭にstaticというキーワードを付けると、関数が終了しても内容が消滅しなくなります（付録D.7）。つまり、同じ関数が次回呼ばれたときに、前回の実行時に格納していた値が残っていて利用可能になっています。

このような動きが便利なケースもありますが、グローバル変数同様、不具合の原因となりやすく動作テストも難しくなることから、一般的な開発での利用機会は稀でしょう。

8.6 関数の活用と壁

8.6.1 集成体型を引数や戻り値に利用する

よーし、お疲れ！　これで関数の学習も無事終了だな。

今度こそパズルRPGを完成させるぞ！

もちろん私も協力するわよ！

ここまで、関数についてひととおり紹介してきました。引数と戻り値のしくみをしっかりと理解できたと感じられたら、この章も卒業です。

岬くんと赤城さんも、パズルRPGの開発に役立ちそうな関数を作り始めたようです。2人がどのような関数を作っているのか覗いてみましょう。

```
// モンスター情報を画面表示する関数
// 引数：モンスター型変数　戻り値：なし
void showMonster(Monster m)
{
  printf("%8s(HP=%3d)¥n", m.name, m.hp);
}
```

まず岬くんは、モンスターの情報を画面に表示してくれる関数を作ったようです。この関数があれば、`showMonster(suzaku);` の一文だけで簡単にモンスターの情報を表示できます。このように、引数や戻り値には、基本型だけでなく構造体型も使うことができます。

続いて、赤城さんの関数を見てみましょう。配列を組み合わせた少し複雑な関数ですが、第7章を思い出しながら読み解いてみてください。

```
// 配列gemsに指定した属性の宝石がいくつあるかを調べる関数
// 引数：配列gems、属性　戻り値：個数
int countElementFromGems(int gems[10], int element)
{
  int count = 0;
  for (int i = 0; i < 10; i++) {
    if (gems[i] == element) {
      count++;
    }
  }
  return count;
}
```

たとえば、`num = countElementGems(gems, FIRE);` と呼び出すと、変数numには、配列gemsのうちで火の属性を持つ宝石の数が格納されます。宝石の数を知りたいときにいちいちループ処理を書く必要がなくなるため、パズルRPGの開発には非常に有効な関数といえるでしょう。

以上の2つの関数では引数に構造体や配列を用いていますが、これらの型は戻り値に使うこともできます。

```
// モンスターの進化形（HP・攻撃力が2倍）を生成する関数
// 引数：モンスター型変数　戻り値：進化形モンスター
Monster evolveMonster(Monster m)
{
  Monster em;
  em = m;          // 構造体を=演算子でコピー
  em.hp *= 2;
  em.attack *= 2;
```

chapter 8

```
  return em;
}
```

戻り値に構造体や配列を使うと、複数の情報を返すことが可能になります。

集成体型のもう1つのメリット

関数の戻り値に集成体型を使うと、複数の情報を呼び出し元に返すことができる。

8.6.2 関数活用の前に立ちはだかる「壁」

いいねぇ、その調子だ…と言いたいところだが、申し訳ない。この章の学習が終わったら、関数の使い方の一部を封印してもらう必要があるんだ。

この第8章を通じて、関数についてさまざまなことを学んできました。しかし、本章（練習問題を含む）を終えた時点で、私たちは次の約束を交わさなければなりません。

文字列型の「7つの約束」

（約束1）　1024を小さな数字に書き換えてはならない
（約束2）　最大1024文字まで入るとは考えてはならない
（約束3）　初期化を除いて=で代入してはならない
（約束4）　演算子で計算や連結をしてはならない
（約束5）　演算子で比較をしてはならない
（約束6）　関数の引数や戻り値に文字列や配列を使ってはならない
（約束7）　この章のラストで紹介

ええっ！？　文字列や配列を引数で渡すって、さっき教えてもらったばかりじゃないですか！

そうですよ。これが禁止されちゃったら、パズルRPGなんて作れませんよ！

すまない、ダメなんだ。今までが特別だったんだよ。一歩間違えると…人が死ぬ。

えっ…！

この章で私たちは、関数の引数や戻り値として当たり前のように文字列、つまりchar型の配列を使ってきました。しかし、ことC言語において、関数の引数や戻り値に文字列や配列を使うことは、**高いスキルと十分な知識を備えたプロでさえ時に過ちを犯し、コンピュータの暴走や破壊、下手をすれば死亡事故や社会問題にまでつながる可能性もある**、極めてリスクの高い行為です。

これまではスムーズな学習のために、トラブルが発生しない事例を選んで紹介してきました。しかし、自由に関数を使ってプログラミングを始めると、数多くの致命的なトラブルに見舞われてしまうでしょう。

私たちがC言語に関する残された謎をすべて解いたときにこそ、正しく安全に関数や配列を使いこなし、パズルRPGをはじめとしたさまざまなプログラムを自由自在に作り上げることができるようになるのです。

そんなぁぁぁ…。今度こそ僕のパズルRPGが完成すると思ったのに…！　うわーん！(´Д`)っﾟ　ダダダッ…

待て悠馬！　…って本当にいなくなっちまった。あいつもけっこう思い込みの激しいヤツだな。

海藤さん、岬を探しに行こうとしたら、廊下にこんなものが落ちてましたけど…。

海藤クンへ
この子、私の弟子に頂くわ
みねこ式でテキトーに育てるから安心してね♡
怪盗みねこ

図8-17　みねこの予告状

…あいつめ！　すぐに追うぞ、ゆりちゃん。裏の駐車場にまわってくれ！

はい！　私、運転しますっ！

これまでもみなさんと一緒にC言語が秘める謎を少しずつ解いてきました。ここから先、C言語のさらなる奥深くへは、新たな仲間とともに足を踏み入れることになりそうです。この第II部を最後の約束で締めくくり、第III部へと進むことにしましょう。

最後の約束

（約束7）　C言語の真のしくみを理解し、7つの約束を卒業しなければならない

column

その場で集成体型の実体を生み出す

8.6.1項で紹介したような「構造体や配列を引数に受け取る関数」を作り始めると、その関数の利用時に面倒さを感じる局面が出てきます。たとえば、次のようなケースです。

```
/* 構造体のケース */
Monster m = {"朱雀", 100, 30}; // 朱雀を生み出して…
showMonster(m); // すぐに関数に引き渡す

/* 配列のケース */
int gems[10] = {}; // すべての要素が0の配列を生み出して…
int f = countElementFromGems(gems, 0); // すぐに関数に引き渡す
```

近年のC言語では、**複合リテラル**（compound literal）という構文を使って、関数呼び出しや式の中で集成体型の実体を生み出し、即時利用できるようになりました。具体的には、**（型名）{初期化指定}**と記述すると、その場で構造体や配列の実体が生成されます。上記の場合、次のようにエレガントに記述できます。

```
/* 構造体のケース */
// 朱雀を生み出しながら関数に引き渡す
showMonster( (Monster){"朱雀", 100, 30} );

/* 配列のケース */
// 配列を生み出しながら関数に引き渡す
int f = countElementFromGems( (int[10]){}, 0);
```

chapter 8

8.7 第8章のまとめ

関数とは

- 複数の文をまとめて1つの処理として独立させたものを関数といい、通常、機能単位で定義する。
- 関数の活用によって、処理の複雑性を解消できる。

第Ⅱ部

関数の定義と呼び出し

- 関数定義では、関数名・引数・戻り値の3つを定め、処理内容をブロックで記述する。
- 関数定義の1行目は、関数を利用する人にとって重要な情報となる。
- 関数の呼び出しは、()演算子によって動作する。

引数

- 関数を呼び出す際に引数として値を渡すことができる。
- 引数は関数で定義されたとおりの形で渡さなければならない。
- 関数に定義された引数を仮引数、実際に渡す値を実引数という。

戻り値

- 関数による処理結果を呼び出し元に戻り値として返すことができる。
- 戻り値はreturn文を使って返す。
- return文は、関数の実行を終了して呼び出し元に制御を返す機能を持つ。
- 関数は、()演算子による評価の結果、戻り値に化ける。

8.8 練習問題

練習8-1

次に指示する関数を定義してください。ただし、処理内容は記述不要とします。

（1）画面に今日の天気を表示するweather関数。引数および戻り値なし。
（2）円の半径を渡すと、円の面積を返すcalcCircleArea関数。引数および戻り値はdouble型とする。
（3）現在時刻をlong型で返すnow関数。引数なし。
（4）引数としてint型で西暦を渡すと、うるう年かどうかを判定するisLeapYear関数。戻り値はbool型とする。

練習8-2

練習8-1（4）のisLeapYear関数を完成させてください。

[うるう年の判定]

- **400で割り切れる年はうるう年である。**
- **4で割り切れる年はうるう年だが、100で割り切れる年はうるう年ではない。**

また、この関数を呼び出し、次のように表示するmain関数を作成してください。

[結果の表示例]

- **うるう年だった場合　　：○○年は、うるう年です。**
- **うるう年でなかった場合：○○年は、うるう年ではありません。**

練習8-3

次のようなプログラムがあります。

```
#include <stdio.h>

void takeBus(void)
{
  printf("バスに乗ります。¥n");
}

void run(void)
{
  printf("走ります！¥n");
}

void walk(void)
{
  printf("ちょっと歩きます。¥n");
}

int main(void)
{
  printf("行ってきます！¥n");
  walk(); takeBus(); run(); run();
  printf("ただいま。¥n");

  return 0;
}
```

BC38a

このプログラムを、走ったあとは必ず歩くようにするために修正すべき点を2つ挙げてください。ただし、main関数は変更せず、プロトタイプ宣言は利用しないものとします。

練習8-4

次のような割り勘を計算するプログラムがあります。

- **1人あたりの支払額は支払総額を参加人数で割った金額とする。**
- **支払単位は100円とし、100円未満の金額がある場合は切り上げる。**
- **支払総額を超過した分は、幹事が受け取ることができる。**

```
#include <stdio.h>
#include <stdlib.h>

typedef char String[1024];

int main(void)
{
  int amount;    // 支払総額
  int people;    // 参加人数
  int pay;       // 1人あたりの支払額
  int payorg;    // 幹事の支払額

  String inputStr;
  double dnum;

  // 計算データの入力
  printf("支払総額を入力してください：");
  scanf("%s", inputStr);
  amount = atoi(inputStr);

```

```
  printf("参加人数を入力してください：");
  scanf("%s", inputStr);
  people = atoi(inputStr);

  // 割り勘の計算
  dnum = (double)amount / people;  // 総額を人数で割る（端数も保持）
  pay = (int)(dnum / 100) * 100;  // 100円未満を切り捨ててみる
  if (dnum > pay) {               // 元の値と比較して、
    pay = pay + 100;              //    小さければ100円未満があったので上乗せ
  }

  // 幹事の支払額を計算
  payorg = amount - pay * (people - 1);

  // 結果の表示
  printf("*** 支払額 ***¥n");
  printf("1人あたり%d円（%d人）、幹事は%d円です。¥n", pay,
      people - 1, payorg);

  return 0;
}
```

このプログラムについて、次の3つの機能を仕様に従って関数に切り出し、main関数からそれぞれの関数を呼び出すように修正してください。

(1) iscanf関数

戻り値	入力された値 (int 型)
引数	なし
機能	scanf() を利用して、入力された値を int 型に変換して戻す。

（2）calcPayment関数

戻り値	1人あたりの支払額（100円単位、int型）
引数	支払総額（int型）、人数（int型）
機能	割り勘を計算する。ただし支払額は100円単位に丸めて切り上げる。 例：813 → 900、1370 → 1400

（3）showPayment関数

戻り値	なし
引数	支払額、幹事支払額、総人数（すべてint型）
機能	渡された引数を見やすく表示する。 例：*** 支払額 *** 　　1人あたり○円（○人）、幹事は○円です。

column

【FE対策⑧】科目Bは関数がお好き

科目Bのアルゴリズム分野には、伝統的に頻出かつ出題者の愛が溢れている「推し構文」が存在します。それは、ある関数がその内部で自分自身を呼び出す構造、いわゆる**再帰呼び出し**（recursive call）です。

再帰は、単に自分を呼び出すだけですから、決して複雑なものではありません。しかし、ある状況において再帰を使うとプログラムが「超絶エレガント」に記述できるため、アルゴリズムの専門家や愛好家の心を掴んで離さないテクニックなのです。

たとえば、ある整数の引数nを受け取り、その階乗n!を求めて返す関数factを作りたい場合、あなたならどうやってコーディングしますか？

階乗って、5×4×3×2×1みたいにずっとかけ算していくものですよね。for文でぐるぐる回しながら、順番に計算すればいいんじゃないですか？

岬くんのやり方が階乗を求める一般的な方法ですが、階乗5!は5×4!とも書ける事実に着目して、次のコードを見てください。

```
int fact(int n)
{
  if (n == 0) return 1;   // 0!は1と数学的に定められている
  return n * fact(n-1);   // それ以外なら、n!はn*n-1の階乗
}
```

この関数を fact(5) と呼び出すと、内部で fact(4) が呼び出され、さらにその中で fact(3) が呼びだされ…と関数呼び出しが連鎖しながら目的とする階乗の結果が求まっていく「美しさ」を感じ取れたなら、あなたも立派なアルゴリズム愛好家の仲間入りです。

「階乗を求めたい」ときたらすぐに「再帰すればよい」と閃くのも2層目のスキル（p.52）なんだ。

FE試験科目B対策の紹介はここまでですが、第8章までしっかり手を動かして学んできたみなさんなら、1層目のスキルは確実に身に付いているはずです。ぜひ、専門書や試験対策本に取り組んで2層目のスキルを獲得し、合格を勝ち取りましょう。

第III部

C言語の真の力を引き出そう

chapter 9　アドレスとポインタ

chapter 10　メモリアクセスのからくり

chapter 11　文字列操作

chapter 12　パズルRPGの製作

C言語の真の実力を解放しよう

うわわわっ…！　い、今、「新快速」って書いてある何かを追い抜かなかったかっ！？

気のせいですっ！　そんなことより、岬はいったいどこに…。

た、たぶん研究所兼隠れ家に使っている山の別荘だ！　次の交差点をひだ…って、あ、ぶ、ぶ、ぶ、ブレーキぃぃっ！！

ここ、左ですね（カクッ、カクカコンッ！キュキュッ！）

わわわわ、目が、目が回るううぅぅ…。

もう、海藤さんってば大げさです。あれれ、助手席で寝ちゃうなんてマナー違反ですよぉ？

これまで紹介してきた構文や文法は、実はC言語の表面的な機能の一部でしかありません。赤城さんが隠れた才能を持っているように、C言語にも「魅力的な裏機能」が備わっています。
この第Ⅲ部では、いよいよC言語の真の実力を解放し、その力を自在に操れるようになりましょう。

chapter 9
アドレスとポインタ

第II部までに私たちが学んできた豊富な機能は、
実はC言語の持つ機能の表層部分に過ぎません。
その下には、ほかのプログラミング言語では真似できない
「真の実力」を秘めている点が、C言語最大の特徴ともいえるでしょう。
世界中のプログラマを惹きつけてやまないC言語の魅力を
存分に味わいつつ、C言語の真の力を引き出す鍵を手に入れましょう。

contents

9.1 C言語だけが持つ特徴

…でね、あとは変数名の前に*とか&とか、適当に付けておけばいいの。もしエラーが出ても、**みたいに記号を増やせばそのうち動くから。わかった？

はーい。適当にやってみまーす。

コラッ！　岬っ！　あんた、何鼻の下伸ばしてんのよ！

あーら、ずいぶんと早かったのね。あと5分くらいでチャチャッとCのヒミツを教えてあげようと思ってたのに。

はぁ、はぁ…。峰子、てめぇ、ふざけた予告状置いていきやがって！　(ゆりちゃんの運転、ありゃ反則だろ…。)

第Ⅲ部

9.1.1 高水準と低水準

でも、お嬢ちゃん。あなた、またずいぶんとローレベルな運転してきたみたいじゃない。

ムカッ！　海藤さん、なんなんですか、この人！

何って言われてもなぁ…まぁ俺の同期っていうか。それにゆりちゃん、今のはコイツなりの褒め言葉なんだぜ。

コンピュータに限らず、道具や機械の操り方に関する専門用語に、**高水準**（high level）と**低水準**（low level）があります。**高級**（high class）や**低級**（low class）と表現される場合もありますが、どちらも次のような意味で用いられます。

高水準、低水準とは

高水準（ハイレベル）・高級（ハイクラス）

・機械自体に、アシスト機能や自動制御機能、安全装置が組み込まれている。
・操作する人は、少ない手順でより簡単に機械を操ることができる。
・初心者にやさしく、多くの人がその機械を利用できる。

低水準（ローレベル）・低級（ロークラス）

・機械自体には、最低限のしくみしか備わっていない。
・多くの複雑な操作を行いながら機械を操る必要がある。
・熟練すれば、機械の真の実力を解放でき、自由自在かつ高度に操れる。

たとえば、自動車にはオートマチック車（AT車）とマニュアル車（MT車）があります。現在の日本で普及している車の約98%が操作の簡単なAT車といわれていますが、赤城さんが運転してきた海藤さんのクラシックカーはMT車です。

操作が難しいと敬遠されがちなMT車ではありますが、ラリーレースのようなモータースポーツの世界ではほぼ100%がMT車なのは、当然理由があります。十分に訓練されたドライバーにとっては、車の性能をフルに発揮できるMT車で戦わなければレースに勝てないからです。

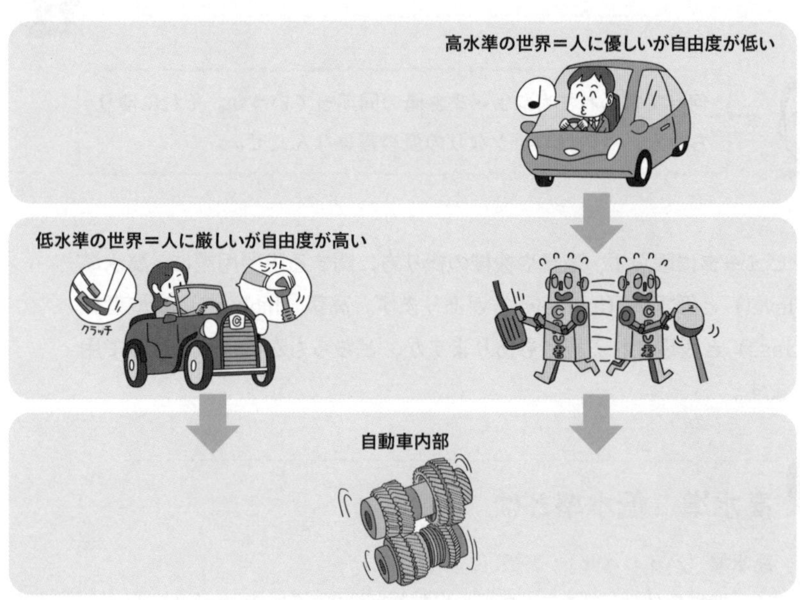

図9-1 どの水準から操作するかによって世界は大きく変わる

ここで重要なのは、「高水準と低水準のどちらが優れているか」は一概にはいえないということです。普段の街乗りにはAT車が適しているでしょうし、ラリーレースのような目的では車の性能を極限まで引き出せるMT車を選んだほうがいいでしょう。

それにしてもゆりちゃんには驚いたな…。後輪滑らせるとか、スピンしながら交差点曲がるとか、崖の側面走るとか、マンガやアニメの世界だけかと思ってたんだが…。

あ…実は、実家がお豆腐屋さんをやってて、よく朝の配達を手伝ってたから…。

column

AT車とMT車は何が違う？

AT車が珍しかった時代もありますが、現在はむしろMT車を見たことがない、という人もいるでしょう。両者の主な違いは、「ギアに関する操作が自動化されているか、いないか」にあります。

車がスムーズに加速していくためには、自動車の内部で使うギア（歯車）を次々と切り替えていく必要があります。AT車の場合は、ドライバーはアクセルをただ踏んでいれば、ギアの操作はほぼ自動で行われます。一方、MT車の場合、自動車に代わって人間が細かな操作をしなければなりません。

マニュアル車（MT）

- ドライバーがシフトを操作する。
- シフト操作時には、クラッチを左足で踏み込む必要がある。
- 滑らかな運転のためには、同時にアクセルも右足で制御する。

オートマチック車（AT）

- シフトをDにしておけば自動的に切り替わる。
- クラッチを踏む必要はない。
- アクセルを気にしなくても滑らかにギアが切り替わる。

図9-2 シフト操作の違い

MT車は大変そうに見えるけど、慣れたら無意識にできるわよ。昔はみんなやってたわけだし。

9.1.2 低級言語とその定義

ところで、プログラミング言語にも高水準と低水準という考え方があるの。車みたいに上手に乗りこなせるかしら。ね、ゆりちゃん。

ムカムカッ！　ええ、もちろんよ。「低水準な言語」、乗りこなしてみせようじゃない！

国内で普及している車のほとんどがAT車であるように、世の中で利用されているプログラミング言語のほとんどは**高級言語**といわれるものです。Java、Python、PHPなど多数存在しますが、いずれも便利な命令や安全機構が文法として準備されていて、プログラミング入門者にやさしいという特徴があります。

対する**低級言語**として最もよく知られているのは、アセンブラという言語です。CPUが直接解釈できる20〜30種類程度の命令しか使えず、型・制御構文・構造体・配列・関数などの便利なしくみも存在しないか、かなり限定的です。

C言語では1行で済むprintf命令も、アセンブラで書こうとすると数十〜数百行になることだってあるんだぜ。

えー！　そんなプログラミング言語、使う人いるんですか？

アセンブラでプログラムを書く作業は、MT車の運転以上に大変です。そのため、アセンブラを書ける技能を持つエンジニア自体が非常に少なく、そんな彼らでさえ一般的な開発では高級言語を用いる場面がほとんどです。

しかし、次のようなケースでは、アセンブラのような低級言語を使うメリットがデメリットを上回ることがあります。

第III部

- **OS（Windows、macOS、Linuxなど）を開発するとき**
- **コンピュータに接続される周辺機器を細かく制御する必要があるとき**
- **家電や自動車など、PC以外の機械の中で動作するプログラムを作るとき**

これら3つに共通して要求されるのは、次の条件です。

低級言語に求められる条件

(1) 小さいサイズで極めて高速に動作するプログラムを作れること
(2) 特殊なCPU命令やメモリ領域も含めて自由自在に操れること

これらの条件のうち、(1)の要求は年々小さくなってはいるものの、やはりサイズや速度の制限は無視できるものではありません。

また、OSや家電などがなくならない限り、(2)の要求がなくなることもありません。そしてきっと、OSや家電はこの世からなくならないでしょう。

9.1.3 「プログラミング言語の王」たるゆえん

C言語は、僕たちみたいな初心者でもなんとかわかったから高級言語なんですよね？

高級といえば高級だし、低級といえば低級ともいえるなぁ。

私たちが学んでいるC言語は、数あるプログラミング言語の中の「王」ともいわれています。それは、この言語だけが次のような特徴を持つためです。

C言語だけが持つ特徴

高級言語でもあり、低級言語でもある。

えっと…中級ぐらいの言語ってことですか？

いいえ、「高級と低級の両方の特徴を持つ」ってことなの。

第I部や第II部で、私たちは「高級言語としてのC言語」の使い方を学びました。学習に苦労した人も少なくないかもしれませんが、それでもアセンブラよりははるかにとっつきやすい言語です。

一方でC言語は低級言語としての命令や構文も持ち合わせています。これまでの章では伏せていましたが、いざそれらの命令を活用すれば、アセンブラ同様にCPUやメモリを自由自在に制御するプログラムだって作成できるのです。

column

C言語誕生秘話

その昔、コンピュータがまだ生まれたばかりだった頃、世界には今でいう低級言語しかありませんでした。それどころか、現代では当たり前となっているOSですらまだ珍しく、コンピュータとは「国家機関や一部の限られた専門家しか操れない道具」だったのです。当時の技術者たちは「ITの発展にはOSの開発と普及が欠かせない」と感じていましたが、低級言語でOSを作るのは手間がかかり過ぎました。世界はもっと高水準なプログラミング言語（ただし、CPUやメモリを自由に制御できる言語）を必要としていました。そして生まれたのが、今、私たちが学んでいるC言語です。

なお、このときC言語で開発されたのがUNIXと呼ばれるOSで、macOSやLinuxなどほとんどのOSがベースとしています。C言語とは、コンピュータの歴史を作ってきた伝説の言語でもあるのです。C言語の歴史については、付録Cでも紹介しています。

9.1.4 低級言語の代償

すごい！　すごいじゃないですか、C言語！　こんなすごいものを学んでいるなんて、今まで知りませんでした！

まぁな。でも当然支払うべき代償もあるんだ。

C言語は「コンピュータを意のままに操れる」低水準な機能も兼ね備えています。しかし、運転スキルが伴わないまま不用意にMT車を操ろうとすれば大事故を起こしかねないように、C言語の低水準機能も大きな危険をはらんでいる道具であることを、決して忘れてはなりません。

C言語で作るプログラムって、家電や自動車、飛行機とかでも使われているんですよね。ってことは、もしバグがあって暴走とかしちゃったら…。

私、怖くてもうCでプログラムなんて組めないわ。

赤城さんのように、C言語に怖さを感じてしまった人もいるかもしれません。しかし、それはみなさんが「強力な力」を手にしようとしている証でもあります。

そのことをむやみに怖がる必要はありません。実際の業務ではしっかりとしたテストやチェックを行い、致命的な事故が起きない工夫が十分なされます。何より現在、私たちの世界で自動車や家電が当たり前のように動いている事実は、その強力な力を上手に駆使している人たちがこの世にたくさん存在することの証明でもあります。

私たちもこの第III部で「C言語の真の力を安全に解放する」スキルをしっかりと身に付けて、「王の力を操るエンジニア」の仲間に加わりましょう。

力と責任

C言語は、ときに不幸を招いてしまうほどの力を持っている。しかし適切に扱えば、ほかの言語では実現できない世界を創り上げることができる。C言語エンジニアは、その「力と責任」を背負いながらコードを書く。

それじゃ、まずは次の節で、メモリについて改めて考えてみましょう。

column

インラインアセンブラ

C言語が持つ低水準機能の象徴的なものとして、インラインアセンブラ（inline assembler）という構文があります。これはC言語のプログラムの一部に、アセンブラ言語で命令を書き込める機能です。

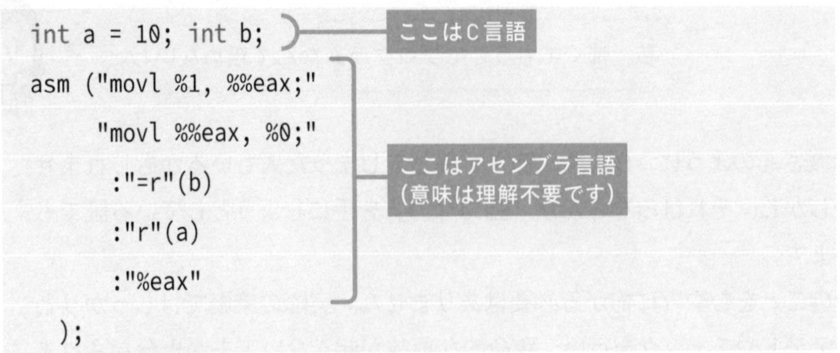


```
int a = 10; int b;
asm ("movl %1, %%eax;"
     "movl %%eax, %0;"
       :"=r"(b)
       :"r"(a)
       :"%eax"
   );
```

アセンブラ言語の知識も必要なため滅多に利用されませんが、いざとなればCPUもメモリもほぼ自由自在に制御可能になります。

9.2 メモリ

9.2.1 メモリとは

メモリ（memory）は、コンピュータ内部で情報の記憶を担当するICチップです。製品によって記憶できる容量が決まっており、たとえば8GBや16GBなどの製品が存在します。メモリにはマス目状に多数の区画が並んでいて、1つのマス目に1バイトの情報（0または1が8つ並ぶ）を書き込めるので、巨大な方眼紙のようなものと捉えることができます。

16GBのメモリの場合、約160億個のマス目が並んでいると考えればいい。

あるマス目の場所を指し示すときには、並んだマス目の**先頭を0**として、そこから何番目の場所であるかを指定します。このような、ある情報が格納されているメモリ内の位置を一意に示す数値を**アドレス**（address）といい、単位には「番地」を用います。

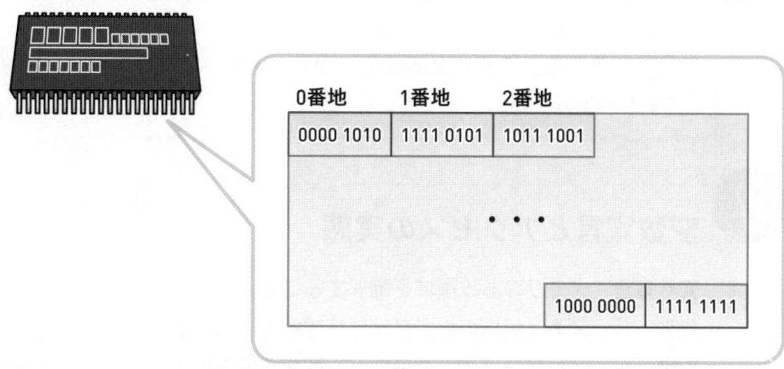

図9-3 メモリは巨大な方眼紙のようなもの

9.2.2 メモリと変数

ほぼすべてのプログラムは、実行中、情報を一時的に記憶しておく必要があります。つまり、メモリのどこかに情報を書いたり読んだりしながら動作するわけです。

これ、C言語でいうと何のことか、想像つくかい？

「情報を一時的に記憶しておく」…あっ、変数ですね！？

私たちがC言語の「高水準の世界」において、メモリの情報を読み書きするために使う道具が変数です。実際、 `int a;` などと変数宣言すると、C言語はOSと協力して次のような動きをします。

① メモリ領域の空いている場所を探す（仮に4020〜4023番地）。
② 変数aが、4020〜4023番地を使っている状態を記憶する。
③ 以後、変数aを読み書きする場合には、4020〜4023番地を読み書きする。

ただの変数宣言なのに、C言語は裏でメモリとたくさんやり取りしてくれていたんだね。

そうよ。そして、それを全部自分でやらなきゃいけないのが、「低水準の世界」なの。

変数宣言とアクセスの実態

変数宣言	メモリのある領域を確保すること
代入	メモリ領域の指定番地に情報を書き込むこと
取得	メモリ領域の指定番地から情報を読み出すこと

なお、変数の発展版ともいえる配列や構造体なども、動きはやや複雑にはなりますが、基本的にこれと同じしくみで実現されています。

9.2.3 メモリ領域の割り当て

メモリのしくみを見てきたところで、もう少し深い部分まで紹介しておこう。この章では使わない知識だが、あとあと重要になってくるんだ。

通常、コンピュータ上では複数のプログラムが同時に動きます。たとえば、Windowsを使うときに、ブラウザとメールソフトと表計算ソフトを同時に立ち上げてPCを使う機会もあるでしょう。また、OSであるWindows自身も、「電源投入後に自動的に起動して動作し続けている1つのプログラム」です。

それらの各プログラムが変数を利用するとき、誤って同じメモリ領域を使ってしまっては大変です。そのため、OSはプログラムが起動すると同時に、プログラムごとに一定のメモリ領域を割り当てます。プログラムはその割り当てられた領域を使ってやりくりをしていくのです。

chapter 9

図9-4 OSは起動する各プログラムにメモリ領域を割り当てる

また、各プログラムも割り当てられた領域を無秩序に使うわけではなく、おおまかに次の3つに区分して利用していきます。

① スタック領域

プログラム開発者が通常の変数・配列・構造体を利用する場合に使用される領域です。関数を利用するときに、引数や戻り値、関数の呼び出し元を記憶するためにも使われています。

② ヒープ領域

特別なメモリ制御命令によって使用される領域です。比較的大量の情報を記憶したり、サイズに関わらず長期間記憶しておきたい場合に使われます。この領域を制御する命令は第10章で学びます。

③ 静的領域

内容が変化しない定数やリテラル情報、staticが付けられた特殊な変数などの情報が格納される領域です。

今はまだ具体的なイメージを描けなくても大丈夫よ。ただ、私たちが普通に変数や配列を使っているとき、プログラムはその裏で、割り当てられたメモリ空間のあちこちを読み書きしている、その事実を知っておくことが大切なの。

9.3 アドレスの取得

9.3.1 変数アドレスの取得

ここからはいよいよ、C言語の低水準機能を紹介していこう。さっきまで話していた「変数」に関するものだ。

前節で紹介したように、変数の実体はメモリの中のある一部分に過ぎません。そして、通常は、変数を宣言したとき、実際にメモリ空間に割り当てられた場所をプログラム開発者が気にする必要はありません。事実、一般的な**高級言語では、変数の具体的な場所（アドレス）を知る手段自体が用意されていません。**

私たちも、第I部や第II部では特にアドレスを気にせずプログラムを組んできました。しかし、C言語が特殊なのは、「調べようと思えば、変数のアドレスを調べることができる」という点にあります。

たとえば、`int a;` で宣言した変数aの領域がメモリの何番地にあるのかを調べられるんですね。

ある変数が割り当てられたアドレスの番地を調べるには、次の構文を使います。

アドレスの取得

```
&変数
```

※ 変数が確保されているメモリ領域の先頭番地に「化ける」。

へっ？　これだけ？

ええ。「化ける」とあるように、これ、演算子なの。

変数の先頭に&演算子（**アドレス演算子**）を付けると、その変数のために確保されたメモリの先頭アドレスを取得できます。さっそく、変数のアドレスを調べる簡単なソースコードを書いてみましょう。

BC391

コード9-1　アドレス情報を格納する（long型）

code0901.c

```
01 #include <stdio.h>
02
03 int main(void)
04 {
05   int a = 70;
06   printf("変数aには70が入っています¥n");
07
08   long addrA = (long)&a;
09   printf("変数aのアドレス: %ld¥n", addrA);
10   return 0;
11 }
```

変数aのアドレスを取得して代入（long型に入れるために要キャスト）

long型のプレースホルダ

```
変数aには70が入っています
変数aのアドレス: 3921
```

実行するたびに値は変わる

このプログラムでは、5行目で変数aを宣言したあと、8行目でその先頭アドレスを取得しています。得られるアドレスの値はint型に入りきらない大きな値である可能性もあるため、今回は念のためlong型に代入しています。

なるほど、変数aは3921番地に確保されているんだね。

おっと、確かに先頭は3921番地だが、それだけじゃない点に注意を払ってくれ。

変数aのメモリ領域として確保されたのは、3921番地だけではありません。この番地は変数aの**先頭の番地**であり、int型のサイズが一般的な4バイトだとすると、3921〜3924番地の4バイトが変数aのために確保されたメモリ領域となります。

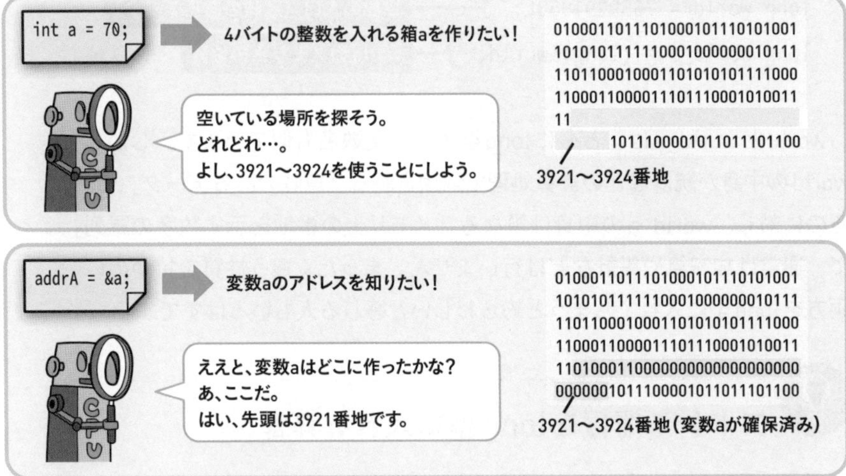
int a = 70;
4バイトの整数を入れる箱aを作りたい!
空いている場所を探そう。
どれどれ…。
よし、3921〜3924を使うことにしよう。
01000110111010001011101010 01
10101011111100010000000101 11
11011000100011010101011110 00
11000110000111011100010100 11
11
1011100001011011101100
3921〜3924番地
addrA = &a;
変数aのアドレスを知りたい!
ええと、変数aはどこに作ったかな?
あ、ここだ。
はい、先頭は3921番地です。
01000110111010001011101010 01
10101011111100010000000101 11
11011000100011010101011110 00
11000110000111011100010100 11
11010001100000000000000000 00
0000001011100001011011101100
3921〜3924番地(変数aが確保済み)

図9-5 変数の大きさ分のメモリ領域が確保される

&演算子で取得できるのは先頭アドレスだけ

&演算子で取得したアドレスを先頭として、変数のデータ型に必要なサイズのメモリ領域が確保されている。

9.3.2 アドレスを格納するための型

うーん…。long型って「世界の人口」とか「国家予算の金額」とか、計算に使う大きな値を入れるために使うから、アドレスを入れちゃうと混乱しないかしら？

赤城さんは、次のようなプログラムでは、混乱してしまうことを懸念しているようです。

```
int japan = 127094745;          // 日本の人口（意味のあるデータ）
long world = 7659291953L;       // 世界の人口（意味のあるデータ）
long world_a = (long)&world;    // worldのメモリ上の位置
```

worldとworld_aは、ともにlong型であり変数名も似ています。しかし、worldの中身が統計などの計算処理で活用される「意味のあるデータ」であるのに対し、world_aの中身は単なる「メモリ上の番地を示す数字の羅列」で、通常は加減算や集計などは行いません。まったく違う性質を持つのに、両方をlong型に入れてしまうと紛らわしいと感じる人もいるはずです。

アドレス情報をlong型に入れる弊害

「意味のあるデータ」と区別がつかず、紛らわしい。

そこで、新しい型の登場だ。

C言語には「アドレスを意味する大きな整数」を格納するための専用の型、**void*型**が準備されています。

第Ⅲ部

アドレスを格納する変数の宣言

```
void* 変数名;
```

またヘンテコな名前の型だなぁ…。

「void」って、関数宣言のときに使うあのvoid？

この型は、関数宣言の引数や戻り値に使う「void」とは何の関係もありません。アドレスを格納するために今回新しく学ぶ型であって、たまたま過去に学んだものと名前が似ているだけ、と考えてください。

このことを念頭に、コード9-1を書き直したコード9-2を見てみましょう。

BC392

コード9-2 アドレス情報を格納する（void*型）

code0902.c

```
#include <stdio.h>

int main(void)
{
  int a = 70;
  printf("変数aには70が入っています¥n");

  void* addrA = (void*)&a;
  printf("変数aのアドレス: %p¥n", addrA);
  return 0;
}
```

void* 型にaのアドレスを代入

アドレス専用のプレースホルダ

これならaddrAには意味のあるデータじゃなくてアドレスが入ってるって一目瞭然ね。

void*型のように、アドレス情報が格納される型は、**ポインタ型**（pointer type）、または単にポインタと呼ばれます。ポインタ型の変数には意味のあるデータを格納しませんが、意味のあるデータの場所を指し示す（ポイントする）情報を格納するため、このような名前が付いています。

column

アドレス値のサイズ

現在普及している一般的なCPUやOSでは、アドレスの値は8バイトで扱う決まりになっており、0番地〜約42億番地までを扱うことができます。

なお、0番地をはじめ比較的若い数字の番地は、通常、ハードウェアやOS自体が使うために予約されています。したがって、私たちがプログラム内で使う変数には、3921283492番地などの大きな数字の番地が割り当てられるのが一般的ですが、本書では読みやすさを優先し、3921番地などの短いアドレス値を用いています。

9.4 アドレスの解決

アドレスを変数に入れられることはわかりましたが、でも、何に使うんですか？

それを明らかにするために、もう1つの演算子を学びましょう。

9.4.1 指定番地に格納されている情報の取り出し

あるポインタ変数にアドレスが格納されているとき、次の構文を使うと、「メモリ上の指定したアドレスに書き込まれている情報」を取り出すことができます。

間接演算子

```
*ポインタ変数名
```

この演算子は、ポインタ変数に格納されているアドレスを使ってメモリを読み取り、その値に化けるという働きをします。

次ページのコード9-3で、一緒にこの演算子の動きをじっくりと確認してみよう。最初はちょっとややこしく感じるかもしれないが、落ち着いて1行ずつ、メモリの中身を想像するんだ。

コード9-3 **アドレスから情報を取り出す（エラー）**

code0903.c

```
01 #include <stdio.h>
02
03 int main(void)
04 {
05   int a = 70;
06   printf("変数aには70が入っています¥n");
07
08   void* addrA = (void*)&a;
09   printf("変数aのアドレス: %p¥n", addrA);
10   printf("%p番地に格納されている情報: %d¥n", addrA, *addrA);
11
12   return 0;
13 }
```


まず、5行目（①）で、「変数aが生み出され、その中身に70が代入される」のがわかりますね。変数aが生成されるメモリ上の番地は実行するたびに変わる可能性がありますが、今回は、3921番地に変数aが生み出されたと仮定します。

次に、8行目（②）では、9.3節で学んだ&演算子で変数aのアドレスを取得しています。具体的には、この1行で次の3つの処理をしていると捉えることができます。

(1) 変数aが存在する番地を調べて（8行目の右辺）、
(2) 変数addrAをメモリのどこかに生み出して（8行目の左辺）、
(3) 調べたaの番地を、変数addrAに代入する（=演算子）

この3つの処理によって変化するメモリのようすを、9.3節のおさらいも兼ねて、次の図9-6で確認しておきましょう。

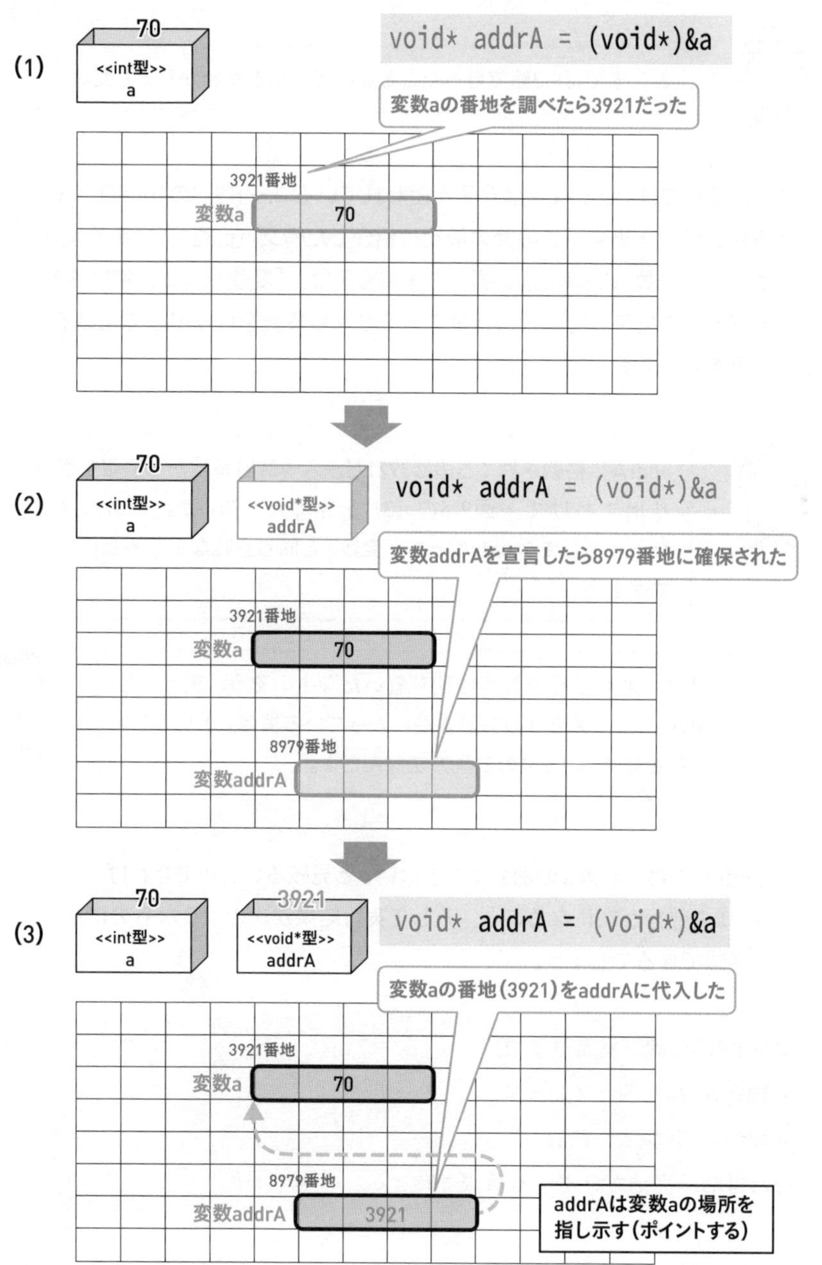

図9-6 8行目（②）でのメモリのようす

ここまでは9.3節で習ったことなので、何とかわかりました。

さて、それではいよいよ*演算子が使われているコード9-3の10行目（③）を読み解いていきます。この節の最初に紹介した構文（p.321）にあるように、ポインタ変数addrAの前に書いた*演算子は、「変数addrAに格納されているアドレスを使って、その番地のメモリから情報を取り出して化ける」という働きをします。

addrAに格納されてるのは3921だから…3921番地から情報を取り出すわけで…図9-6の（3）を見ると「70」か。…あれ？ひょっとして `*addrA` って、変数aと同じ意味なんじゃないですか！？

ははは、よくぞその答えに辿り着いたな！　そう、変数aと `*addrA` は、「メモリの3921番地に入っている情報」という**1つの存在を書き表す2つの表現方法**なんだよ。

「`*addrA` とは、変数aの別名にすぎない」と見破ることができれば、コード9-3の③の部分が70になること、そして実行結果が次のようなものになることが予想できるでしょう。

コード9-3の実行結果（予想）

```
変数aには70が入っています
変数aのアドレス: 3921
3921番地に格納されている情報：70
```

この考え方・捉え方こそがポインタ学習の最大の要なんだ。この節のここまでは、納得できるまで何度でも読み直してほしい。そして、納得がいったら難所を乗り越えたことに胸を張ろう。

よし、コード9-3を実行して、予想した結果が合っているか、確認してみます！　…ん？　コンパイルが通りませんよ？

岬くんが試したとおり、コード9-3は、残念ながら予想した実行結果に至る以前に、10行目でコンパイルエラーが出てしまいます。その理由は、みなさんがコンパイラの気持ちになってみればわかるかもしれません（図9-7）。

図9-7　先頭アドレスから取り出す範囲は？

コード9-3の②では、void* 型の変数addrAに `&a` の内容（3921番地）を代入しています。しかし、この番地は変数aの先頭アドレスでしかないことを思い出してください（p.317）。したがって、単に `*addrA` と書くだけでは、コンパイラは**その先頭アドレスから何バイト分を取り出せばいいかわからない**のです。

void* 型の限界

*演算子でメモリからデータを取り出そうとしても、取り出すべき範囲がわからない。

メモリの中身を取り出すには、読み取りたい領域の範囲を伝える必要があるのね。

9.4.2 実用的なポインタ型

そこで、void*型に代わって利用されるのが、int*型やshort*型など、既存のさまざまな型の名前の末尾に*をつけたポインタ型です。

えっ？　int*型？　なにこれ、int型のお友だち？

いや、int型とは他人のそら似で、むしろvoid*型のお友だちだ。

第Ⅲ部

int*型は、ほとんどvoid*型と同じものと考えて差し支えありません。void*型同様、この型の変数にはアドレスが格納されます。したがって、意味のあるデータを格納するint型とはまったく異なる型です。

void*型とint*型との違いは、*演算子を使ったときにある種の「意味」を与えるか否かです。

int*型の変数が持つ意味と効果

意味　int*型の変数に格納されているアドレスは、int型の変数（4バイト領域）の先頭アドレスである。

効果　*演算子で先頭アドレスから4バイト分が取り出される。

このように、int*型は指しているアドレスに格納されている値の型の情報を持っています。それに対して、void*型は指しているアドレスに格納されている値の型情報を持たないため、**汎用ポインタ**といわれます。

それでは、コード9-3のvoid*型をint*型に書き換えてみましょう。

コード9-4 アドレスから情報を取り出す（int*型）

BC394

code0904.c

```
01 #include <stdio.h>
02 
03 int main(void)
04 {
05   int a = 70;
06   printf("変数aには70が入っています¥n");
07 
08   int* addrA = &a;
09   printf("変数aのアドレス: %p¥n", addrA);
10   printf("%p番地に格納されている情報: %d¥n", addrA, *addrA);
11 
12   return 0;
13 }
```

int*型にaのアドレスを代入（8行目）

「addrA番地から4バイト分」のメモリの内容を取り出す（10行目 `*addrA`）

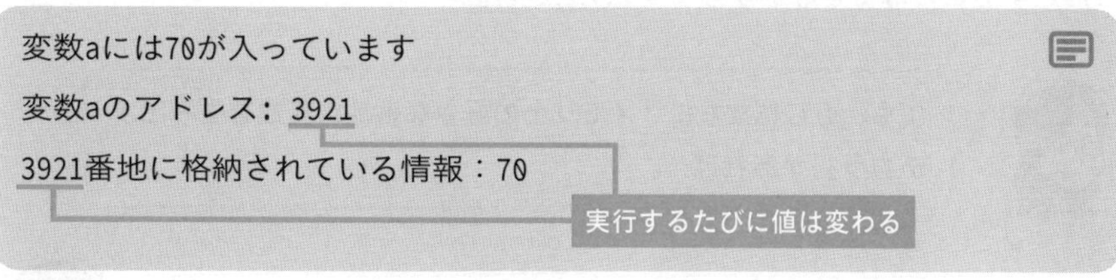

変数aには70が入っています
変数aのアドレス: 3921
3921番地に格納されている情報：70
実行するたびに値は変わる

あれ？　void*型をint*型に置き換えるんだから、8行目は `int* addrA = (int*)&a;` じゃないの？

岬くんが気づいたように、変数aのアドレスをaddrAに代入する際、コード9-3ではvoid*型へのキャストが指定されていましたが、コード9-4では省略されています。これは、「X型の変数に&演算子を付けて得られるアドレス値はX*型になる」というC言語のルールによるものです。したがって、`&a` はわざわざキャストを用いるまでもなくint*型として返されるのです。

9.4.3 ＊演算子の本当の役割

やった！　コード9-4、ちゃんと動きました！

やったな！　ってことは、2人はついに「王のチカラ」を手に入れたんだな。

なぜC言語がプログラミング言語の王といわれるのか。それは「特殊なCPU命令やメモリ領域を自由自在に操れる」低級言語の力を併せ持つ高級言語だからでした（9.1.2項）。

逆にいえば、通常の高級言語はメモリ領域に自由にアクセスできません。なぜなら、私たち開発者がメモリを読み書きするための道具である「変数」が利用するアドレスは、OSによって自動的に割り当てられ、開発者が勝手に指定することはできないからです（9.2.2項）。

でも、もし私たちに「メモリ上の好きな番地に変数を生み出すチカラ」があれば…。

…ハッ！「どこでも自由に読み書きできる」んですか！？

ここで、この節で学んだ＊演算子のより詳しい働きを紹介しましょう。

＊演算子（間接演算子）の真の働き

演算子のすぐ右側に指定された「アドレス番地」を巻き込んで、そのアドレス範囲に紐付いた仮想的な変数※をその場で生み出し、それに「化ける」。

※ あたかも「そのアドレス範囲に確保された変数」であるかのように利用できる。

たとえば、あるint*型変数xに1000が格納されているとき、`*x`と記述すると「1000〜1003番地に確保された通常のint変数」のように扱えます。これを応用すれば、メモリ空間のありとあらゆる場所を自由に読み書きできるのです。

かなり極端な例ですが、たとえば次のようなことも実現できてしまいます。

```
// メモリ0〜3番地の内容を表示するには…
  int* p = 0;
  printf("%d", *p );
```

0番地を先頭としたint型変数に化ける

```
// メモリ9410〜9411番地に794を書き込むには…
short* q = 9410;
*q = 794;
```

9410番地を先頭としたshort型変数に化ける

このコードはPC環境を破壊する恐れがあるため、試しにであっても実行しないでください。理由は第10章で解説します（p.359）。

この*演算子の働きを念頭に、再度、コード9-4の10行目を眺めてみてください。私たちは`*addrA`と記述して、3921番地を先頭とするint型変数を生み出し、その内容を表示していたことがわかります。

なお、変数aも「3921番地を先頭とするint型変数」ですから、**実質的にaと*addrAは同じもの**であることも、再度確認しておきましょう（p.324）。たとえば、`*addrA = 80;`とすると、変数aに80を代入する処理と同じ意味になります。

このあたりのしくみ、「わかったつもりでも、いざプログラムを目の前にすると、1つひとつコードを追わないとわからない」と悩む人も多いけど、初学者なら当然よ。車の運転と同じで、繰り返すうちに無意識にできるようになるから安心してね。

9.4.4 ＊記号に混乱させられないコツ

僕、正直言うとまだいろいろ混乱してて…。特に、*記号が変数名にも型名にもくっつくのが紛らわしいよ。

アドレスやポインタを学ぶこの章では、「*記号」がたくさん登場しています。特に、次の2種類は、**まったく関係のない別のもの**であると理解するのが混乱しないための重要なポイントです。

```
int* addrA;                    // ①
printf("%d", *addrA);          // ②
```

①は、型名の一部にたまたま使われている文字にすぎません。`int*` で1つの不可分な型の名前であって、*記号だけでは意味を持ちません。一方、②は、この記号1文字で間接演算子であることを示し、すぐ後ろにポインタ変数名が記述されることで機能します。

あぁ、そう考えると…スッキリしました！

それはよかった。じゃ、これに関するちょっと大事な「落とし穴」を紹介しておこう。

実は、①について、C言語の世界では昔から次のような書き方も多く用いられてきました。

```
int *addrA;                    // ③   (①の伝統的な書き方)
```

本来は不可分な型名であるはずの `int*` を途中で分断して書くこの記法は現在でも許されていますが、次の2つの意味でC言語入門者を大きく混乱させてしまう懸念があります。

(1) 一見すると「int型の変数*addrA」を定義しているように見えてしまう。
(2) 「*addrA」の部分が②の「*addrA」のように見える。

特に、業務でC言語に触れる人は③のスタイルによる記述を見かける機会もあるかもしれませんが、あくまでも「①を意味する別の書き方」に過ぎないことを思い出して、混乱から身を守ってください。

column

ポインタ型変数を2つ以上同時に宣言する

実は、2つ以上の変数を同時に宣言することもできます。

```
int a, b;              // int型のaとint型のbを宣言
```

ポインタ型の変数宣言でも次のように記述したいところですが、残念ながら意図と違う意味になってしまいます。

```
int* a, b;             // 間違い。int*型のaとint型のbを宣言
```

歴史的経緯から、正しくは次のように記述する必要があります。

```
int *a, *b;            // 正しい。int*型のaとint*型のbを宣言
```

しかし、本文で解説したように、この書き方は本来不可分であるはずの型名を分断してしまいます。このような紛らわしさがあるため、本書では、ポインタ型に限らず、1つの文で複数の変数を宣言する構文の使用は推奨しません。

chapter 9

9.5 ポインタを使うメリット

9.5.1 ポインタの存在意義

2人ともおめでとう。これでアドレスやポインタに関する主要な構文をマスターしたな。

やったー！…って、あれ、これだけ？

冷静に考えたら、このポインタって何に使うのかしら。なんか、使えても全然嬉しくないような…。

私たちはこの章で、アドレス演算子（&）と間接演算子（*）、あとは各種のポインタ型（void*やint*など）しか学んでいません。しかし、一部の応用構文を除けば、これがポインタのすべてです。

こんなものを「いったい何に使うのか」「使うと何が嬉しいのか」、赤城さんと同様に疑問に感じる人も多いでしょう。

厳密にいえば、ポインタにはさまざまな活用法があります。しかし、入門者である私たちが押さえておくべきポインタの存在意義は、次の1点に集約されます。

ポインタの存在意義

ポインタを使うと、メモリを節約して高速に動作する関数を書ける。

えっ、CPU能力やメモリの節約？　たったそれだけ？

「それだけ」って、またずいぶんなことを言ってくれるわね。あなた、今、C言語界の半分ぐらいを敵に回したわよ。

ITが十分に発展し、CPUの性能やメモリ容量が豊富な現代に生まれた私たちにとって、その節約の必要性を痛感する機会は稀かもしれません。しかし、C言語は家電やOSを作るために使われる特別な言語でもあることを思い出してください。

家電に搭載されるCPUやメモリは、PCに比べてはるかに性能や容量が限られています。場合によっては数KBしかないメモリで動作しなければならないプログラムを書く必要があるのです。

また、OSの性能が世界中のコンピュータの性能を大きく左右する事実も決して忘れてはなりません。現代ではコンピュータは社会の至るところで使われていますから、仮にWindowsが5%非効率に作られていたとしたら、私たちは「5%非効率な世界」を生きることになるのです。

9.5.2 ポインタがあるとき、ないとき

岬くんのパズルRPGを例に、ポインタによるメリットを実感してみましょう。第6章では簡易的なMonster型を作りましたが、本格的なゲーム開発では、非常にたくさんのメンバが必要になると想像できます。

```
typedef struct {
  String name;
  int hp;
  int attack;
  ：  ── 実際には100近いメンバを持つはず
} Monster;
```

chapter 9

ここで、あるモンスター情報を受け取り、その名前とHPを画面に表示するprintMonsterSummary関数を作る場面を仮定します。ポインタをまだ知らなかった第II部までの私たちであれば、次のようなプログラムを作っていたでしょう。

```
void printMonsterSummary(Monster m)
{
  printf("モンスター %s (HP= %d)", m.name, m.hp);
}
```

これのどこが悪いんですか？　普通だと思うんだけどなぁ。

もちろん悪くはない。動きもする。でも、エコじゃないんだよなぁ。

どこがエコではないか、あらためて全体のソースコードを見てみましょう。

コード9-5　エコでないprintMonsterSummary関数

BC395　code0905.c

```
#include <stdio.h>

typedef char String[1024];

typedef struct {
  String name;
  int hp;
  int attack;
    ⋮   ── 実際には100近いメンバを持つはず
} Monster;

void printMonsterSummary(Monster m)
```

```
13 {
14   printf("モンスター %s (HP= %d)¥n", m.name, m.hp);
15 }
16
17 int main(void)
18 {
19   Monster suzaku = {"朱雀", 100, 80, …};
20   printMonsterSummary(suzaku);
21   return 0;
22 }
```

ここに約100項目が並ぶ

まず、19行目で変数suzakuを宣言しています。非常に大きな構造体なので、おそらくこのsuzakuはメモリ内では300バイトぐらいの領域を使っているでしょう。

そして、注目すべきは20行目の関数呼び出しです。ここでは、suzakuを引数に渡しています。コンピュータはprintMonsterSummary関数を動かすにあたり、**変数suzakuの中身（メモリ領域に保存されたデータ）をすべて引数m（のメモリ領域）へとコピー**します。suzakuとmは別の変数なので、それぞれ300バイトずつ、合計600バイトもメモリを消費してしまいます。

まったく同じ朱雀に関する大量の情報が、メモリの違う場所に二重に書かれてしまうんですね。確かに、すごくもったいない！

だろ？　それにこの関数、そもそもメンバを100項目ももらう必要あるんだっけ？

海藤さんが指摘するように、printMonsterSummary関数は、モンスターの名前とHPしか利用しません。つまり、わざわざメモリを300バイトも消費してデータを受け取ったのに、そのごく一部しか使わないのです。

そこで、この章で学んだアドレスとポインタを利用して、コード9-5の12行目以降を次のようにエコなスタイルに書き換えましょう。

コード9-6 **エコなprintMonsterSummary関数**

BC396

code0906.c

```
  ：
void printMonsterSummary(Monster* m)
{
  printf("モンスター %s (HP= %d)", (*m).name, (*m).hp);
}

int main(void)
{
  Monster suzaku = {"朱雀", 100, 80, …};
  printMonsterSummary(&suzaku);
  return 0;
}
```

指定アドレスにある情報にアクセス

suzakuのアドレスを渡す

今度の関数呼び出しでは、suzakuの内容（約300バイト）ではなく、suzakuのメモリ上のアドレス（ただの数値で、おそらく8バイト程度）だけを引き渡している点に注目してください。printMonsterSummary関数内では、*演算子を使ってそのアドレスにアクセスし、情報を取り出しています。

「ここに朱雀の情報置いといたよ！」って、住所を書いた紙だけを渡してる感じですね。うん、こういう節約、大好き！

ねぇ、海藤クン…この子、意外とケ、ケ…

倹約家だ。

なお、ある関数に情報を受け渡す際、コード9-5のように丸ごとコピーして渡す方法を**値渡し**(call by value)、コード9-6のようにアドレスだけを渡す方法を**ポインタ渡し**(call by pointer)といいます。

9.5.3 Cの流儀

前項の例では数百バイト程度の節約でしたが、ゲームや業務用プログラムの開発では、ポインタを使わなければMBやGB単位でムダが発生して、処理性能も大きく低下してしまいます。もし、ポインタなしでOSを作るとなると、現在世界で販売されているどんな大きなメモリを搭載しても容量が足りないでしょう。

実際のC言語プログラミングの現場では、構造体や配列など大きなデータを扱う場面を中心に、積極的にアドレスやポインタを活用して、高効率なプログラムを実現していくのです。

C言語の流儀

アドレスやポインタといった低水準機能をしっかりと活用して、高効率なプログラムを実現していくのがCの流儀。

chapter 9

column

アロー演算子

コード9-6で登場した `(*m).name` や `(*m).hp` のように、構造体へのポインタ型からメンバにアクセスする機会は、実務上非常に多いものです。しかし、カッコを省略して「*m.name」などとしてはいけません。*演算子よりも.（ドット）演算子のほうが優先順位が高いため、正しい結果が得られません（付録E.3）。先に*演算子を評価させるために、カッコが必要なのです。

なお、この記述を用いる場面があまりに多いため、略記する手段として**アロー演算子**（arrow operator）が準備されており、`m->name` や `m->hp`」のように書き換えが可能です。

9.6 第9章のまとめ

高水準と低水準

- 現在利用されているプログラミング言語のほとんどが、人間にとって扱いやすい高級言語である。
- 低級言語を用いると、より直接的にコンピュータを制御しなければならないが、CPU命令やメモリを自由に操ることができる。
- C言語は、高級言語と低級言語の双方の特徴を併せ持っている。

アドレスとポインタ

- 変数に&演算子を適用すると、その変数が割り当てられたメモリの先頭アドレスを取得できる。
- アドレスの値は単純な整数であり、void*型をはじめとしたポインタ型の変数に入れて管理する。
- int*型やchar*型のアドレスに*演算子を用いると、そのアドレスを先頭とする仮想的な変数に化け、内容の取得や代入が可能になる。

ポインタの存在価値

- ポインタを用いると、関数の引数や戻り値のやり取りを効率よく行うことができ、高速で省メモリなプログラムを作成できる。
- 特に、構造体や配列について、先頭アドレスだけを渡すと効率化を実現できる。

9.7 練習問題

練習9-1

次の情報を格納する変数に最も適した型を挙げてください。

（1）**1つの半角文字（例：C、a、#、9など）を格納する変数moji**
（2）**今月の給与の額（例：300000、最大でも100万）を格納する変数money**
（3）**（1）の変数の先頭アドレスを格納する変数mojiAddr**
（4）**（2）の変数の先頭アドレスを格納する変数moneyAddr**
（5）**Monster型変数mの先頭アドレスを格納する変数monsterAddr**
（6）**要素数3のchar配列agesの先頭要素のアドレスを格納する変数age0Addr**
（7）**あるアドレスを格納する変数someAddr（そのアドレス以降に、どのような情報が格納されているかは気にしない、またはわからない）**

練習9-2

C言語では、`sizeof(型名)`と記述すると、その型の変数が宣言されたときの消費メモリ量（型のサイズ）を確認できます（p.59）。そこで、練習9-1の（1）～（4）の変数について、そのサイズを調べてください。また、（1）と（2）のサイズが異なるのに（3）と（4）のサイズが同じである理由を答えてください。

column

ポインタの実体とキャスト

void*型やint*型、Monster*型などのポインタ型はいずれもアドレス値を格納するために存在し、その実体はlong型のようなものです。ただ、一度でも汎用ポインタであるvoid*型と見なしたアドレス値を型情報を持つポインタ型に変換するには、指している値のデータ型を明示するためにキャストが必要です。

練習9-3

「int型変数のアドレス」を引数として1つ受け取り、そのアドレスが指し示す先のint型変数の内容を画面に表示するprintIntByAddress関数を作成し、main関数から呼び出して動作を確認してください。

練習9-4

次のプログラムを実行したあとで、問いに回答してください。

```
#include <stdio.h>

void funcB(void) {
  int b = 20;
  printf("b-address: %ld¥n", (long)&b);
}

void funcA(void) {
  int a = 10;
  printf("a-address: %ld¥n", (long)&a);
  funcB();
}

int main(void) {
  funcA();
  return 0;
}
```

BC39a

（1）変数aとbは、メモリ内の特に何という領域に確保されますか。

（2）変数aとbは、どちらのほうがより小さい番地にメモリが確保されましたか。

（3）（2）から、（1）の領域は前と後ろのどちらの方向へ向かって利用されていくと推測できますか。

chapter 10 メモリアクセスのからくり

古くから「C言語入門の壁」として恐れられてきたポインタ。
しかし、考え方や構文そのものは比較的シンプルなことがわかりました。
実は、数多くの入門者を混乱、挫折させてきた原因はほかにあります。
この章では、その真犯人を突き止め、「低級言語としてのC」を
自由自在に操る力を手に入れます。

contents

10.1 逃げられない理由

10.1.1 No Pointer, No Life.

ポインタの構文もメリットもわかったけど、やっぱりちょっととっつきにくいし、僕は「ポインタを使わない普通のプログラミング」でいいや。

ははは。誰もが一度はそう思うものさ。でも、ポインタからは決して逃げられないんだ。

車であれば「自分にはAT車で十分。クラッチは使わないし学ばない」という道もあるでしょう。ドリフトが必要になる機会もそうそうありませんから、クラッチなどの低水準な制御は機械にまかせておけば実生活で困ることはありません。

しかし、ことC言語においては、「自分にはCの高級言語機能だけで十分。ポインタは使わないし学ばない」という道はありません。その理由は大きく分けて2つあります。

ポインタから逃げられない理由①

C言語が備えるさまざまな命令を利用するために必要だから。

これまでもprintf()やrand()などの関数を紹介しましたが、C言語には私たちのプログラミングを便利にしてくれる標準関数が数多く準備されています。しかし、その中には引数や戻り値にポインタを使うものが少なくありません。ポインタの知識なしにはそれらを十分に活用できないのです。

うっ…。いや、でも、「ポインタの知識が必要になるような標準関数」を使わなければいいんですよね。

実質無理だが…まぁいいだろう。仮にそれが可能だったとしても次の理由は避けようがないはずだ。

ポインタから逃げられない理由②

関数の呼び出し時に、引数や戻り値として配列を指定すると、強制的にポインタが使われるから。

実用的なプログラムを作る場合、main関数だけで済むケースはまずありません。数十から数百、場合によっては数千の関数を定義して1つのプログラムを構成します。その過程では当然、引数や戻り値として配列を受け渡したくなる場面もあるでしょう。その場合には、私たちが望もうが望むまいが、**C言語が密かに備える「からくり構文」のルールに従って、強制的にポインタを使うことになる**のです。アドレスやポインタについて深い知識がなければ、予期しないトラブルに見舞われてしまう状況は避けられません。

な、なんだよ「からくり構文」って。それに僕は、配列を渡す関数なんて作らなくてもパズルRPGをいつかきっと…！

ふふふ、完成できるといいわねぇ。ああ、そうだ。ところで「文字列」ってそもそも何だったかしら？

私たちはC言語において、文字列の実体がただのchar配列であることをすでに学びました（7.7.2項）。つまり、ポインタから逃げようとするならば、**「文字列をやり取りする関数」の作成も禁止しなければならない**のです。

先輩、これって…！

そうだ、「第6の約束」そのものだな。

（約束6）関数の引数や戻り値として、文字列や配列を使ってはならない

　第8章の段階では、まだアドレスもポインタも学んでいませんでしたから、「意図せずポインタを利用してトラブルに巻き込まれる事態」を避けるためにこの約束が必要でした（8.6.2項）。その結果、「関数を使わずにパズルRPGなんて絶対作れない！」と部屋を飛び出してしまった岬くんではありますが、今の私たちならもう大丈夫です。本章で「からくり構文」について学び、関数を自由に利用できるようになりましょう。

10.1.2 「配列と関数の組み合わせ」が生むトラブル

くぅー、わかりました！　僕、覚悟決めます！

でも、使用禁止にするほどの約束なんて…。関数に引数として配列を渡すと何がそんなに危ないんですか？

　赤城さんの疑問に答えるために、通常の変数と配列をそれぞれ引数で渡し、関数の中でその値を書き換えるプログラムを動かしてみましょう。

コード10-1　配列と関数の組み合わせが生むトラブル

code1001.c

```
#include <stdio.h>

void funcA(int x)        // int型変数を受け取る関数
```

```
{
  x = 100;
}

void funcB(int x[3])  // int型配列を受け取る関数
{
  x[0] = 100;
}

int main(void)
{
  int a = 5;                // int型変数を宣言(初期値は5)
  int b[3];                 // 配列を宣言
  b[0] = 5;                 // int型配列の先頭要素を5で初期化

  funcA(a);
  funcB(b);

  printf("a=%d, b[0]=%d¥n", a, b[0]);
  return 0;
}
```

変数を書き換える

配列の先頭要素を書き換える

```
a=5, b[0]=100
```

数値の5を入れた変数aと配列bをそれぞれfuncAとfuncBに渡して、100に書き換えようとしてるのかな。

あれ？　でも、実行結果を見ると、変数aの中身は書き換わってないみたい。

ポイントは「変数の独立性」だ。覚えてるかな？

第8章で学んだ「ローカル変数の独立性」は、異なる関数に属する変数はお互いに独立していて、片方を書き換えても他方に影響を及ぼさないという特性でした（8.4.1項）。

このような独立性は引数にもあてはまります。コード10-1の19行目でfuncAを呼び出していますが、変数aの内容である数値の5が3行目の引数xにコピーされて、funcA関数は動作し始めます。funcAの中で引数xを書き換えても、main関数側の変数aに影響はありません。

なお、この動作は引数が構造体だった場合も同様です。呼び出し先の関数内で引数である構造体の内容を書き換えても、その変更が呼び出し元の変数に影響を与えることはありません。

引数の独立性（原則）

呼び出し先の関数で引数の内容を書き換えても、呼び出し元の関数に属する変数には影響を与えない。

第Ⅲ部

しかし、コード10-1の実行結果は、funcBを呼び出したために、main関数内の配列bが書き換わってしまった状況を表しています。引数として配列を用いるときだけ、なぜか独立性が失われてしまうのです。

なんでこんな動きをするかまではわからないけど、これが面倒な不具合につながりそうなことはわかります。

10.2 3つのからくり構文

10.2.1 関数宣言のからくり構文

どうして配列のときだけ独立性が崩れちゃうんだろう？

それに、「引数に配列を使うと、強制的にポインタを使うことになる」（p.343）って話だったけど、別にどこにも使ってないわよねぇ。

C言語の構文ルールは、やさしいものから難解なものまでさまざまですが、「紛らわしいもの」もあります。その中で誰もが勘違いしてしまいそうになる最も紛らわしい構文が、関数宣言文に関する次のルールです。

からくり構文① 関数宣言の解釈

関数の引数や戻り値に配列型を指定すると、ポインタ型を指定したものと見なされる。

つまり、コード10-1の8〜11行目は、次のように書いたと見なされます。

```
08 void funcB(int* x)
09 {
10   x[0] = 100;
11 }
```

…へっ？

何ですか、この謎ルール！　勝手に全然違う型にして、コンパイルしても教えてくれないし！　っていうか、こんなの絶対わかんないわよ！

ま、まぁ、普通そういう反応だよなぁ…。でも、これはそういうルールなんだって、覚えてしまうしかないんだ。

なお、このからくり構文①により、コード10-1（p.344）の8行目にある引数宣言 `int x[3]` は `int* x` に読み替えられ、添え字である3は実質的に意味がなくなります。そのため、 `int x[]` と宣言することもできます。

実質的に同じと見なされる引数宣言

```
① void funcB(int x[3])
② void funcB(int x[])
③ void funcB(int* x)
```

すべて③だと見なされる

10.2.2 配列変数評価のからくり構文

「funcBの引数は、実は勝手にint*型として宣言したことになっていた」という衝撃も冷めやらぬまま、ここで新たな疑問を感じる人もいるかもしれません。それは、funcBが引数としてint*型のポインタ変数を受け取る関数であるならば、「なぜ20行目のような呼び出し方をしてもエラーにならないのか」という疑問です。

```
20    funcB(b);
```

配列bを引数に渡している

そうですよ。からくり構文①によれば、funcBは引数としてアドレスを受け取るんですよね？　なのに、呼び出すときには思いっきり配列bを渡してるじゃないですか。

なかなか鋭いところに目を付けたわね。これが紛らわしいルールその2なのよ。

ここで、みなさんにC言語のからくり構文②を紹介しなければなりません。

からくり構文②　配列変数の評価

ソースコード上に書かれた配列変数名は、その配列の先頭要素の位置を示すアドレスに「化ける」。

このルールに従えば、コード10-1の20行目は、次の記述と同じ意味になります。

```
20    funcB(&b[0]);
```

配列bの「先頭アドレス」を渡している

えぇっ！？　普通の変数にはわざわざ&を付けないとアドレスにならないじゃないですか！　なんで配列のときだけ？

どうしてこんなルールがあるの？　わざと初心者を惑わせて挫折させようとしてるのかしら…。

10.2.3 添え字演算子のからくり構文

立て続けで気が引けるけど、疑問はまだ尽きないはずよ。

funcB関数の引数が配列型ではなく実はポインタ型だとすると、funcBの中で添え字演算子 [] を使えている点が説明できません。

```
void funcB(int* x) // ポインタを受け取る関数
{
  x[0] = 100;
}
```

ポインタに添え字を付けていいの？

変数名[添え字] って、配列の要素を読み書きする文法ですよね。配列じゃないxには使えないと思うんですけど…。

もっともな疑問だな。それじゃ、もし仮にfuncBがこんなコードだったらどうだ？

```
void funcB(int* x) // ポインタを受け取る関数
{
  *x = 100;
}
```

x番地（仮に2000番地）を先頭とするint型変数に化ける

海藤さんが示すコードであれば第9章で学習した知識で納得がいくはずです。引数xに渡されるものは、main関数で宣言された配列bの先頭要素のアドレス（仮に2000番地）です。 *x と記述して2000番地にint型の変数を生み出し、100を代入する操作は、すなわちb[0]に100を代入する操作と同じ意味になります（図10-1）。

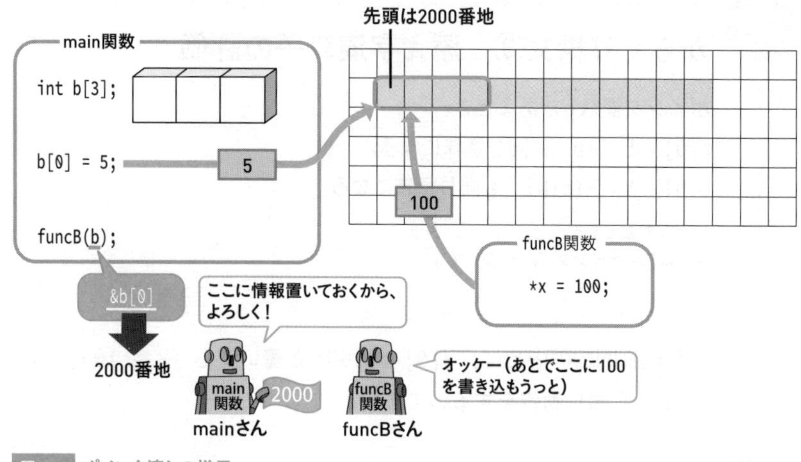

図10-1 ポインタ渡しの様子

main関数の b[0] もfuncBの *x も「2000番地を先頭とするint型の変数」を意味するから、実質同じものになるわね。

配列bのように、関数の引数に配列を指定した場合には、からくり構文①と②の働きによって、必ずポインタ渡し（p.336）になります。そして、ポインタ渡しには次のような特徴があるのです。

ポインタ渡しによる独立性の崩壊

ポインタ渡しは、呼び出し元関数と呼び出し先関数で同じメモリ番地にアクセスするため、ローカル変数の独立性が失われる。

でも、これってfuncBが *x = 100; だったらっていう仮の話ですよね。実際には x[0] = 100; なんだし…。

コード10-1の10行目が仮に *x = 100; だとすると納得がいき、独立性の崩壊についても説明がつくのは偶然ではありません。なぜなら、C言語には次のようなからくり構文③が存在するからです。

からくり構文③　添え字演算子の評価

ポインタ変数pがあるとき、

p[0]　と　*p　は同じ意味になる。

p[N]　と　*(p+N)　も同じ意味になる。

※ Nは整数とする。
※ pは汎用ポインタ（void*型）でない。

つまり、funcB関数の中では、`x[0] = 100;` と書いても `*x = 100;` と書いても、まったく同じ動作をするのです。

うわぁ、紛らわしい構文を3つも丸暗記しなきゃダメなんですか？

からくり構文①②は丸暗記するしかないルールだが、この③だけはしくみをしっかり理解しておくのがC言語上達のコツなんだ。このあと、詳しく見ていこう。

第Ⅲ部

10.3 2つのメモリアクセス手段

10.3.1 p[0]と*pが同じである理由

まずは `p[0]` と `*p` が同じ理由を考えてみよう。`*p` の意味はわかるな？

「pに格納されている番地に変数を生み出して化ける」、でしたよね。

int*型のポインタ変数pに3000番地が格納されていると仮定しましょう。このとき間接演算子*を用いた `*p` には、「3000番地を先頭とするint型の変数を生み出す」働きがあるのでしたね（9.4.3項）。

`p[0]` と記述しても同じ働きをする理由を理解するには、これまで私たちが漠然と考えてきた「ある常識」を捨てる必要があります。

今すぐ捨てるべき常識

[]は、配列の各要素にアクセスするための手段である。

でも、今まで配列の要素にアクセスするために使ってきましたよ。

ああ、そうだ。でもそれは単に「配列要素のアクセスにも使えるから使ってた」んだ。

これまで、配列のための専用の文法と捉えてきた[]演算子は、本来は次のようなふるまいをする「任意の番地のメモリを読み書きするための演算子」です。

添え字演算子のふるまい

X*型のポインタ変数pにアドレスAが格納されているとき、p[N]は、次のようにふるまう。

1. まずA番地を先頭としてX型の変数が並んでいると仮定する。
2. そのN番目の場所に、変数を生み出し、それに化ける。

※Nは整数とする。
※pは汎用ポインタ（void*型）ではない。

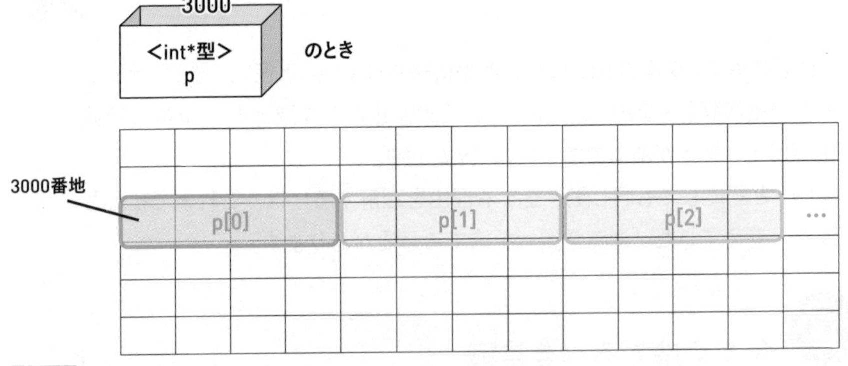

図10-2 添え字演算子によりアクセスされるメモリ領域

たとえば、int*型のポインタ変数pに3000番地が格納されている場合、`p[0]`と記述すると「3000番地を先頭として並ぶ0番目のint型変数」、つまり「3000番地を先頭とするint型変数」に化けます。

あ、これって `*p` と書くのとまったく同じ意味ね。

＊演算子と[]演算子

⋆演算子と[]演算子は、ともに「自由な番地に変数を生み出す」ための演算子。まったく違う文脈で学んだ両者だが、実はとてもよく似ている。

10.3.2 p[N]と*(p+N)が同じである理由

ここまで理解できたら、次は、`p[N]` と `*(p+N)` がなぜ同じになるか、今度は[]演算子のふるまいから考えてみよう。

`p[N]` の意味も、前項で紹介した[]演算子の定義から自ずと導かれます。Nは1や30といった何らかの整数ですから、int*型のポインタ変数pに3000番地が格納されている場合、`p[N]` は「3000＋4×N番地を先頭として生み出されるint変数」に化けます。たとえば、`p[2]` なら、「3008番地を先頭とするint変数」となるでしょう（図10-2のp[2]の部分）。

うーん、`*(p+N)` とは同じにならないんじゃないですか？　だってp=3000、N=2だったら「3002番地を先頭とするint型」に化けちゃうもん。

大丈夫、3008番地になるわよ。ちょっと解説し忘れちゃってたことがあるの。

`*(p+N)` については、第9章で紹介した⋆演算子のしくみ（9.4.3項）によれば、「3000＋N番地を先頭とするint型の変数」に化けるように思えます。しかし、C言語には、**ポインタ演算**といわれる次のルールがあります。

ポインタ演算

X*型のポインタ変数に加算や減算を行うと、その計算結果のアドレス値は、「X型のサイズ」を単位として増加・減少する。

たとえば、int* 型のポインタaに対して `a++` をすると値は1ではなく4増えます。short* 型のポインタbに対して `b+3` をすると値は3ではなく6増えます。

ポインタ変数pはint*型としたので（p.353）、`p+N` とすると、格納されているアドレス値を4のN倍だけ増やします。よって、`*(p+N)` はちゃんと「3000+4*N番地を先頭とするint型の変数」になるのです。

からくり構文③のしくみ

- [] 演算子も*演算子も、指定のメモリ番地に変数を生み出す演算子である。
- ポインタ変数に+演算子を使うとポインタ演算が行われる。
- 結果的にp[N]と*(p+N)は同じふるまいをする。

第Ⅲ部

10.3.3 []演算子で配列要素にアクセスできた理由

ところで、俺たち、第I部ではアドレスやポインタを意識せずに配列を使っていたよな？　あれも実はこのからくり構文のおかげだったんだ。

C言語では、配列宣言の文（7.2.1項）で配列を準備すると、図10-3のように連続したメモリ領域が確保されるのでした。この図では、`int gems[3];` とありますので、12バイト分の連続領域です。

```
int gems[3];
```

1000番地: gems[0] gems[1]
1008番地: gems[2]
1016番地
1024番地

図10-3 配列のメモリ領域

配列gemsの先頭要素を使いたい場合には `gems[0]` と記述しますが、ここでからくり構文②「配列変数の評価」とからくり構文③「添え字演算子の評価」を思い出しながら次の図を見てください。

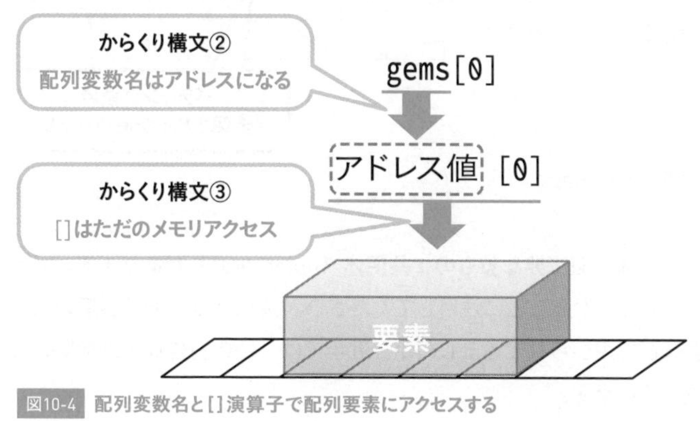

図10-4 配列変数名と[]演算子で配列要素にアクセスする

そっか、「gems」って配列変数名だから、アドレスに化けるんだな！

そして[]演算子のふるまい（p.354）に従って、その番地を先頭に、0個分だけ後ろのint型変数…つまり要素にアクセスしていたってわけね。

column

構造体のメモリ配置

構造体も基本的には各メンバのための領域が連続して確保されます。しかし、処理効率やCPUのエラー回避のために、隙間（パディングといいます）を作って確保される場合があり、本当に連続した領域である保証はありません。

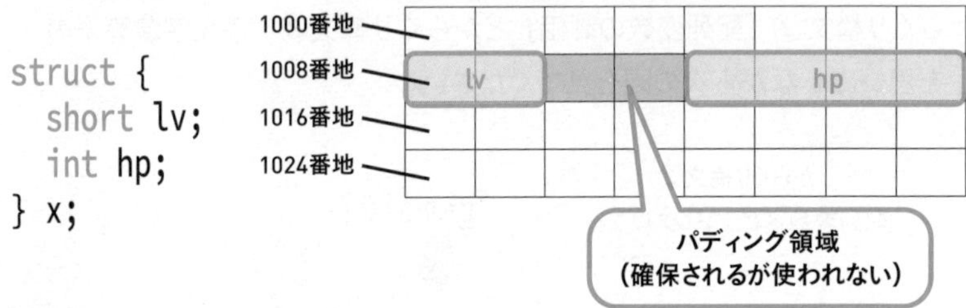

図10-5 構造体のメモリ配置

なお、構造体と似て非なるものに**共用体**（union type）があります。メモリイメージが大きく異なることに注目してください。共用体はメモリ容量の制約が厳しい環境などで用いられてきましたが、近年では一部の特殊な用途を除いて、必要性は減っています。

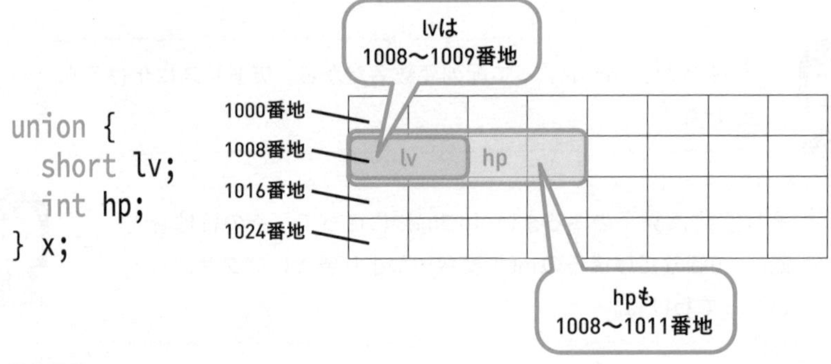

図10-6 共用体のメモリ配置

第III部

10.4 自由なメモリアクセスの代償

C言語の紛らわしさには驚いたけれど、なんとかぎりぎり理解できたかな。実際にはエラーになっちゃうんだろうけど、理論上はp[-1]とかも考えられるあたりが面白いですね。

さすがローレベルなゆりちゃんだわ。ハッカーみたいにアブないこと考えるのねぇ。ふふふ。

ムッ！　私、ケチだけど悪いことはしませんっ！

（とうとう自分でケチって言っちゃったぞ…。）

chapter 10

10.4.1 オーバーラン

ここまで、第III部を通して、自由自在にメモリにアクセスする術を学んできました。たとえば、私たちはすでに「添え字とは、メモリアクセスする際に用いる単なるアドレス計算の材料に過ぎない」事実を知っています。したがって、極端な話をすると、大きすぎる添え字や小さすぎる添え字を使えば、**本来は配列のために確保されている領域以外のメモリにアクセスできてしまう**のです。

仮に、int型の変数age（アドレスは993〜996番地）と、要素数10のint型の配列gems（1000番地から、1つ4バイトずつで1039番まで）、およびString型のpassword（1048番地から1024バイト分）がメモリに確保されているとしましょう（次ページの図10-7）。これらの変数は、使用しているメモリの範囲は重なっていませんので、当然、代入したり値を取り出したりしても互いに影響を与えません。

しかし、gems[-1] = 100; とすると、配列gemsのために準備された領域は1000〜1039番地であるにもかかわらず、1000番地を基準として、1個分前のメモリ領域である996〜999番地に100を書き込めてしまうのです。

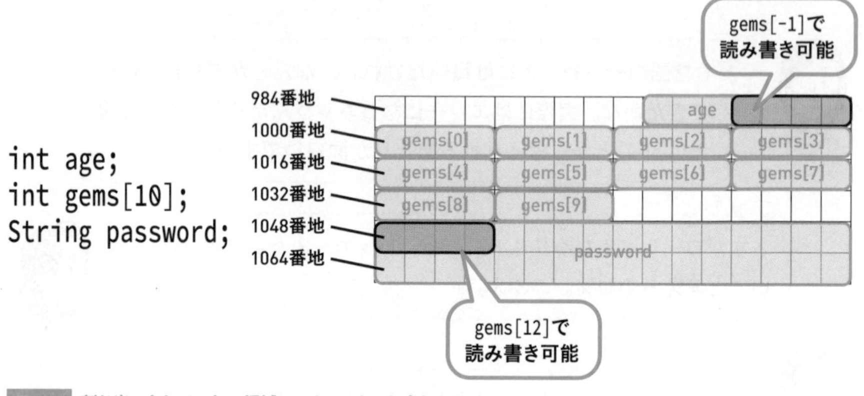

図10-7 割り当てられていない領域にアクセスしてしまうオーバーラン

えっ、本当にできちゃうの？　だってそこには変数ageの情報があるのに…。

実際にそのようなコードを書いて動かしてみても、一見何の問題もなかったように動作してしまう場合もありますが、それは単に「運がよかっただけ」に過ぎません。この例のように、ほかの変数が利用したり、関数やプログラムの実行制御のための重要な情報を格納したりしている可能性もありますから、プログラムの異常動作や強制終了にとどまらず、コンピュータやOSの破壊に繋がる恐れもあり得ます。

また、変数passwordのような、セキュリティ上非常にクリティカルな情報が書き込まれている領域に対しても、やり方次第ではアクセスしてしまう危険性をはらんでいるのです。

このように、本来割り当てられていないメモリ領域にアクセスしてしまうことを**オーバーラン**（over run）といい、大変危険です。また、意図せずオーバーランしてしまう不具合を抱えたプログラムは、OSの重要情報やパスワードの詐取などのサイバー犯罪に悪用される可能性もあります。

オーバーランを常に警戒する

オーバーランを起こしてもC言語は止めてくれない。常にメモリアクセスについて注意を払いながらプログラムを書く必要がある。

ちなみに、「ハッカー」ってのはITを知り尽くした凄腕の技術者を指す用語であって、本来はサイバー犯罪を行う人という意味はないんだ。

じゃあ、峰子さんが言ってたのは…。

最高の褒め言葉だな。おい、峰子、ゆりちゃんのことが好きなのはわかったから、そのC言語並みに「紛らわしい」言い方はいいかげんやめろって。

はーい♪

10.5 メモリを扱う標準関数

10.5.1 メモリを便利に扱うための標準関数

2人ともお疲れさま。ポインタから逃げずにマスターしたご褒美に、私からとっておきの便利な関数を紹介するわね。

本章の最初に、C言語が準備している標準関数の多くがポインタを引数に使っていると紹介しました。3つのからくり構文とそのしくみをマスターした今の私たちなら、それらを自由に活用できるはずです。

この節では数ある標準関数の中から、メモリアクセスに関連した関数を3つ紹介します。いずれの関数を利用する場合も、ソースコードの先頭に `#include <string.h>` を記述する必要がある点に注意してください。

10.5.2 memcpy ―メモリ領域をまるごとコピーする

私たちは配列や文字列の変数について、「初期化を除いて=で代入（コピー）してはならない」という約束を交わしました（約束3、2.3.2項および7.7.3項）。たとえば、2つの配列変数aとbがあるとき、 `b = a;` のようにコピーしてはならないという約束です。

この約束が必要だったのは、からくり構文②「配列変数の評価」によって「bのアドレスにaのアドレスを代入する」という意味のない処理を指示するから、という理由も理解できるでしょう。

ただし、配列をコピーしたい状況は実務上頻繁にあります。このような場合、C言語が提供するmemcpy関数を利用すると配列をまるごとコピーできます。なお、この関数は配列に限らず、「あるメモリ領域を別のメモリ領域にまるごとコピーする」という汎用的なメモリのコピーに使用できます。

メモリ領域をまるごとコピーする

```
void* memcpy(void* addr1, const void* addr2, size_t len);
```

※ addr1 ：コピー先の先頭アドレス
※ addr2 ：コピー元の先頭アドレス
※ len ：コピーするバイト数
※ 戻り値：addr1と同様

3つ目の引数のsize_tっていう型は何ですか？

Cの標準関数で広く使われている「0以上の整数を入れるための型」だよ。intのようなものと思っておけばOKだ。

2つ目の引数の型が `const void*` になってますけど、void*とは違うんですか？

「指している先の情報を変更しない」という意味が添えられたvoid*型なの。気になる人は付録D.3.1を参照してね。

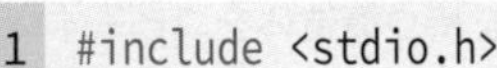

コード10-2 配列を手軽にコピーする

code1002.c

```
#include <stdio.h>
#include <string.h>

int main(void)
{
  int a[4] = {19, 20, 29, 29};
  int b[4];
  memcpy(b, a, 16);    16バイト分をコピー
  printf("配列aの2つ目の要素は：%d、%p番地に格納¥n", a[1],
      &a[1]);
```

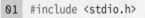

```
10    printf("配列bの2つ目の要素は：%d、%p番地に格納¥n", b[1],
          &b[1]);
11
12    return 0;
13  }
```

```
配列aの2つ目の要素は：20、4021255490番地に格納
配列bの2つ目の要素は：20、4021255470番地に格納
```

おおっ、別々のアドレスに格納されつつ、ちゃんと配列の中身がコピーされてますね！

8行目でmemcpy関数によるコピーを実行しています。第1引数と第2引数は、それぞれ配列変数名を指定していますが、からくり構文②によって「配列の先頭アドレスを渡している」と見破ってください。

column

浅いコピーと深いコピー

ポインタ型を要素とする配列や、ポインタ型のメンバを持つ構造体をコピーする場合には注意が必要です。これらをmemcpy関数などでコピーする行為は**浅いコピー**（shallow copy）といわれ、配列や構造体自身は複製される一方、内部に持つポインタが指している先の領域までは複製されません。結果として、コピー元とコピー先で「同一のものを指し、共有してしまう」事態が発生します。

この状況が許されない場合は、内部のポインタが指す先についても複製する**深いコピー**（deep copy）を行う処理が必要です。

10.5.3 memcmp — メモリ領域をまるごと比較する

配列や文字列が等しいかを「演算子で比較してはならない」という約束も交わしました（約束5、4.3.4項）。しかし、2つの配列aとbの内容が等しいかを調べたい場面もよくあります。このような場合にはmemcmp関数を用いましょう。

なお、この関数も配列だけに限らず、「あるメモリ領域と別の領域を比較する」という汎用的な目的に使えます。

メモリ領域をまるごと比較する

```
int memcmp(const void* addr1, const void* addr2, size_t len);
```

※ addr1　：比較先の先頭アドレス
※ addr2　：比較元の先頭アドレス
※ len　　：比較するバイト数
※ 戻り値　：2つのメモリ領域が同じ内容ならば0

コード10-3　配列を手軽に比較する

code1003.c

```
#include <stdio.h>
#include <string.h>

int main(void)
{
  int a[4] = {19, 20, 29, 29};
  int b[4] = {19, 20, 29, 29};
  int r = memcmp(a, b, 16);   ← 16バイト分を比較
  if (r == 0) {
    printf("memcmpで比較した結果、等しいです¥n");
  }
  if (a == b) {
```

```
    printf("==演算子で比較した結果、等しいです¥n");
  }

  return 0;
}
```

memcmpで比較した結果、等しいです 

==で比較しても同じとは見なされないけど、memcmpで比較すればちゃんと「等しい」と判定してもらえるんですね。

まあ、==での比較も文法的に間違いってわけじゃない。ただ、意図とは違うやり方で比較されてしまうんだ。

条件式 `a == b` は、からくり構文②により「aの先頭アドレスとbの先頭アドレスが等しいか」を判定しようとします。これはつまり、2つの配列が「同じメモリ領域に存在する、同一の存在か」の確認にほかなりません。

コード10-3における配列aとbの各要素の内容は同じですが、別の番地に確保されている別の存在ですから、==で比較すると偽に評価されます。内容が等しいかを判断するには、memcmp関数を使う必要があるのです。

等値判定と等価判定

等値判定　同じアドレスにある同一の存在であることを判定する。==演算子を用いる。

等価判定　異なるアドレスに存在したとしても、内容が等しいかを判定する。memcmp関数を用いる。

ちなみに、memcmp関数は構造体の比較には使えない。パディング（p.358）によって正しく比較できない可能性があるからな。

10.5.4 memset ―メモリ領域をまるごと初期化する

最後に紹介するのは、指定したメモリ領域を、特定の情報（1バイト分）で埋める関数です。通常、0で初期化するためによく用いられます。

メモリ領域のまるごと初期化

```
void* memset(void* addr, int val, size_t len);
```

※ addr　：書き込み先の先頭アドレス
※ val　　：書き込むデータ（0～255）
※ len　　：書き込むバイト数
※ 戻り値：addrと同じ

たとえば、要素数10の配列を宣言して、そのメモリ領域を0で埋めるためにmemset関数を用いる場合、次のように記述します。

```
int gems[10];
memset(gems, 0, 40);
```

40バイト分の領域を0で埋める

配列を0で初期化する場合は、専用の構文（p.217）も利用できるわね。でも、memsetのほうが私は好きかな、フリーダム＆デンジャラスで。

10.6 ヒープの利用

10.6.1 「普通の配列」が超えられない限界

俺からのご褒美は、「配列の限界」を超越するための命令だ。

配列に限界があるんですか？

この章でさまざまなからくりを学んだ私たちは、配列をかなり自由に扱えるようになりました。配列は便利な道具ではありますが、本格的に活用しようとすると、2つの限界が私たちの前に立ちはだかるでしょう。

配列の限界

限界1　大きな領域を確保できない。

限界2　配列を宣言した関数が終了すると寿命が尽きてしまう。

この2つの限界は、私たちが宣言する配列が通常はメモリのスタック領域（9.2.3項）に確保されることに起因しています。

もともと、スタック領域は「関数が使う一時的なデータ置き場」である意味合いがあり、一般的には小さな容量しか準備されません。たとえば、PC全体のメモリは2GBあったとしても、スタックとして利用できるのは数MB程度であり、要素数が数万の配列を宣言するだけで溢れてしまう可能性があります（スタックオーバーフロー）。

また、関数が終了すると、宣言した配列は寿命が尽きてしまう点にも注意が必要です。次のコード10-4は、配列が寿命を迎えてしまうために、本来許されないはずのメモリ領域にアクセスしてしまう致命的な不具合を抱えています。

コード10-4 配列を準備して返す関数を利用（不具合あり）

code1004.c

```
#include <stdio.h>

int* readyAges(void)
{
  int ages[4];  // 要素数4のint配列を作成（仮に1000〜1015番地）
  return ages;  // 先頭アドレス（1000）を返す
}

int main(void)
{
  int* a = readyAges();    // 配列作成を依頼
  a[0] = 19;
  return 0;
}
```

- `}`（readyAges の終わり）：関数終了に伴い1000〜1015番地の確保が解除される
- `a[0] = 19;`：1000〜1003番地に19を格納してしまう！

readyAges()は終了して確保したメモリはもう使えないのに、そこを指すポインタは残っているから、アクセスできてしまうんですね…。

そうよ。これが怖いと感じられるなら、もう立派なCのプログラマね。

メモリのスタック領域ではなくヒープ領域を利用すれば、この2つの限界を突破できます。

10.6.2 malloc と free

まず、ヒープ領域に連続したメモリを確保するには、標準関数mallocを使います。

ヒープに連続メモリ領域を確保する

```
void* malloc (size_t len);
```

※ len　：確保したいバイト数
※ 戻り値：確保されたメモリ領域の先頭アドレス
　　　　　確保に失敗した場合はnullptr
　　　　　（必要に応じて `int*` などにキャストして使う）

mallocを使うときは、必ずもう1つの関数をペアで使う必要があるんだ。

通常の配列であれば関数が終わると自動的に寿命が尽きますが、mallocで確保したメモリ領域は自動的に解放されることはありません。そのため、使い終わったタイミングで、標準関数freeを用いて明示的に解放を行います。もしこの解放を忘れてしまうと、PCのメモリを次第に食い潰していく**メモリリーク**（memory leak）の原因となります。

ヒープから確保した連続メモリ領域を解放する

```
void free (void* p);
```

※ p：過去にmalloc関数で確保したメモリ領域の先頭アドレス

mallocとfreeは、いずれも使用時に `#include <stdlib.h>` の記述が必要です。それでは、この2つを用いて、コード10-4を書き直してみましょう。

第Ⅲ部

コード10-5 配列を準備して返す関数を利用（ヒープの利用）

BC3A5

code1005.c

```
01 #include <stdio.h>
02 #include <stdlib.h>
03
04 int* readyAges(void)
05 {
06   int* ages = (int*) malloc(16);
07   return ages;                    // 先頭アドレス（9000）を返す
08 }      // 関数が終了しても、ヒープの9000〜9015番地は解放されない
09
10 int main(void)
11 {
12   int* a = readyAges();           // 配列作成を依頼
13   if (a == nullptr) {
14     printf("ヒープ確保に失敗しました¥n");
15   } else {
16     a[0] = 19;                    // 9000〜9003番地に19を格納
17     printf("ヒープの%p番地に確保しました\n", a);
18     free(a);
19   }
20
21   return 0;
22 }
```

ヒープに16バイト確保（仮に9000〜9015番地）

使用済みのヒープ領域を解放

コンパイルエラーが発生する場合、nullptrをNULLに置き換えてください。

13行目に登場するnullptrはアドレスの0番地を指すポインタ情報で、ヌルポインタとも呼びます。C言語では、伝統的に0番地を指すポインタを `NULL` や `(void*)0` のように記述してきました。しかし、副作用があるため、C23以降のC言語では `nullptr` の利用が推奨されています。

なお、第3章で登場した乱数生成の準備をする命令（p.119）では、srand関数の引数としてC言語標準であるtime関数の戻り値を渡しています。time関数自体はアドレスの0番地を渡すと現在日時を返すしくみのため、これを利用して乱数を初期化していました。

そっか、プログラムを実行する日時は毎回変わるから、生み出される乱数も毎回変わるんですね！

コンピュータ業界には、「メモリアドレスの0番地付近は、どんな用途にも使わない」というルールがあります。そのため、mallocで0番地から始まるメモリ領域が割り当てられる心配はなく、戻り値がヌルポインタとなるのはヒープ領域の確保に失敗した場合のみに限られます。

第9章とこの章で学んだ「メモリ操作」はC言語のキモであり哲学だ。ぜひ練習問題を数多くこなして、体に染みこませてほしい。

column

callocを使う

mallocによく似た関数にcallocがあります。引数も動作もほぼmallocと同様ですが、唯一異なるのは、メモリを確保した直後に内容を0で埋めてくれることです。逆にいえば、mallocは確保直後のメモリ領域に何が入っているか不明な点には注意が必要です。

malloc関数の直後にmemset関数を使って0で初期化している処理では、calloc関数に書き換えるとスマートなコードになるでしょう。プロジェクトによっては、安全のためにmallocを禁止し、常にcallocを使うルールを定めている場合もあります。

10.7 第10章のまとめ

からくり構文

- 関数の引数や戻り値に配列型を用いると、ポインタ型が指定されたものと解釈される。
- 配列変数名が記述されると、その配列の先頭要素のアドレスに化ける。
- 添え字演算子には間接演算子と同じく自由な番地に変数を生み出す働きがあり、p[N] は*(p+N) と同じ意味になる。

ポインタ演算

- あるX*型の変数に加算や減算を行うと、sizeof(X) の倍数で値が増減する。

メモリアクセスのための標準関数

- memcpy関数を用いて、特定のメモリ領域をまるごとコピーできる。配列のコピーにも用いることができる。
- memcmp関数を用いて、特定のメモリ領域をまるごと比較できる。配列の等価判定にも用いることができる。
- memset関数を用いて、特定のメモリ領域を任意の値で埋めることができる。

ヒープの利用

- malloc関数を用いて、ヒープ領域にメモリを確保することができる。
- ヒープ領域に確保したメモリは自動的に解放されないため、free関数で明示的に解放しなければならない。

10.8 練習問題

練習10-1

次に示すプログラムについて、次の問いに回答してください。

```
#include <stdio.h>
#include <string.h>

void sub(char ages[3])
{
  for (int i = 0; i < 3; i++) {
    printf("%d番目：%d¥n", i+1, ages[i]);
  }
}

int main(void)
{
  char a[] = {1, 2, 3};
  char b[3];
  sub(a);
  memcpy(b, a, 3);
  sub(b);
  if (memcmp(a, b, 3) == 0) {
    printf("正常にコピーされました¥n");
  }

```

```
  return 0;
}
```

BC3Aa

（1）**からくり構文①と②が用いられている部分をすべて挙げてください。**

（2）**（1）で挙げた箇所について、紛らわしさをできるだけ排除した明確な記述にしてください。また、sub関数では添え字演算子を使わないようにプログラムを修正してください。**

練習10-2

練習10-1のプログラムにおける配列aについて、単に `a` と記述したのと実質的に同じ意味となるものを次からすべて選んでください。

（ア）***a**　（イ）**&a**　（ウ）***a[0]**　（エ）**&a[0]**

練習10-3

練習10-1のmain関数では、変数a、bともに、配列として3バイトの連続したメモリがスタック領域上に確保されました。したがって、このプログラムを実行すると、スタック領域から同じスタック領域内の別の範囲へコピーされます。

この動作をふまえて、変数bについて、3バイトの連続したメモリがヒープ領域上に確保されるようにmain関数を修正し、スタック領域からヒープ領域へコピーするプログラムに変更してください。

column

p[N] = N[p]

要素数3のint型配列agesがあるとき、その最後の要素を表示する次のようなコードが問題なくコンパイル、実行できる事実に驚くかもしれません。

```
printf("%d", 2[ages]);
```

p[N]と*(p+N)が同じであることは10.3.2項で紹介したとおりですが、実はN[p]と記述しても問題ありません。これは、これまで学んだ[]演算子のはたらきや、ポインタ演算の知識を組み合わせると理解できます。

p[N]は*(p+N)とも書けますが、*(p+N)のカッコ内は単純な足し算ですから、*(N+p)のように順序を入れ替えてもポインタ演算の結果は同じになります。これを[]演算子を使った記述方法で表すと、N[p]となります。したがって、元のp[N]とN[p]は実質的に同じアドレスを指すことになるのです。

でも現場が混乱するから、よい子は真似しちゃだめよ？　ま、私は嫌いじゃないけどね。

第Ⅲ部

chapter 11
文字列操作

メモリ、ポインタ、配列のからくりを理解した今、私たちはプログラミングに欠かせない道具である「文字列」を自由に扱えるようになりました。
しかし、C言語の文字列は、その背景にある「文化」を知らないと致命的なトラブルに直結してしまうリスクを抱えた道具でもあります。
頻繁に使う道具だからこそ、自信を持って安全に扱うためのスキルを獲得しましょう。

contents

11.1 文字列という「文化」

11.1.1 「多用する道具」に求められるもの

これでやっと、パズルRPG開発に取りかかれる…！

ご苦労さん。あとはそうだな、「文字列操作」に自信を持てると開発の捗り方が違ってくるぞ。

一部の特殊な開発を除けば、文字列を使わないプログラムはありません。むしろ、至るところで文字列操作を駆使することになるのが一般的です。しかし、第7章で明らかになったString型とはchar配列である事実と、第III部で学んだ内容を考えると、「C言語特有の怖さ」が浮かび上がります。

C言語特有の怖さ

文字列を使おうとするたびに、小さな気の緩みや勘違いからオーバーランが発生するコードを書いてしまう可能性がある。その結果、本来アクセスが許されないメモリ領域を読み書きしてしまう！

オーバーランが、プログラムの強制終了や異常動作、最悪のケースではシステム環境の破壊やセキュリティホールにつながることは、第10章で紹介したとおりです。理解が不足したまま、不安を抱えながら文字列を扱うのは大変危険ですし、開発者のストレス負荷や開発効率の低下を招いてしまいます。だからこそ私たちは、とりわけ文字列について、「自信を持って操作できる」知識とスキルを獲得する必要があるのです。

11.1.2 文字列とchar配列

でも、文字列って結局char配列なんですよね。配列のからくりも学んだし、改めて考えなくてもいいんじゃないですか？

うーん、厳密にいうと、実はchar配列と文字列はちょっと違うんだ。そもそも、意味的に違うしなあ。

第10章を学んだみなさんであれば、これまで使ってきた文字列変数（String型変数）の実体が「char配列としてメモリ空間の中に確保された連続した領域」である事実は、もう十分理解できたでしょう。

一方で、char配列は「1バイトの小さな数値を複数入れるため」に使うことも可能です。

コード11-1 物理的な姿は同じ2つの変数

BC3B1 code1101.c

```
#include <stdio.h>

typedef char String[1024];

int main(void)
{
  char ages[1024] = {19, 21, 29, 29};
  String str = "hello";
  printf("%s¥n", str);

  return 0;
}
```

char ages[1024]：仮に4000〜5023番地

String str：仮に8000〜9023番地

```
hello
```

コード11-1の2つの変数agesとstrは、物理的に捉えれば、いずれも1024バイト分のメモリ領域に過ぎません。しかし、私たちは前者を「1024個の年齢情報を入れる配列」、後者を「1個の文字列情報を入れる変数」とイメージしながら利用しています。

したがって、char配列には次の2つの用途があると考えられます。

char配列の2つの用途

用途① 複数の数値情報を並べて入れる。

用途② 1つの文字列を入れる。

char配列はあくまでも「メモリ確保の手段」であって、それをどのような「用途」に使うかは別の話なんだ。

文字列は「用途」の1つに過ぎないんですね。

11.1.3 文字列に関する素朴な疑問

コード11-1の変数strは、「char配列に1つの文字列を入れる」という用途から、次のようにメモリ上に確保されている状態が想像できます。

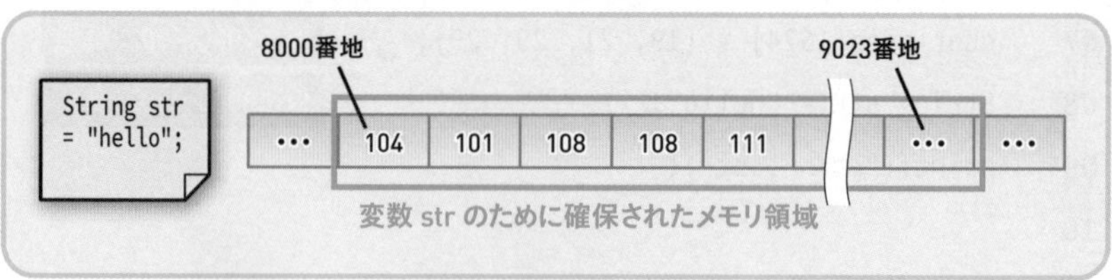

文字なのになんで数字が入っているの？ と思ったら、2.2.6項と3.6.2項を復習してみてね。

図11-1 変数strのメモリ領域

コード11-1を実行すると、画面には「hello」の5文字が表示されます。しかし、メモリ空間をイメージできるようになった今、冷静に考えると次のような疑問が湧いてきませんか。

重要な疑問

なぜ、1024文字分あるメモリ空間のうち、先頭の5文字分しか画面に表示されないのだろう？

変数strはただの「1024文字分のメモリ空間」に過ぎません。その先頭には「hello」の5文字の文字コードが格納されていますが、それより後ろの1019文字分のメモリ領域にも何らかのデータが入っているはずです。表示する範囲を広げて、変数strの中身を先頭から10文字分まで見てみましょう。

コード11-2 変数strのメモリ領域を確認する

BC3B2

code1102.c

```
#include <stdio.h>

typedef char String[1024];

int main(void)
{
  char ages[1024] = {19, 21, 29, 29};
  String str = "hello";
  printf("%s¥n", str);

  for (int i = 0; i < 10; i++) {
    printf("%d, ", str[i]);
  }
  printf("¥n");
  return 0;
}
```

仮に4000〜5023番地

仮に8000〜9023番地

```
hello
104, 101, 108, 108, 111, 0, 0, 0, 0, 0,
```

先頭から5文字分の領域には、確かに「hello」の文字コード（h=104、e=101、l=108、o=111）が格納されています。しかし、それより後ろは、すべて0になっています。

きっと、printfは文字コードが0の部分を無視してくれるのね。

悪くない推理だけど…そうねぇ、たとえばstrの10文字目に67を入れてみたら、どうなるかしら？

試しに、コード11-2の8行目と9行目の間に、`str[9] = 67;`という一文を挿入して実行してみましょう。文字列であるstrはchar[]型なので、配列の前から10文字目を「C」の文字コード67で上書きすることになります。

```
hello
104, 0, 18, 108, 111, 0, 0, 0, 0, 67,
```

あら？　67を入れたところは「C」になって、「hello　C」って表示されると思ったのに…。

11.1.4 文字列にまつわる業界ルール

ここで私たちは、C言語の世界に存在している独特の「業界ルール」を知る必要があります。

C言語の文字列に関する業界ルール

メモリ領域に「文字列を入れる」場合には、次の約束を守る。

第1条　先頭要素から順に1文字ずつ文字コードを格納して、文字列を表す。

第2条　最後の文字情報の直後には、「文字コード0の文字」を格納する。そして、それより後ろのメモリ空間は無視して利用しない。

ルールの核ともいえる第2条に登場する「文字コード0の文字」を**終端文字**(terminate character) または**ヌル文字** (null character) といい、文字リテラルや文字列リテラルの中では、エスケープシーケンス (p.87) を使って**¥0**と記述します。

つまり、printfは文字コード0を無視するんじゃなくて、最初に登場する文字コード0より後ろ全部を無視するのね！

printf()における書式文字列内の%sには、渡されたchar配列に格納されているデータを**文字列として扱って**画面に表示する働きがあります。ですから、変数strの先頭から順に、¥0に到達する6バイト目までを画面に表示してくれていたのです（コード11-2の9行目)。

試しに、コード11-2の8行目を `String str = "he¥0llo";` に書き換えて動かしてみるといいわ。どんな結果になるか、想像できるかしら？

chapter 11

11.1.5 文字列文化

この節で紹介した文字列という用途に関する「業界ルール」は、一部の企業や開発者だけが従っているわけではありません。C言語に関わる人たち全員の「文化」、または「常識」レベルで浸透している考え方です。

printf関数で文字列を表示するための%sが¥0より後ろを無視するように、ほかにもさまざまな標準関数や構文が同様の文化を前提として作られています。そのため、私たちもその文化に沿って文字列を使っていく必要があるのです。

文字列という「文化」

C言語の世界では、すべての文字列について「業界ルールに沿ったメモリの使い方」を前提とする文化がある。

この文字列文化に根ざしている代表的なものに、「文字列リテラル」や「文字列操作の標準関数」がある。このあとで見ていこう。

第Ⅲ部

11.2 文字列リテラル

11.2.1 文字列リテラルの機能

でも、これまで何度も文字列を使ってきたけど、¥0なんて意識しなかったですよ。

コード11-2でも、6文字目に「文字コード0の文字」を入れるなんて指定してないわよね。

私たちは本書の始めからずっと文字列を使ってきましたが、これまで終端文字¥0を明示的に指定してはいませんでした。それは、C言語の構文である文字列リテラル（二重引用符で囲まれた文字列情報）自体が、前述の「文字列文化」に従って、**自動的に末尾に¥0を付ける処理をするように定められている**からです。

たとえば、次の3行はまったく同じ意味となります。

```
char str[1024] = "hello";                                 // 文字列リテラル
char str[1024] = {'h', 'e', 'l', 'l', 'o', '¥0'};         // 文字と終端文字
char str[1024] = {104, 101, 108, 108, 111, 0};            // 文字コードと終端文字
```

自動的に末尾に追加される「ゼロ」

文字列リテラルを使うときだけ、自動的に末尾に終端文字が付けられる。

chapter 11

11.2.2 文字列宣言でよくある誤り

ここまでを踏まえて、次のコードの問題点がわかるかな？

```
char str[5] = "hello";
```

このコードは、C言語における文字列の扱いで非常によく見かける間違いです。すぐに誤りがわからない場合は、前項の「同じ意味となる3行のコード」がヒントになるでしょう。

わかった！　最後に¥0を入れる分の要素が1つ足りないんだ！ `char str[6] = "hello";` とすべきですね。

文字列を格納する配列の要素数に注意

最低でも、「文字列長（バイト数）に1を足した要素数」が必要である。

遠い過去に結んだString型（char[1024]型）に関する約束の意味が、また1つ明らかになりましたね。

（約束2）　最大1024文字まで入るとは考えてはならない

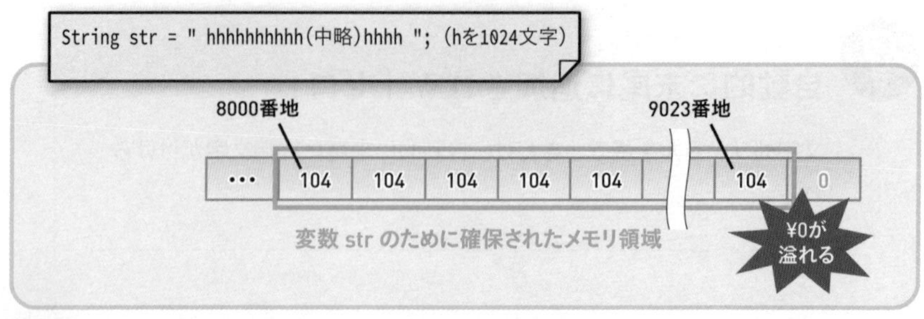

図11-2　最大1024文字まで入るとは考えてはならない

11.2.3 文字列配列の安全な宣言

でも、ちょっと気を抜いたらさっきの `char str[5] = "hello";` みたいなミスをしちゃいそうだなぁ…僕。

そんな悠馬のために、便利な構文があるんだ。

文字列リテラルを用いて配列を初期化する場合、このようなミスを防ぐために次の構文の利用をおすすめします。

文字列のためのchar配列宣言

```
char str[] = "初期値";
```

※ 要素数の指定を省略すると、「¥0を含む必要な要素数」が自動的に設定される。

この構文を活用すれば、`char str[5] = "hello";` のような文字列宣言時のオーバーランは確実に防ぐことができます。しかし、オーバーランの心配が100%なくなるわけではない点には注意が必要です。

```
char str[] = "hello";
char longstr[] = "helloworld";
memcpy(str, longstr, 11);
```

`char str[] = "hello";` ― 6バイトぴったりで安全に確保されるが…

`memcpy(str, longstr, 11);` ― 長い文字列で上書きしてしまうとオーバーランが発生

配列宣言のときは安全でも、配列を使っていく過程でオーバーランを起さないように注意する必要があるのね。

chapter 11

11.3 文字列の受け渡し手段

11.3.1 業界ルールの続き

ところで、11.1.4項で紹介した「文字列の業界ルール」、あれには続きがあるんだ。

11.1.4節では、文字列の業界ルールの第2条まで紹介しましたが、実は続きがあります。フルバージョンを紹介しましょう。

C言語の文字列に関する業界ルール（フルバージョン）

メモリ領域に「文字列を入れる」場合には、次の約束を守る。

第1条　先頭要素から順に1文字ずつ文字コードを格納して、文字列を表す。

第2条　最後の文字情報の直後には、「文字コード0の文字」を格納する。そして、それより後ろのメモリ空間は無視して利用しない。

第3条　文字列情報を関数などに渡す場合は、先頭文字のアドレスだけを渡す。

第4条　配列を実現するメモリ領域を確保する手段は問わない。

11.3.2 文字列情報の渡し方

第3条は、文字列情報を別の関数に渡すときは必ずポインタ渡しをすることを定めています。たとえば、先頭アドレスを8000番地とする、500文字からなる文字列strがあり、それを画面に表示したい場合を考えましょう。

printf関数に「500文字分の情報をまるごと全部渡さずとも、**1文字目のアドレス**だけ渡せば十分だ」と第3条は示しています。なぜなら、printf関数は先頭文字の番地さえ受け取れば、¥0に到達するまで順に1文字ずつ後ろの文字を表示していくからです。

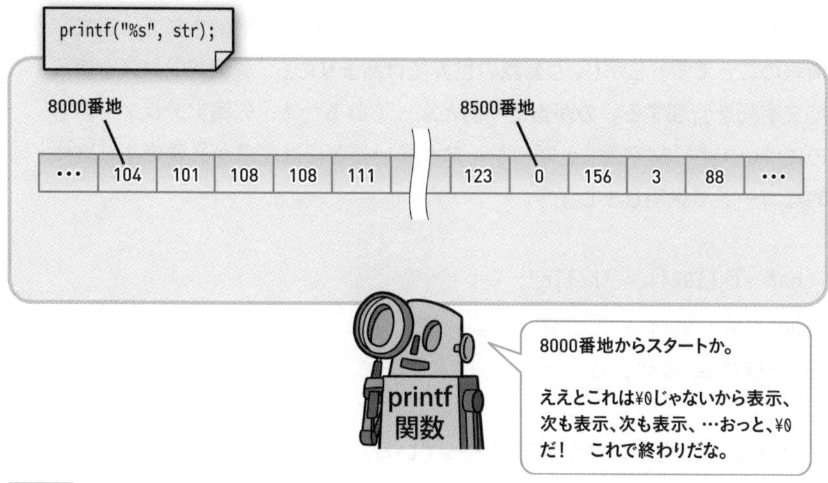

図11-3 printf関数は¥0まで文字列を表示する

実際、私たちがこれまでprintf関数を使うときには、常に「文字列まるごと」ではなく「文字列の先頭文字のアドレス」を渡してきました。

```
char str[1024] = "hello";
printf("%s", str);
```

からくり構文②により&str[0]を渡している

てっきりstrに格納されている文字列をまるごと渡してると思い込んでいたけど、確かにからくり構文②を考えれば、これ、文字列のアドレスを渡してるんだよね。

業界ルール第1条と第2条のおかげで、C言語の文字列には、「先頭文字のアドレスさえ示せば末尾文字の場所もわかる」という特徴があります。そのため、第3条が定めるように、文字列の受け渡しには「先頭アドレスだけをやり取りする」方法が一般的なのです。

chapter 11

C言語における文字列の管理

長い文字列情報でも、先頭アドレスだけをしっかり管理し、やり取りに使う（末尾の位置は自動的にわかるから）。

なお、本来の意味での「文字列」とは、メモリ空間に格納されている文字情報のことです。しかし、C言語の世界ではあまりにも「先頭アドレスを使って文字列を管理する」のが当たり前となっているため、先頭アドレスそのものについても「文字列」と呼ぶケースが多いことには注意が必要です。具体的なコードで説明しましょう。

```
char str[1024] = "hello";
char* p = str;
printf("%s, %s", str, p);      // どちらも同じように表示できる
```

配列strには確かに文字情報が入っているため、「文字列str」と呼ぶのは当然です。一方の変数pはchar*型のポインタ変数であり、本来はただのアドレス値を持っているだけで文字情報は入っていません。しかしこのpを指して、「文字列p」と表現することもあるのです。

なんて紛らわしいのかしら。C言語業界の人たちってホント、ややこしい人たちよね。

おまえが言うな、おまえが。

第Ⅲ部

11.4 文字列の実現手段

11.4.1 文字列実現のためのメモリ確保手段

第3条も、まあ一応は納得しました。でも…、第4条が気になっちゃって。

ああこれね。「char配列の宣言」以外にも文字列の実現手段はあるってことさ。

業界ルール第4条は、文字列情報を格納するメモリ領域について、その確保手段を問わないことを定めています。つまり、**連続したメモリ空間さえ確保できれば、char配列を使わなくともかまわない**のです。

そもそも、文字列のための連続したメモリ空間を確保する手段としては、次の3つが存在します。

文字列のためのメモリ確保の手段

手段① 配列宣言を使ってスタック領域に連続メモリを確保する。
手段② mallocを使ってヒープ領域に連続メモリを確保する。
手段③ 文字列リテラルを使って静的領域に連続メモリを確保する。

それぞれの手段を使って文字列のためのメモリ確保を実現しているプログラムの例を見てみましょう。

コード11-3 3つの手段を使って文字列のメモリを確保する

BC3B3

code1103.c

```c
#include <stdio.h>
#include <stdlib.h>

typedef char String[1024];

int main(void)
{
  // 手段①
  char array[1024] = "C";
  char* msg1 = array;          // からくり構文②で先頭アドレス取得
  printf("%s", msg1);          // printf("%s", array)でも同じ意味

  // 手段②
  char* msg2 = (char*)malloc(1024);
  msg2[0]= 'C';
  msg2[1] = '¥0';
  printf("%s", msg2);
  free(msg2);                   // 確保したメモリの解放

  // 手段③
  const char* msg3 = "C";
  printf("%s", msg3);

  printf("¥n");
  return 0;
}
```

配列宣言でメモリを確保

mallocでメモリを確保

リテラルでメモリを確保

```
CCC
```

変数msg1、msg2、msg3の内容はいずれも文字列情報「C」が格納されたメモリの先頭アドレスであり、どれも同じように使える「文字列」です。しかしこの3つは、文字列情報を確保している領域を「どこに」「どうやって」確保したのかという点で大きな違いがあります。

msg1は、配列宣言を使ってスタック領域にメモリを確保したなじみ深い方法です。手軽で便利ですが、ローカル変数の限界（10.6.1項）により関数が終了した時点で寿命が尽きてしまいます。

msg2は第10章で学んだmalloc関数を使ってヒープ領域を確保して文字列に利用しています。関数が終了しても寿命は尽きませんが、その代わりにfreeで明示的なメモリの解放を忘れてはなりません。

msg3はただのリテラルですけど、これもメモリ確保なんですか？

普段はあまり意識する機会はないが、そうなる理屈を説明しておこう。

メモリ領域としてスタック、ヒープ、そして静的領域の3つがあり、プログラム開発者が意識するのは、通常、その中のスタックとヒープの2つがほとんどであると紹介しました（9.2.3項）。

しかし、実は、ソースコード中に含まれる文字列をはじめとするすべてのリテラルは、プログラム起動時にハードディスクからメモリ内の静的領域へ自動的に読み込まれることになっています。

コード11-3の場合では、`"C"` や `"%s"` などがプログラム起動時に静的領域へ読み込まれます。msg3に格納されるのは、その静的領域に自動的に読み込まれたリテラル `"C"` の先頭アドレスなのです。

静的領域にはほかにも面白いものがいろいろ格納できるの。興味があったら付録D.3.2を覗いてみてね。

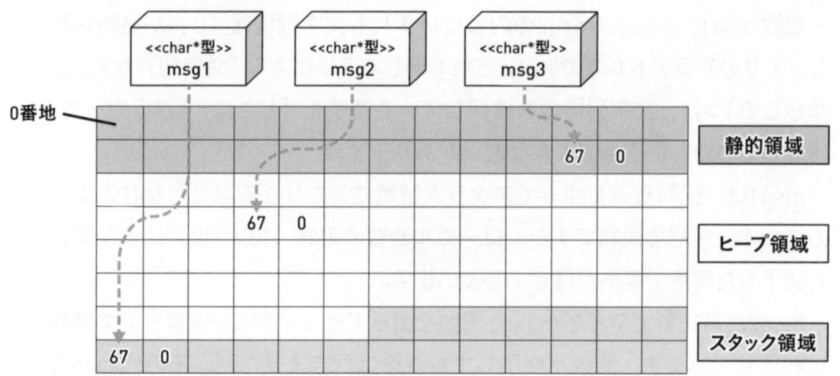

図11-4 スタック・ヒープ・静的領域への文字列領域の確保

column

静的領域を指すポインタ

コード11-3では、手段③のみchar*型ではなくconst char*型が使用されています。これは、ポインタの指す先が、通常は内容が変更されてはならない静的領域であるためです。

静的領域のデータは、高度なOSでは読み込み専用のメモリセグメント、組み込み機器などでは物理的に書き換え不可能なROM（read only memory）上に配置されることもあり、constを付けないと意図せずメモリアクセス違反となる恐れがあるのです。

一般的なC言語処理系の場合は、constを付けなくても警告やエラーの対象にはならない場合もありますが、C++言語では非推奨であるため、リテラルを指すポインタにはconstを付けることおすすめします。

第Ⅲ部

11.5 文字列とオーバーラン

11.5.1 本当は怖い「文字列」

ここまで、文字列の業界ルールを紹介してきましたが、このルールは「一歩間違えれば大事故につながる」危険性を秘めています。なぜなら、核となる第2条は、次のような読み替えが可能だからです。

本当は怖い文字列の業界ルール（第2条）

先頭要素から順に1文字ずつ、¥0が登場するまでの部分を利用する。逆にいえば、**¥0が登場しなければ、メモリの最終番地までも、ひたすら延々と利用する**ことになる。

たとえば、`char str[] = "hello";` の直後に `str[5] = '!';` という1行を差し込むだけで、大変危険な事故が起こる可能性があります。

画面に表示するメッセージを「hello!」にしたかったのかな。

あっ！　str[5]に入っていたのは確か…！！

赤城さんが気づいたように、str[5]にはもともと文字列の終端を表す`¥0`が格納されていました。これを文字「!」で上書きしてしまうため、strは**終端文字を失ってしまい、どこが文字列の終端かわからなくなってしまう**のです。

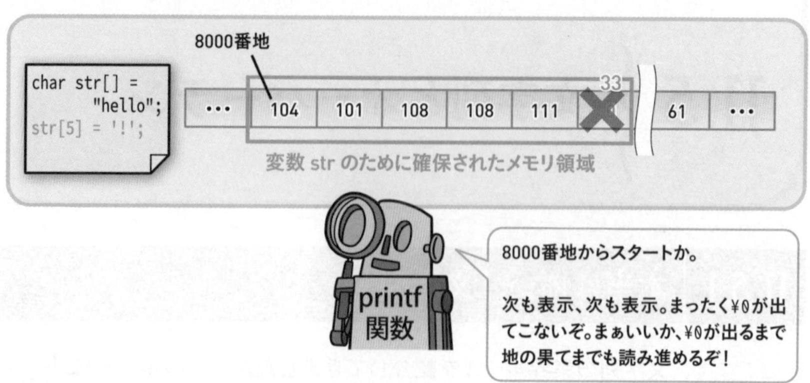

図11-5 printf関数は終端文字を見つけるまで働き続ける

このような「終端がわからない」文字列をprintf関数で表示しようとすると何が起こるでしょうか。「hello!」の6文字に続き、その後ろのメモリ領域にあるゴミ情報を表示してしまうだけではありません。そもそも配列として確保していない7バイト目以降にもアクセスしようとしてしまい、恐ろしいオーバーランを引き起こしてしまうかもしれないのです。

図11-6 意図しないオーバーランに気をつけろ

これ、いったいどこまで行っちゃうんですか…。

さあねぇ。まあ、偶然0が書き込まれている番地があったら、そこで止まるんじゃないかしら。

「たった1バイト」に守られている世界

私たちは、「たった1バイト」の¥0でオーバーランを免れているに過ぎない。この「たった1バイト」を失うだけで、大事故に見舞われる。

column

オーバーランの結末

現在広く利用されている主なOS（Windows、macOS、Linuxなど）では、動作中の各プログラムやOS自体が使うメモリ領域を仮想的に分離し、互いにアクセスできないようにするしくみを備えています。そのため、万が一オーバーランが発生しても、自分のプログラム専用のメモリ領域だけが壊れて異常動作するか、**セグメンテーション違反**（SEGV：segmentation fault）といったエラーとともにプログラムが強制終了する程度の被害で済むでしょう。

ただし、古いOSや組み込み機器制御の環境では、そのようなしくみを備えていないものもあります。オーバーランによりOSが使っている重要な情報を破壊したり、接続機器に対して異常な制御をしてしまうなど、致命的な結果につながる可能性もあり得るため、基本的には「オーバーランは即時、致命傷になる」と考えておくべきです。

お気に入りの骨董PCで遊んでたときのことだが、オーバーランと同時にプリンタから謎の宇宙語もどきが印刷されたことがあってなぁ。きっとOSが使う「プリンタ制御用のメモリ領域」に書き込んじまったんだな。

11.5.2 文字列の使用時に意識すべき3つの領域

オーバーランのリスクを下げるためには、ちょっとしたコツが必要なんだ。

C言語で文字列を上手に操るコツは、「文字列に関する3つの領域」を明確に意識することにあります。図11-7で改めて、文字列strがメモリ上でどのように確保されているかを確認しましょう。

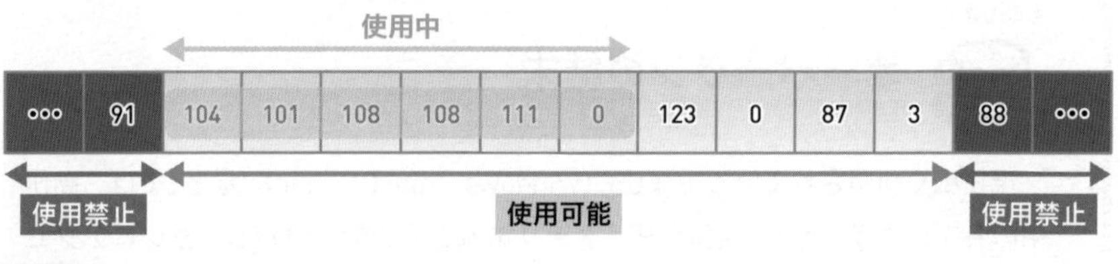

図11-7 文字列に関する3つの領域

文字列に関する3つの領域

使用中 文字列情報の格納に使っている領域（先頭文字から最初に登場する¥0までの範囲）

使用可能 文字列情報の格納に使ってよい領域（配列宣言やmallocで確保した範囲）

使用禁止 「使用可能領域」の外の領域

私たちは、つい、文字列情報の目に見える部分にだけ意識を向けてしまいます。しかし、使用中となる領域は、¥0の1バイト分だけ多くなります。また、「後ろにどれほど使用可能な領域があるのか」を理解しておくことが重要です。なぜなら、確保していない領域を読み書きしてしまうことだけは絶対に避けなければならないからです。

11.6 文字列を扱う標準関数

C言語には「文字列文化」に沿ってメモリを読み書きするための標準関数もたくさん準備されている。便利なものも多いから、ぜひパズルRPG開発に役立ててくれ。

なお、この節で紹介する関数のうち、名前に「str」が付くものを利用する場合はプログラムの先頭に `#include <string.h>` の記述が必要です。

11.6.1 strlen ― 文字列の長さを取得する

文字列としての長さを取得するには、strlen関数を使います。

文字列の長さを取得する

```
size_t strlen(const char* str);
```

※ str　　：文字列として確保したメモリ領域の先頭アドレス
※ 戻り値：先頭から¥0までのバイト数（ただし¥0は含まない）

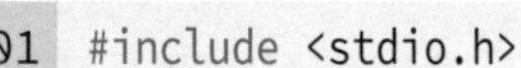

コード11-4 strlenで文字列の長さを取得する

code1104.c

```
#include <stdio.h>
#include <string.h>

typedef char String[1024];

int main(void)
```

```
{
  char str[1024] = "c language";
  int len = strlen(str);
  printf("%d¥n", len);

  return 0;
}
```

確保したメモリは1024バイト

```
10
```

char配列の長さは1024バイトだが、文字列として使っているのは先頭の10バイトだけであることがしっかりイメージできればOKだ。

11.6.2 strcmp ― 2つの文字列を比較する

指定された2つのメモリ領域を文字列として見たとき、それらの内容が等しいかどうかを判断するにはstrcmp関数を使います。memcmp関数（p.365）とよく似ていますが、¥0に到達するまでの範囲しか比較しません。

2つの文字列を比較する

```
int strcmp (const char* str1, const char* str2);
```

※ str1　：「文字列として利用」しているメモリ領域の先頭アドレス
※ str2　：「文字列として利用」しているメモリ領域の先頭アドレス
※ 戻り値：2つのメモリ領域が「文字列として」等しければ0

たとえば、次のコードでは2つの文字列が等しいと判定されます。

```
char str1[] = "hello¥0ABC";
char str2[] = "hello¥0DEF";
```

仮に3000～3005番地
仮に5000～5005番地

```
if (strcmp(str1, str2) == 0) {
  printf("文字列として等しい¥n");
} else {
  printf("文字列として等しくない¥n");
}
```

文字列として等しい 

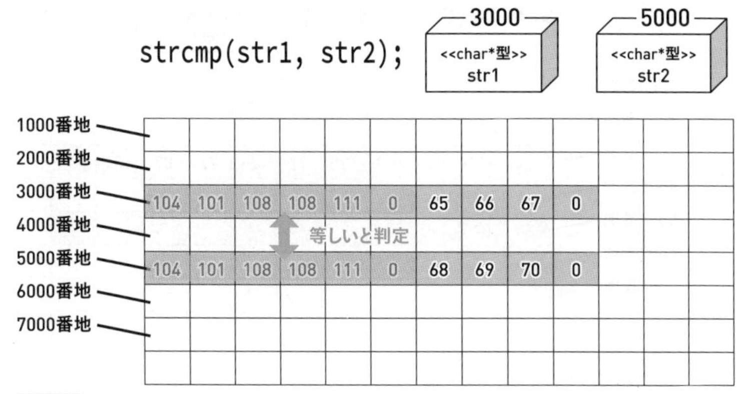

図11-8 strcmpの動作イメージ

文字列文化に沿って先頭から最初の¥0までだけを比較したいときはstrcmp、文字列文化を無視して純粋にメモリ領域を比較したいときはmemcmpと使い分けるといいわね。

11.6.3 strcpy ― 文字列をまるごとコピーする

ある文字列をまるごとコピーする場合には、strcpy関数が便利です。

より厳密に言えば、「文字列情報が格納されているあるメモリ領域を、先頭から¥0に到達するまで、確保済みの別のメモリ領域に1文字ずつコピーする」関数なんだ。

文字列をまるごとコピーする

```
char* strcpy (char* dest, const char* src);
```

※ dest　：コピー先のメモリ領域の先頭アドレス（十分なメモリ領域が確保済みであること）
※ src　 ：コピー元文字列が格納されている先頭アドレス
※ 戻り値：destと同じ

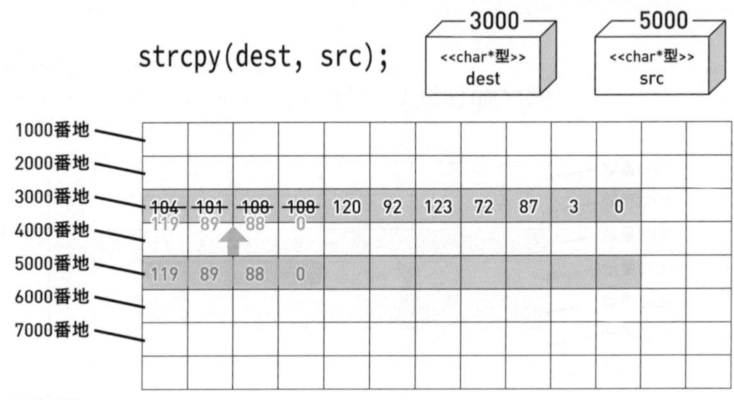

図11-9 strcpyの動作イメージ

11.6.4 strcat ― 文字列の後ろに別の文字列を連結する

プログラミングにおいては、文字列の連結も頻繁に行うでしょう。その場合に利用できるのがstrcat関数です。

文字列の猫……うーん、 ∧＿∧ （・ω・） ですか？

「conCATenate（連結）」に由来してるのよ。

文字列の後ろに別の文字列を連結する

```
char* strcat (char* dest, const char* src);
```

※ dest　：連結先のメモリ領域の先頭アドレス（現状の¥0より後ろにsrcを連結できるよう十分なメモリ領域が確保済みであること）

※ src　：連結したい文字列が格納されている先頭アドレス

※ 戻り値：destと同じ

strcat関数は、引数destの末尾にある¥0を削除し、引数srcからdestの領域に1文字ずつコピーします。

この関数を使う場合は、特に、3つの領域イメージ（p.398）が重要となります。destの文字列領域の後ろに、srcをつなげるだけの使用可能領域を確保した上で呼び出さなければならないからです。

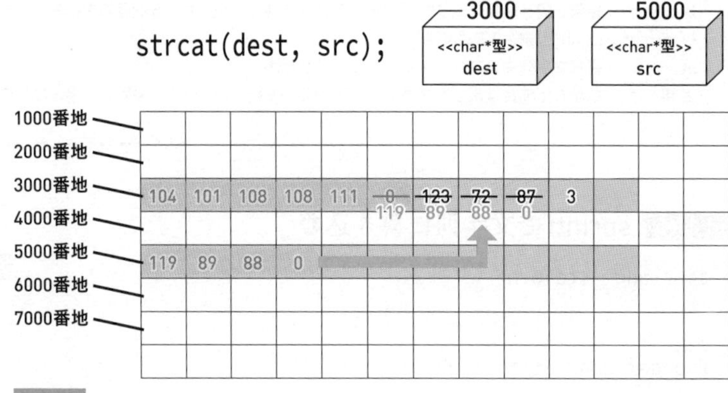

図11-10 strcatの動作イメージ

要素数を省略して作った文字列（11.2.3項）はdestに指定できない。その理由はわかるかい？

ええっと、必要最低限の要素数しか確保されていないから、ですね。後ろに連結できる余裕がないですもん。

11.6.5 sprintf — 書式を指定して文字列に書き込む

これまで頻繁に使ってきたprintf関数の派生バージョンがsprintf関数です。printfと違うのは、結果を画面に出力するのではなく、指定したメモリ領域に書き込んでくれる点です。

「printfの機能は使いたいが、表示まではしたくないんだけど…」ってときに便利なんだ。

書式を指定して文字列に書き込む

```
int sprintf(char* dest, const char* format, …);
```

※dest　：結果を書き込むメモリ領域の先頭アドレス（あらかじめ十分な容量を確保してあること）
※format：printfと同様の書式文字列
※…　　：書式文字列中のプレースホルダに対応した値
※戻り値：成功した場合はdestに書き込んだ文字数（¥0を含まない）、失敗した場合は負の数

コード11-5 sprintfで文字列に書き込む

BC3B5
code1105.c

```
#include <stdio.h>

typedef char String[1024];

int main(void)
{
  char str[1024];
  sprintf(str, "%8s HP= %04d / %04d", "misaki", 50, 1200);

  // このあと、strの内容をファイルに書き込むなどして利用する

  return 0;
}
```

8行目で、配列strには文字列「misaki HP= 0050 / 1200¥0」が書き込まれます。配列の要素として1024バイトを確保してあるので、容量は十分に足りるでしょう。

書式文字列に指定可能な文字は付録E.7.1を参照してほしい。さまざまな応用ができるから、使いこなせば便利な関数だ。

11.6.6 scanf ― 書式を指定してキーボード入力を受け付ける

第3章で「キーボードから文字列の入力を受け取る命令」として紹介したscanf関数についても、正式な仕様を紹介しておきましょう。

書式を指定してキーボード入力を受け付ける

```
int scanf(const char* format, …);
```

※ format：入力用の書式文字列（詳細は付録E.7.2）
※ …　　：書式文字列中のプレースホルダに対応した値を格納するためのメモリ領域の先頭アドレス（各領域には十分なメモリ容量を確保してあること）
※ 戻り値：成功した場合は読み込んだ項目の個数、失敗した場合はEOF

第3章では入力用の書式文字列として%sを使う方法だけを紹介しましたが、実は%dなども使用可能です。

それじゃ、scanfで数字を入力してもらってint型変数で受け取ることもできるんじゃないですか！

えー、なんで教えてくれなかったんですか。文字列として受け取って、わざわざatoiしてましたよ。

ははは、怒らない怒らない。あのときは紹介できない事情があったのさ。

本来、scanf()は数値情報を含む複数の入力を指定書式に従って受け付けることができる関数です。しかし、%s以外のプレースホルダを使う場合には、printf関数とは意味が異なる点に注意が必要です。

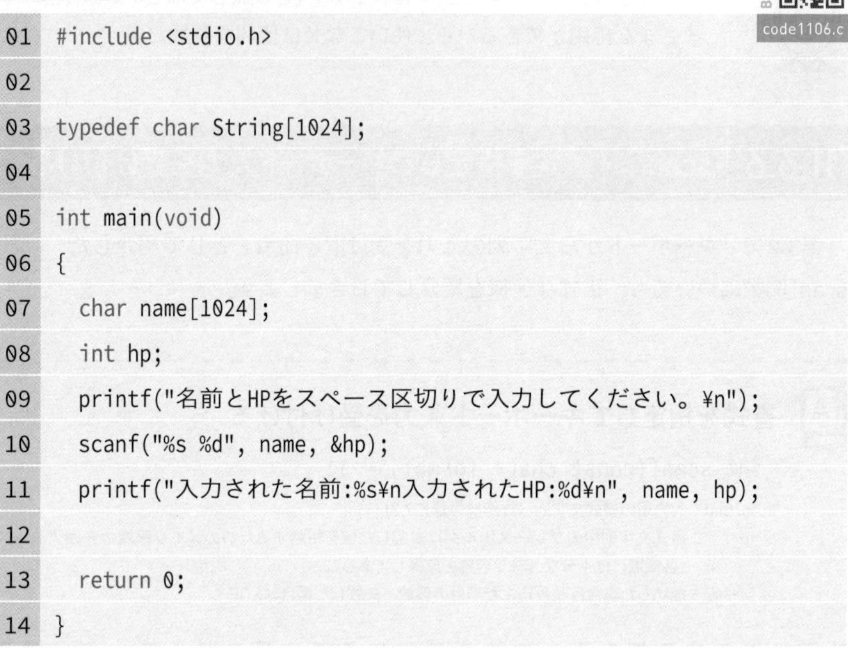

コード11-6 scanfで入力を受け付ける

BC3B6 code1106.c

```
01 #include <stdio.h>
02 
03 typedef char String[1024];
04 
05 int main(void)
06 {
07   char name[1024];
08   int hp;
09   printf("名前とHPをスペース区切りで入力してください。¥n");
10   scanf("%s %d", name, &hp);
11   printf("入力された名前:%s¥n入力されたHP:%d¥n", name, hp);
12 
13   return 0;
14 }
```

あれっ、10行目のhpだけ & を付けてるのはなんでだ？　printfのときは付けなかったぞ。

printf()とscanf()は、どちらも書式指定を用います。両者は一見似ているようですが、p.405で紹介した関数定義を見てわかるとおり、「後続引数に期待する型」に違いがあります。

printf()の場合、後続引数には基本的に「表示したい**値**」そのものを渡せばよく、アドレスは渡しません。文字列を表示する%sだけは例外で、業界ルール第3条（p.388）に従ってアドレスを渡します。11行目でprintf関数に渡している変数nameは、からくり構文②によって&name[0]と同じ意味になります。

一方、scanf()の場合は、後続引数にはすべて「キーボードから入力された情報を書き込んでほしいメモリ領域のアドレス」を渡す必要があります。%sだけでなく%dや%fについてもアドレスを渡す必要があるため、10行目では `&hp` を指定しているというわけです。

printf()の%dとscanf()の%dが後続引数に期待する型

printf()の%d：int型（出力すべき値そのもの）
scanf()の%d：int*型（入力された値を書き込む先のアドレス）

ほかにも文字列操作の関数はいくつかあるが、最低限これだけ押さえておけばなんとかパズルRPGは作れるだろう。

困ったら付録Eのリファレンスも参照するといいわよ。

column

コピー領域の重複にご用心

strcpyやmemcpyは、コピー先の領域へコピー元の情報を直接書き込むため、一部分でも重複する領域があると、正常に動作する保証はありません。こうした心配がある場合は、memmove関数を利用するとよいでしょう。別の一時的な領域に元の情報をコピーしたあとでコピー先の領域に書き込むため、重なり合う領域間でも正しく複製できます。

なお、strcpyやmemcpyの厳密な定義では、引数にrestrictキーワードが付いています。これは、コピー先とコピー元の領域は重複しないという保証をコンパイラに伝え、最適化（付録D.8）を図る働きをします。

11.7 文字列の配列

11.7.1 コマンドライン引数

それじゃ、「パズルRPGを作るのに便利なmain関数の書き方」を紹介してこの章を終わろう。

main関数の書き方って1つだと思っていましたが、ほかにもあるんですか？

これまで私たちは、main関数を次のように記述してきました。

```
int main(void)
{
    ⋮
}
```

しかし、C言語の仕様では、次の構文によるmain関数の宣言も許されています。

main関数

```
int main(int argc, char** argv)
{
    ⋮
}
```

第Ⅲ部

argcにargv？　これ、何ですか？　しかも `char**` って…。

`char**` については少し脇に置いておくとして、まずは構文自体について解説しましょう。この構文は、起動時にちょっとしたオプション情報を指定したいプログラムを作成するときに利用するものです。

たとえば、起動した直後にプレイヤー名と初期HPの入力を求められるパズルRPG「puzmon」があったとします。dokoCではなく、手元のPCの開発環境でプログラムを動かす場合（付録A）は、次のように実行するでしょう。

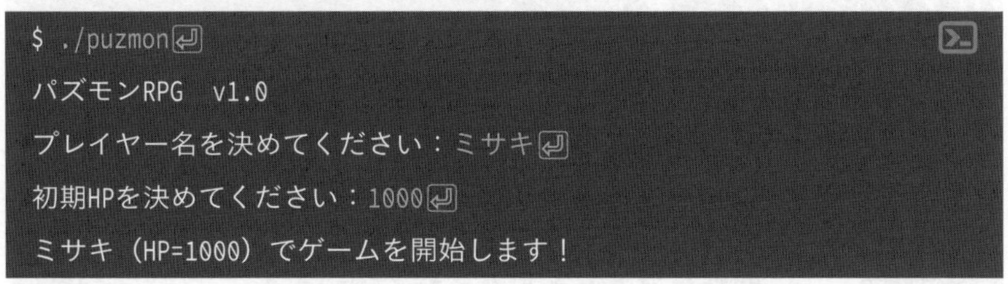

```
$ ./puzmon⏎
パズモンRPG  v1.0
プレイヤー名を決めてください：ミサキ⏎
初期HPを決めてください：1000⏎
ミサキ（HP=1000）でゲームを開始します！
```

しかし、もしプログラムを起動すると同時に、次のように入力して初期値を指定できたら便利ですね。

```
$ ./puzmon ミサキ 1000⏎
パズモンRPG  v1.0
ミサキ（HP=1000）でゲームを開始します！
```

プログラム起動時にスペースで区切って指定された複数の文字列情報を**コマンドライン引数**（command line arguments）といい、プログラム起動直後に起動プログラム名とともにmain関数の引数として受け渡されます。

この例でいえば、「./puzmon」「ミサキ」「1000」の3つの文字列が引数に入った状態でmain関数が動き始めます。つまり、構文に登場したargcやargvを上手に使えば、main関数内で「ミサキ」や「1000」を変数に取り出してプログラム内で利用できるのです。

chapter 11

コマンドライン引数

起動時に指定されたプログラム名とコマンドライン引数の情報は、main関数の引数（argcとargv）として引き渡される。

ちなみに、引数名はargcとargvじゃなくてもかまわないわ。でも、この2つの名前を使うのがCの世界の伝統なの。

11.7.2 argvと二重ポインタ

まずわかりやすいのはargcです。ここには、「プログラム起動時に指定されたコマンドライン引数の数+1」が格納されます。ローカル開発環境を構築している人は、ぜひ実際に確認してみましょう。

コード11-7 main関数に渡された引数の数を確認する

BC3B7

code1107.c

```
#include <stdio.h>

int main(int argc, char** argv)
{
  printf("argc=%d¥n", argc);
  return 0;
}
```

```
$ ./a.out
argc=1
$ ./a.out hello C
argc=3
```

実行可能ファイル（a.out）を実行

第Ⅲ部

確かに引数の数は確かめられたけど、実際の情報が入っているのは変数argvなんですよね。でも、この `char**` ってちょっと厄介そう…。

あらあら、ゆりちゃんもすっかり用心深くなっちゃったわね。大丈夫、一見難しそうに見えるけど、冷静に考えれば理解できるハズよ。

引数argvとして渡された情報をイメージ図で表したのが次の図11-11です。argvには3000という番地が入っていると仮定しています。

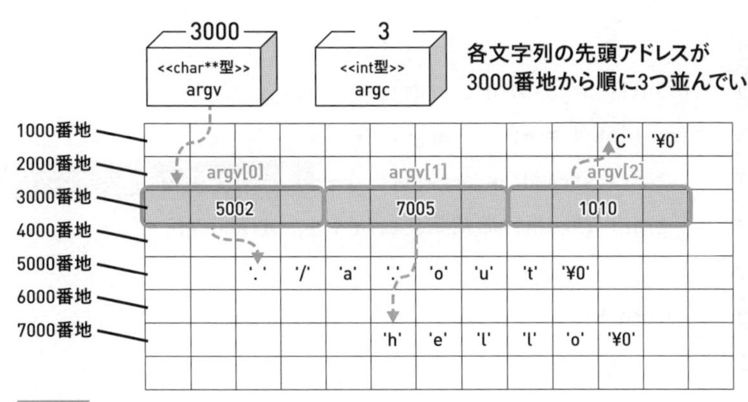

図11-11 引数argvとメモリ構造

特に赤枠で囲まれている部分に注目してください。3つの**文字列の先頭アドレス（char*型）が配列のように並べて格納されている**ことがわかります。argvは、この領域の先頭アドレスを示しているのです。

アドレスの指す先にint型の情報があるポインタはint*型だよな。では聞こう。アドレスの指す先にchar*型の情報があるポインタは何型だ？

ええっと…あ、それでchar**型なんですね！

赤枠で囲まれている配列部分から[]演算子で1つずつ内容を取り出せば、それぞれはただのchar*型です。文字列情報の先頭アドレスに過ぎませんから、次のようなコードを書くことができます。

コード11-8 main関数に渡された引数の内容を確認する

BC3B8

code1108.c

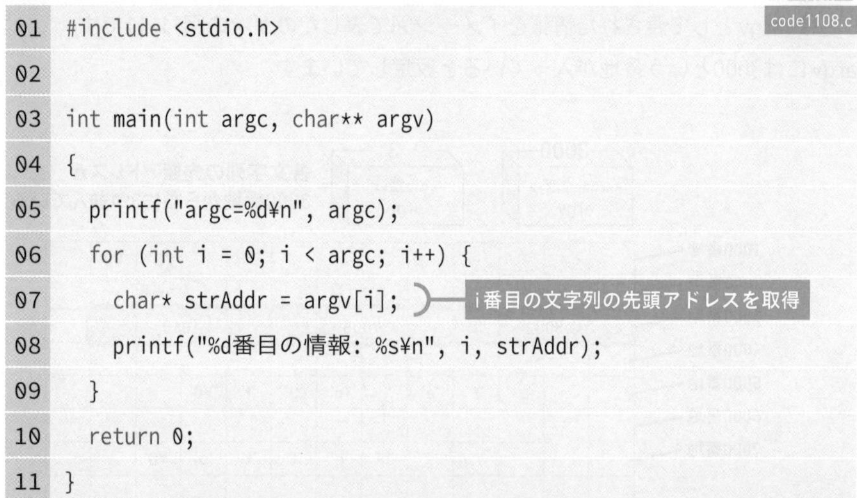

```c
#include <stdio.h>

int main(int argc, char** argv)
{
  printf("argc=%d¥n", argc);
  for (int i = 0; i < argc; i++) {
    char* strAddr = argv[i];
    printf("%d番目の情報: %s¥n", i, strAddr);
  }
  return 0;
}
```



```
$ ./a.out
argc=1
0番目の情報: ./a.out
$ ./a.out hello C world
argc=4
0番目の情報: ./a.out
1番目の情報: hello
2番目の情報: C
3番目の情報: world
```

今回のargvに限らず、C言語では「ポインタ型の情報が並んでいる、あるメモリ領域の先頭アドレス」を扱おうとする場合、char**やMonster**のような**二重ポインタ**を使います。

argvに代表される文字列の配列や2次元配列（7.5節）が、二重ポインタの典型的な利用シーンといえるでしょう。

ただでさえややこしいポインタだから、慣れるまでは混乱して当然だ。図11-11とargvを思い出して復習を繰り返せば、少しずつ身に付いていくから安心してくれ。

そのうち三重ポインタや四重ポインタに出会うこともあるでしょう。楽しみね。

二重ポインタで慌てない

X**型を見ても慌てる必要はない。イメージ図を描くなどして、「X*型の情報が配列のように並んでいる領域の先頭アドレスを入れる型」であることを落ち着いて整理しよう。

column より安全な標準関数

実は、本書で紹介したstrcpy()、strcat()、scanf()、atoi()などは、誤用によるオーバーランの危険性が高いことでよく知られています。事故やセキュリティ問題の原因となってきたため、実業務ではより安全な代替関数を利用するのが一般的です。これらの代替関数については、付録D.5を参照してください。

11.8 第11章のまとめ

文字列と文化

- C言語では、char型の配列やmalloc関数で確保した連続メモリ領域に文字列情報を格納して取り扱う。
- 文字列として扱う場合は、最後に文字列の終端を意味する¥0を格納することで、先頭から¥0に到達するまでの情報のみ利用できる。
- 文字列の長さの取得や比較、コピー、連結などを文字列文化に沿って行う標準関数が用意されている。

文字列リテラル

- 二重引用符で囲まれた文字列リテラルは、末尾に¥0が自動的に付加される。
- 要素数の指定を省略した配列を文字列リテラルで初期化すると、¥0も含めた要素数のサイズでメモリ領域が自動的に確保される。

オーバーラン

- C言語における文字列文化では、誤って終端文字を失ってしまうだけで、オーバーランが発生し得る。
- 文字列の安全な利用には、メモリの使用中領域、使用可能領域、使用禁止領域の意識が欠かせない。

二重ポインタ

- 「アドレス情報が連続して並んでいるメモリ領域」の先頭アドレスを格納するには、二重ポインタ型を利用する。
- コマンドライン引数で渡される二重ポインタ変数argvを利用すると、起動時に指定された情報をプログラム内で利用できる。

11.9 練習問題

練習11-1

次の空欄（ア）～（エ）に入る適切な語句を答えてください。

関数名	動作	¥0 の取り扱い
strlen	文字列の長さを取得する	長さに ¥0 は（ア）
strcmp	2 つの文字列を（イ）判定する	¥0 が現れるまで
strcpy	（ウ）	¥0 が現れるまで
（エ）	文字列を連結する	連結後に ¥0 を付加する

練習11-2

次の2つの文字列が宣言されているとき、(1) ～ (5) の設問の動作を順に行う命令を記述したプログラムを作成してください。

```
char a[] = {49, 50, 51, 52, 53, 0};
char b[] = "12345";
```

（1）文字列a、bの長さを表示する。

（2）文字列aとbの内容が等しいかを比較する。

（3）文字列aとbを連結して格納するために、新たに文字列cとしてヒープ領域にメモリを確保する。このとき、必要な容量のみ確保する。

（4）（3）で確保した領域に文字列aとbを連結したものを格納する。

（5）（3）で確保した領域を解放する。

練習11-3

次に示すプログラムについて、設問に答えてください。

```
01 #include <stdio.h>
02 #include <stdlib.h>
03
04 int main(void)
05 {
06   char a[] = "hello";
07   char b[] = {0, 1, 2, 3, 4, 5};
08   char* heap = calloc(10, sizeof(char));
09   char* c = heap + 4;
10
11   c[0] = 'S';
12   c[1] = 'C';
13
14   free(heap);
15   return 0;
16 }
```

BC3Bb

（1）12行目まで実行したとき、文字列a、b、cそれぞれについて、使用中領域と使用可能領域の範囲を番地で答えてください。ただし、文字列a、b、heapはそれぞれ1000番地、2000番地、3000番地を先頭に確保されるものとします。

（2）9行目を `char* c = b + 4;` として文字列cを表示した場合に発生する事象を答えてください。

練習11-4

次のような動作をするプログラムを作成してください。

- **char型配列を用いて13バイトのメモリ領域を確保し、先頭から7バイト分に文字列「misaki」、続けて6バイト分に文字列「akagi」を入れる。**
- **この2つの文字列の先頭アドレスを入れた配列namesを宣言し、for文を用いて2つの名前を画面に表示する。**

column

「文字列型」を導入しないC

現在使われているプログラミング言語のほとんどが、「文字の配列型」とは別に「文字列型」を言語仕様として備えています。「文字列型」の利用によってCPU効率やメモリ消費に多少なりともオーバーヘッドを伴いますが、文字列は多用される道具であるため、誰もが手軽に安全に利用できるようにしたいという狙いからでしょう。

一方、幾度もの改訂を重ねてきたC言語は、現在に至るまでその言語仕様に「文字列型」を導入していません。それは、「多用される道具だからこそ、少しでもCPUやメモリを効率よく使う道具であるべきだ」という思いからかもしれません。C言語を使う人全員がきちんと業界ルールを学び、それを遵守すれば、「文字列型」ではなくあえて「文字の配列型」を用いる選択によって、たとえ数パーセントであったとしても、効率的な世界を実現できます。その可能性を私たちから奪わず、「プログラマの努力と責任感を信じる言語」、それがC言語なのです。

chapter 11

chapter 12 パズルRPGの製作

これまで11の章を通して、私たちはC言語について深く学んできました。
それらの知識を総動員して、いよいよパズルRPGを製作してみましょう。
特に第III部で学んだアドレスやポインタ関連の機能は、
実例に沿って手を動かすことで理解が飛躍的に深まります。
ぜひこの章を通して、C言語の真髄を感じ取ってください。

この章は、これまで学んだ内容の総まとめに加え、実践レベルの応用力をしっかりと身に付けるための章です。先にC言語の構文を広く学びたい場合は、本章12.2節以降を飛ばして第13章に進んでもかまいません。

contents

12.1 「7つの約束」との別れ

12.1.1 約束が「必要だった理由」「不要になる理由」

さぁ、いよいよそのときだ。まずは、これまで自分たちに課してきた「呪縛」を解こう。

はい！　7つの約束ですね！

パズルRPGを完成させるには、基本文法はもちろん、配列や文字列、ポインタといったC言語の真髄ともいえる道具を駆使しなければなりません。製作に先立って、まずはString型を導入したときに結んだ「7つの約束」を卒業しましょう。

文字列型の「7つの約束」（再掲）

（約束1）　1024を小さな数字に書き換えてはならない
（約束2）　最大1024文字まで入るとは考えてはならない
（約束3）　初期化を除いて=で代入してはならない
（約束4）　演算子で計算や連結をしてはならない
（約束5）　演算子で比較をしてはならない
（約束6）　関数の引数や戻り値に文字列や配列を使ってはならない
（約束7）　C言語の真のしくみを理解し、7つの約束を卒業しなければならない

まずは、なぜこれらの約束が必要だったか、あらためて振り返ってみましょう。

第Ⅲ部

（約束1） 1024を小さな数字に書き換えてはならない

私たちはこれまで、char[1024]型の別名としてString型を定義し、用いてきました。

```
typedef char String[1024];
```

要素数を1024より小さくするとメモリは節約できる一方、長い文字列を格納するとオーバーランが発生してしまいます（10.4.1項）。しかも、コンパイル時や実行時にエラーは起きないため、その致命的な状況に気づくことができません。

（約束2） 最大1024文字まで入るとは考えてはならない

確保したメモリ領域は、文字列文化（11.1.5項）に沿って利用しますから、末尾には必ず¥0が格納されます。つまり、文字情報として使うことが許されるのは最大でも1023バイト分です。

なお、全角文字など一部の文字は、1文字あたり2～4バイト消費する場合があります（付録D.4参照）。格納できる文字数は250文字程度と考えておいたほうが安全でしょう。

（約束3） 初期化を除いて＝で代入してはならない

文字列変数の実体はchar型の配列であるため、ソースコード上に記述された文字列変数名はからくり構文②（p.349）に従って先頭アドレスに化けます。そのため、`a = b;` のような代入文は意図どおりに動作しません。文字列のコピーにはstrcpy関数、文字列以外のメモリ領域のコピーにはmemcpy関数を使います。

（約束4） 演算子で計算や連結をしてはならない

約束3と同様の理由で、文字列変数は演算子による計算や連結ができません。特に、文字列を数値と連結しようとして+演算子を使うとポインタ演算と見なされ、先頭アドレスの足し算が行われてしまいます（10.3.2項）。文字列の連結を行う場合はstrcat関数を、文字列の一部を切り出す場合はstrstr関数（付録E.5.3）を利用します。

（約束5）　演算子で比較をしてはならない

約束3、4と同様の理由で、文字列変数は演算子によって比較すべきではありません。==演算子や!=演算子による比較では、等値判定が行われてしまいます。（10.5.3項）。文字列の内容を比較するにはstrcmp関数、文字列文化に沿わず単にメモリ領域の内容を比較するにはmemcmp関数を使います。

（約束6）　関数の引数や戻り値に文字列や配列を使ってはならない

関数の引数や戻り値に文字列や配列を使うと、からくり構文①により対応するポインタ型を使うものと勝手に解釈されます（10.2.1項）。それによって配列変数とポインタ変数を混同しやすくなるほか、変数の独立性が崩壊したり（10.2.3項）、予期しないメモリリークの原因になったりすることがあります（10.6.2項）。

各種のからくり構文をしっかり理解して、惑わされずに正しくコードを書き進める必要があります。

いろいろ約束や制約はあるけど、でもString型ってラクで便利なんだよなぁ…。

そうよねぇ。このままずっとString型に頼り続けるC言語人生もなくはないわよ？

こらこら。String型はあくまでも「入門をスムーズにするための苦肉の策」だ。2人は、もう「ポインタも関数も使えない暗闇のようなCの世界」で立ち止まってちゃいけないんだよ。

（約束7）　C言語の真のしくみを理解し、7つの約束を卒業しなければならない

C言語という言語は、入門者泣かせのプログラミング言語です。なぜなら、その言語仕様の特徴ゆえに、入門者は本質的に「詰んでる」スパイラルに巻き込まれざるを得ないためです。

どうしろっちゅう
ねん!

START!
1. C言語に対する深い知識がまだないため、学ぶ必要がある
2. 学ぶには、実践的なプログラムをたくさん書く必要がある
3. プログラムを書くには、文字列を使う必要がある
4. 文字列を使うには、ポインタをはじめとする深い知識が必要となる

C言語くん
早くマスターしてくれよ、いろいろできるからさ…

図12-1 C言語の「詰んでる」スパイラル

このスパイラルを図12-1の4の箇所で断ち切るために、本書ではString型という道具を導入しました。

しかし、今のみなさんであれば、この道具がいかにメモリをムダに使う方法であるか、また、限界まで効率を求めるC言語の価値観（コラム『「文字列型」を導入しないC』、p.417）と真っ向から対立する邪道な方法であるかも十分理解できるはずです。

私たちは、真のC言語プログラマに進化すべく、これらの約束を卒業してString型を捨てるべきときを迎えたのです。

chapter 12

いままで、ありがとう。

真のC言語プログラマになるため、String型に別れを告げよう。

12.2 製作の流れ

12.2.1 一定規模以上のプログラム開発の流れ

ちゃんと卒業するためにも、絶対パズルRPGを完成させるぞ！

今まで思いついたところからただひたすらに作ってきたけど、本格的な大きいプログラムって、そもそもどうやって作ったらいいのかしら。どこから手をつけるべきか…。

これまで例として紹介してきたような小さなプログラムはともかく、パズルRPGのように数百行におよぶ規模となると、あらかじめ準備をしてからでなければ、上手にプログラムを組み上げていくことができません。

ある程度の規模のプログラムを開発する場合、一般的には「トップダウン方式」と「ボトムアップ方式」の2つのアプローチがあります。それぞれ、次のような流れで取り組んでいく手法です。

図12-2 トップダウン方式とボトムアップ方式

第Ⅲ部

トップダウン方式（top-down approach）とは、まず全体をざっくりと作り、そのあとで少しずつ細部を作り込んでいく方法です。彫刻などで、木や石膏を粗く削った上で、輪郭を少しずつ細かく削り出していくやり方に似ています。

この方式で開発する場合、たとえば、まずはタイトルを表示し、ダンジョンに行くか終了するかを選択できるmain関数だけを作成します。「ダンジョンに行く」を選ばれた場合は、「まだ作成していません」などのメッセージを画面に表示するだけの関数を呼びます。細かい内容は、この関数にあとから少しずつ作り上げていきます。

main関数があるからいつでも動きを試せるし、全体像も把握できる。序盤から枝葉の部分でつまずくのを防げる意味でも、入門者におすすめの手法だ。

一方の**ボトムアップ方式**（bottom-up approach）とは、個々の部品を確実に作り込み、それらをつなげていく方法です。必要な積み木を1つずつ集めて組み上げていくやり方に似ています。

この方式で開発する場合、戦いの場面で使うダメージ計算の関数や、宝石の位置を操作する処理の関数など、必要と見込まれる小さな部品をまずは作成します。そして、それらを呼び出す関数を作っていき、最後にmain関数を作成して全体を組み上げます。

部品単位で開発を進めるから分業しやすいわ。実務の現場ではほとんどがこちらの方式よ。

12.2.2 パズルRPG開発の取り組み方

今回開発するパズルRPGはおよそ500行程度のプログラムです。実務で扱うプログラムとしては小規模な部類ですが、今の私たちにとっては、かなりやり応えのある規模と複雑さといえるでしょう。実際にこの課題に取り組み始めると、想像以上に難しく感じる人も多いはずです。

それは、章末の練習問題のような「すでに身に付けているはずのスキルの定着を確認するための課題」とは違い、このパズルRPG製作課題が**新たなスキルを獲得するための課題**として設計されているためです。

途方にくれたり、つまずいたり、ヒントを見ながらじゃないと進めなかったりするかもしれないが、まあそれが普通だから安心していいぞ。

そういう経験をしないと学べないものが、プログラミングにはあるのよ。

ええ！？　1人でできるかなぁ。開始直後に詰まって、すぐに挫折しちゃうかも…。

そんな弱気でどうするのよ！　私は1か月ぐらいかかっても、いろいろ悩みながら自力で作りたいわ。

プログラミングそのものが今回初めてという人、すでに実務経験がある人、製作にゆっくりと時間をかけられる人、短時間で取り組みたい人など、事情は人によってさまざまでしょう。そこで、この課題を「初級」「中級」「上級」「超上級」の4つのレベルで取り組めるよう準備しました（表12-1）。

なお、今回の課題は12.4.1〜12.4.4項までの実践で、第Ⅰ部〜第Ⅲ部までの範囲に含まれる重要事項について復習ができるようになっています。12.4.5項以降は、アルゴリズム思考や応用力をさらに高めるための課題となっていますので、復習を終えたらひとまず先に進みたい場合は、12.4.4項まで終えたところで第13章に進んでもよいでしょう。

表12-1 パズルRPG製作の4つのレベル

難易度	取り組み方
超上級	・12.3 節「ゲームの基本仕様」だけを読んで、あとは自力で開発してください。どのような設計にするか、どのような構文を使うかなども、自分で考えたり調べたりしながら取り組みます。 ・プログラミング経験者でないと極めて難しく感じるでしょう。
上級	・12.3 節「ゲームの基本仕様」を読んだ上で、12.4 節「パズル RPG 製作課題」の流れに沿って開発を進めてください。 ・9 つの小さな課題を順にこなしていきますが、各課題は、単体でも手応えのある難易度です。 ・初学者の場合、1 週間〜 1 か月程度の時間を確保してしっかり腰を据えて取り組むことをおすすめします。 ・時間はかかりますが、じっくりと悩んで試行錯誤するため、成長度や達成感はとても大きなものになるでしょう。
中級	・12.3 節「ゲームの基本仕様」を読んだ上で、12.4 節「パズル RPG 製作課題」の課題を、以下の手順で 1 つずつ進めていきます。 1. 自分の力で、できるところまでチャレンジしてみます。 2. 詰まってしまったところで付録 F の解答例を見ます。 3. 付録 F の解答例を見ながら自分でソースコードを入力してみます。 4. 動作を確認します。 5. 完成した自分のプログラムの各部分について、「そのソースコードの意味」を言葉で自分に説明します。 6. 一度、自分の手元のソースコードを削除して、手順 1 から繰り返します。 7. 途中で詰まらずに手順 1 〜 6 を実施できたら、次の課題に進みます。
初級	・12.3 節「ゲームの基本仕様」を読んだ上で、12.4 節「パズル RPG の製作課題」のうち 12.4.4 項までの各課題を以下の手順で実施します。なお、初級は 12.4.4 項で終わりとします。卒業できたら、中級にチャレンジしましょう。 1. 付録 F を参照して、取り組む課題の初級用ソースコード（puzmon1hint.c 〜 puzmon3hint.c）を準備します。このソースコードには、ヒント用のコメントがあらかじめ書き込まれています。 2. 取り組む課題の初級用ソースコードを開き、ヒントに従い、自分の力でできるところまでチャレンジしてみます（12.4 節の各課題にある「既存の puzmon1.c をコピーして puzmon2.c を作成します」といった指示は、「puzmon2hint.c をコピーして、puzmon2.c を作成します」などに適宜読み替えてください）。 3. 詰まってしまったところで付録 F の解答例を見ます。 4. 付録 F の解答例を参考にしながら自分のソースコードを完成させます。 5. 完成したプログラムの各部分について、「そのソースコードの意味」を言葉で自分に説明します。 6. 一度、自分の手元のソースコードを削除して、手順 1 から繰り返します。 7. 途中で詰まらずに手順 1 〜 6 を実施できたら、次の課題に進みます。

12.3 ゲームの基本仕様

12.3.1 ゲームの流れ

1. ゲームタイトルは「Puzzle & Monsters」(略して「Puzmon」)とする。
2. プレイヤー(Player)はゲームスタート時点で4体のモンスター(朱雀・青龍・玄武・白虎)を従えている。
3. プレイヤーは、ゲームスタート直後に4体のモンスターとパーティ(Party)を編成してダンジョン(Dungeon)に行く。
4. ダンジョンでは5回のバトル(Battle)が発生し、すべてのバトルで敵モンスターのHPを0にすればゲームクリア。途中でパーティのHPが0になるとゲームオーバー。
5. 各バトルは、パーティ対敵モンスター1体の構図で戦う。敵のHPを0にしたら次のバトルに進む。
6. バトルで戦う相手は、登場順に「スライム」「ゴブリン」「オオコウモリ」「ウェアウルフ」「ドラゴン」とする。
7. ゲーム終了時には、「GAME OVER」または「GAME CLEARED!」のメッセージとともに、倒した敵モンスターの数を表示する。

12.3.2 パラメータの概要

1. 敵モンスターのパラメータは、名前・HP・最大HP・属性・攻撃力・防御力とする。
2. 味方モンスターのパラメータは、敵モンスターのパラメータと同じとする。
3. パーティのパラメータは、プレイヤー名・モンスター(4体)・パーティのHP・パーティの最大HP・防御力とする。
4. パーティ編成時、パーティに参加している味方モンスターの最大HP合計値がパーティのHPおよび最大HPとなる。また、味方モンスターの防御力の平均値がパーティの防御力となる。

5. ダンジョン内でのバトルでは、パーティのHPが増減するが、味方モンスターごとのHPは増減しない。

12.3.3 モンスター基本情報

1. 敵モンスター

名前	HP	最大 HP	属性	攻撃力	防御力
スライム	100	100	水	10	5
ゴブリン	200	200	土	20	15
オオコウモリ	300	300	風	30	25
ウェアウルフ	400	400	風	40	30
ドラゴン	800	800	火	50	40

2. 味方モンスター

名前	HP	最大 HP	属性	攻撃力	防御力
朱雀	150	150	火	25	10
青龍	150	150	風	15	10
白虎	150	150	土	20	5
玄武	150	150	水	20	15

12.3.4 属性システム

chapter 12

1. 「Puzmon」の世界には次の6つの属性（Element）が存在し、モンスターや宝石は必ずいずれかの属性を持っている。

属性	英語名	記号	色	本書の色	色コード
火	FIRE	$	赤		1
水	WATER	~	水色		6
風	WIND	@	緑		2
土	EARTH	#	黄		3
命	LIFE	&	紫		5
無	EMPTY	（半角空白）	黒		0

2. 属性には次の4つの強弱関係が存在するが、これ以外の関係は存在しない。
水＞火　火＞風　風＞土　土＞水

12.3.5 バトルシステム

1. バトルは、味方のターンと敵のターンが交互に行われ、相手方に対して攻撃を行う。
2. バトルは、味方パーティと敵モンスター1体との間で行われ、どちらかのHPが0以下になるまで続く。
3. バトルで敵を倒して次のバトルに進んでも、パーティのHPは回復しない。
4. バトルが行われる場をバトルフィールド（BattleField）といい、ここには14個の宝石置き場（スロット）が存在する。各スロットには、左から順にA～Nの記号が振られている。
5. バトル開始時には、各スロットにはすでに14個の宝石（Gem）が並んでいる。宝石は「無」を除く5種類の属性のいずれかである。
6. プレイヤーはスロットに置かれた宝石を動かして、味方モンスターに攻撃させたりHPを回復させたりしてバトルを進める。
7. プレイヤーは、「AD」などの2文字のアルファベットのコマンドを入力して宝石を動かす。これは「Aスロットの宝石をDスロットへ移動する」という意味である。
8. 宝石は隣と1個ずつ交換しながら目的の位置まで移動していく。たとえば、「AD」コマンドの場合、「A-Bを交換」「B-Cを交換」「C-Dを交換」の3回の交換を経て宝石は移動する。
9. 宝石は同じ属性が3個以上隙間なく並ぶと消滅し、次の効果を発揮する。
    - 「火」の宝石　：　「火」属性の味方モンスターが敵を攻撃
    - 「水」の宝石　：　「水」属性の味方モンスターが敵を攻撃
    - 「風」の宝石　：　「風」属性の味方モンスターが敵を攻撃
    - 「土」の宝石　：　「土」属性の味方モンスターが敵を攻撃
    - 「命」の宝石　：　パーティのHPが回復
10. バトル開始時に偶然同じ属性の宝石が3個以上並んでいても消滅しない。
11. 宝石が消滅して生じた空スロット部分は、それより右側に並んでいる宝石が左に順にずれて詰められる（空き詰め）。これによりさらに3個以上の同属性の宝石が並んだ場合、それらが消滅して効果が発生する（詰めコンボ）。

12. 3個以上の同属性の並びが2組以上発生した場合は、同時には消滅せずに、より左のものから順に消滅する（空き詰めと評価処理を優先）。
13. 空き詰め終了後、空きスロット部分にはランダムに宝石が発生する。これにより3個以上の同属性の宝石が並んだ場合、それらが消滅して効果が発生する（沸きコンボ）。
14. コンボ数は、プレイヤーのコマンド入力による宝石移動に伴う最初の消滅を1とし、以後、次の宝石移動までの間に発生した消滅のたびに1ずつ増えていく。詰めコンボと沸きコンボは、発生原因は異なるがどちらもコンボ数を1増やす。
15. コンボ数が2以上で宝石が消滅するとき、画面に「2 COMBO!」などのコンボ発生の事実を表示する。

12.3.6 ダメージルール

1. バトルにおけるダメージと回復量は、次の式により決定する。なお、「±●%」とは、その値を基準として－●%～＋●%の幅でランダムに値が変動する。
2. 敵によるパーティへの攻撃ダメージ

   （敵の攻撃力－パーティ防御力）±10%

   ※ 0以下の場合は1とする。
3. 味方モンスターによる敵への攻撃ダメージ

   （攻撃モンスターの攻撃力－敵防御力）×属性補正×コンボ補正±10%

   ※ 0以下の場合は1とする。
   ※ 属性補正は本項の4、コンボ補正は本項の5を参照。
4. 属性補正

   強属性モンスターから弱属性モンスターへの攻撃：2.0
   弱属性モンスターから強属性モンスターへの攻撃：0.5
   その他：1.0

chapter 12

5. コンボ補正

```
1.5 ^ （消滅した宝石数－3＋コンボ数）
```

※ a^bはaのb乗を表す。
※ コンボ数はバトルシステムの14を参照。

6. 命属性の宝石消滅によるパーティHPの回復量

```
（20×コンボ補正）±10％
```

12.3.7 画面イメージ

1. 全体の画面の流れ

```
$ ./a.out ミサキ↵
*** Puzzle & Monsters ***
ミサキのパーティ(HP=600)はダンジョンに到着した
＜パーティ編成＞----------
$朱雀$ HP= 150 攻撃= 25 防御= 10
@青龍@ HP= 150 攻撃= 15 防御= 10
#白虎# HP= 150 攻撃= 20 防御=  5
~玄武~ HP= 150 攻撃= 20 防御= 15
------------------------


~スライム~が現れた！
ここでバトル画面
~スライム~に勝利した！
ミサキはさらに奥へと進んだ


================


#ゴブリン#が現れた！
ここでバトル画面
```

第III部

```
#ゴブリン#に勝利した！
ミサキはさらに奥へと進んだ
  ⋮
$ドラゴン$に勝利した！
ミサキはさらに奥へと進んだ


================


ミサキはダンジョンを制覇した！
***GAME CLEARED!***
倒したモンスター数＝5
```

2. ゲームオーバー時

途中でパーティのHPが0以下となった場合は、次のように表示してゲームを中断する。

```
***GAME OVER***
倒したモンスター数＝3
```

3. バトル画面

バトルでは、味方のターンごとにバトルフィールドが表示され、宝石が移動する様子も次のように随時表示される。

```
~スライム~が現れた！


【ミサキのターン】
------------------------------


          ~スライム~
       HP= 100 / 100


```

chapter 12

```
$朱雀$ @青龍@ #白虎# ~玄武~
      HP= 600 / 600
------------------------------
 A B C D E F G H I J K L M N
 # @ @ # # ~ # & ~ ~ @ @ & ~
------------------------------
コマンド？>HJ⏎
 # @ @ # # ~ # & ~ ~ @ @ & ~
 # @ @ # # ~ # ~ & ~ @ @ & ~
 # @ @ # # ~ # ~ ~ & @ @ & ~

【スライムのターン】
~スライム~の攻撃!1のダメージを受けた

【ミサキのターン】
------------------------------


          ~スライム~
        HP= 100 / 100



$朱雀$ @青龍@ #白虎# ~玄武~
     HP= 599 / 600
------------------------------
 A B C D E F G H I J K L M N
 # @ @ # # ~ # ~ ~ & @ @ & ~
------------------------------
コマンド？>GF⏎
 # @ @ # # ~ # ~ ~ & @ @ & ~
 # @ @ # # # ~ ~ ~ & @ @ & ~
```

```
 # @ @ ■ ■ ■ ~ ~ ~ & @ @ & ~
#白虎#の攻撃！
スライムに43のダメージ！
 # @ @ ■ ■ ■ ~ ~ ~ & @ @ & ~
 # @ @ ■ ■ ~ ~ ~ & @ @ & ~ ■
 # @ @ ■ ~ ~ ~ & @ @ & ~ ■ ■
 # @ @ ~ ~ ~ & @ @ & ~ ■ ■ ■
 # @ @ ■ ■ ■ & @ @ & ~ ■ ■ ■
~玄武~の攻撃！ 2 COMBO!
スライムに25のダメージ！
 # @ @ ■ ■ ■ & @ @ & ~ ■ ■ ■
 # @ @ ■ ■ & @ @ & ~ ■ ■ ■ ■
 # @ @ ■ & @ @ & ~ ■ ■ ■ ■ ■
 # @ @ & @ @ & ~ ■ ■ ■ ■ ■ ■
 # @ @ & @ @ & ~ & @ @ # $ &

 【スライムのターン】
~スライム~の攻撃!1のダメージを受けた

 【ミサキのターン】
------------------------------

         ~スライム~
       HP=  32 / 100



$朱雀$ @青龍@ #白虎# ~玄武~
    HP= 598 / 600
------------------------------
 A B C D E F G H I J K L M N
 # @ @ & @ @ & ~ & @ @ # $ &
```

```
-----------------------------
コマンド？>
```

なお、画面中のモンスター名や宝石は、カラーで表示します。カラー表示を実現するには、**ディスプレイ制御シーケンス**を用います。これは、printf関数で表示する文字列中に `¥x1b[` で始まる指定を入れて、以降の文字色や背景色を変える機能です（付録E.9）。

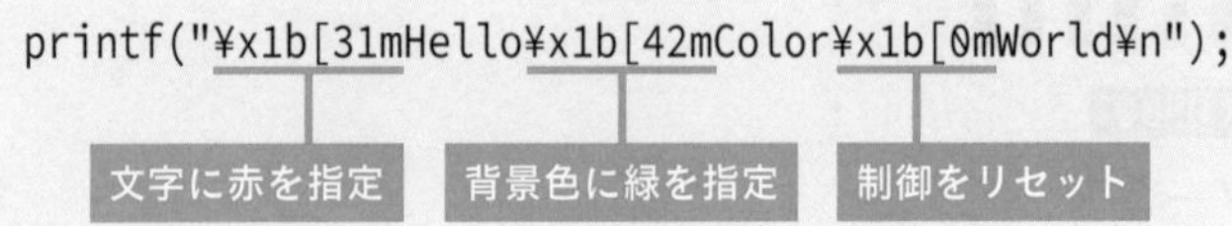

column

Unicode「emoji」によるカラー表現の代用

ディスプレイ制御シーケンスは、dokoCをはじめとする一部の実行環境ではうまく機能しないことがあります。その場合は、本章におけるカラー表現には対応しなくてもかまいません。

なお、環境によっては文字列リテラルの一部にカラフルな「絵文字」を利用できます。試しに、ソースコード内に `printf("🔥");` のような記述をして、もし問題なく画面に🔥が表示されるなら、ディスプレイ制御シーケンスの代わりに絵文字を使ってみるのもよいでしょう。

※ Windowsでは［⊞］キーを押しながら［.］（ピリオド）キー、macOSでは［Ctrl］キーと［Command］キーを押しながら［Space］キーで絵文字の入力が可能です。また、「ほのお」や「ひ」などの入力から、漢字変換の候補として表示されることもあります。

第Ⅲ部

12.4 パズルRPG製作課題

12.4.1 課題指示

この節では、9つの課題を乗り越えながら12.3節の仕様を満たすパズルRPGを作り上げていきます。それに先立ち、まずは次のようなソースファイルのひな形を準備してください（puzmon0.c）。

コード12-1 Puzmonひな形ソースファイル

BC3C1

puzmon0.c

```
/*=== puzmon0: ソースコードひな形 ===*/
/*** インクルード宣言 ***/

#include <stdio.h>

/*** 列挙型宣言 ***/

/*** グローバル定数の宣言 ***/

/*** 構造体型宣言 ***/

/*** プロトタイプ宣言 ***/

/*** 関数宣言 ***/

int main(int argc, char** argv)
{
  printf("*** Puzzle & Monsters ***¥n");
```

```
  return 0;
}

/*** ユーティリティ関数宣言 ***/

```

以後、コード12-1のコメントに記載した各種の宣言はソースコードの適切な場所に記述するようにしてください。また、main関数以外の関数を宣言した場合には、対応するプロトタイプ宣言を必ず記述するものとします。関数宣言を修正した際には、プロトタイプ宣言も忘れずに修正してください。また、インクルード宣言も必要に応じて追加していってください。

それでは、次の9つの課題を順にこなし、トップダウン方式でゲーム開発を進めていきましょう。

パズルRPG製作課題

課題1　ゲーム全体の流れの開発
課題2　敵モンスター関連処理の実装
課題3　味方パーティ関連処理の実装
課題4　バトルの基本的な流れの実装
課題5　バトルフィールドの実装
課題6　ユーザー入力コマンドの実装
課題7　宝石消滅判定の実装
課題8　攻撃処理の実装
課題9　コンボ処理の実装

12.4.2 課題1 ゲーム全体の流れの開発

この課題では、次のような動作をするプログラムpuzmon1.cの作成をゴールとします。

課題1のゴール

1. プレイヤーがダンジョンを訪れ、5回のバトルを繰り広げる。
2. バトルの内容は「開始と同時に勝利してバトルが終了する」というダミー実装でよい。
3. 味方モンスターや宝石なども登場する必要はない。
4. カラー表示はしなくてよい。
5. プレイヤー名は起動時にコマンドライン引数で指定する必要がある。

完成像は、次のようになるでしょう。

```
$ ./a.out⏎
エラー: プレイヤー名を指定して起動してください
$ ./a.out ミサキ⏎
*** Puzzle & Monsters ***
ミサキはダンジョンに到着した
スライムが現れた！
スライムを倒した！
ゴブリンが現れた！
ゴブリンを倒した！
オオコウモリが現れた！
オオコウモリを倒した！
ウェアウルフが現れた！
ウェアウルフを倒した！
ドラゴンが現れた！
ドラゴンを倒した！
ミサキはダンジョンを制覇した！
***GAME CLEARED!***
倒したモンスター数＝5
```

chapter 12

最初に作成したひな形のpuzmon0.cをコピーしてpuzmon1.cを作成しましょう。以降では、このファイルを編集して開発を進めます。どのような関数や型を作ればよいか、次の表や図を参照してください。なお、作成する各関数や型について区別しやすくするため、《》記号で識別番号を併記します。

表12-2 課題1で作成する関数

開発対象	開発	開発対象の概要
main 関数《①》	修正	ゲームの開始から終了までの流れに責任を持つ関数
goDungeon 関数《②》	新規	ダンジョン開始から終了までの流れに責任を持つ関数
doBattle 関数《③》	新規	1回のバトル開始から終了までの流れに責任を持つ関数

各関数の呼び出し構造は次のようになります。

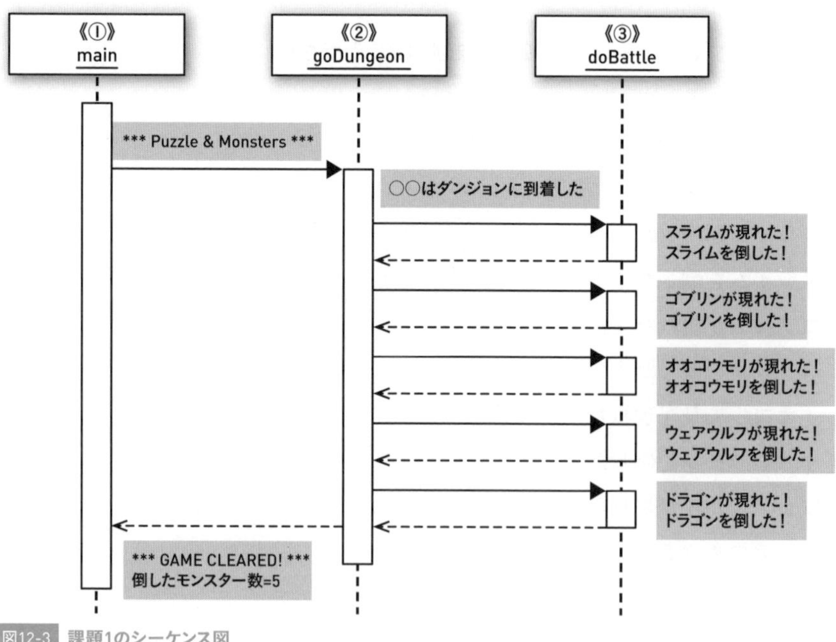

図12-3 課題1のシーケンス図

この図は**シーケンス図**という世界共通の設計表記法だ。上から下に時間が流れていて、各関数の呼び出しとreturnの様子が表されているんだ。

puzmon1.cが完成したら、付録Fの解答例と見比べてみましょう。

課題1突破のためのポイント

今回の課題では、3つの関数が連携して動作するプログラムを開発します。慣れるまでは、各関数の引数と戻り値を何にしたらよいのかわからない、という点で悩む人も少なくないでしょう。

そんなときは、まずシーケンス図に、どの関数でどのような処理をするかを書き込んでいくことで、引数や戻り値の正しい宣言を導くことができます。

たとえば、図12-3のシーケンス図によれば、goDungeonは「○○はダンジョンに到着した」と表示するために、プレイヤー名を必要とすることが想像できます。プレイヤー名はゲーム起動時にmain関数に引き渡される情報ですので、main関数がgoDungeon関数を呼び出すときに、プレイヤー名を引数として渡す必要があることがわかります。つまり、goDungeon関数の宣言は、以下のようになるでしょう。

```
void goDungeon(char* playerName) { … }
```

引数と戻り値はシーケンス図からわかる

ある関数が「ほかの関数から情報をもらわないと動作を実現できない」という箇所を探し、引数や戻り値の設計を確定する。

chapter 12

12.4.3 課題2 敵モンスター関連処理の実装

次は、敵モンスターに関する処理を主に作っていく課題よ。

課題2では、puzmon1.cを発展させ、次のような動作をするプログラムpuzmon2.cの作成をゴールとします。

課題2のゴール

1. 基本的にはpuzmon1.cの仕様を踏襲する。
2. 敵モンスター名は~スライム~のように記号付きかつカラーで表示される。
3. モンスターについて、各種情報（攻撃力やHP）が構造体で一括管理されている。
4. ダンジョンについて、登場するモンスターの数と種類が構造体で一括管理されている。

完成像は、次のようになるでしょう。

```
$ ./a.out ミサキ⏎
*** Puzzle & Monsters ***
ミサキはダンジョンに到着した
~スライム~が現れた！
~スライム~を倒した！
#ゴブリン#が現れた！
#ゴブリン#を倒した！
@オオコウモリ@が現れた！
@オオコウモリ@を倒した！
@ウェアウルフ@が現れた！
@ウェアウルフ@を倒した！
$ドラゴン$が現れた！
$ドラゴン$を倒した！
ミサキはダンジョンを制覇した！
***GAME CLEARED!***
倒したモンスター数＝5
```

puzmon1.cをコピーしてpuzmon2.cを作成します。以降はこのファイルを編集して開発を進めます。具体的には、次のものを作成してください。

表12-3 課題2で作成する型や関数

開発対象	開発	開発対象の概要
Element 列挙型《a》	新規	6 種類の属性を定義した列挙型
ELEMENT_SYMBOLS 定数《b》	新規	添え字に属性値を指定すると属性の記号文字が得られる char 配列
ELEMENT_COLORS 定数《c》	新規	添え字に属性値を指定すると属性の色コード値（ディスプレイ制御シーケンス（付録E）の色を示す0～7の数値）が得られる int 配列
Monster 構造体型《f》	新規	1 体のモンスター情報（名前や HP など）をまとめて管理するための構造体型
Dungeon 構造体型《 g 》	新規	1 つのダンジョン情報（ダンジョンに属するモンスターの一覧）をまとめて管理するための構造体型
printMonsterName 関数《A》	新規	モンスター 1 体の情報を渡され、その名前の前後に記号を付け、適切な属性の色で画面に表示する（改行はしない）ユーティリティ関数
main 関数《①》	修正	ゲームの開始から終了までの流れに責任を持つ関数
goDungeon 関数《②》	修正	ダンジョン開始から終了までの流れに責任を持つ関数
doBattle 関数《③》	修正	1 回のバトル開始から終了までの流れに責任を持つ関数

各関数は、次のような呼び出し構造となります。

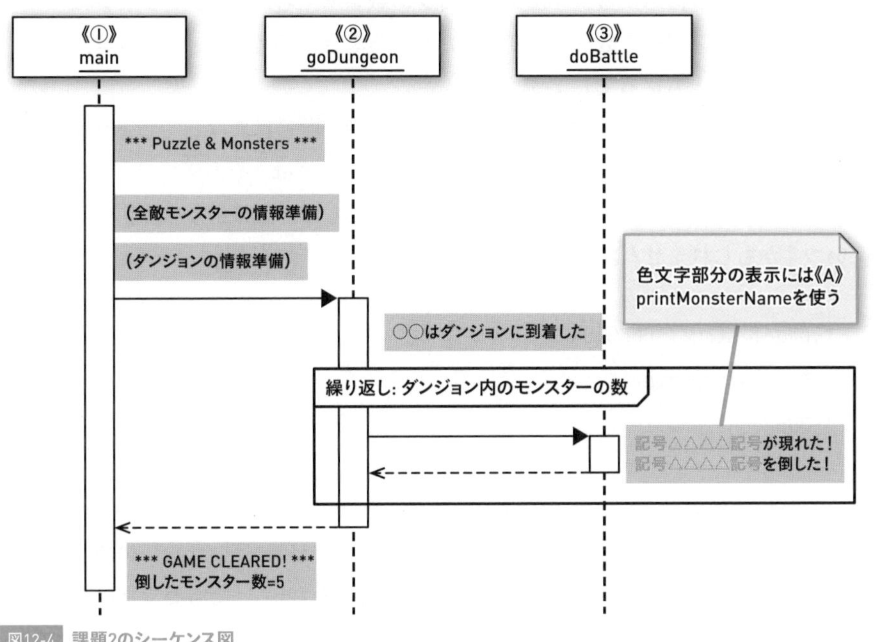

図12-4 課題2のシーケンス図

なんだ、敵モンスターを順番に表示すればいいだけですね。

表示するだけと言えばそうなんだけど、この課題、はじめのうちはかなり悩むと思うわ。でも、ゲームが完成する頃にはスラスラ書けるようになってるから安心してね。

puzmon2.cが完成したら、付録Fの解答例と見比べてみましょう。

課題2突破のためのポイント

課題2の難所はDungeon構造体です。今回のゲーム仕様では、ダンジョンは1つしか登場しませんので、ダンジョン情報をわざわざ構造体に入れて管理しなければならない強い動機はありません（一方でモンスターは複数種類登場するので、構造体を作ることが自然です）。

しかし、「1つのダンジョン情報をまとめて管理するDungeon構造体を準備する」という指示から、今後ダンジョンの数を増やしたり、ダンジョンに登場するモンスターの数などを変更したりする場合に備えたい、という意図を想像できる人もいるでしょう。

ダンジョンによって登場するモンスターの種類や順番は異なるでしょうから、Dungeon構造体として必ず内部に持つべきメンバは「そのダンジョンに属するモンスターの一覧」です。その実現方法として、次のような宣言を思いつくかもしれません。

```
typedef struct DUNGEON {
  Monster monster[5];
} Dungeon;
```

しかし、ダンジョンによってはモンスター数は5とは限りません。つまり、要素数が必ずある値に固定されてしまう配列を使うわけにはいかないのです。「構造体の中で、配列のようにして複数の情報を持ちたい」「でも要素数は固定したくない」――そんな場面でよく用いられるイディオムがあります。

可変要素数の情報を管理する構造体イディオム

「先頭要素のアドレス」と「繰り返し数」の2つの情報を構造体メンバとして持たせる。

今回の場合、Dungeon構造体としては「Monster情報が連続して並んでいるメモリ領域の先頭アドレス」と「その領域に実際に並んでいるモンスター情報の個数」のみを保持するようにしてみましょう。

Cの世界では多用する必修イディオムだが、初見の入門者にはかなり難しい。ヒントコードも遠慮なく活用し、試行錯誤してみてほしい。その時間こそが「C力」を育むんだ。

12.4.4 課題3 味方パーティ関連処理の実装

課題3では、puzmon2.cを発展させ、次のような動作をするプログラムpuzmon3.cの作成をゴールとします。

課題3のゴール

1. 基本的にはpuzmon2.cの仕様を踏襲する。
2. これまでプレイヤー個人がダンジョンに挑んでいたが、プレイヤーはダンジョンに挑む前に4体の味方モンスターとパーティを編成してダンジョンを訪れるように変更する。
3. ダンジョン到着時に、パーティHPや4体の味方モンスターのパラメータが表示されるようにする。
4. 味方モンスターも、モンスター名表示は記号とカラーで行われるようにする。
5. バトルの内容は引き続き、「戦闘突入後に自動的に勝利」でかまわない。
6. バトル終了時にパーティのHPを確認し、もし0以下だったら「(プ

chapter 12

レイヤー名）はダンジョンから逃げ出した…」と表示してダンジョン終了。そうでなければ「（プレイヤー名）はさらに奥へと進んだ」と表示して次のバトルへの区切り線（=====）を表示する。

完成像は、次のようになるでしょう。

```
$ ./a.out ミサキ⏎
*** Puzzle & Monsters ***
ミサキのパーティ(HP=600)はダンジョンに到着した
<パーティ編成>----------
$朱雀$ HP= 150 攻撃= 25 防御= 10
@青龍@ HP= 150 攻撃= 15 防御= 10
#白虎# HP= 150 攻撃= 20 防御= 5
~玄武~ HP= 150 攻撃= 20 防御= 15
------------------------

~スライム~が現れた！
~スライム~を倒した！
ミサキはさらに奥へと進んだ

================

#ゴブリン#が現れた！
   ⋮
  (略)
   ⋮

ミサキはダンジョンを制覇した！
***GAME CLEARED!***
倒したモンスター数＝5
```

puzmon2.cをコピーしてpuzmon3.cを作成します。以降、このファイルを編集して開発を進めます。具体的には、以下のものを作成してください。

表12-4 課題3で作成する型や関数

開発対象	開発	開発対象の概要
Party 構造体型《h》	新規	パーティ関連情報をまとめて管理するための構造体
organizeParty 関数《④》	新規	プレイヤーと味方モンスターを渡し、それらによって編成されたパーティを返す関数
showParty 関数《⑤》	新規	Partyの情報を渡すと、パーティ編成情報(各味方モンスターの名前、HP、攻撃、防御)を一覧表示してくれる関数
main 関数《①》	修正	ゲームの開始から終了までの流れに責任を持つ関数
goDungeon 関数《②》	修正	ダンジョン開始から終了までの流れに責任を持つ関数
doBattle 関数《③》	修正	1回のバトル開始から終了までの流れに責任を持つ関数

各関数は、次のような呼び出し構造となります。

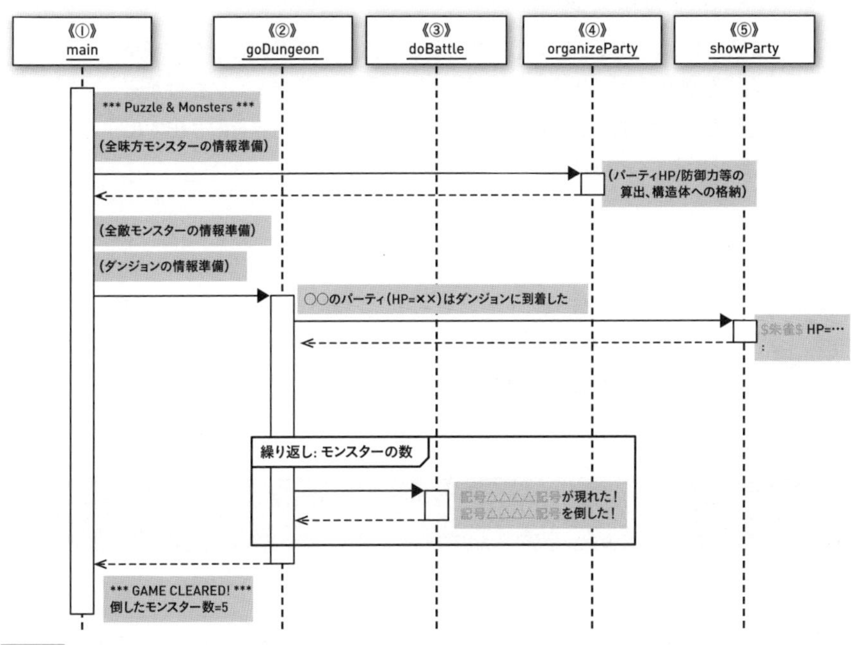

図12-5 課題3のシーケンス図

実はここまでで全体の流れはほぼ完成しているぞ。このあとは、doBattleの中身を詰めていくだけだな。

puzmon3.cが完成したら、付録Fの解答例と見比べてみましょう。

課題3突破のためのポイント

課題3の難所はorganizeParty関数です。この関数は、パーティを主催するプレイヤーの名前と、パーティに参加する複数の味方モンスターを引数として受け取り、各種情報をパーティ構造体にひとまとめに詰め込んで返すというものです。

現在の仕様では、味方モンスターは4体に固定されていますが、将来この数が変化することは容易に想像できます。そのため、Monster配列型を引数としてorganizeParty関数に引き渡したいところですが、少し工夫が必要です。引数の定義をどのようにすればよいか、じっくりと考えてみてください。

配列を関数に渡したいときの考慮点

C言語には、引数として配列をまるごと渡す手段が存在しない（からくり構文①によりポインタ型に変換されて先頭アドレスだけが渡る）ため、呼び出し先で先頭アドレスから正しく内容を取り出すには、「もう1つのある情報」を受け取る必要がある。

配列では、先頭アドレスともう1つのある情報をセットで扱う（渡す）のが、C言語あるあるパターンなのよ。あぁそういえば、似たようなことが課題2でもあったかしら（p.445）。

12.4.5 課題4 バトルの基本的な流れの実装

この課題からは、いよいよバトル処理の開発に着手していくぞ。

課題4では、puzmon3.cを発展させ、次のような動作をするプログラムpuzmon4.cの作成をゴールとします。

課題4のゴール

1. 基本的にはpuzmon3.cの仕様を踏襲する。
2. これまでバトルが「自動勝利」のダミー実装であったが、味方と敵が交互に攻撃を繰り返すように変更する。
3. ただし、宝石はまだ出現させず、ユーザーのコマンド入力も不要。
4. 味方のターンになったら、ダミーの攻撃を行って相手に80ポイントの固定ダメージを与える。
5. 敵のターンになったら、敵はダミーの攻撃を行ってパーティは20ポイントの固定ダメージを受ける。

完成像は、次のようになるでしょう。

```
  ：
~スライム~が現れた！


【ミサキのターン】
ダミー攻撃で80のダメージを与えた


【スライムのターン】
20のダメージを受けた


【ミサキのターン】
ダミー攻撃で80のダメージを与えた
~スライム~を倒した！
ミサキはさらに奥へと進んだ
  ：
```

puzmon3.cをコピーしてpuzmon4.cを作成します。以降、このファイルを編集して開発を進めます。具体的には、次の関数を作成してください。

表12-5 課題4で作成する関数

開発対象	開発	開発対象の概要
doBattle 関数《③》	修正	1回のバトル開始から終了までの流れに責任を持つ関数
onPlayerTurn 関数《⑥》	新規	プレイヤーターンの開始から終了までの流れに責任を持つ関数
doAttack 関数《⑦》	新規	パーティの攻撃の開始から終了までに責任を持つ関数
onEnemyTurn 関数《⑧》	新規	敵モンスターターンの開始から終了までの流れに責任を持つ関数
doEnemyAttack 関数《⑨》	新規	モンスターの攻撃の開始から終了までに責任を持つ関数

各関数は、以下のような呼び出し構造となります。

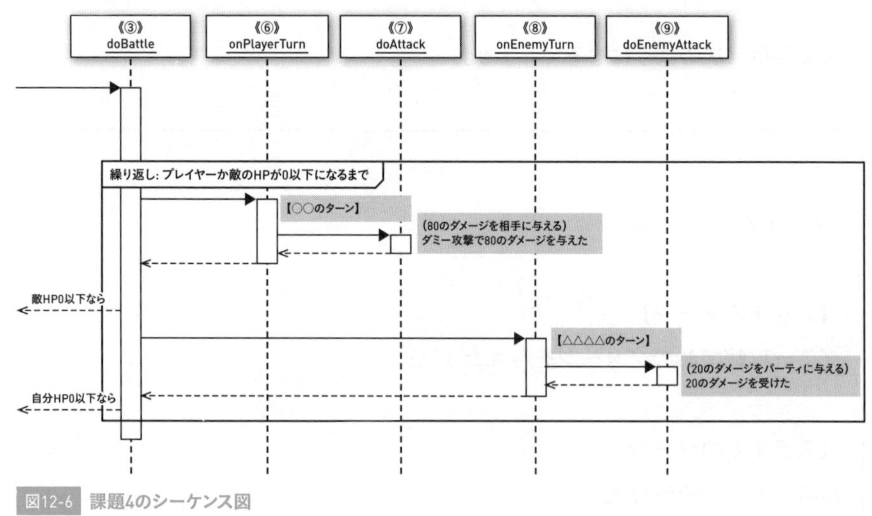

図12-6 課題4のシーケンス図

今までの課題に比べたら、「サービス問題」かしらね。

puzmon4.cが完成したら、付録Fの解答例と見比べてみましょう。

課題4突破のためのポイント

今回の課題には大きな難所はありません。あえて挙げるならば、ループの組み方と脱出方法についていくつかの実装バリエーションが考えられることです。図12-6とは異なる流れでの実装を思いつく人は、自分の考えに沿って作ってみてもいいでしょう。

12.4.6 課題5 バトルフィールドの実装

課題5では、puzmon4.cを発展させ、次のような動作をするプログラムpuzmon5.cの作成をゴールとします。

課題5のゴール

1. 基本的にはpuzmon4.cの仕様を踏襲する。
2. バトルが開始すると同時に、14個の宝石がランダムにバトルフィールドに発生する。
3. プレイヤーのターンになるたびに、バトルフィールドの状況（敵モンスターの名前とHP、パーティのHPと味方モンスターの名前、14個の並んだ宝石）が画面に表示される。
4. バトルフィールドの情報は、BattleField構造体で極力一括管理する。また、これに伴い、従来開発した関数でもパーティ情報と敵モンスター情報を引数で個別に受け渡していたものを、BattleField構造体として引き渡すよう改良する。
5. 宝石の状態が画面に表示されるようになるが、プレイヤーのコマンド入力や宝石移動はまだ実装しない。そのため、あくまでもバトルは「味方のダミー攻撃で80ダメージ」、「敵のダミー攻撃で20ダメージ」を自動で繰り返す。

完成像は、次のようになるでしょう。

```
  ⋮
~スライム~が現れた！


【ミサキのターン】
------------------------------
```

chapter 12

```
      ~スライム~
    HP= 100 / 100


$朱雀$ @青龍@ #白虎# ~玄武~
    HP= 600 / 600
------------------------------
 A B C D E F G H I J K L M N
 ~ & @ $ $ @ @ # @ ~ & & ~ #
------------------------------
ダミー攻撃で80のダメージを与えた


【スライムのターン】
20のダメージを受けた
  ︙
```


やった！　いよいよ宝石の登場ですね！

ははは、宝石をただ並べて表示する処理に悩んでいた第7章の頃が遠い昔のように感じるなぁ。

puzmon4.cをコピーしてpuzmon5.cを作成します。以降、このファイルを編集して開発を進めます。具体的には、次の型や関数を開発してください。

表12-6 課題5で作成する型や関数

開発対象	開発	開発対象の概要
MAX_GEMS 列挙定数《d》	新規	enum により実現される 14 が格納された定数
BattleField 構造体《i》	新規	バトルの場に登場する「パーティ」「敵モンスター」「宝石スロット（要素数 MAX_GEMS の Element 配列）」をまとめて管理するための構造体
showBattleField 関数《⑩》	新規	現在のバトルフィールドの状況を画面に表示する関数
fillGems 関数《B》	新規	バトルフィールドの宝石スロットにランダムに宝石を発生させるユーティリティ関数
printGems 関数《C》	新規	バトルフィールドの宝石スロット（14 個分）を画面に表示するユーティリティ関数
printGem 関数《D》	新規	宝石 1 個分を画面に表示するユーティリティ関数
doBattle 関数《③》	修正	1 回のバトル開始から終了までの流れに責任を持つ関数
onPlayerTurn 関数《⑥》	修正	プレイヤーターンの開始から終了までの流れに責任を持つ関数
doAttack 関数《⑦》	修正	パーティの攻撃の開始から終了までに責任を持つ関数
onEnemyTurn 関数《⑧》	修正	敵モンスターターンの開始から終了までの流れに責任を持つ関数
doEnemyAttack 関数《⑨》	修正	モンスターの攻撃の開始から終了までに責任を持つ関数

各関数は、以下のような呼び出し構造となります。

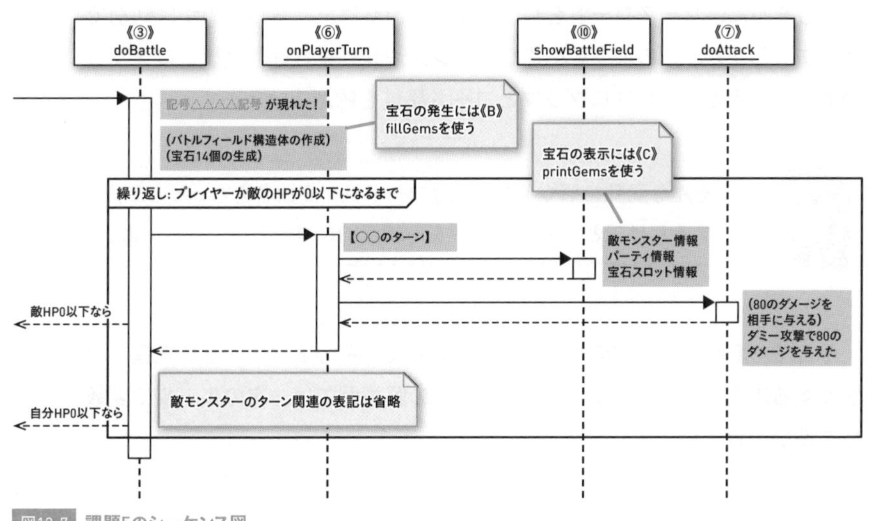

図12-7 課題5のシーケンス図

バトルフィールドが登場して、ぐっとゲームらしくなるな。だが、ここで焦っていろんな機能を盛り込もうとすると、つまずくから要注意だ。

puzmon5.cが完成したら、付録Fの解答例と見比べてみましょう。

課題5突破のためのポイント

これまでもParty構造体やMonster構造体を扱ってきましたが、今回はさらに、それら（のアドレス）をメンバに持つBattleField構造体を導入します。それにより、構造体の階層構造が3層以上に深くなるため、このような記述も登場します。

```
field->party->hp
```

「party」などの一般的な名詞を変数名や引数名を使うと、その変数がParty型（実体データ）なのかParty*型（アドレス）なのかがわからず混乱したり、.演算子とアロー演算子のどちらを使うかで迷ってしまったりするでしょう。もちろん、ソースコードをしっかり読み直せば、どちらなのかは判別できます。しかし、このような小さなストレスや非効率さは、今後プログラムが大きくなると確実にプログラマとコード品質を蝕んでいきます。

そんな混乱を招くイジワルなコードは、変数名をちょっと工夫するだけでとっても読みやすい紳士的なコードにできるのよ。

そこで、変数名に一定のルールを持ち込んで、その変数の内容を把握しやすくする工夫をしておきましょう。付録Fの解答例では、次のルールで変数名を使い分けています。

単数形　（partyなど）　　　　：Party型の実体データ
複数形　（partiesなど）　　　：Party型配列の先頭アドレス
単数形で先頭にp　（pPartyなど）：Party型単体値の先頭アドレス

変数名の命名規則で混乱から身を守る

プログラムの規模が大きく複雑になってくると、「自分を混乱させないための工夫」が生産性を向上させる。

12.4.7 課題6 ユーザー入力コマンドの実装

課題6では、puzmon5.cを発展させ、次のような動作をするプログラムpuzmon6.cの作成をゴールとします。

課題6のゴール

1. 基本的にはpuzmon5.cの仕様を踏襲する。
2. プレイヤーターンでバトルフィールドの表示後、プレイヤーは2文字のコマンドを画面から入力できる。
3. 2文字のコマンドが移動指示として正しくない場合、再入力を求める。
4. コマンドが正しい場合、指定どおりに宝石が移動する。このとき、宝石が1個ずつ隣に入れ替わっていく様子を1行ずつ画面表示する。
5. 宝石の移動が完了したら、「宝石スロットの評価処理」を実行する。この処理は本来、同じ種類で連続した宝石の並びがあるかなどを検証し、あれば宝石の消滅やモンスターの攻撃を起動するものであるが、現時点では単に「doAttack関数を呼び出してダミー攻撃を発動させる」だけの単純な動作でよい。

完成像は、次のようになるでしょう。

```
 ︙
~スライム~が現れた！
```

chapter 12

```
【ミサキのターン】
------------------------------


        ~スライム~
      HP= 100 / 100



$朱雀$ @青龍@ #白虎# ~玄武~
      HP= 600 / 600
------------------------------
 A B C D E F G H I J K L M N
 @ # ~ # $ & @ ~ ~ & @ # & ~
------------------------------
コマンド？>AC
 @ # ~ # $ & @ ~ ~ & @ # & ~
 # @ ~ # $ & @ ~ ~ & @ # & ~
 # ~ @ # $ & @ ~ ~ & @ # & ~
ダミー攻撃で80のダメージを与えた

【スライムのターン】
20のダメージを受けた
```

この課題で宝石を移動させる処理を作るんですね！　よし、頑張ります！

puzmon5.cをコピーしてpuzmon6.cを作成します。以降、このファイルを編集して開発を進めます。具体的には、次の関数を作成してください。

表12-7 課題6で作成する関数

開発対象	開発	開発対象の概要
onPlayerTurn 関数《⑥》	修正	プレイヤーターンの開始から終了までの流れに責任を持つ関数
checkValidCommand 関数《⑪》	新規	与えられた文字列がコマンドとして正しいなら true を返す
evaluateGems 関数《⑫》	新規	現在のバトルフィールドに並ぶ宝石を評価し、消滅やそれに伴う効果などを発動させる流れに責任を持つ関数
moveGem 関数《E》	新規	指定位置の宝石を別の指定位置まで移動させるユーティリティ関数。移動の過程も画面に表示
swapGem 関数《F》	新規	指定位置の宝石を指定した方向の隣の宝石と入れ替えるユーティリティ関数

各関数は、以下のような呼び出し構造となります。

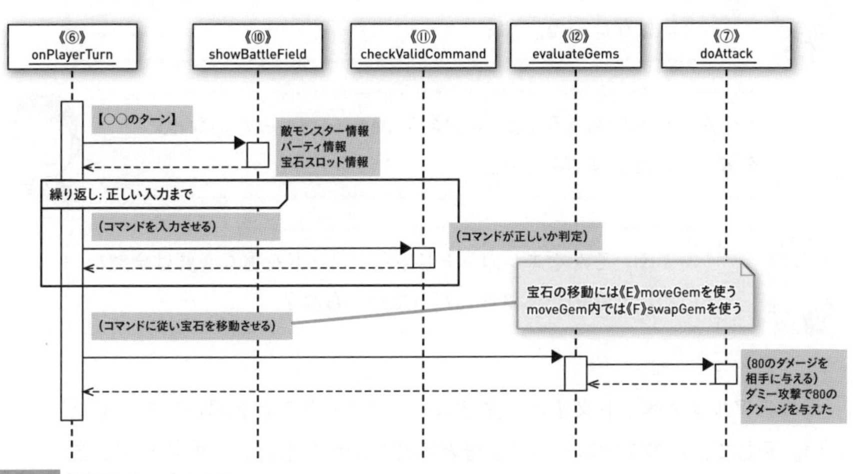

図12-8 課題6のシーケンス図

課題の難しさが、「ゲーム全体の流れの捕捉」から「細部の処理の作り込み」へとだんだん変わってきてることに気づいたかしら？

puzmon6.cが完成したら、付録Fの解答例と見比べてみましょう。

課題6突破のためのポイント

今回の課題から、パズル要素の鍵を握る14個の宝石スロットを扱い始めます。次回の課題以降ではかなり複雑な取り扱いも必要になってきますので、ここでしっかりと宝石スロットの扱いに慣れておく必要があります。

具体的には、宝石スロットをランダムな宝石で埋めるfillGems関数と、内容を画面に表示するprintGems関数の2つを作成します。

A〜Nのアルファベット名が付けられている宝石スロットですが、プログラム内部では、0〜13の添え字を持つ配列として管理されています。画面からのユーザー入力コマンドが「AN」であった場合、これを添え字における「0の位置から13の位置へ移動」と解釈して、配列を操作します。

そうか、A〜Nのアルファベットを0〜13の添え字に変換しないといけないのね。

う〜ん、いちいち `if (ch == 'A') return 0;` みたいなif文を書くのは面倒すぎるよ…。

ふふふ、そんなエレガントじゃないコードを書く必要は全然ないわ。文字の正体はなんだったかしらね？

半角のアルファベット文字は、文字コードで表せることを思い出してください。そして、その文字コードはよほど特殊な環境でなければ連続しています（付録E.10を参照）。つまり、アルファベットを指定する文字コードからAを表す文字コードを引き算すれば、添え字に変換できるのです。

文字を数値として見る

文字を文字コード（数値）と見なすことで、大きな効率化を図れる可能性がある。

12.4.8 課題7 宝石消滅判定の実装

課題7では、puzmon6.cを発展させ、次のような動作をするプログラムpuzmon7.cの作成をゴールとします。

課題7のゴール

1. 基本的にはpuzmon6.cの仕様を踏襲する。
2. 宝石の評価処理を実装し、連続して3個以上同種の宝石が並んだ場合に宝石が消滅するようにする。
3. 宝石が消滅したスロットは、「無」属性（EMPTY）が存在するものとして扱う。
4. 宝石が消滅した場合には、doAttack関数によるダミー攻撃が発動するように変更する。
5. 宝石が消滅した場合、空きスロット部分より右の宝石は1個ずつ左にズレて空きを詰める。この処理は1コマずつ画面に表示される。
6. 空きを埋め終わったら、右端にできた空きスロットにはランダムに宝石が発生する。これは複数のスロットで同時に発生する。
7. 宝石の左詰めや沸きによってさらに消滅が発生する可能性（コンボ）については、現時点では考慮しなくてよい。

完成像は、次のようになるでしょう。

```
  ︙
------------------------------
 A B C D E F G H I J K L M N
 @ # $ ~ ~ $ @ @ # @ @ @ ~ #
------------------------------
コマンド？>IG⏎
 @ # $ ~ ~ $ @ @ # @ @ @ ~ #
 @ # $ ~ ~ $ @ # @ @ @ @ ~ #
```

```
@ # $ ~ ~ $ # @ @ @ @ @ ~ #
@ # $ ~ ~ $ #           ~ #
ダミー攻撃で80のダメージを与えた
@ # $ ~ ~ $ #           ~ #
@ # $ ~ ~ $ #         ~ #  
@ # $ ~ ~ $ #       ~ #    
@ # $ ~ ~ $ #     ~ #      
@ # $ ~ ~ $ #   ~ #        
@ # $ ~ ~ $ # ~ #          
@ # $ ~ ~ $ # ~ # $ # ~ & &
 ⋮
```

puzmon6.cをコピーしてpuzmon7.cを作成します。以降、このファイルを編集して開発を進めます。具体的には、次の型や関数を作成してください。

表12-8 課題7で作成する型や関数

開発対象	開発	開発対象の概要
BanishInfo 構造体《j》	新規	消去可能な宝石の並びに関する情報（属性・開始位置・連続数）をまとめて管理するための構造体
evaluateGems 関数《⑫》	修正	現在のバトルフィールドに並ぶ宝石を評価し、消滅やそれに伴う効果などを発動させる流れに責任を持つ関数
checkBanishable 関数《⑬》	新規	宝石の並びを調べ、消去可能な箇所が含まれていないかを検索して返す関数
banishGems 関数《⑭》	新規	指定された消去可能な宝石並び情報に基づき、スロットの宝石を消滅させ、効果を発動させる流れに責任を持つ関数
shiftGems 関数《⑮》	新規	空きスロットの右側に並ぶ宝石を左詰めする関数
spawnGems 関数《⑯》	新規	空きスロット箇所にランダムな宝石を生成させる関数
countGems 関数《G》	新規	宝石スロット配列内に指定属性のものがいくつあるかを数え上げるユーティリティ関数
moveGem 関数《E》	修正	指定位置の宝石を別の指定位置まで移動させるユーティリティ関数。移動の過程も画面に表示

各関数は、次のような呼び出し構造となります。

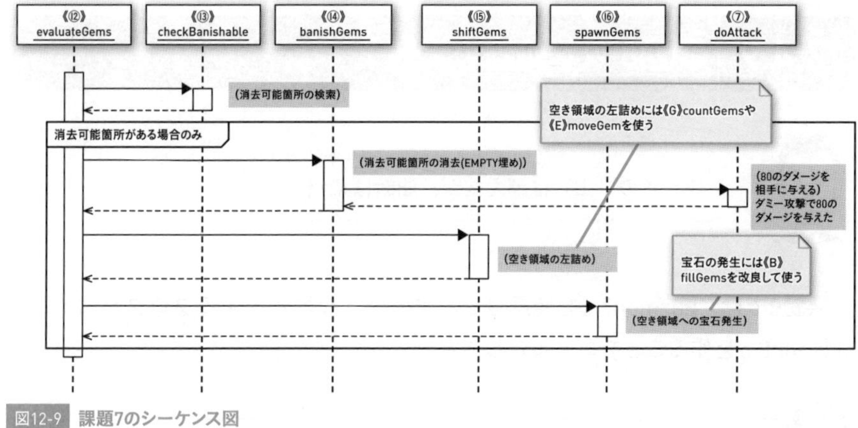

図12-9 課題7のシーケンス図

かなり「アルゴリズム脳」が試される問題だ。焦らず時間をかけて、ゆっくり取り組んでほしい。

puzmon7.c完成したら、付録Fの解答例と見比べてみましょう。

課題7突破のためのポイント

checkBanishable関数、shiftGems関数の2つについては、かなり複雑な制御構文の活用と処理が求められる高難度の課題となっています。いずれも、力業を駆使した書き方からエレガントな書き方まで可能であり、プログラマの腕が如実にコードに反映されやすい題材です。

shiftGems関数に関しては、シーケンス図では内部でmoveGem関数を用いる方法が示唆されていますが、多少の「発想の転換」を要する方法ですので、ほかに自分で思いついた方法があればそれで実現してもかまいません。

ただし、自分でもあまりに複雑すぎると感じるソースコードになりそうなときは、手を止めて、もっと良いやり方はないか、知恵を絞ってみることをおすすめします。そのような思考と試行の時間が、スキルの大幅な向上につながることも少なくありません。

12.4.9 課題8 攻撃処理の実装

難しさの「山」は越えたが、油断は禁物だ。

課題8では、puzmon7.cを発展させ、次のような動作をするプログラムpuzmon8.cを作ることをゴールとします。

課題8のゴール

1. 基本的にはpuzmon7.cの仕様を踏襲する。
2. 宝石消滅時には、属性に対応した攻撃が正しい計算式に基づいて実行されるようにする。
3. 「命」属性の宝石を消したときの回復処理が、正しい計算式に基づいて行われるようにする。
4. 敵がパーティを攻撃するときのダメージも、正しい計算式に基づいて行われるようにする。
5. コンボについては今回も実現する必要はない。

完成像は、次のようになるでしょう。

```
【ミサキのターン】
------------------------------


        ~スライム~
      HP= 100 / 100



$朱雀$ @青龍@ #白虎# ~玄武~
      HP= 600 / 600
```

```
------------------------------
 A B C D E F G H I J K L M N
 # @ @ # # ~ # & ~ ~ @ @ & ~
------------------------------
コマンド?>HJ⏎
 # @ @ # # ~ # & ~ ~ @ @ & ~
 # @ @ # # ~ # ~ & ~ @ @ & ~
 # @ @ # # ~ # ~ ~ & @ @ & ~

 【スライムのターン】
~スライム~の攻撃!1のダメージを受けた

 【ミサキのターン】
------------------------------


          ~スライム~
        HP= 100 / 100



$朱雀$ @青龍@ #白虎# ~玄武~
        HP= 599 / 600
------------------------------
 A B C D E F G H I J K L M N
 # @ @ # # ~ # ~ ~ & @ @ & ~
------------------------------
コマンド?>GF⏎
 # @ @ # # ~ # ~ ~ & @ @ & ~
 # @ @ # # # ~ ~ ~ & @ @ & ~
 # @ @ █ █ █ ~ ~ ~ & @ @ & ~
#白虎#の攻撃!
スライムに43のダメージ!
```

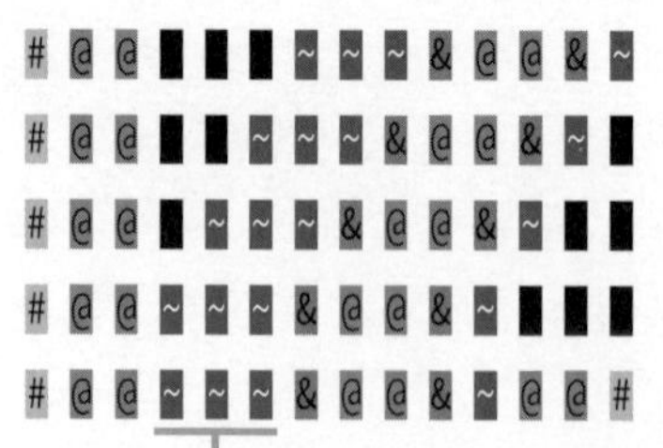

コンボは発生しない

【スライムのターン】

~スライム~の攻撃!1のダメージを受けた

puzmon7.cをコピーしてpuzmon8.cを作成します。以降、このファイルを編集して開発を進めます。具体的には、次の型や関数を作成してください。

表12-9 課題8で作成する型や関数

開発対象	開発	開発対象の概要
ELEMENT_BOOST 配列《e》	新規	2つの属性を添え字に指定すると、ダメージ増幅率を取り出せるdouble2次元配列
banishGems 関数《⑭》	修正	指定された消去可能な宝石並び情報に基づき、スロットの宝石を消滅させ、効果を発動させる流れに責任を持つ関数
doAttack 関数《⑦》	修正	パーティの攻撃の開始から終了までに責任を持つ関数
doEnemyAttack 関数《⑨》	修正	モンスターの攻撃の開始から終了までに責任を持つ関数
doRecover 関数《⑰》	新規	パーティのHP回復処理を記述した関数
blurDamage 関数《H》	新規	指定値を中心に、指定の範囲で数値をランダムにブレさせるユーティリティ関数
calcEnemyAttackDamage 関数《I》	新規	敵モンスターによる攻撃ダメージを算出するユーティリティ関数
calcAttackDamage 関数《J》	新規	パーティによる攻撃ダメージを算出するユーティリティ関数
calcRecoverDamage 関数《K》	新規	パーティのHP回復量を算出するユーティリティ関数

各関数は、次のような呼び出し構造となります。

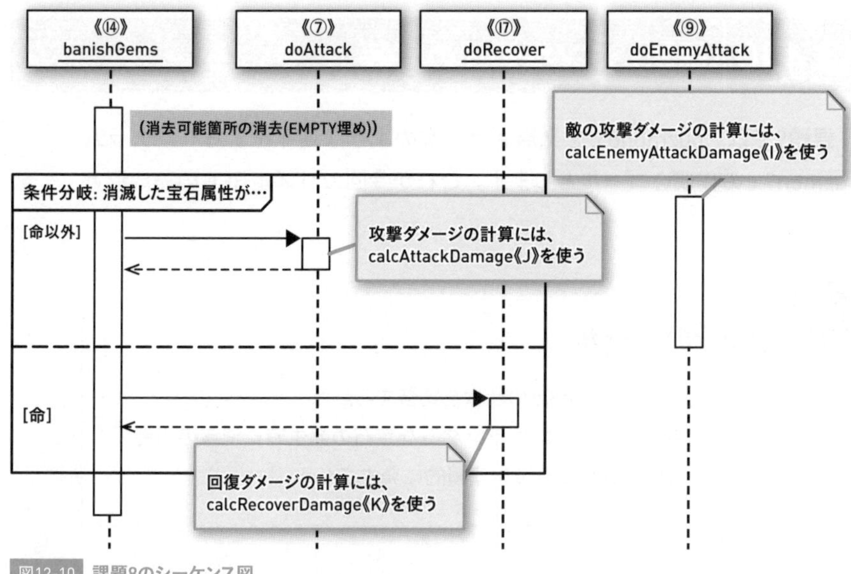

図12-10　課題8のシーケンス図

ダメージ計算のような処理はやっかいなバグを埋め込みやすいから注意してね。

課題8突破のためのポイント

攻撃ダメージなどを計算する処理は、プログラマが誤った計算式をコーディングしてもコンパイルエラーで知ることはできません。そのため、開発者は自分の犯したミスに気づきにくいという怖さがあります。

今回の場合、±10%のランダム性の処理部分を一度コメントアウトした上で、「青龍がスライムを攻撃したら○ポイントのダメージを与えるはずである」という想定と、実際の動作が符合するかを確認しておくと安心です。

本当に怖いエラーは…

コンパイラが教えてくれるエラーは怖くない。
本当に怖いのは、コンパイラが教えてくれない不具合である。

12.4.10 課題9 コンボ処理の実装

課題9では、puzmon8.cを発展させ、次のような動作をするプログラムpuzmon9.cの作成をゴールとします。これが今回のパズルRPGの完成形となります。

課題9のゴール

1. 基本的にはpuzmon8.cの仕様を踏襲する。
2. 宝石消滅後の左詰め時やランダムな宝石の発生時に消滅の可能性があれば、さらに消滅を連鎖的に発生させる。

課題9による完成像は、12.3.7項に掲載したものになるでしょう（p.432）。既存のpuzmon8.cをコピーしてpuzmon9.cを作成し、開発を進めます。具体的には、次の関数を作成します。

表12-10 課題9で作成する関数

開発対象	開発	開発対象の概要
doAttack 関数《⑦》	修正	パーティの攻撃の開始から終了までに責任を持つ関数
doRecover 関数《⑰》	修正	パーティの HP 回復処理を記述した関数
banishGems 関数《⑭》	修正	指定された消去可能な宝石並び情報に基づき、スロットの宝石を消滅させ、効果を発動させる流れに責任を持つ関数
evaluateGems 関数《⑬》	修正	現在のバトルフィールドに並ぶ宝石を評価し、消滅やそれに伴う効果などを発動させる流れに責任を持つ関数
printCombo 関数《L》	新規	コンボ発生時にその旨を表示する関数

実は、この課題の実現方法は大きく分けて2つあるの。選択する方法によっては、ほかの関数にも少し手を入れる必要があるわね。

puzmon9.cが完成したら、付録Fの解答例と見比べてみましょう。

2人ともどうだ？　できたかい？

この本を最初から何度も見直して、なんとかできました…。でも、めちゃくちゃ大変でした…！

途中、何回も挫折しそうになったけど、動くものを作るのはやっぱり楽しいですね！

そりゃあよかった！　かなり大変だっただろうが、ここまでできたらもう立派に初心者を卒業したと言っていいだろう。

とはいえ、たった1回できただけじゃ、まだまだね。2回でも3回でもこの課題に挑戦するたびに新しく成長できるはずよ。

そっか、改善できそうなコードはたくさんあるし、何度チャレンジしてもいいんですね。

よっしゃ！　もう一度解き直して、ゲームバランスも改良して、機能拡張もしてやるぞ！

第IV部

もっとC言語を使いこなそう

力を合わせてC言語を駆使しよう

あーでもない、こーでもない、うーん、これがこう？　いや、こっちがこうか？　ぶつぶつぶつ…。

よっ、どうだ？　「Puzmon」の課題をクリアして、ゲームバランスや機能をさらに改良し始めたんだって？

あ、海藤さん。そうなんです、岬はずーっと画面とにらめっこしてて…。なかなか効率よく進まないみたいです。

だろうなぁ。これまでの知識でももちろん開発できないことはないんだが、効率よく進めるにはまた違う種類の知恵と武器が必要なのさ。ま、ちょいとあっちで待っていよう。

C言語最大の難所ともいわれる第Ⅲ部を突破した今、みなさんの前に立ちはだかる技術的な壁はありません。しかし、「すべての人には等しく1日24時間しかない」という時間の制約による壁だけは、いかんともしがたいものがあります。
第Ⅳ部では、みなさんの同僚や先人たちと協力し、その壁を越えてC言語をより効率的に操る術を学びます。

> 第Ⅳ部に掲載しているコードは、dokoCでは実行できません。あらかじめ、付録Aを参考に、PCに開発環境を構築した上で学習を進めてください。

chapter 13 複数のファイルによる開発

1人の人間が行える作業量には限界があります。
ある程度規模の大きなアプリケーションを作るには、
「分業」が欠かせません。
この章では、効率的な分業による開発を実現するための
機能について紹介します。

contents

13.1 開発効率の壁

13.1.1 ひとり開発の限界

うわーん！　海藤さん〜。

どうした？　ポインタもマスターしたし、ゲームもガンガン機能拡張していくってイキがってたじゃないか。

そうなんですけど、プログラムはぐちゃぐちゃだし、作らなきゃいけない機能はたくさんあるし、1人で作るのはホントに大変なんですよ！

私も手伝おうとしたんですけど、岬がソースコードを触っている間は作業できないし…。

そうか、ついに2人には最後のステップに進んでもらうときが来たようだな。

　これまで、みなさんはC言語の基本文法だけでなく、ポインタなどの高度なしくみについても学んできました。理論的にはどんなに複雑で大きなプログラムでも作ることができるはずです。

　しかし、これまでのようにたった1人で本格的なアプリケーションを開発しようとすると、現実的ではない時間とお金がかかってしまいます。ビジネスの現場には予算や時間の制約がありますから、ユーザーにプログラムという商品をいかに効率よく、確かな品質で届けるかが大切になってくるのです。

開発効率の重要性

無限の時間と予算があれば、「いいもの」は作れる。しかし、仕事としてプログラムを開発するなら、開発効率への意識が欠かせない。

制約の中で「いかに相手にとって最高なものを届けるか」がプロの腕の見せどころなんだ。

13.1.2 開発効率を高める3つの方法

開発効率を高める方法は、基本的に次の3つしかありません。

図13-1 開発効率を上げる3つの方法

この章では、まず複数の人間によって手分けして開発する方法を紹介します。

13.2 C言語のビルドシステム

13.2.1 ビルドシステムの全体像

C言語のソースコードから、最終的に実行可能ファイル（～.outや～.exeファイルなど）が生成されるまでの流れ（p.34）を**ビルド**といいます。C言語では、多くのソフトウェアが協調して動作し、ビルドを実現します。

「多くのソフトウェア」？　単純に、コンパイラにコンパイルをお願いしてるだけですよね？

ビルドって、つまりコンパイルのことなのかな？

私たちはこれまで、dokoCなどを使ってソースファイルから実行可能ファイルを生み出してきました。今まではこの手順を単に「コンパイル」と呼んできましたが、細かく見ると実際には、次のような流れで処理されています。

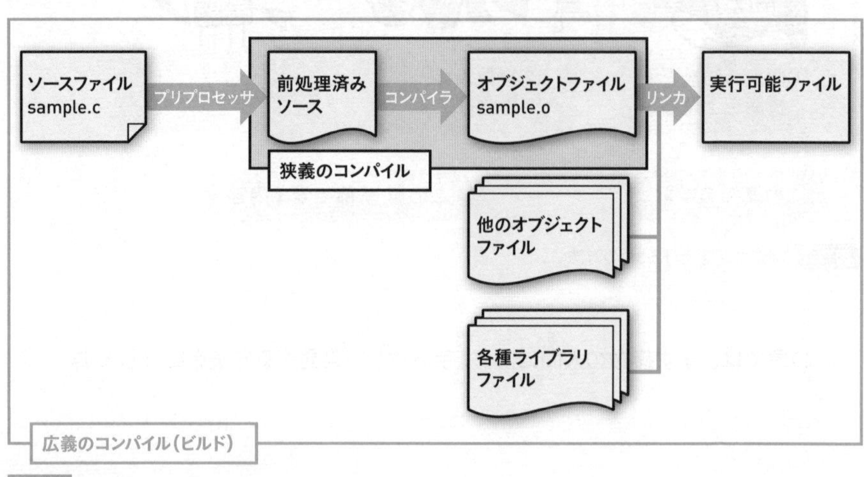

図13-2　C言語におけるビルドの流れ

dokoCの「コンパイル」は、呼び出すだけでこれらのビルド処理をすべて実行してくれていたんだ。狭い意味でのコンパイルは、ビルドの中の1つの工程でしかないのさ。

実行可能ファイルは、図13-2のような一連の流れを経て生成されています。そして、途中に登場する3つのソフトウェア（プリプロセッサ、コンパイラ、リンカ）が、分業による開発効率の向上にとても重要な役割を果たしています。

それぞれのソフトウェアのしくみを理解すれば、上手に分業できるってわけね！

次節からは、dokoCではなく、GCCというソフトウェアを用いてビルドの各工程について見ていきます。

column

C言語処理系

C言語プログラムのビルドを行う代表的なソフトウェアとして、次の3つが存在しています。

- **GCC（GNU Compiler Collection）**
- **Clang**
- **Microsoft Visual C++**

これらはすべてC言語プログラムをコンピュータ上で実行するためのソフトウェアの集合体であり、総称して「C言語処理系」といいます。それぞれの処理系は基本的にC言語の規格に沿って作られていますが、詳細な部分には違いがあります。詳しくは付録C（p.639）を参照してください。

ちなみに、dokoCの内部ではGCCが動作しています。

13.3 プリプロセッサ

13.3.1 プリプロセッサの概要

プリプロセッサ（preprocessor）とは、コンパイラが動作する前に、ソースコードに前処理を行うためのソフトウェアです。ソースコードは、まずプリプロセッサで前処理を施されてから、コンパイラに引き渡されます。

プリプロセッサが行う前処理にはさまざまなものがありますが、たとえば、ソースコードに記載されたコメント文は、前処理の段階で削除されてしまいます。

えっ。結構面白いコメント書いてたのに。コンパイラは読んでくれてなかったんだ…。

そのほか、プリプロセッサによる重要な作業には、次の3つがあります。

(1) インクルード処理
(2) マクロ処理
(3) コンパイル対象の条件分岐

いずれも、プリプロセッサはソースコードに記述された # 記号で始まる記述部を目印にして該当の箇所を見つけ、単純な置換処理を行います。

13.3.2 インクルード処理

で始まる記述って、いつも1行目に書いていたアレですよね。

これまでソースコードの先頭に書いてきた #include は、プリプロセッサに

第IV部

前処理を要求する最も代表的な命令です。この命令を記述すると、プリプロセッサは指定されたファイルを探し出し、#include命令が書かれた部分をその内容に置き換えます。

指定されたファイル？　ファイルなんて指定してましたっけ？

`#include<stdio.h>` の `stdio.h` の部分さ。試してみよう。

GCCでコンパイルを行うには、「gcc」というコマンドを使います。通常、gccコマンドを使うと実行可能ファイルの生成まで一度に行われてしまいますが、「-E」オプションを付けると、コンパイルの手前で処理を止めることができます。

試しに、次のようなコードを作って、プリプロセッサの動作を確かめてみましょう。

コード13-1 プリプロセッサの動作を確認する

code1301.c

```
// コメントA
#include <stdio.h>

// コメントB
int main(void)
{
  printf("hello¥n");
  return 0;
}
```

```
$ gcc -E -P -C code1301.c
```

「-C」はコメントを削除しないオプション

「-P」はプリプロセッサの動作結果に行番号を表示しないオプション

```
// コメントA
 ⋮
typedef unsigned long size_t;
typedef long size_t;
typedef long off_t;
typedef struct _IO_FILE FILE;
 ⋮
// コメントB
int main(void) {
  printf("hello¥n");
  return 0;
}
```

stdio.hの内容がここに展開されている
(環境によって表示される内容は異なる)

自分で書いたのはたった9行のソースコードだが、実際にはこんなに大量のコードをコンパイラが処理してくれていたんだ。

画面に文字を表示したり、キーボードからの入力を受け取ったり、ファイルに何らかのデータを書き出したりするなど、どのようなアプリケーションを作る上でも必須となるような機能も、本来はプログラムを作る人が作成しなければなりません。しかし、そのような処理を一から作成していてはあまりにも効率が悪いため、誰もが使うであろう一般的な機能は標準関数としてあらかじめ用意されています（8.5.1項）。また、それらの標準関数をファイルにまとめたものを**標準ライブラリ**といいます。

そして、標準ライブラリに用意されているさまざまな関数について、その名前、引数や戻り値の定義など、関数を呼び出すために必要となる宣言の部分のみを記述したファイルを**ヘッダファイル**といいます。

「関数を呼び出すために必要となる宣言部分のみ」って、以前習ったプロトタイプ宣言（p.260）のことですか？

ご名答。コード13-1で出力された内容に、printf関数のプロトタイプ宣言も見つかるはずだ。

これまで決まり文句として必ず1行目に記述していたstdio.hは代表的なヘッダファイルで、入出力に関する標準関数のプロトタイプ宣言などを集めたものです。プリプロセッサのインクルード処理は、このようなヘッダファイルを取り込んでソースファイルに組み込むという仕事を行っています。

標準ライブラリとそのヘッダファイルについては、本章の最後の節で改めて解説します（13.7節）。

13.3.3 インクルード命令を用いたソースファイルの分割

#include命令を使えば、プログラムを複数のソースファイルに分割することができます。

コード13-2 分割したソースファイル

BC3D2

akagi.c

```
#include <stdio.h>

void akagi(void)
{
  printf("akagi!¥n");
}
```

misaki.c

```
#include <stdio.h>
#include "akagi.c"

int main(void)
{
  akagi();
  printf("misaki!¥n");
  return 0;
}
```

プリコンパイル時にakagi.cの内容に置き換えられる

```
$ gcc misaki.c
```

おお！　赤城が作ったソースファイルを取り込んで、動かせたぞ！　これで分業できますね！

でも、stdio.hとakagi.cで囲む文字が違うのは、どうして？

#includeプリプロセッサ命令は、ファイル名を囲む記号によって、指定されたファイルを探しに行く場所を切り替えています。

#includeプリプロセッサ命令

```
#include <ファイル名>
```

※ コンパイラが定めるインクルード用ディレクトリからファイルを探す。

```
#include "ファイル名"
```

※ コンパイル中のファイルのあるディレクトリからファイルを探す。見つからなければコンパイラが定めるインクルード用ディレクトリからファイルを探す。

---

stdio.hはC言語が標準で準備したファイルの1つであり、コンパイラをインストールした際に、あらかじめ決められたインクルード用ディレクトリ（/usr/includeなど）に配置されるため、`< >`で指定します。一方、akagi.cはmisaki.cと同じディレクトリに作成していますので、`" "`で指定します。

13.4 マクロ処理

13.4.1 マクロ定数

もう1つ、代表的なプリプロセッサ命令を紹介しよう。

#includeと同じくプリプロセッサの代表的な命令に、**#define**があります。これは、ソースコード内のある文字列を、別の文字列に単純置換する機能を持っており、この置換処理を**展開**といいます。C言語の世界では昔から、ソースコード内の数値や文字列リテラルをより読みやすくするために、#defineが広く用いられてきました。

#defineプリプロセッサ命令（1）

```
#define 置換前の文字列 置換後の文字列
```

コード13-3 **#defineで置換する**

code1303.c

```
#include <stdio.h>

#define PI 3.1415

int main(void)
{
```

```
07   printf("%f¥n", 2 * 2 * PI);
08   return 0;
09 }
```

プリコンパイル時に、PIが3.1415に置き換えられる

「メモリ0番地を指すポインタ情報」として、C言語では古くからNULLが使われてきたことに触れたが（p.371）、あれも実はマクロなんだ。コンパイラに同梱されるstddef.hの中身を覗けば、`#define NULL ((void*)0)` といった記述を見つけられるはずさ。

つまり、ずいぶん前に習った定数（p.70）みたいなものですか？

#defineによるリテラルの置換は**マクロ定数**といわれ、C言語の世界では、変化しない値を記述する方法として長く利用されてきました。歴史的な経緯から、現在でも定数として利用されるケースがありますが、次のような副作用が生じる可能性があるため注意が必要です。

副作用（1）　型や構文のチェックが効かない

#defineはソースコード上の記述を文字列として単純に置換してしまうため、型や構文の文法をチェックすることができません。たとえば、`#define PI "3.14"` や `#define PI 3.14.15` のような記述もできてしまいますが、その箇所ではエラーが出ず、定数を展開した場所（コード13-3であれば7行目）に現れます。大規模なプログラムでは不具合の原因となる可能性があり、デバッグが困難になる恐れもあります。

副作用（2）　危険な定数展開をしてしまうリスクがある

マクロは単純な「ソースコードの文字列置換」であるため、いわば「黒魔術」ともいえる危険な使い方もできてしまいます。たとえば、intなどの予約語を別のものに置換することもできますし、mainなどの重要な識別子さえ変更可能です。

意図的にこれらを用いる選択が有効な場合もありますが、想定外に機能してしまうと大変危険です。#defineを用いなければ実現できない特殊なケースでなく、定数が目的の場合は、constやenumを使った通常の定数宣言の利用をおすすめします。

```
const double PI = 3.1415;
```

column

定義済みマクロ定数

C言語では、開発者が#defineを用いなくても自動的に定義されるマクロ定数があり、デバッグ時などに用いられます。代表的な以下の5つを含め、詳細は付録E.4に掲載しています。

__FILE__ ：このマクロが書かれているソースファイル名
__LINE__ ：このマクロが記述された位置（ソースファイル内での行番号）
__DATE__ ：プリプロセッサが起動された日付
__TIME__ ：プリプロセッサが起動された時刻
__func__ ：このマクロが書かれている関数名
※ __func__は厳密にはマクロではない。

13.4.2 マクロ関数

#defineを発展させて、ちょっと面白いことを紹介しよう。

#defineには前項に挙げた使用上の注意点はありますが、次のようなソースコードを記述することも可能です。

コード13-4 #defineで置換する

code1304.c

```
01 #include <stdio.h>
02
03 #define ADD(X,Y) X+Y
04
05 int main(void)
06 {
07   printf("%d¥n", ADD(3, 10));
08   return 0;
09 }
```

7行目を見ると、ADD関数を呼び出しているみたい。…ってことは、3行目は関数宣言なのか！

惜しい。関数とは似て非なるものなんだ。

#defineでは、単純な置換以外にも、このような引数を伴った文字列置換が可能です。

#defineプリプロセッサ命令（2）

```
#define 置換前の文字列(引数, …) 置換後の文字列
```

コード13-4の場合、7行目の `ADD(3, 10)` の部分が#defineの定義に従って文字列 `3+10` に置換されます。最終的に、この行は `printf("%d¥n", 3+10);` となり、あたかもADDが関数であるかのように機能します。このような引数を伴った#defineの利用を**マクロ関数**といいます。

ただ、このマクロ関数も注意が必要なんだよ。

マクロ関数は第8章で紹介した通常の関数とは異なり、「少し賢い文字列置換機能」に過ぎません。前項で紹介したマクロ定数と同様の懸念もありますし、さらには次のような副作用にも注意が必要です。

副作用（3） 関数展開による予期しない動作のリスクがある

もしコード13-4の7行目が `printf("%d¥n", ADD(3, 10)*2);` だとしたら、どのように動作するか想像してみてください。

ADDが通常の関数であれば、まず関数呼び出しが13に置き換わり、それが2倍されるので26が画面に表示されるはずです。しかし、実際にはプリプロセッサによって次のように単純に文字列置換されます。

```
printf("%d", 3+10*2);
```

この結果、演算子の優先順位に従って、乗算である `10*2` が先に処理され、画面には23が表示されます。この副作用を防ぐために、マクロ関数の宣言では、置換後の文字列や引数をカッコで囲んでおくのをおすすめします。コード13-4の3行目は `#define ADD(X,Y) ((X)+(Y))` としておけば、この副作用を防ぐことができます。

なるほど、それなら ADD(3, 10)*2 だったとしても ((3) + (10))*2 に置き換わって、先に足し算が実行されるね。

マクロ関数の副作用を回避する

マクロ関数の置換後文字列は必ず()で囲む。

13.4.3 マクロの存在意義

あの…、言いにくいんですが、副作用があるマクロ定数やマクロ関数なんて使わないで、普通の定数や関数を使っちゃダメなんですか？

おう、それがいいな。ぜひそうしてくれ。

これまで見てきたように、マクロ定数やマクロ関数は通常の定数や関数と似た役割を果たせる一方、さまざまな副作用や考慮すべき点があります。それにもかかわらず#defineが使われてきたのは、それによってCPUやメモリをいくらか節約できるからです。C言語が生まれた当初、それは極めて重要事項でした。

しかし、現代における一般的な開発では、みなさんがマクロの類いを積極的に利用する理由はほぼ存在しないと考えて差し支えありません。今では個人が保有するコンピュータや携帯端末でも、C言語誕生当時の何百倍もの性能のCPUやメモリが搭載されています。加えて近年のコンパイラは、レジスタ利用やインライン化など、マクロと同等かそれ以上の効率改善を実現する**最適化**（optimization）という機能を標準で備えています（付録D.8参照）。

このように、副作用の危険があるマクロをあえて利用しなければならないという状況は、かなり減少しているといえるでしょう。

ただし、過去のソースコードや他人の作成したプログラムを理解するためには、マクロ定数やマクロ関数を知っておく必要がありますので、しっかりと頭の片隅には入れておいてください。

マクロ利用ポリシー

積極的に使う理由はあまりないが、理解しておく理由は大いにある。

13.5 ソースコード分岐処理

13.5.1 条件付きコンパイル

それじゃあ、もう #defineとかいっそ廃止しちゃったらいいんじゃないですか？

いや、これはこれで結構便利なときがあるんだよなぁ。

プリプロセッサの機能には、ソースコードの一部分に対して、状況に応じて有効や無効にできる命令も用意されています。#defineと組み合わせて使うと、ある条件にあてはまるときにのみコンパイル対象となるコードを記述できます。実際の例を見てみましょう。

コード13-5 コンパイル対象のコードを切り分ける

BC3D5

code1305.c

```
#include <stdio.h>

#define DEBUG_MODE 5

int main(void)
{
  int x = 0;

#ifdef DEBUG_MODE
  printf("This is DEBUG MODE!¥n");
#endif
```

#ifdef DEBUG_MODE：DEBUG_MODEが宣言されていれば有効

```
#ifndef DEBUG_MODE
  printf("This is RELEASE MODE!¥n");
#endif

#if (DEBUG_MODE == 1)
  x = 1;
#elif (DEBUG_MODE == 2)
  x = 2;
#elif (DEBUG_MODE == 3)
  x = 3;
#else
  x = 9;
#endif

  printf("%d"¥n, x);
  return 0;
}
```

DEBUG_MODEが宣言されていなければ有効

DEBUG_MODEが1のとき有効

DEBUG_MODEが2のとき有効

DEBUG_MODEが3のとき有効

```
This is DEBUG MODE!
9
```

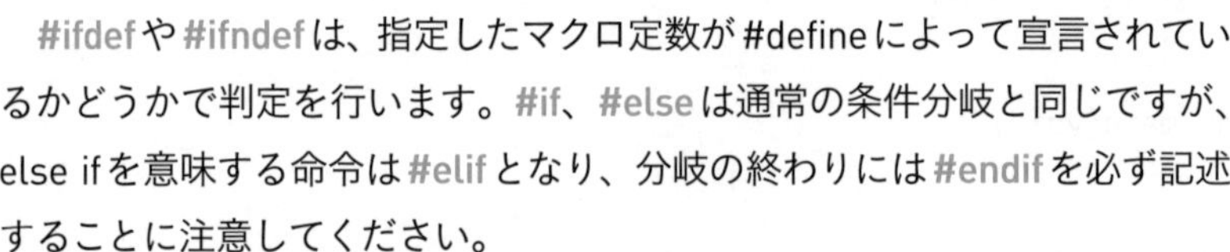

#ifdefや#ifndefは、指定したマクロ定数が#defineによって宣言されているかどうかで判定を行います。#if、#elseは通常の条件分岐と同じですが、else ifを意味する命令は#elifとなり、分岐の終わりには#endifを必ず記述することに注意してください。

なお、#ifや#elifの条件式には、マクロ定数とともに第4章で学んだ関係演算子や論理演算子を記述できます。ただし、プリプロセッサはC言語の構文を理解しないため、変数を指定することはできません。

条件付きコンパイルを指示するプリプロセッサ命令

```
#ifdef マクロ定数 ～ #endif
```

※ マクロ定数が宣言されていれば有効とする。

```
#ifndef マクロ定数 ～ #endif
```

※ マクロ定数が宣言されていなければ有効とする。

```
#if 条件式 ～ #endif
```

※ 合致する条件式に記述された処理を有効とする。

※ 上記3つの構文についてさらに分岐したい場合はif-else構文と同様に、`#elifdef マクロ定数 ～`、`#elifndef マクロ定数 ～`、`#elif 条件式 ～`、`#else` を利用できる（#elifdef、#elifndefはC23のみ）。

このような記述によって、状況に応じて不要な部分を削った実行可能ファイルの生成が可能になります。プリプロセッサによる条件付きコンパイルは、主に次のような場面で用いられます。

- **コンパイラの種類やバージョンに応じて異なるコードを記述したい。**
- **実行環境に応じて異なるコードを記述したい。**
- **デバッグ時のみ実行する処理を記述したい。**

あれ？　よく見るとコード13-5のインデント、変じゃないですか？

C言語の慣習として、プリプロセッサ命令はインデントしないっていう暗黙のルールが昔からあるのよね。

ただ、入れ子が複雑になったり、多用し過ぎたりすると可読性も悪くなるし、バグの温床になりかねない。必ずしもこうあるべき！ってものでもないぞ。

13.5.2 二重インクルードの回避

海藤さん、stdio.hってファイルなんですよね。開いて中身を見たりできるんですか？

もちろん。ただのテキストファイルだから、エディタで開けるぞ。

stdio.hやstdlib.hなど、頻繁にインクルードするヘッダファイルは、実はC言語が標準で準備してくれていたライブラリでした（p.478）。これらのファイルはC言語のコンパイラをインストールした際にPCの決められた場所に置かれますので、テキストエディタで開いて内容を閲覧することができます。たとえば、本書が準備した開発環境コンテナ（p.615）では、「/usr/include」に配置されています。

stdio.h

```
#ifndef _STDIO_H_
#define _STDIO_H_
⋮
stdio.hの本体
⋮
#endif
```

最初に必ず#ifndefと#defineが書かれている

ところで、同じファイルを2回以上インクルードすると、そのファイルに宣言された関数などの定義が重複してコンパイルエラーが発生してしまいます。そこで、インクルードされるファイルでは、#ifndefと#defineを使って二重にインクルードされるのを防止しています。これは最も典型的な#ifndefの活用例です。

へっ？　stdio.hを2回もインクルードしたりしないですよ？

第Ⅳ部

次の図13-3を見てください。赤城さんと岬くんが作成したコード13-2（p.479）では、それぞれstdio.hをインクルードしています。さらに、misaki.cはakagi.cもインクルードしていますので、結果としてstdio.hを2回インクルードすることになるのです。

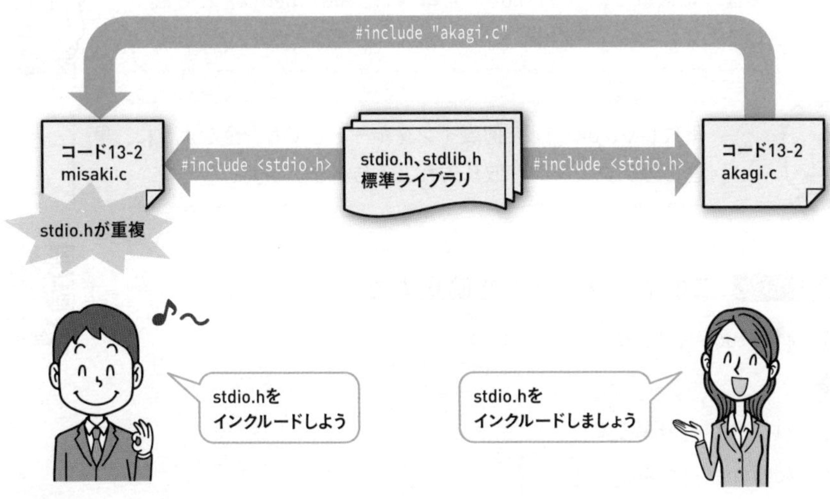

図13-3 インクルードの重複

これは標準ライブラリに限った話ではありません。ある程度の規模のアプリケーションであれば、共通して使う定数や関数などの処理をヘッダファイルに定義しておくのが一般的です。そのため、それらは何度もインクルードされ、処理に取り込まれます。

そこで、stdio.hでは、マクロ定数 `_STDIO_H_` が**宣言されていないか**を#ifndef命令を使ってチェックします。このマクロ定数はstdio.h独自に付けられた名前ですから、初めてstdio.hをインクルードする時点はまだ宣言されていないはずです。したがって、#ifndefの判定は真となり、#defineが記述された行以降のコードが有効となったstdio.hがインクルードされます。

2回目以降にstdio.hをインクルードしようとすると、すでにマクロ定数 `_STDIO_H_` が宣言されていますので、判定は偽となります。したがって、#defineが記述された行から最後の#endif直前まではすべて無効なコードと見なされます。

このような二重インクルードを防ぐ方法を**インクルードガード**といいます。

chapter 13

へぇ〜、stdio.hの中身すべてが `#ifndef`〜`#endif` で囲まれているんですね！

ちなみに最近では、`#ifndef X` は `#if !defined(X)` とも書けるわよ。

それじゃ、akagi.cを何度インクルードしても安全なように、早速このテクニックを取り入れようじゃないか。

コード13-6 二重インクルードを防止する

BC3D6

akagi.c

```
#include <stdio.h>

#ifndef __AKAGI_C__
#define __AKAGI_C__

void akagi(void)
{
  printf("akagi!¥n");
}

#endif
```

__AKAGI_C__が宣言されていなければ有効

このコードはこれまでと同じ方法ではコンパイルに失敗します。次節の解説を参照してください。

厳密なルールはありませんが、二重インクルードを防止するためのマクロ定数は、ファイル名をすべて大文字にして、ドット（.）をアンダースコア（_）に変え、さらに前後にアンダースコアを2つずつ付加することが多いようです。したがって、「akagi.c」の場合は `__AKAGI_C__` となります。

なお、stdio.hでは、マクロ定数名が `_STDIO_H_` となっています（p.490）。このような前後のアンダースコアが1つだけの名前は、C言語自体で予約されたもの（p.56）ですから、私たちは使わないようにしましょう。

13.6 コンパイラとリンカの仕事

さて、ここからは、プリプロセッサのあとの仕事を見ていくことにしよう。

13.6.1 コンパイラの役割

プリプロセッサによって前処理を施されたCのソースコードは、引き続きコンパイラによってさらに処理されていきます。

コード13-1（p.477）で確認したように、プリプロセッサが出力する内容は、まだ私たち人間にも意味のわかる内容でした。しかし、第1章のC言語による開発の流れで学習したように、プログラムを処理するCPUが理解できるのは、マシン語だけだったことを思い出してください（p.35）。

コンパイラは、プリプロセッサが出力した内容をC言語のルールに照らし合わせてチェックし、マシン語に翻訳します。たとえば、main.cというソースファイルに対してプリプロセッサによる前処理とコンパイルを行うと、その内容がマシン語に変換されてmain.oという**オブジェクトファイル**（object file）が生成されます。

```
$ gcc -c main.c
```

「-c」はコンパイルまで行うオプション

chapter 13

コンパイラの仕事

1. 前処理を終えたソースファイルについて、文法チェックを行う。
2. ソースコードをマシン語に翻訳してオブジェクトファイルを作成する。

13.6.2 リンカの役割

コンパイルまで通ればもう実行できてもよさそうなのに。

そう考えるのもわかるけどな。でも、まだprintf()の中身が入ってないだろう？

えっ？　printf()ってstdio.hに定義されているんですよね？　インクルードしたじゃないですか。

オブジェクトファイルは、C言語として正しい文法で記述され、マシン語にも変換されているため、すぐにでも実行できるように思えるかもしれません。しかし、インクルード処理で解説したように、展開されたのはあくまでもstdio.hに含まれるprintf関数の存在（プロトタイプ宣言）だけであって、printf関数の実体を含んでいない未完成の状態なのです。

そこで私たちは、プリプロセッサ、コンパイラに続き、リンカを動かして、「まだプロトタイプ宣言しかない関数の実体を含むオブジェクトファイルを結合」して、最終的な実行可能ファイルを生み出す必要があります。

リンカの仕事

- オブジェクトファイルを結合して、実行可能ファイルを作成する。
- ただし、実行可能ファイルを作成するには、必ずmain関数を含むオブジェクトファイルが必要。

たとえば、printf関数をはじめとする標準ライブラリ関数の実体は、libcというオブジェクトファイルに格納されています。このファイルは、GCCなどを導入したときにインストールされており、printf関数を使うプログラムのビルドでは必ずリンクする必要があります。

標準関数の実体もいちいちリンクしなきゃいけないなんて、ちょっと面倒ですね…。

libcについては、C言語プログラムを開発する人ほぼ全員が使うものですから、特に指定しなくても自動的にリンクされるしくみになっています。しかし、そのほかのオブジェクトファイルの結合については、明示的にリンクを指示する必要があります。

column

ライブラリファイル

コンパイル済みの関数の実体を含むオブジェクトファイルは、通常、.oや.objといった拡張子を付けて利用します。ただし、第三者の利用を前提とする関数群を含むオブジェクトファイルは、拡張子に.aや.libを付けてライブラリファイルと呼ぶ場合もあります。

さらに、ライブラリファイルの中でも動的リンクという高度な機構を備えたものは**ダイナミックリンクライブラリ**といわれ、拡張子に.soや.dllが使われます。ちなみに、libcの実体ファイル名は「libc.so」です。

13.6.3 効率的なコンパイルを求めて

さて、分業による効率化を図るビルドの総仕上げといこう。

コンパイラとリンカを上手に使うと、ビルドの負荷を改善できます。再び、akagi.cとmisaki.cを例として考えてみましょう。次ページのコード13-7に、akagi.c（コード13-2）とmisaki.c（コード13-6）を再掲しました。

コード13-7 misaki.cとakagi.cの再掲

BC3D7

misaki.c

```
01 #include <stdio.h>
02 #include "akagi.c"
03
04 int main(void)
05 {
06   akagi();
07   printf("misaki!¥n");
08   return 0;
09 }
```

（2行目）akagi.cの全体がここに取り込まれる

akagi.c

```
01 #include <stdio.h>
02
03 #ifndef __AKAGI_C__
04 #define __AKAGI_C__
05
06 void akagi(void)
07 {
08   printf("akagi!¥n");
09 }
10
11 #endif
```


　コード13-7を `gcc misaki.c` と入力してビルドしたときの様子をイメージしてみましょう。まず、misaki.cの2行目でakagi.cをインクルードしているため、akagi.cがmisaki.cのこの箇所にまるごと取り込まれます。次に、misaki.cからオブジェクトファイルが生成されます。最後に、リンカが標準ライブラリファイルをリンクして、実行可能ファイルを作成します（図13-4）。

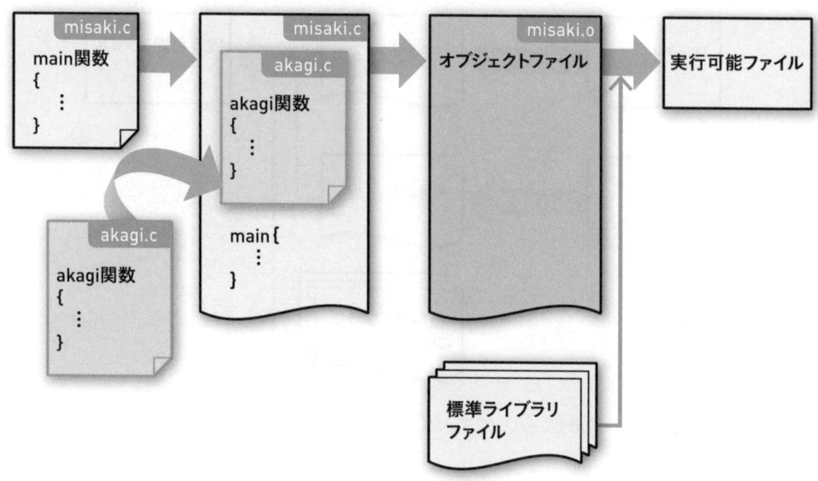

図13-4 akagi.cをインクルードするビルド

海藤さん、これだと、たとえばakagi関数が完成していても、メイン処理であるmisaki.cをコンパイルするたびに一緒にコンパイルされちゃうんですよね。ちょっと効率が悪いっていうか、ムダっていうか…。

倹約家の赤城さんが懸念するように、1つのソースファイルを修正するたびに、変更していないコードも含めてすべてのソースファイルをコンパイルするようなビルドは、効率的とはいえません。今はまだたった2つの数行のソースファイルだけですが、業務で開発されるシステムは、数十〜数百個のソースファイルから構成されるのが一般的です。ビルドのたびにすべてのソースファイルをコンパイルしていると、処理に膨大な時間がかかってしまうことでしょう。

そこで、分業して作った機能は個別にコンパイルしてオブジェクトファイルにしておいて、あとからリンクするだけのほうがずっと効率がいいんだ（次ページの図13-5）。

chapter 13

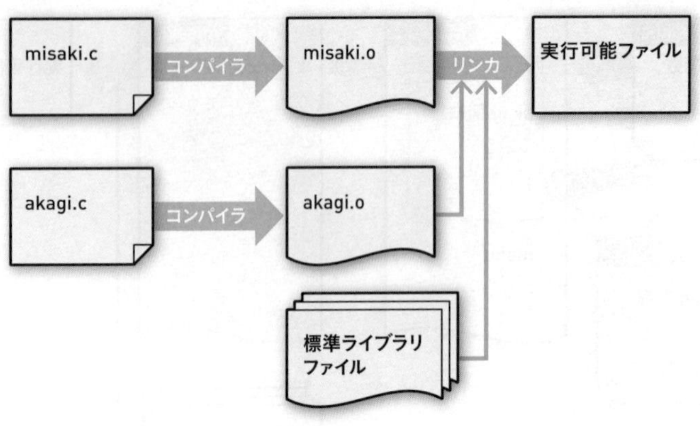

図13-5 akagi.oをあとからリンクするだけのビルド

13.6.4 自作のヘッダファイルとライブラリ

図13-5を実現するには、misaki.cにakagi.cをインクルードしないで別々にコンパイルすればいいですよね。あれ？　misaki.cの `#include "akagi.c"`（2行目）を消してコンパイルしたらakagi()がないって怒られちゃいました。

こういうときはね、プロトタイプ宣言を使うのよ。

コード13-7では、misaki.cからakagi()を呼び出しています。そのため、単純にmisaki.cの2行目のインクルード命令を消してしまうと、akagi()なんて知らないよ、とコンパイラにエラーを出されてしまいます。

このようなときは、第8章で学んだプロトタイプ宣言を使います。この場合は2行目を `void akagi(void);` とすれば、コンパイラは次の2点を理解して、コンパイルを通してくれます。

- **akagi()という関数の処理本体はまだ定義されていないけれど、将来リンクするときにきっと見つかるだろう。**

- **プロトタイプ宣言があるおかげでakagi()の引数と戻り値がわかるため、6行目の関数呼び出しは問題ない。**

一般的には、赤城さんがakagi.cを作る際、そのプロトタイプ宣言だけを含むakagi.hを併せて準備しておき、misaki.cからはそれをインクルードする形を取ります。

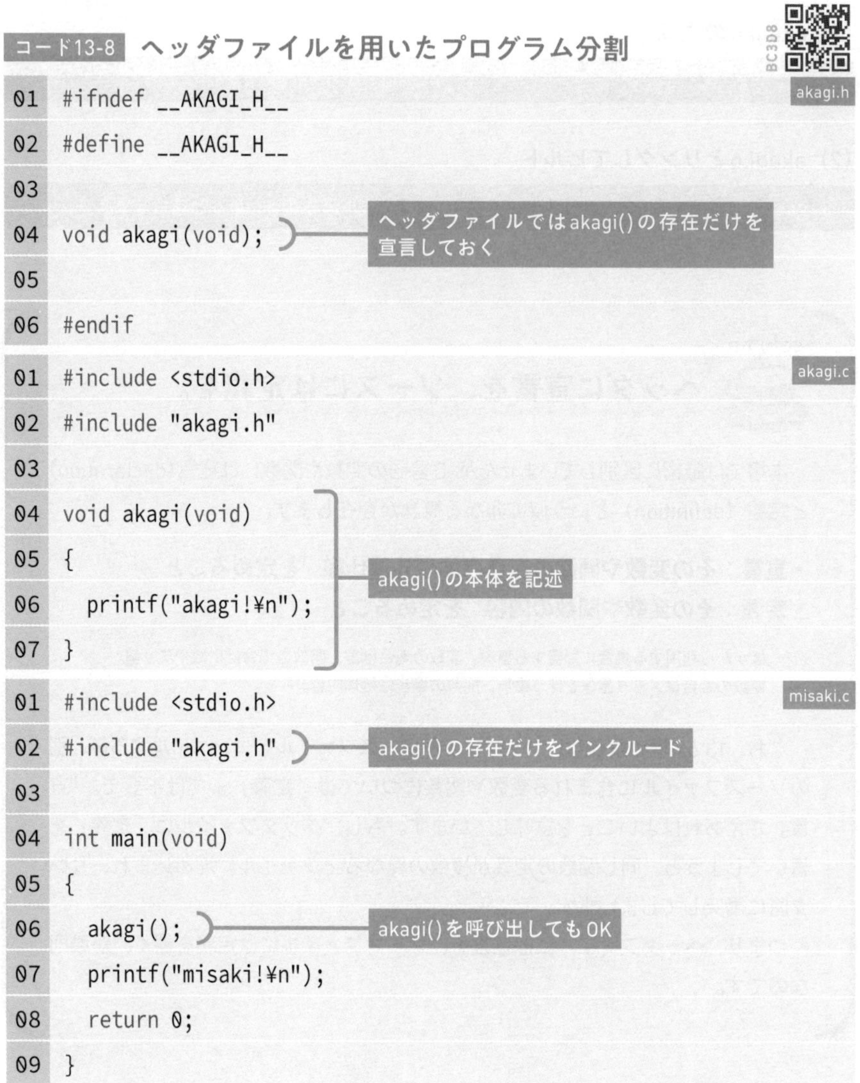

コード13-8 ヘッダファイルを用いたプログラム分割

akagi.h

```
01 #ifndef __AKAGI_H__
02 #define __AKAGI_H__
03
04 void akagi(void);
05
06 #endif
```

akagi.c

```
01 #include <stdio.h>
02 #include "akagi.h"
03
04 void akagi(void)
05 {
06   printf("akagi!¥n");
07 }
```

misaki.c

```
01 #include <stdio.h>
02 #include "akagi.h"
03
04 int main(void)
05 {
06   akagi();
07   printf("misaki!¥n");
08   return 0;
09 }
```


chapter 13

このように、「ほかのソースファイルで使われる関数」については、その内容を記述した.cファイルのほかに、プロトタイプ宣言だけを記述した.hファイルを準備しましょう。その関数を使いたい人は、ヘッダファイルをインクルードするだけでコンパイルが可能になります。

仮にakagi.cが数万行もある力作だったとしても、コンパイルしてakagi.oを一度作っておけば、岬くんはビルドを高速に実行できます。

(1) akagi.oの生成

```
$ gcc -c akagi.c
```

misaki.cからmisaki.oを作っておく

(2) akagi.oとリンクしてビルド

```
$ gcc misaki.c akagi.o⏎
```

コンパイル済みのakagi.oと結合する

column

ヘッダに宣言を、ソースには定義を。

本書では厳密に区別していませんが、C言語の変数や関数には宣言（declaration）と定義（definition）という似て非なる概念が存在します。

- **宣言：その変数や関数の存在自体や外部仕様※1を定めること**
- **定義：その変数や関数の内容※2を定めること**

※1　ほかから利用する場合に影響する事項。変数の場合は型、関数の場合は引数や戻り値。
※2　変数の場合はメモリ確保を伴う事項、関数の場合は処理内容。

なお、13.6.4項の解説は、コンパイラがソースファイルをコンパイルする際、別のソースファイルに含まれる変数や関数については「定義」までは不要で、「宣言」さえあればよいことを意味しています。もし、ヘッダファイルに「定義」を書いてしまうと、同じ関数の定義が複数の異なる.cファイルに埋め込まれ、リンク時に衝突してしまいます。

つまり、ヘッダファイルには宣言を、ソースファイルには定義を書く、が原則なのです。

第Ⅳ部

13.7 ライブラリの利用

13.7.1 標準ライブラリ

すでに紹介しましたが、printf()やscanf()など、これまで当たり前のように便利に使ってきた機能も、C言語によって標準で提供された関数に過ぎません。

ITに限ったことではありませんが、さまざまな産業技術が発展した現代では、モノを作るにあたって全世界で統一された基準が必要です。たとえば、日本国内の工業規格を定めたJISは、日本での統一規格の1つです。

C言語も例外ではなく、その言語仕様がISOによって標準化されています(付録C)。C言語には、GCCやClang、Visual C++など、さまざまなC言語の処理系が存在します（p.475)。もし、それぞれの環境によってprintf()の文法や機能が異なっていたら、開発者は各環境に応じてprintf()の使い方を変更しなくてはならず、困ってしまいます。

そこで、先人たちはどの処理系でも必ず備えておくべきライブラリを標準規格として取り決めたのです。最新のC言語仕様では31のカテゴリについて、どのような関数やマクロ定義を持つべきかをヘッダファイルとして定めています。中でも古くから利用されてきた代表的なヘッダファイルが表13-1のものです（標準ライブラリに含まれる代表的な関数やマクロは付録Eで紹介しています)。

表13-1 標準ライブラリの代表的なヘッダファイル

assert.h	complex.h	ctype.h	errno.h
float.h	limits.h	locale.h	math.h
setjmp.h	signal.h	stdarg.h	stddef.h
stdio.h	stdlib.h	string.h	time.h

ヘッダファイルだけで30個以上もあるのか！　関数を数えたら、数百個くらいはありそうだなぁ。

まあ、よく使うものは限られるし、memcpyやstrlenなどすでに紹介したものも多い。次の章では、stdio.hに定義されているファイルの読み書きに関する標準関数を解説しよう。

13.7.2 ライブラリの公開

前節で紹介したように、誰でも自由に自分の作った関数をライブラリとして公開することができます。具体的には、関数のプロトタイプ宣言を含むヘッダファイル（.hファイル）と、コンパイル済みの関数本体であるオブジェクトファイル（.oや.aファイル）をセットで公開します。実際、インターネット上には自作のライブラリを公開しているサイトが数多く存在します。

自分の作ったライブラリをたくさんの人に使ってもらえるなんて、ワクワクしますね！

自分の書いたソースコードが誰かの役に立つ、開発者の醍醐味だよな。

column

CPUアーキテクチャとOSの制約

ライブラリの実体であるオブジェクトファイルはマシン語で記述されていますが、マシン語はCPUの種類やOSによっては互換性がない可能性もあります。さまざまな実行環境に対応するためには、動作するCPUやOSの種類に応じたライブラリを公開する必要があります。

第IV部

13.8 第13章のまとめ

ビルドシステム

- ソースコードから実行可能ファイルが生成されるまでの過程をビルドといい、プリプロセッサ、コンパイラ、リンカが協調して動作している。

プリプロセッサの働き

- #include命令によるファイルの取り込みを利用して、ソースファイルを分割することができる。
- #define命令によって、プリプロセッサは数値や文字列を単純置換する。
- #ifや#ifdefによる分岐命令によって、ソースコードの一部分を有効化したり無効化したりできる。
- #define命令と#ifndef命令を組み合わせて、二重インクルードを回避できる。
- 関数のプロトタイプ宣言だけを記述したヘッダファイルをインクルードし、効率的なビルドを実現する。

コンパイラとリンカの働き

- コンパイラは文法をチェックした上でソースコードをマシン語に翻訳して、オブジェクトファイルを生成する。
- リンカはオブジェクトファイルを結合して、実行可能ファイルを生成する。
- 実行可能ファイルを作成するには、main関数が必ず必要である。

13.9 練習問題

練習13-1

次の図の（ア）～（ウ）に当てはまる語句を答えてください。

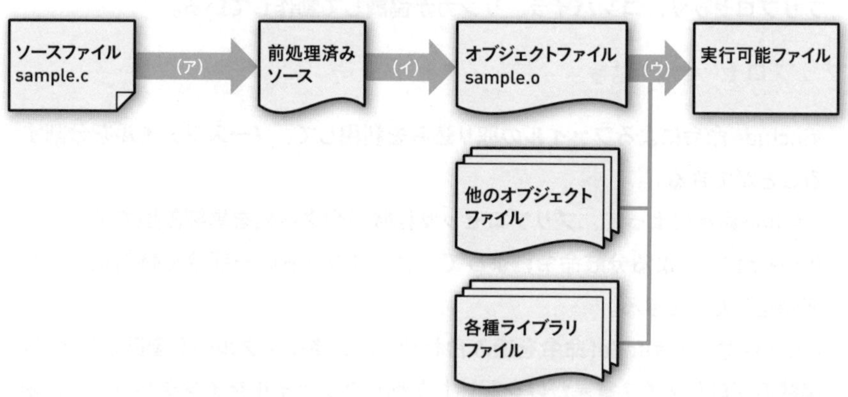

練習13-2

次のプログラムのsub関数をソースファイルsub.cに分割して、同じように動作するプログラムを作成してください。ただし、2つのファイルは同じディレクトリに保存するものとします。

main.c

```
#include <stdio.h>

void sub(void)
{
  printf("これはsubです。¥n");
}

```

```
int main(void)
{
  printf("これはmainです。¥n");
  sub();
  return 0;
}
```

BC3Da

練習13-3

次の設問に回答してください。

(1) 次のようなcreateRand関数が定義されたsub.cがあります。この関数のプロトタイプ宣言を記述したヘッダファイルを作成し、適切な名前を付けてください。

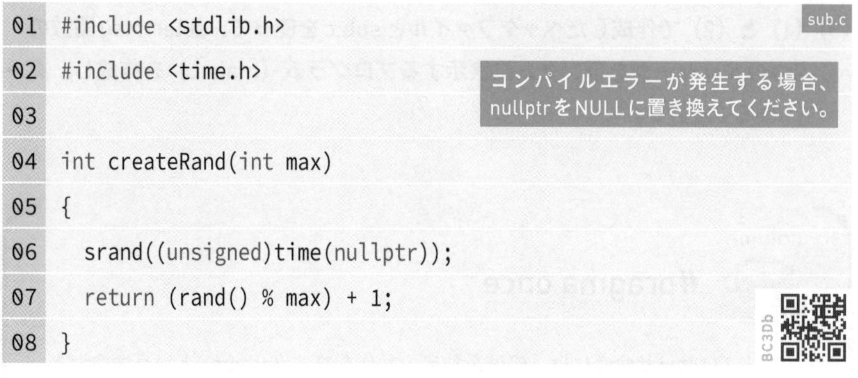

sub.c

```
#include <stdlib.h>
#include <time.h>

int createRand(int max)
{
  srand((unsigned)time(nullptr));
  return (rand() % max) + 1;
}
```

コンパイルエラーが発生する場合、
nullptrをNULLに置き換えてください。
BC3Db

＊QRコードは（1）、（2）で共通。

(2) sub.cに、次のようなselectMsg関数も定義しました。この関数のプロトタイプ宣言を（1）で作成したヘッダファイルに追記してください。

sub.c

```
char* selectMsg(int num)
{
  char* rem;

```

chapter 13

```
  switch (num) {
    case 1:
      rem = "When you give up, that’s when the game is over.";
      break;
    case 2:
      rem = "He stole something quite precious...your heart.";
      break;
    case 3:
      rem = "There’s only one truth!";
      break;
  }
  return rem;
}
```

BC3Db

(3) **(1) と (2) で作成したヘッダファイルとsub.cを使って、selectMsg関数の3つのメッセージをランダムに表示するプログラム (main.c) を作成し、実行してください。**

column

#pragma once

プリプロセッサ命令には、処理系独自の動作を許す#pragmaという命令があります。移植性が落ちるため、あまり多用すべきではありませんが、なかでも`#pragma once`は、ファイルの先頭に記述するとインクルードガード（13.5.2項）と同様に二重インクルードを防げる便利な命令です。

GCC、Clang、Visual C++などの主要な処理系ではサポートしていますので、デメリットやリスクを考慮の上、活用してもよいでしょう。

chapter 14
ファイル入出力

入出力に関する標準ライブラリstdio.hには、
ファイルを対象とした読み書きに関する関数も定義されています。
この章では、まずファイルを取り扱うために必要な前提知識を
紹介した上で、基本的なファイルの操作方法を学んでいきます。

contents

14.1 ファイルの種類

14.1.1 ファイル入出力

プログラム外部のファイルからデータを読み取ったり、逆に処理した内容をファイルに書き込んだりすることを、一般的にファイルの読み書き、またはファイル入出力といいます。

図14-1 ファイル入出力

C言語の場合、バイト単位で読み書きできるため、テキストファイルだけでなく、バイナリファイルの取り扱いも可能です。

ん？　バイナリファイル？　何ですか、それ？

そうだな、まずはファイルの種類について解説しよう。

14.1.2 2種類のファイル

コンピュータが扱うファイルには、大きく分けて、テキストファイルとバイナリファイルの2つの種類があります。

ちょっと待ってください。2つだけってことはないんじゃないですか？　.txtとか.jpegとか、.cや.exeだってあるじゃないですか！

それも確かにファイルの種類といえるけど、より大きく捉えれば2種類だけなのよ。

岬くんの言う.txtや.cは拡張子の種類であり、コンピュータがファイルを開く際に、どのアプリケーションを使ってファイルを開くべきかを識別するためにあらかじめ取り決めておく記号に過ぎません。

たとえば、CSVファイル（Comma Separated Value）は、いくつかのデータ項目をカンマ（,）で区切った形式のテキストファイルです。一般的に拡張子は.csvが付けられ、多くのWindows PCでは、Microsoft Excelで開く設定をコンピュータが覚えているため、ファイルをダブルクリックすると自動的にExcelが起動し、CSVファイルが読み取られます。

しかし、あえてユーザーが自分でメモ帳を起動してCSVファイルを開き、編集することも可能です。CSVファイルを操作できるアプリケーションは、Excelだけに限られているわけではないのです。

Excelで開いたCSVファイル

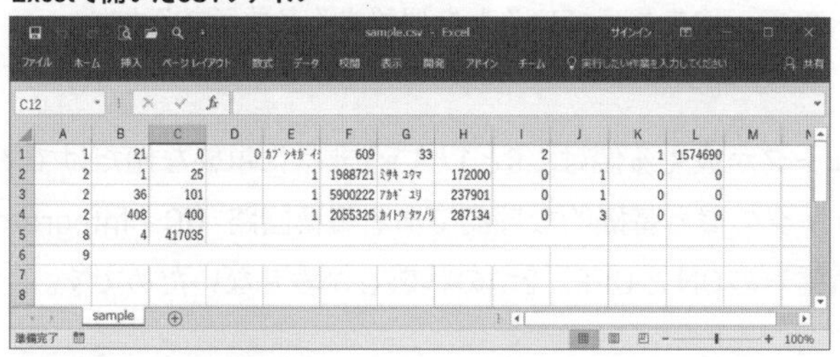

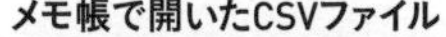

メモ帳で開いたCSVファイル

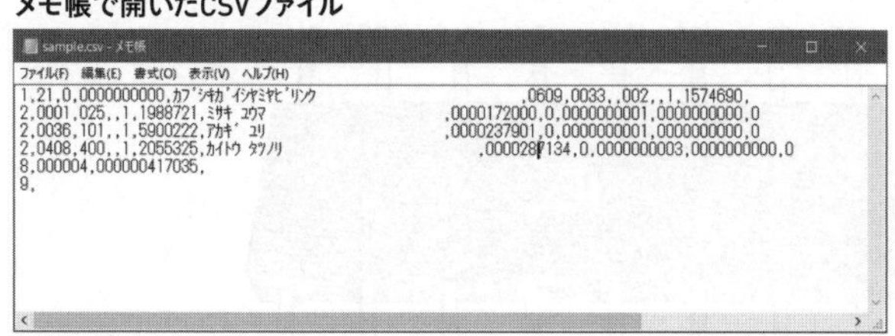

どちらも同じCSVファイルを開いているんだね

図14-2　CSVファイルはメモ帳でも開ける

chapter 14

本章でのファイルは、**文字を表すためのデータを保存したファイルなのか、それ以外のデータを保存したファイルなのか**で分類します。

手っ取り早く言ってしまうと、メモ帳で扱えるファイルはテキストファイル、メモ帳で扱えないファイルがバイナリファイルと覚えてもいい。

CSVファイルはメモ帳で開いて読めるから、テキストファイルなんですね。

メモ帳はWindows標準のテキストエディタですが、ほかのエディタも役割は同じです。テキストエディタは、ファイルに書かれているデータを文字コードとして捉え、私たちが文字として認識できる「a」や「あ」などの記号に変換して表示してくれるアプリケーションです。

14.1.3 0と1で表現する

文字コードについて話す前に、そもそもコンピュータがどうやってデータを捉えているかを理解する必要があるわね。

本来、コンピュータが扱える値は、0と1という非常に単純な値だけです。これは、コンピュータの最も基礎的な部品である集積回路（IC：Integrated Circuit）が、電気信号のONとOFF、2つの状態しか表せないためです。

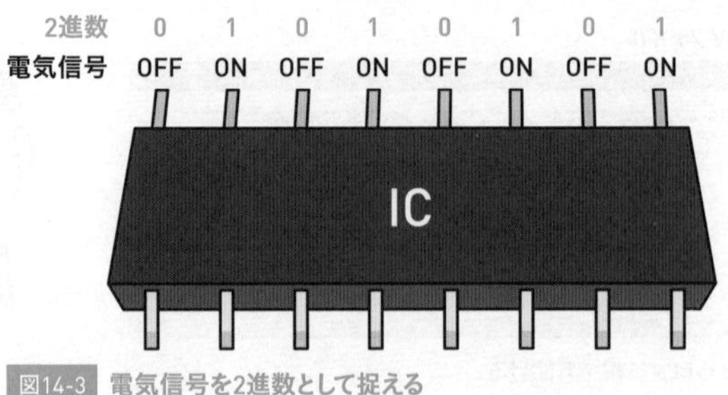

図14-3 電気信号を2進数として捉える

第IV部

0または1のどちらかを表現できる状態を1**ビット**といい、たとえば表と裏、真と偽のような2つの事柄を表すことができます。これがコンピュータの扱えるデータの最小単位です。

2ビット、つまり0と1を2桁で持つことができれば、00、01、10、11の4種類の状態を表せます。同様に、3ビットは8種類、4ビットなら16種類の状態を表現できるようになります。このように、ビットが増えるたびに、表現できるデータの数は倍になっていきます。nビットでは2をn回掛けた数、つまり2のn乗の種類を扱えます。

第2章では変数の型がどのくらいの大きさのデータを格納できるかを紹介しましたが、文字を格納するために利用されるchar型は1バイトでした(p.58)。1**バイト**は、8ビットをひとまとめにした大きさをいいます。すなわち、1バイト=8ビットなので、256通りのデータを保存できることになります。

初期の家庭用ゲーム機は8ビットだったなぁ。

ところで、コンピュータは欧米で発展してきました。欧米で使われる言語は主にアルファベットから成り、使われる文字の種類はAからZの26文字です。大文字と小文字、そのほかの記号を合わせても256種類あれば足りるだろうということで、char型が文字を格納する型として使われてきたのです。

column

10進数と2進数

01011101のような、コンピュータが扱える0と1の並びを**2進数**といいます。私たちが日常用いている10進数は10で桁が1つ繰り上がりますが、2進数では2で桁が繰り上がります。たとえば、10進数の101は100×1+1×1を意味する数ですが、2進数の101は4×1+1×1で5を意味します。

14.1.4 文字コードとテキストファイル

ここまでくれば、コンピュータが文字を表現する方法を理解するまであと1歩です。256種類の0と1の組み合わせが、それぞれどの文字を表すのかを決めておけばよいのです。このようなルールを文字コードといい、ほぼすべてのコンピュータは、**ASCIIコード**という取り決めに従って0と1の並びを文字に対応させています。

たとえば、01000001（10進数で65）は「A」、00101010（10進数で42）は「*」と決められています（付録E.10にASCII文字コード表を掲載）。

でも、今まで書いたソースコードは、0とか1とかじゃなくて、ちゃんと読める文字で表示されますね。

コンピュータの中では0と1だけど、テキストエディタがASCIIコードに基づいて変換してくれているの。

コンピュータに保存されているテキストファイルが1000001…のような2進数の羅列であるにもかかわらず、ファイルを開くと、私たちにも意味のわかる文字として画面に表示されます。これは、テキストエディタがファイルを開く際に、文字コードに従って2進数を文字に変換してくれているからなのです。

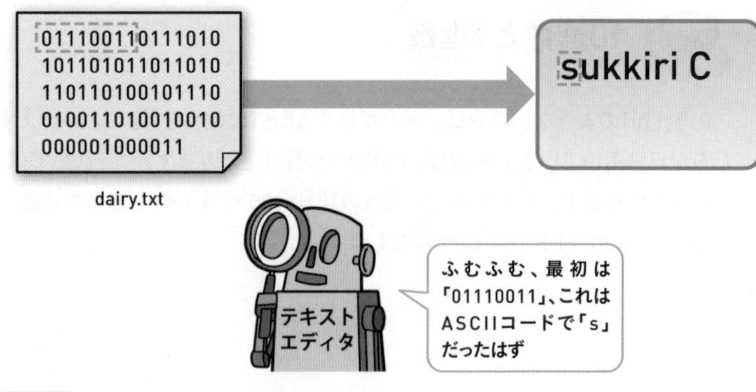

図14-4 テキストエディタが文字コードに従って変換してくれる

しかし、日本語は文字の種類が多いから、256種類だけでは表現できないんだ。C言語による全角文字の扱い方については、付録Eを見てほしい。

14.1.5 バイナリファイル

テキストファイルが2進数で書かれているのはわかりましたけど、バイナリファイルは違うんですか？　バイナリって2進数という意味ですよね。

実は、テキストファイルもバイナリファイルも2進数で表現されている事実に変わりはないんだ。

テキストファイルもバイナリファイルもコンピュータが扱うデータですから、その内容は2進数です。大きく異なるのは、テキストファイルがそのすべての内容を文字コードとして解釈できるのに対し、バイナリファイルは文字コードのルールに従って書かれていないため、テキストエディタで開いてもまったくの意味不明な内容に見えるという点です。

メモ帳で開いた電卓アプリ(calc.exe)

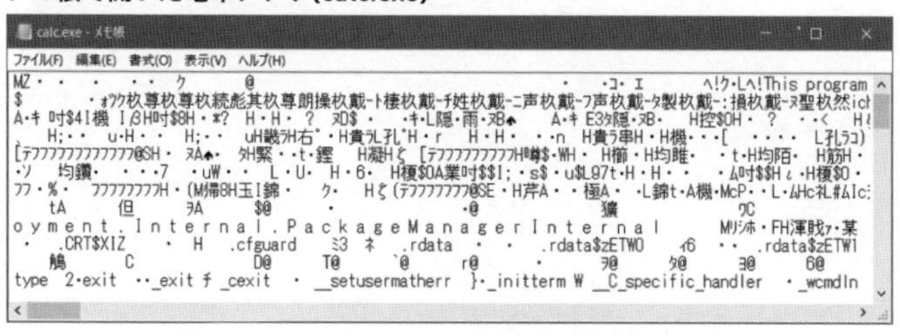

ところどころ、文字として読める部分もある。これは文字情報も埋め込まれているためだ。

図14-5 Windowsの電卓プログラムをメモ帳で開いてみる

つまり、「ファイルは大きく分けると2種類に分類できる」とは、文字で解釈できるファイルとできないファイルの2つの種類のファイルが存在する、という意味だったのです。

テキストファイルとバイナリファイル

テキストファイル　すべての内容が文字コードで解釈できる。
バイナリファイル　文字コードで解釈できない内容がある。

column

標準化されたバイナリファイル

基本的にソフトウェアや動作環境に依存するバイナリファイルですが、画像ファイルの方式の1つであるJPEG（Joint Photographic Experts Group）とPNG（Portable Network Graphics）は、バイナリであっても国際標準化されています。したがって、OSなどの動作環境の壁を越えて、汎用的に取り扱えるファイルフォーマットです。

第IV部

14.2 ファイルの読み書きの基本

14.2.1 ストリーム

それじゃ、早くファイルに書き込んでみましょうよ！　どんなバイナリファイルを使おうかな～。

まあ待て。まずはプログラムとファイルとの間を流れるデータのイメージを共有しておこう。

プログラムからファイルにアクセスするにあたって、通常、すべてを一度に処理することはありません。これは、PCが使用可能なメモリと比べて、読み取るファイルや書き込むデータのサイズが大きい場合に備えるためです。少しずつ読んだり書いたりすれば、処理に必要なメモリが不足するのを防止できます。

プログラム外部とのデータのやりとり

プログラム外部を対象としたデータ処理では、読み書きは少しずつ行う。

chapter 14

このような処理では、**ストリーム**（stream）という考えを用います。ストリームとは、プログラムとファイルの間を流れる小さな川のようなもの、とイメージするとよいでしょう。たとえば、ファイルを読み取る場合には、次ページの図14-6のように、小川の上流にあるファイルから少しずつ流れてくるデータをプログラムが読み取っていきます。C言語プログラムは、ストリームを通してファイルの読み書きを行うのです。

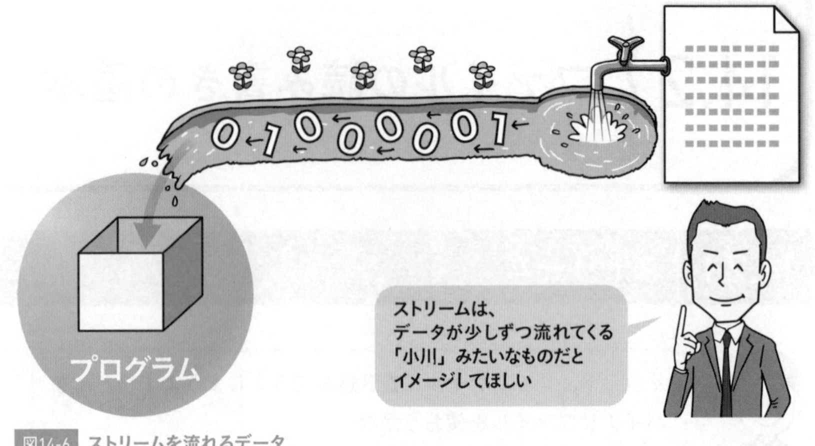

ストリームは、
データが少しずつ流れてくる
「小川」みたいなものだと
イメージしてほしい
プログラム

図14-6 ストリームを流れるデータ

14.2.2 標準入出力

これは何もファイルに限った話じゃないんだ。画面やキーボード、通信回線だって、ストリームにつながっている入出力先と考えられるんだぜ。

この章では、「ファイルにつながるストリーム」を用いて読み書きする方法について解説していきますが、このストリームという概念は、さまざまなデータ入出力を実現するための汎用的な考え方であって、その接続先にはさまざまな装置が考えられます。たとえば、「キーボードにつながるストリーム」から情報を読み取るのがキー入力、「画面につながるストリーム」に情報を流すのが画面文字出力だと捉えることができます。

なお、C言語プログラムでは、main関数が動き始めた直後から、標準入力・標準出力・標準エラー出力という3つのストリームを使うことができます。これらのストリームは、通常、キーボードやディスプレイにつながっています（表14-1）。

表14-1 C言語の標準入出力ストリーム

名称	stdio.h でのマクロ定義	デフォルトの接続先
標準入力	stdin	キーボード
標準出力	stdout	ディスプレイ
標準エラー出力	stderr	ディスプレイ

実は、俺たちはすでに、これらのストリームをかなり使い込んでいるんだ。

えっ？

これまで頻繁に使ってきたprintf()は、標準出力、つまりディスプレイにつながるストリームにデータを流す役割を持った関数です。また、scanf()は、標準入力、つまりキーボードにつながるストリームからデータを受け取る関数なのです。

column

標準入出力の接続先を変える

多くのOSでは、あるプログラムを起動する際、3つの標準入出力ストリームを表14-1に挙げた接続先につなぎます。しかし、プログラムを起動する際、**リダイレクト**（redirect）というOSの機能を使うと、この接続先を明示的に変えることが可能です。

たとえば、次の方法でa.outを実行すると、標準出力がa.logファイルに接続され、ディスプレイに表示されていた出力がファイルに書き出されます。

```
$ ./a.out > a.log
```

chapter 14

14.2.3 4つのステップ

おまっとさん！　それじゃいよいよファイルを操作していこう。

やったー！　待ちかねましたよ！

C言語では、次の4つのステップでファイルを読み書きします。

(1) FILE構造体へのポインタを宣言する
(2) ファイルを開く
(3) 読み書きする
(4) ファイルを閉じる

4つのステップのうち、(3) の読み書きがファイル操作におけるメイン処理であり、それ以外は読み書きのための準備、および後片付けと捉えてもよいでしょう。次項では、まず (1)・(2)・(4) について解説します。また、(3) の読み書きを行う関数にはさまざまな種類が用意されているため、14.3節以降で1つずつ紹介していきます。

なお、これら4つのステップを実現する機能は標準ライブラリに用意されており、該当する関数を呼び出すだけで処理が可能になります。

ファイルの読み書きに関する関数はおなじみのstdio.hに定義されているから、忘れずにインクルードしてくれ。

14.2.4 fopen / fclose ― ファイルを開く、閉じる

次のコード14-1は、テキストファイルmemo.txtを開き、何もせずに閉じるだけのプログラムです。

コード14-1 ファイルを開いて閉じる

BC3E1

code1401.c

```
01 #include <stdio.h>
02 #include <stdlib.h>  // exitを呼び出すために必要
03 
04 int main(void)
05 {
06   FILE* fp;
07 
08   fp = fopen("memo.txt", "r");
09   if (fp == nullptr) {
10     printf("ファイルを開けませんでした¥n");
11     exit(1);          // エラーなら異常終了
12   } else {
13     printf("ファイルを開きました¥n");
14   }
15 
16   fclose(fp);
17 
18   return 0;
19 }
```

(1) FILE構造体へのポインタを宣言

(2) ファイルを開く

(4) ファイルを閉じる

コンパイルエラーが発生する場合、nullptrをNULLに置き換えてください。

6行目に着目してください。ここでは、**FILE構造体**という型へのポインタを宣言しています。この構造体は、ファイルのアクセスモード、現在読み書きしているファイルの位置、エラー情報、関連するバッファへのポインタなど、ファイルの入出力に欠かせないメンバを持つ構造体です。FILE構造体へのポインタを**ファイルポインタ**といい、ファイルを開くfopen関数の戻り値として取得できます（8行目）。

ファイルを読み書きする関数には、必ずこのファイルポインタを引数として渡す必要があるんだ。

FILE構造体の内容やメンバを私たちが気にする機会は、普通ないの。

fopen関数には、オープンするファイル名と、アクセスモード（ファイルをどのようなモードで開くか、表14-2）を引数で指定します。コード14-1ではアクセスモードに"r"を指定しているので、読み取り専用で開きます。このモードでは、もしmemo.txtが存在しなければエラーとなり、fpにはnullptrがセットされます。

ファイルを開く

```
FILE* fopen(const char* filename, const char* mode)
```

※ filename：開きたいファイル名
※ mode　　：アクセスモード
※ 戻り値　：ファイルポインタ、エラー時はnullptr
※ ファイル名は、相対パスまたは絶対パスで指定する。

表14-2 アクセスモード

ファイルの種類	モード	意味	指定ファイルが存在するときの動作	指定ファイルが存在しないときの動作	読み書きの開始位置
テキスト	"r"	読み取り専用	ファイルを開く	エラー（戻り値 nullptr）	先頭
	"r+"	読み書き			
	"w"	書き込み専用	サイズを0にしてファイルを開く	新規作成してファイルを開く	先頭
	"w+"	読み書き			
	"a"	追加書き込み専用	ファイルを開く	新規作成してファイルを開く	終端
	"a+"	読み取りと追加書き込み			

第IV部

ファイルの種類	モード	意味	指定ファイルが存在するときの動作	指定ファイルが存在しないときの動作	読み書きの開始位置
バイナリ	"rb"	読み取り専用	ファイルを開く	エラー （戻り値 nullptr）	先頭
	"rb+" "r+b"	読み書き			
	"wb"	書き込み専用	サイズを 0 にして ファイルを開く	新規作成して ファイルを開く	先頭
	"wb+" "w+b"	読み書き			
	"ab"	追加書き込み専用	ファイルを開く	新規作成して ファイルを開く	終端
	"ab+" "a+b"	読み取りと 追加書き込み			

テキストとバイナリで分かれているけど、モード以外は同じみたい。何か違いはあるんですか？

実はあんまりないのよねぇ。テキストファイルのモードで開くと改行コードを意識してくれるっていうだけの違いなのよ。

テキストモードでファイルを開くと、ファイルの読み書きに改行コード（¥n）が登場した場合、そのOSに応じて適切に扱われるようになります。たとえば、Windowsなら¥r¥n、バージョン9以前のmacOSなら¥rに自動的に変換されます。一方、バイナリモードでは、改行コードを特別に認識することはありません。

ファイルを開いたら、閉じることにも気を配る必要があるんだ。

ファイルを閉じるには、fclose()を呼び出します。なお、引数として渡すファイルポインタがnullptrのとき、つまりファイルが開かれていない状態でのfclose()の動作はC言語の規格に定められておらず、処理系によって結果が異なります。安全を期すためには、fopen()の呼び出しでエラーとなってファイルを開けなかった場合には、通常、fclose()を実行しないように制御します（コード14-1の9〜11行目）。

コード14-1ではファイルを開けなかったときにexit関数を使って処理を終了させていますが、exit関数の引数に0以外の正の値を指定すると、処理の終了時にこのプログラムが失敗した事実をOSに通知できます。

ファイルを閉じる

```
int fclose(FILE* fp)
```

※ fp　　：閉じるファイルのファイルポインタ
※ 戻り値：正常時は0、エラー時はEOF（-1）
※ ファイルポインタがnullptrの場合の動作は保証されない。
※ EOFについては次節を参照。

column

ファイルの閉じ忘れにご用心

ファイルの読み書きで初心者が最も陥りやすい落とし穴が、ファイルの閉じ忘れです。ファイルを開いている間はほかのプログラムがそのファイルにアクセスできないため、ファイルの占有状態が続くと影響が大きくなる可能性もあります。また、同時に開けるファイル数をOSが制限している場合もあり、状況によっては不具合の原因究明が困難になる可能性もあります。

処理が正常なルートを通る場合だけでなく、エラー発生などにより異常時のルートを通る場合でも、確実にファイルが閉じられる作りにしておかなければなりません。そのようなエラー処理をまとめてスマートに記述するために、goto文（p.177）が利用されることがあります。

14.3 1文字の読み書き

14.3.1 fputc / fgetc ― 1文字の読み書き

よし、ファイルのオープンとクローズはできました！　次は読むのと書くのですね。

読み書きの関数はいろいろとあるんだが、まずは最も基本となるものから見ていこう。

C言語には、ストリームにどのくらいの量のデータを流すかによって、さまざまな読み書きの命令が用意されています。手始めに、1文字の読み書きを体験してみましょう。なお、第2章でも解説しましたが、C言語における「1文字」とは、1つのASCIIコードによる文字、つまり1バイト分のデータを指します（p.65）。

次のコード14-2は、memo.txtへ書き出した文字を読み取って、画面に表示します。

コード14-2 1文字ずつ書き込み、1文字ずつ読み取って表示

BC3E2

code1402.c

```
#include <stdio.h>
#include <stdlib.h>
#include <string.h>

int main(void)
{
  FILE* fp;
  char text[] = "sukkriC!";       // 書き込む文字
```

```
09    int len = strlen(text);         // 文字列の長さを取得
10    int ch;
11
12    // 書き込み専用でオープン
13    if ((fp = fopen("memo.txt", "w")) == nullptr) {
14      exit(1);
15    }
16
17    for (int i = 0; i < len; i++) {
18      fputc(text[i], fp);
19    }
20
21    fclose(fp);
22
23    // 読み取り専用でオープン
24    if ((fp = fopen("memo.txt", "r")) == nullptr) {
25      exit(1);
26    }
27
28    while ((ch = fgetc(fp)) != EOF) {
29      printf("%c", ch)        // 標準出力（画面）に表示
30    }
31    printf("¥n");
32
33    fclose(fp);
34    return 0;
35  }
```

コード14-1の8〜9行目を1行で書くイディオム

配列の要素を1文字ずつ書き込む

ファイルを最後まで読んだらループ終了

コンパイルエラーが発生する場合、nullptrをNULLに置き換えてください。

17〜19行目が書き込みのメイン部分です。fputc()は、引数に渡された1文字をファイルに書き込みます。今回書き込む内容は配列textにあるため、ループ処理を使って1文字ずつ取り出しています。

28〜30行目が読み取りのメイン部分です。fgetc()は、引数に渡されたファイルポインタの示す位置から1文字分を読み取り、戻り値として返します。なお、ポインタの指し示す位置は、fputc()やfgetc()などのファイル入出力関数を呼び出すと自動的に更新されます。

自動的ってことは、自分で操作する必要はないんだね。

ファイルポインタがファイルの終わりに達し、これ以上読むものがない状態になると、文字ではなく**EOF**（End Of File）という制御コードが返されます。これによって、whileループの終了を判定しています。EOFもstdio.hに定義されたマクロ定数であり、その値は-1です。

ファイルに1文字を書き込む

```
int fputc(int ch, FILE* fp);
```

※ch　：書き込む文字
※fp　：書き込むファイルのファイルポインタ
※戻り値：書き込んだ文字、失敗時はEOF（-1）

ファイルから1文字を読み取る

```
int fgetc(FILE* fp)
```

※fp　：読み取るファイルのファイルポインタ
※戻り値：読み取った文字、ファイルの終端や失敗時はEOF（-1）

fputc()の引数（書き込む文字）やfgetc()の戻り値（読み取った文字）の型は、char型ではなくint型です。fgetc()の戻り値がEOF（-1）でないことを確認したら、キャストしてchar型変数に入れるなどして使います。コード14-2では、文字として解釈して画面に表示しています。

14.4 まとまった文字の読み書き

14.4.1 fputs / fgets ― 文字列の読み書き

前節まで、ファイル入出力の基本となる考え方を学び、実際にファイルのオープンとクローズ、1文字の読み書きを体験しました。

読み取りも書き込みも1文字ずつだったから、全部の文字を処理するまでに読み書きを繰り返しましたよね。

次に紹介するのは、もう少し大きなまとまりで読み書きする方法だ。

次のコード14-3は、文字列をまとめてmemo.txtに書き込んだあと、それを1行ずつ読み取って画面に表示します。

コード14-3 **文字列の書き込みと1行の読み取り**

code1403.c

```
#include <stdio.h>
#include <stdlib.h>

int main(void)
{
  FILE* fp;
  char wbuf[64];

  // 書き込み専用でオープン
  if ((fp = fopen("memo.txt", "w")) == nullptr) {
```

```
11     exit(1);
12   }
13
14     fputs("government of the people, ¥nby the people,
         ¥nfor the people", fp);
15
16     fclose(fp);
17
18     // 読み取り専用でオープン
19     if ((fp = fopen("memo.txt", "r")) == nullptr) {
20       exit(1);
21     }
22
23     while (fgets(wbuf, 64, fp) != nullptr) {
24       printf("%s", wbuf);     // 標準出力（画面）に表示
25     }
26     printf("¥n");
27
28     fclose(fp);
29
30     return 0;
31   }
```

改行文字

文字列を一度に書き込む

改行文字までを配列に読み取る

ファイルを最後まで読んだらループ終了

コンパイルエラーが発生する場合、nullptrをNULLに置き換えてください。

ファイルへの書き込みは、14行目の1文のみで行っています。fputs()は、引数に渡された文字列をファイルポインタの指すファイルへ書き込みます。

渡した文字列をまるごといっぺんに書き込んでくれるなんて、すごく便利ですね！

chapter 14

そうだな。文字列文化に従い、文字列の終端である¥0を判定して、その直前までの値を書き込んでくれるんだ。

fputs()は、文字列の終端を表すヌル文字（¥0）までを1つの文字列として認識し、それをファイルへ書き込みます。したがって、もし次のような文字列をfputs()に指定すると、引数の文字列全体ではなく、「government of the people,」までが書き込まれることになります。

```
fputs("government of the people, ¥0by the people, ¥0for the people", fp);
```

ファイルに文字列を書き込む

```
int fputs(const char* dest, FILE* fp);
```

※ dest　：ファイルに書き込む文字列
※ fp　　：書き込むファイルのファイルポインタ
※ 戻り値：正常時は正の値、失敗時はEOF（-1）
※ 文字列の終端までを書き込む（¥0は含まない）。

ファイルからの読み取りは、コード14-3の23～25行目で行っています。fgets()は、ファイルから1行分の文字列を読み取り、引数に指定した配列に保存します。

1行分というと、改行で判定しているんですか？

そう、改行文字またはファイルの終端までの文字列をまるごと読んでくれるんだけど、¥0のことも忘れないであげてね。

fgets()の動作には少し細かい注意が必要です。fgets()は、改行文字（¥n）かファイルの終端までの文字列を一度に読み取りますが、改行文字までを読み取った場合には、改行文字も文字列に含まれます。また、文字列の最後に終端を表すヌル文字（¥0）を付加します。

改行まで読み取る場合

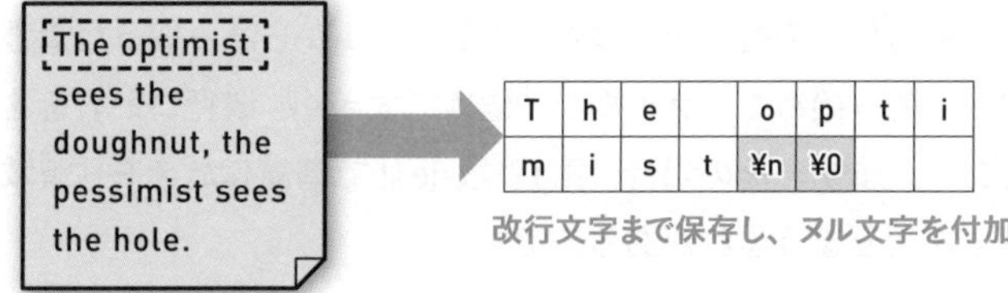

ファイルの終端まで読み取る場合

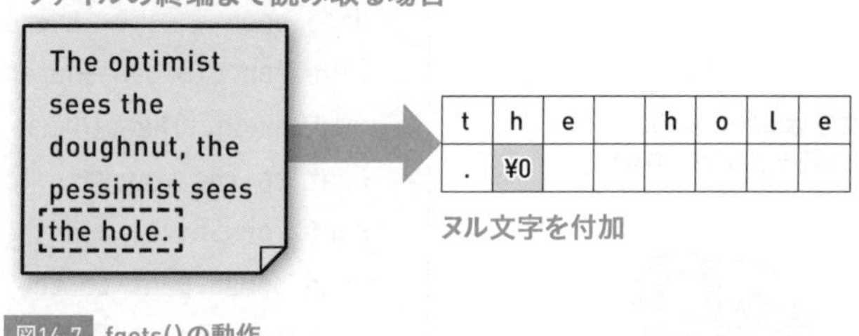

図14-7 fgets()の動作

したがって、読み取ったデータを保存する先には、改行文字とヌル文字までを考慮した容量のメモリを確保しておく必要があります。

ファイルから1行を読み取る

```
char* fgets(char* dest, int maxlen, FILE* fp)
```

※ dest　：読み取った文字列を格納するメモリ領域の先頭アドレス
※ maxlen：最大読み取りバイト数
※ fp　　：読み取るファイルのファイルポインタ
※ 戻り値：dest、ファイルの終端や失敗時はnullptr
※ 改行文字も文字列として配列に保存する。

fgets()の2つ目の引数、読み取る最大のバイト数ってどういう意味ですか？

読み取っていい最大の文字数だ。これを指定する理由は、fgets()の気持ちになってみればわかるはずさ。

fgets()の第1引数には読み取った文字列を格納するメモリ領域のアドレスを渡します。fgets()はこの番地を先頭としてファイルから読み取った情報を書き込みますが、読み始めたファイルが「極めて大きく、改行コードを含まない」場合もありえます。その場合、第1引数destで準備したメモリ領域を突破して書き込んでしまう恐れがあるのです。

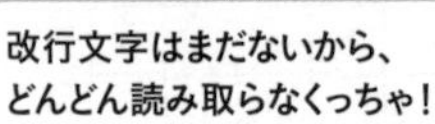

改行文字はまだないから、
どんどん読み取らなくっちゃ！

Once upon a time, there lived an old man and an old woman. The old man went to the mountain to hunt for Shiva, and the old woman went to the river to do the laundry.

O	n	c	e		u	p	o	n	
a		t	i	m	e	,	t	h	e
r	e		l	i	v	e	d		a
n		o	l	d		m	a	n	…

準備したメモリ領域

図14-8 もし改行文字が登場するまで延々と読み取ったら…

そこで、改行文字が見つからない場合でも、読み取ってよい最大のサイズを指定しておく必要があるのです。それが第2引数の目的です。

まとめると、fgets()は、改行文字かファイルの終わりか、第2引数に指定した文字数までを読み取ってくれるんですね。

惜しい！　¥0の付加を考慮して、第2引数の文字数マイナス1まで、だな。

14.4.2 fprintf ― 書式付きの書き込み

fprintf()は、おなじみのprintf()とまったく同じ使い方でファイルへの書き込みができる関数です。この2つの関数は、機能は同じですが、その出力先となるストリームだけが異なる関数と位置付けられます（図14-9）。

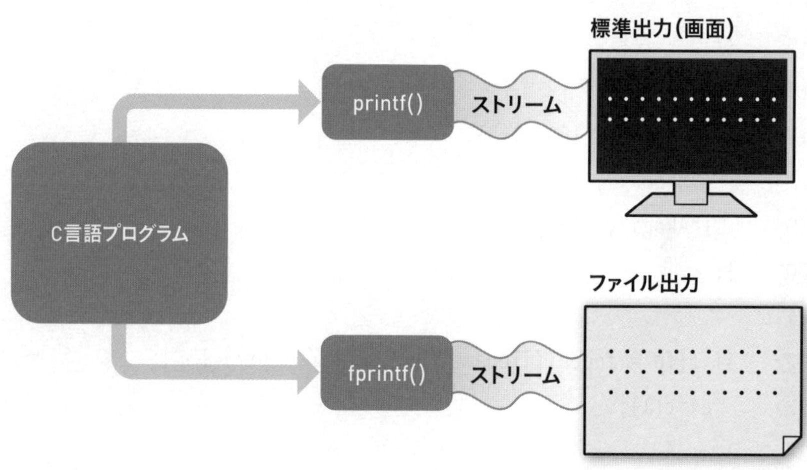

図14-9 出力先が異なるだけで機能は同じ

次のコード14-4は、3種類の型の値をdata.csvに書き込み、あとから同じファイルを開いて内容を画面に表示します。

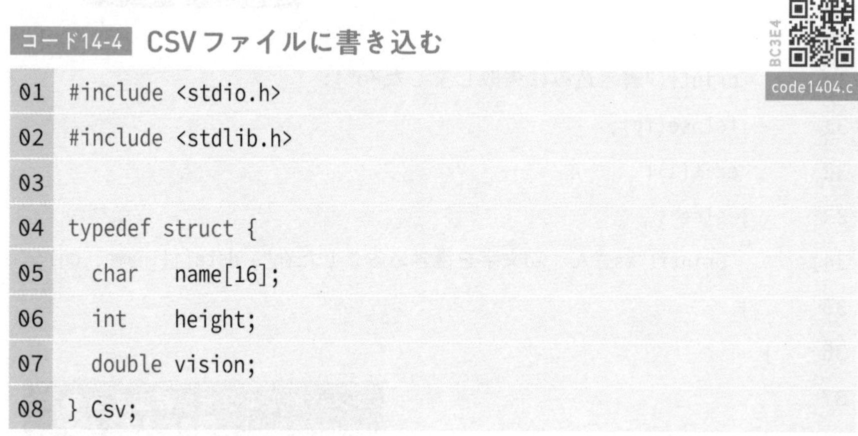

コード14-4 CSVファイルに書き込む

BC3E4 code1404.c

```
#include <stdio.h>
#include <stdlib.h>

typedef struct {
  char   name[16];
  int    height;
  double vision;
} Csv;
```

```
int main(void)
{
  FILE* fp;
  char filename[] = "data.csv";

  // データ準備
  Csv data[3] = {
    {"Kaitou", 180, 1.5},
    {"Misaki", 173, 0.6},
    {"Akagi",  161, 1.0}
  };

  if ((fp = fopen(filename, "w")) == nullptr) {
    exit(1);
  }

  for (int i = 0; i < 3; i++) {
    int cn = fprintf(fp, "%s,%d,%4.2f¥n", data[i].name,
          data[i].height, data[i].vision);

    if (cn < 0) {
      printf("書き込みに失敗しました¥n");
      fclose(fp);
      exit(1);
    } else {
      printf("%sさん：%d文字を書き込みました¥n", data[i].name, cn);
    }
  }

  fclose(fp);
```

プレースホルダで
書き込みの書式を指定

コンパイルエラーが発生する場合、
nullptrをNULLに置き換えてください。

第IV部

```
39
40     return 0;
41 }
```

書き込むデータは、16〜20行目で構造体Csvの配列として作成しています。メンバは、文字列、int型、double型の3種類のデータです。

これらをファイルに書き込んでいるのは、27行目の一文です（紙面の都合で改行しています）。fprintf()の引数は、1つ目のファイルポインタを除けば、printf()とまったく同じです（3.6.2項）。書き込むデータの形式をプレースホルダを使って書式文字列に指示します。

このコードを実行すると、画面には次のように表示されます。

```
Kaitouさん：16文字を書き込みました
Misakiさん：16文字を書き込みました
Akagiさん：15文字を書き込みました
```

また、data.csvには次のように書き込まれます。

```
Kaitou,180,1.50↵
Misaki,173,0.60↵
Akagi,161,1.00↵
```

これはパズルRPGのセーブデータなんかにも使えそうですね！

書式付きでファイルに書き込む

```
int fprintf(FILE* fp, const char* format, …);
```

※fp　　：書き込むファイルのファイルポインタ
※format：書式文字列
※…　　：書式文字列中のプレースホルダに対応した値
※戻り値：書き込んだ文字数、失敗時は負の値

14.5 サイズ指定による読み書き

14.5.1 fwrite / fread ― サイズ指定で読み書き

前節までは、テキストファイルを読み書きする関数を紹介してきました。本節では、指定したバイト数に応じて読み書きする関数を通して、バイナリファイルに対する入出力を体験してみましょう。

バイト数を指定してファイルに書き込む

```
int fwrite(const void* wp, size_t s, size_t n, FILE* fp)
```

※ wp　：書き込むデータへのポインタ
※ size　：データ1個あたりのバイト数
※ n　：書き込むデータの個数
※ fp　：書き込むファイルのファイルポインタ
※ 戻り値：書き込んだデータの個数、失敗時は第3引数よりも小さい値

バイト数を指定してファイルを読み取る

```
int fread(void* rp, size_t s, size_t n, FILE* fp)
```

※ rp　：読み取り領域へのポインタ
※ size　：データ1個あたりのバイト数
※ n　：読み取りデータの個数
※ fp　：読み取るファイルのファイルポインタ
※ 戻り値：読み取ったデータの個数、失敗時は第3引数よりも小さい値
※ ¥0は書き込まない。

これらの関数は、通常はバイナリファイルに対して用いられるが、テキストファイルに使うこともできる。

第IV部

14.5.2 char配列の読み書き

次のコード14-5は、まずファイルtry.datをバイナリモードで開き、10バイトの文字列を1回で書き込みます。次に再度ファイルを開き、1バイトのデータを10個分読み取り、画面に表示します。

コード14-5 文字列の読み書き

BC3E5

code1405.c

```
#include <stdio.h>
#include <stdlib.h>

int main(void)
{
  FILE* fp;
  char wbuf[] = "0123456789";  // 書き込みデータ
  char rbuf[16];               // 読み取り用領域

  // 書き込み専用バイナリモードで開く
  if ((fp = fopen("try.dat", "wb")) == nullptr) {
    exit(1);
  }

  fwrite(wbuf, 10, 1, fp);
  fclose(fp);

  // 読み取り専用バイナリモードで開く
  if ((fp = fopen("try.dat", "rb")) == nullptr) {
    exit(1);
  }

  int cn = fread(rbuf, 1, 10, fp);
```

char配列（10バイト）1個を書き込む

char型1文字（1バイト）を10個読み取る

```
24    rbuf[10] = '¥0';  // 文字列の終端を付加
25    fclose(fp);
26
27    printf("%d個のデータを読み取りました：%s¥n", cn, rbuf);
28
29    return 0;
30 }
```

コンパイルエラーが発生する場合、nullptrをNULLに置き換えてください。

```
10個のデータを読み取りました：0123456789
```

ファイルへの書き込みは、15行目で行っています。fwrite()の引数として、書き込みデータが格納されている配列wbuf、サイズは10バイト、個数は1を指定しています。結果として、配列wbufの先頭から10×1＝10バイトのデータが書き込まれます。

ファイルからの読み取りは、23行目で行っています。fread()の引数として、読み取りデータを格納する配列rbuf、サイズは1バイト、個数は10を指定しています。結果として、1×10＝10バイトを読み取り、配列rbufに保存します。

配列名は先頭アドレスを示すポインタに化けるから、どちらの第1引数にもポインタを渡しているんだね。

fread()による文字列の読み取りでは、文字列の終端に注意が必要です。14.4.1項で紹介したfgets()と異なり、ヌル文字を自動的に書き込むことはありません。24行目のように、¥0を付加する処理を忘れないようにしましょう。

そうか、なんとなく今までの読み書きとは勝手が違う感じがしたのは、¥0を考慮してくれないからなのね。

ああ、fread()とfwrite()は、文字列文化に属する命令じゃないから、¥0ではなく、サイズで終端を判断するんだ。

14.5.3 int型の読み書き

次のコード14-6は、ファイルtry.datをバイナリモードで開き、数値として100を書き込みます。そして、再度ファイルを開いて内容を読み取り、画面に表示します。

コード14-6 int型の読み書き

BC3E6

code1406.c

```
#include <stdio.h>
#include <stdlib.h>

int main(void)
{
  FILE* fp;
  int wbuf = 100;  // 書き込みデータ
  int rbuf;        // 読み取り用領域

  // 書き込み専用バイナリモードで開く
  if ((fp = fopen("try.dat", "wb")) == nullptr) {
    exit(1);
  }

  fwrite(&wbuf, sizeof(int), 1, fp);
  fclose(fp);

  // 読み取り専用バイナリモードで開く
  if ((fp = fopen("try.dat", "rb")) == nullptr) {
    exit(1);
  }

  int cn = fread(&rbuf, sizeof(int), 1, fp);
```

int型（4バイト）を1個書き込む

int型（4バイト）を1個読み取る

```
24      fclose(fp);
25
26      printf("%d個のデータを読み取りました：%d¥n", cn, rbuf);
27
28      return 0;
29  }
```

コンパイルエラーが発生する場合、nullptrをNULLに置き換えてください。

```
1個のデータを読み取りました：100
```

15行目のfwrite()の引数には、書き込みデータが格納されている変数wbufへのポインタ、int型のサイズである4バイト、個数は1を指定しています。結果として、変数wbufを示すアドレスから4×1=4バイトのデータがファイルへ書き込まれます。

23行目のfread()の引数には、読み取りデータを格納する変数rbuf、int型のサイズである4バイト、個数は1を指定してします。結果として、4×1=4バイトをファイルから読み取り、変数rbufに保存します。

読み書きに使う変数はint型だから、どちらの第1引数にも `&` を付けてアドレスを指定しているのね。

14.6 ランダムアクセス

14.6.1 ランダムアクセスとは

うーん。ファイルを読み書きする方法はわかったけど、最初からじゃなくてファイルの途中から読み取れないのかな？

そうね、ファイルの4〜12バイト目を読んで、次は1〜7バイト目を読んで、みたいにできるなら便利かもね。

2人が想像した、ファイルのさまざまな箇所を自由に読み書きする方法を**ランダムアクセス**（random access）といいます。これに対して、前節まで紹介してきた、ファイルの先頭から順に読み書きする方法を**シーケンシャルアクセス**（sequential access）といいます。

ランダムアクセスによるアプローチは、ファイルの任意の場所を自由にアクセスできるため便利ではありますが、次のような理由から、ITの世界ではシーケンシャルアクセスがファイル読み書きの基本とされています。

- **ランダムアクセスではハードディスクのあちらこちらを読み書きするため、動作速度が遅い。**
- **記憶装置の種類によっては、読み書きする位置を物理的に戻せない。**

ファイルが格納されるのは、通常、コンピュータ内部に備わっているハードディスクドライブ（HDD：hard disk drive）で、次ページの図14-10のような構造をしています。その内部には円盤が回転しており、レコードのようにさまざまな場所に針を動かして読み書きします。読み書きする場所に針を動かすのを**シーク**（seek）、目的の場所まで針が移動するのにかかる時間を**シークタイム**（seek time）といいます。

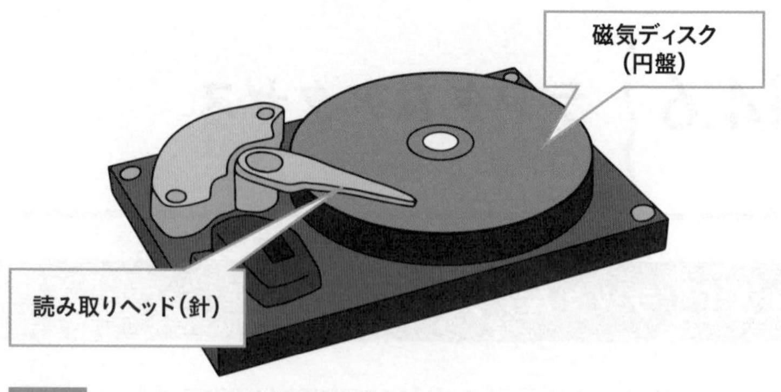

図14-10 ハードディスクドライブの内部構造

ランダムアクセスを行うと、ファイルの読み書きの位置を探す動作、つまり針の移動が頻繁になるため、シークタイムが増加し、ハードディスクの読み書き性能は大きく落ちる懸念があるのです。

最近広く使われるようになったSSD（solid state drive）は円盤や針を使わないから、HDDのように性能は落ちないけどな。

逆に、大容量のバックアップによく使われているテープ装置の読み書きには気をつけてね。そもそもランダムアクセスができない可能性があるし、できてもシークタイムがとても長い可能性があるの。

C言語にもランダムアクセスを行う方法は用意されています。利用する機会はあまり多くはないかもしれませんが、覚えておくとよいでしょう。なお、テキストモードでのランダムアクセスには考慮点が多いため、本書では、**ランダムアクセスはバイナリモードでのみ使う**ことを推奨します。

14.6.2 fseek ― 読み書き位置を移動する

ファイルを読み書きする位置を変更するには、fseek関数を使います。

ファイルの読み書き位置を変更する

```
int fseek (FILE* fp, long offset, int pos)
```

※ fp　　：シーク対象のファイルポインタ
※ offset：基準位置から移動するバイト数
※ pos　：基準位置
※ 戻り値：成功時は0、失敗時は0以外の値

基準位置に `SEEK_SET` を指定すると、ファイルの先頭が移動の基準となります。たとえば、ファイルの先頭から9バイト目に読み書きの位置を移動するには、次のように指定します。

```
fseek(fp, 9L, SEEK_SET);
```

14.6.3 ftell — 読み書き位置を取得する

現在の読み書き位置を知りたい場合には、ftell関数を使います。

ファイルの読み書き位置を取得する

```
long ftell(FILE* fp)
```

※ fp　　：取得対象のファイルポインタ
※ 戻り値：現在の読み書き位置、失敗時は-1L

ファイルの先頭から何バイト目を指しているのかが戻り値として返されます。たとえば、fseek()と組み合わせて、現在の位置から16バイト前へ移動する、というような使い方ができます。

```
fseek(fp, ftell(fp) - 16L, SEEK_SET);
```

14.7 ファイル自体の操作

最後に、ファイルの読み書きではなく、ファイルそのものを作ったり削除したりする方法を紹介しておこう。

14.7.1 ファイルの新規作成

C言語には、ファイルを作成するためだけに呼び出す関数は用意されていません。fopen()のアクセスモードを "w" や "w+" などの書き込みモードで指定してファイルを開くと、空のファイルが新しく作成されます（表14-2の「指定ファイルが存在しないときの動作」、p.520）。

14.7.2 一時ファイルの作成

プログラム内で一時的に利用するために、ファイルを作成したい場面があります。その場合はtmpfile関数を使うと、手軽かつ安全に一時ファイルを作成して利用できます。

「安全に」って、どういう意味ですか？

一時ファイルって、一時的にしか使わないからちょい役のイメージだけど、安全に使うのは意外と大変なんだよ。

一時的なファイルであっても、前項で紹介したfopen()の方法によってファイルを作成し、それを使うアイデアも考えられます。しかし、これはあまりよい方法とはいえません。理由は3つあります。

1. **既存のファイルと衝突しないファイル名を事前に決めておかねばならない。**
2. **プログラム終了時には、ファイル削除などの確実な後処理を行う必要がある。**
3. **ほかのプログラムからファイルにアクセスされたくない（ファイルの存在自体を隠したい）。**

tmpfile関数を使うと、これら3つの問題を一挙に解決できます。ファイル名は機械的に決定され、プログラムの終了時には、自動的にファイルが削除されます（エラー発生による異常終了では削除されない可能性を考慮しておく必要があります）。

さらに、tmpfile関数を用いると、通常のファイルよりも高速に読み書きできる可能性もあります。作成された一時ファイルがどこに保存されるかはOSの設定次第ですが、適切に設定されている環境であれば、高速な読み書きが可能となる領域のディレクトリに作られる可能性が高まるからです。

一時的に利用するファイルを作成する

```
FILE* tmpfile()
```

※戻り値：生成したファイルポインタ、失敗時はnullptr

14.7.3 ファイル名の変更

ファイル名を変更するには、rename関数を使います。

ファイルの名前を変更する

```
int rename(const char* old, const char* new)
```

※old　：変更前のファイル名
※new　：変更後のファイル名
※戻り値：成功時は0、失敗時は0以外の値

14.7.4 ファイルの削除

ファイルを削除するには、remove関数を使います。

ファイルを削除する

```
int remove(const char* name)
```

※ name ：ファイル名
※ 戻り値：成功時は0、失敗時は0以外の値

これでファイル入出力についてはひととおり解説したな。使ってみるとわかるが、ファイルの読み書きは奥が深い。文字コードや2進数なんかのデータそのものの表現に関わる知識も必要になってくる。ぜひいろいろなプログラムを組んで、自分のモノにしていってくれよな。

14.8 第14章のまとめ

ファイルの種類

- ファイルには、すべての内容が文字コードで解釈できるテキストファイルと、テキストエディタでは正しく表示できないバイナリファイルの2種類がある。

ストリーム

- プログラム外部にあるデータは、ストリームと呼ばれる伝送経路を通して読み書きする。
- ファイルのほか、キーボードやディスプレイ、ネットワークなどに対してもストリームを用いてやり取りする。

ファイルの操作

- ファイルを開くと得られるFILE構造体を用いて、入出力に関する関数を呼び出す。
- fopen()で開いたファイルは、fclose()で確実に閉じる必要がある。
- ファイルの先頭から順に読み書きする方法をシーケンシャルアクセス、さまざまな箇所を自由に読み書きする方法をランダムアクセスという。
- データの読み書きには、対象とするデータ量や読み書きの終端を判定する方法の違いによって、さまざまな種類の関数が用意されている。

方法	読み取り	書き込み
1バイトの読み書き	fgetc 関数	fputc 関数
1行の読み取り／文字列の書き込み	fgets 関数	fputs 関数
サイズ指定による読み書き	fread 関数	fwrite 関数

14.9 練習問題

練習14-1

起動時にコマンドライン引数（p.409）としてファイル名を2つ受け取り、下記のように動作するファイルコピープログラムを作成してください。

(1) 起動時に与えられたコマンドライン引数の数が3でなければ、エラーを表示して終了する。
(2) 第1引数で指定されたファイルをバイナリモードで読み取り用として開く。失敗したらエラーを表示して終了する。
(3) 第2引数で指定されたファイルをバイナリモードで書き込み用として開く。失敗したら読み取り用のファイルを閉じ、エラーを表示して終了する。
(4) 読み取り用のファイルから1バイトを読み取り、書き込み用のファイルにその1バイトを書き込む。
(5) 手順（4）を、ファイルの終わりまで繰り返す。
(6) 2つのファイルを閉じる。

練習14-2

ビットマップファイル（BMP）は、写真やイラストなどの画像を格納するバイナリファイル形式として、JPEGやPNGと並んでよく知られています。この形式のファイルには、先頭部の54バイト分の管理情報に続いて、実際の画像データが格納されています。画像データは、画像を表示したとき、左上から順に1つずつの画素（ピクセル）が何色であるかを示した情報の連なりです。

24ビット無圧縮というシンプルなBMPファイルの場合、横Wピクセル、縦Hピクセルの画像ファイルは、次のような構成になっています。

先頭位置	長さ	格納データ
管理情報		
0	1	固定値(66)
1	1	固定値(77)
2	4	ファイルサイズ(54 + 3 × W × H)
6	1	固定値(0)
7	1	固定値(0)
8	1	固定値(0)
9	1	固定値(0)
10	4	固定値(54)
14	4	固定値(40)
18	4	横幅(ピクセル数 W)
22	4	縦幅(ピクセル数 H)
26	2	固定値(1)
28	2	色数(24)
30	4	圧縮形式(0)
34	4	固定値(0)
38	4	水平解像度(0)
42	4	垂直解像度(0)
46	4	パレット色数(0)
50	4	重要パレット色数(0)
画像データ		
54	3 × W × H	画像データ(1ピクセルごとの色)

画像データ部分は、3バイトを1ピクセルの色情報として、画像ピクセル数分だけ繰り返した情報が格納されます。たとえば、縦16ピクセル、横10ピクセルの画像なら、3×16×10=480バイトの情報が並んでいます。

3バイトの並びには、そのピクセルの色の強さを青・緑・赤の順に、0または-1を指定します。たとえば、0・0・-1が書き込まれているピクセルの場合、赤が指定されていることを意味します。

以上の仕様から、青い8ピクセルの正方形の画像ファイルbluebox.bmpを出力するプログラムを作成してください。

chapter 15
ツールによる効率化と安全なコード

業務でアプリケーションを開発する場合には、
品質はもちろんのこと、確実な納期も求められます。
この章では、さまざまなツールを用いて
開発効率を向上させる方法を紹介します。
また、深刻な事故につながりかねない危険なコードと
それを防ぐ対策についても学びましょう。

contents

15.1 道具による効率化

15.1.1 ツールの利用

さて、ライブラリの話からファイル入出力まで寄り道してしまったが、もともとは効率化の話だったよな。

はい。第13章ではソースコードを複数ファイルに分割して、手分けする方法を学びました。

岬くんと赤城さんは、第13章の冒頭で、開発効率を高める必要性を痛感しました。効率化を実現するには、図13-1（p.473）に示したように、次の3つの手段があります。

① 個人の知識と技能を上げる。（第1〜12章）
② 複数人で手分けする。（第13章、第14章）
③ 道具を使う。（この章で学びます）

第13章では、複数の人が参加して1つのアプリケーションを作るために、ビルドのしくみについて学びました。続く第14章では、代表的な標準関数であるファイル操作関連の関数の使い方を学びましたが、これは「標準ライブラリを作ってくれた人たちと手分けする手法を学んだ」ともいえます。

この第15章では、3つの手段のうちの最後の方法、道具（ツール）を使って開発効率を上げる方法について学びます。

使うツールは現場によって違うし、日進月歩で移り変わっていくわ。今回紹介するツール以外にも、いろいろなものを試してみてね。

15.2 シェルスクリプト

15.2.1 ビルド作業の手間

ここまででmisaki.cをコンパイルしてみようと思ったけど、akagi.hはどこに保存したっけ？　待てよ、akagi.cのコンパイルが先だったな。ん？　今度はファイルがないって？　あーもう！　Cのビルドってややこしいですよ！

インクルード命令やライブラリの利用によって、ソースコードを複数のファイルに分割し、さまざまな人の力を借りて大きな1つのアプリケーションを作成することが可能になりました。しかし、ソースファイルが増えるにつれ、ほかのソースファイルへの依存やコンパイルする順序に対する配慮が必要となり、実行可能ファイルを作るまでのビルドの過程は複雑になっていきます。

ソースファイルへの依存ってどういうことですか？

うん、もう一度akagi.hとakagi.c、misaki.cの内容をおさらいしてみようか。

まず、akagi.hは次のような内容のヘッダファイルでした。

コード15-1 akagi.hの再掲

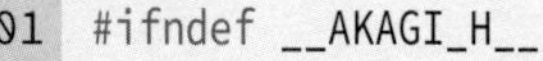
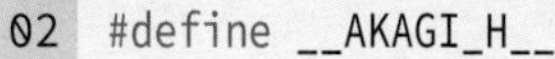

```
#ifndef __AKAGI_H__
#define __AKAGI_H__
```

```
void akagi();      // akagi()の存在だけを宣言しておく

#endif
```

akagi.hはほかのファイルをインクルードしていません。いわば、「他者に依存していない」状態です。次にakagi.cを見てみましょう。

コード15-2 akagi.cの再掲

BC3F2 akagi.c

```
#include <stdio.h>
#include "akagi.h"

void akagi(void)      // akagi()の本体を記述
{
  printf("akagi!¥n");
}
```

こちらはstdio.hとakagi.hをインクルードしており、オブジェクトファイルを作るにはこれら2つのファイルが必要です。「2つのヘッダファイルに依存している」状態といえるでしょう。最後にmisaki.cも確認しましょう。

コード15-3 misaki.cの再掲

BC3F3 misaki.c

```
#include <stdio.h>
#include "akagi.h"      // akagi()の存在だけをインクルード

int main(void)
{
  akagi();              // akagi()を呼び出してもOK
  printf("misaki!¥n");
  return 0;
}
```

akagi.cと同じように、stdio.hとakagi.hをインクルードしています。そして6行目でakagi()を呼び出していますから、この関数の実装部分であるakagi.cにも依存している状態です。

この3つのソースファイルの状態を図で見てみよう。

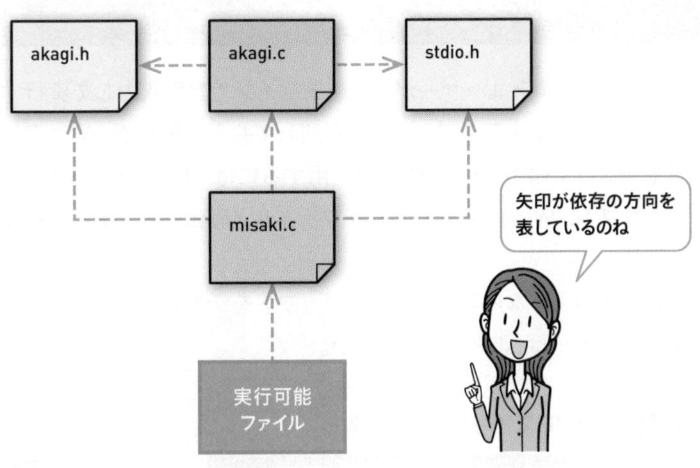

図15-1 ソースファイルの依存関係

矢印が出ているファイルは、その矢印が向かうファイルに依存している状態を表しています。矢印の先のソースコードが変更された場合には、矢印の根元のファイルもコンパイルやリンクのやり直しが必要です。たとえば、akagi.hに含まれる重要なマクロ定数の宣言が変更されたら、akagi.cやmisaki.cはコンパイルし直す必要があるでしょう。

このように、Aが変更された場合にBも変更を余儀なくされる状態を、BはAに**依存している**と表現します。

たった3つのファイルだけでもときどき訳がわからなくなっちゃうのに、もっとファイルが増えたら、自信ありませんよ…。

そんなに悲観するなよ。誰でも簡単に、しかも確実にビルドできるテクニックを紹介するからさ。

C言語の世界で複雑になりがちなビルドを効率的かつ正確に実現するための手法として、まずはシェルスクリプトを紹介しましょう。

15.2.2 シェルスクリプトとは

多くのOSでは、本来ユーザーがコマンドラインで都度入力して実行する内容を、あらかじめテキストファイルに記述しておき、あとで一度に実行できる機能を備えています。この機能を利用するには、LinuxやmacOSでは**シェルスクリプト**、Windowsでは**バッチファイル**と呼ばれるファイルを作成します。

たとえば、次のような内容のシェルスクリプトをテキストファイルで作成してみます。拡張子は.shとしてください。

コード15-4 シェルスクリプトの例

BC3F4

sample.sh

```
pwd
date
```

pwd：現在のディレクトリを表示するコマンド

date：現在時刻を表示するコマンド

シェルスクリプトを実行するにはターミナルを開き、次のように入力します。

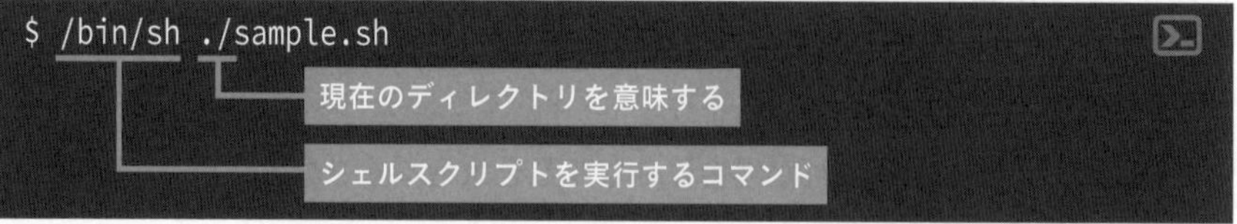

シェルスクリプトの前に入力した `./` は、現在のディレクトリを意味します。シェルスクリプトを実行するshコマンドに、現在のディレクトリにあるsample.shを引数として渡すと実行できます。

このスクリプトを実行すると、現在作業しているディレクトリと日時が表示されます。

第IV部

```
/Users/kaitou/Documents/c
2025年 1月25日 土曜日 15時41分30秒 JST
```

実行する環境によって表示される内容は異なる

なるほど！　ということは、シェルスクリプトにコンパイルやリンクのコマンドを書いておけばいいんですね。

ご名答！

15.2.3 シェルスクリプトのルール

シェルスクリプトは、これまで手で入力していたコマンドを実行順に上から記述するだけのシンプルなファイルですが、次のような特徴があります。

特徴（1）　複数の種類が存在する

シェルスクリプトには、bashスクリプト、cshスクリプト、kshスクリプトなど、さまざまな種類が存在します。OSによっては、初期設定のままでは動作させることができないものもあります。このうち、bashスクリプトは多くのOSで実行できるため、一般的にシェルスクリプトといえばbashスクリプトを意味します。

特徴（2）　制御構文などの高度な命令が使える場合もある

シェルスクリプトの種類ごとに、細かな文法や命令が異なっている場合がありますが、Windowsのバッチファイルに比べて、シェルスクリプトの多くがより高度な命令を手軽に利用できます。

たとえば、ほとんどのシェルスクリプトでは、ifによる分岐やforによる繰り返しを記述できます。それらを駆使すれば、ゲームなどの高度なプログラムでさえ作成することが可能です。

column

cshスクリプト

本文で解説したように、シェルスクリプトの種類によっては、使える命令や文法が異なるものもありますが、とりわけcshスクリプトは特徴的です。その名のとおりC言語の文法を意識して作られているため、C言語の構文に近い感覚で利用できます。

C言語を学んだ私たちとしてはcshスクリプトを使っていきたいところではありますが、一部のOSでは標準で実行できない場合もあるため、まずはbashスクリプトの学習をおすすめします。

15.2.4 シェルスクリプトによるビルドの自動化

それじゃあ早速、自動でビルドしてくれるシェルスクリプトを作っていこう。

コード15-5 シェルスクリプトによるビルド

```
01 gcc -c -o akagi.o akagi.c
02 gcc -c -o misaki.o misaki.c
03 gcc -o mainapp akagi.o misaki.o
```


1行目のgccコマンドでは、akagi.cをコンパイルしてakagi.oを作ります。2行目では、misaki.cをコンパイルし、misaki.oを作っています。3行目では、これまで作成した2つのオブジェクトファイルをリンクしてmainappという名前の実行可能ファイルを作成します。

ターミナルで次のように入力すると、ビルドが実行されます。

```
$ /bin/sh ./build.sh
```

コンパイルエラーがある場合には、ここでターミナルに表示されます。首尾よく実行可能ファイルが作成できたときは、何も表示されません。

このようなシェルスクリプトでも十分目的を果たすことができますが、通常はもうひと手間加えてもっと便利なものにします。まず、シェルスクリプトの先頭にshebangといわれる次のような1行を加えます。

BC3F6

コード15-6 shebangを追加

build.sh

```
#!/bin/sh
gcc -c -o akagi.o akagi.c
gcc -c -o misaki.o misaki.c
gcc -o mainapp akagi.o misaki.o
```

（1行目：この1行を追加）

さらに、ターミナルで次のように入力し、作成したシェルファイルについて実行権限を付加します。

```
$ chmod +x ./build.sh
```

これらの作業によって、build.shは実行可能ファイルであり、shコマンドによって実行されることが明示されるため、次のように、シェルファイル名の指定だけでも実行できるようになります。

```
$./build.sh
```

15.3 make と Makefile

15.3.1 シェル方式の懸念

シェルスクリプトを使えば、たった1つのコマンドでビルドできるからとっても便利ですね。

前節で解説したように、シェルスクリプトを用いると、一連のビルド作業はたった1回のコマンド実行で可能になります。何百というソースファイルを間違わずにコンパイル、リンクする必要のある大規模なプロジェクトでは、このようなビルドのしくみが不可欠です。

しかし、シェルスクリプト方式によるビルドは、ソースファイルの数に比例して処理時間も長くなります。やがて、ビルドに時間がかかり過ぎるという問題が顕在化して実質的に破綻していきます。

それなら、夜寝る前にビルドを仕掛けておけばいいんじゃない？

ま、それも1つの方法ではあるな。だが、もっと根本的にビルドの作業効率を改善する方法があるんだよ。

シェルスクリプト方式によるビルドでは、たった1つのソースファイルのどこか1箇所をほんの少し変更しただけでも、すべてのファイルに対してコンパイルとリンクを毎回実行してしまいます。しかし、その場合にコンパイルが必要なのは、修正した1つのファイルだけのはずです。

このような必要最低限のソースファイルだけを再コンパイルする機能のほか、大規模プロジェクトにおけるビルドにも有用ないくつかの機能を備えたツールがC言語の世界では広く利用されています。それがこの節で紹介するmakeです。

15.3.2 makeの概要

makeは、シェルスクリプトよりも高度で高効率なビルドを実行するためのツールプログラムです。開発者は、make独自の構文に則って、ビルドの構造をMakefileという名前のファイルに記述します。

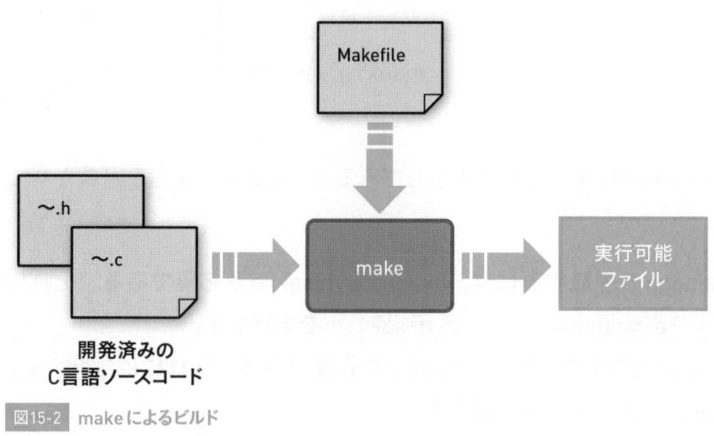

図15-2 makeによるビルド

Makefileは、ビルドの手順を記述するシェルスクリプトにあたるのかしら？

まあそんな感じだな。でも、シェルスクリプトとはちょっと違う書き方をするのがポイントなんだ。

まずは、シンプルなMakefileの例を次ページのコード15-7で見てみましょう。misaki.cとakagi.cをコンパイル後にリンクして、mainappという名前の実行可能ファイルを生成する内容のビルドです。ファイル名は「Makefile」とします。

コード15-7 **シンプルなmakeの例**

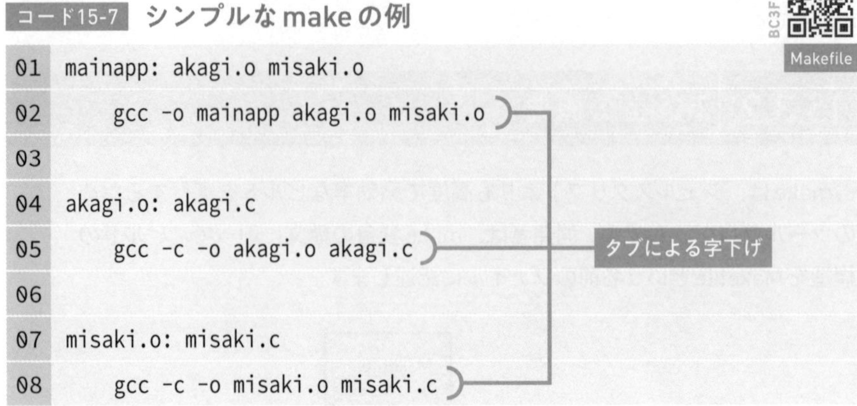

```
mainapp: akagi.o misaki.o
	gcc -o mainapp akagi.o misaki.o

akagi.o: akagi.c
	gcc -c -o akagi.o akagi.c

misaki.o: misaki.c
	gcc -c -o misaki.o misaki.c
```


このMakefileを日本語で表現してみると、次のような指示が書かれています。

- **mainappを生成するには、akagi.oとmisaki.oが必要である。それには`gcc -o mainapp akagi.o misaki.o`を実行する。**
- **akagi.oを生成するには、akagi.cが必要である。それには`gcc -c -o akagi.o akagi.c`を実行する。**
- **misaki.oを生成するには、misaki.cが必要である。それには`gcc -o misaki.o misaki.c`を実行する。**

このようなMakefileをソースファイルの存在するディレクトリに作成し、次のコマンドを実行するとビルドが行われます。

```
$ make mainapp
```

実行すると、次のような内容が画面に表示され、mainappが作成されます。

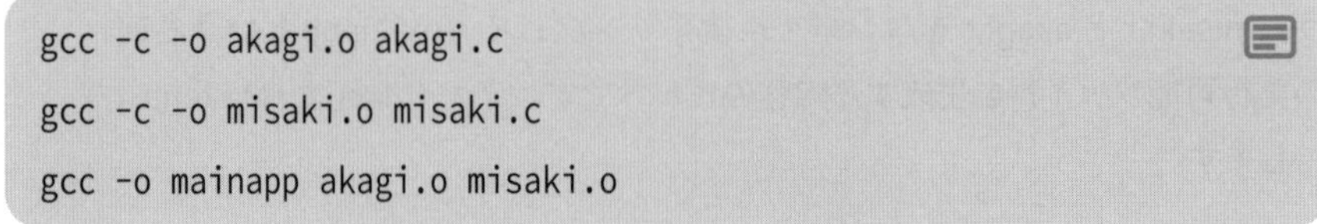

```
gcc -c -o akagi.o akagi.c
gcc -c -o misaki.o misaki.c
gcc -o mainapp akagi.o misaki.o
```

…うーん。いや、わかるけど、何だかシェルスクリプトよりわかりにくいじゃないですか。

そうですよ。シェルスクリプトと違って上から順に実行されるわけじゃないみたいだし。

2人のように、Makefileの構文が直感的ではないと感じる人も少なくないでしょう。それは、このファイルが「宣言的なアプローチ」でビルドの工程を記述するルールになっているからです。

Makefileにおいては、開発者は次のような構文に従って、ビルドの構成を宣言します。

Makefileの書き方

```
ターゲット: 依存ファイル
	実行すべきコマンド
```

※ターゲット　　　　　：出力ファイル名
※依存ファイル　　　　：ターゲット生成のための前提となるファイル名（複数指定可）
※実行すべきコマンド：ターゲットを生成するためのコマンド
※実行すべきコマンドは、スペースではなく必ずタブで字下げを行う（複数行記述可）。

このように、Makefileには、「作成したいファイル」（ターゲット）と「作成に必要なファイル」（依存ファイル）、さらに「必要なファイルから作成したいファイルを作るための手段」（コマンド）を1つのセットとして記述します。なお、このような1つのセットを「ルール」と総称することもあります。

また、makeツールの起動時には、どのルールを最後に実行したいか、つまり、どのターゲットを最終的に得たいかを指定するのが原則です。コード15-7では、mainappが最終ターゲットであり、入力したコマンドにもその名前を指定しました。

makeの起動

```
make ターゲット名
```

先ほどのコード15-7では全部で3つのルールを宣言していますが、それぞれは独立した宣言であり、どのような順番で宣言してもかまいません。そして、それらを実行する順序は、makeの実行時にmakeツールが賢く判断してくれます。

コード15-7をmakeツールが実行する様子

1. 開発者は、`make mainapp`の入力によってmakeを起動する。
2. makeツールは、mainapp生成のために1行目を解読する。
3. makeツールは、mainapp生成の前提であるakagi.oとmisaki.oがまだ存在しないことを認識する。
4. makeツールは、akagi.o生成のために4行目を解読し、5行目のコマンドを実行する。
5. makeツールは、misaki.o生成のために7行目を解読し、8行目のコマンドを実行する。
6. makeツールは、2行目を実行してmainappを生成する。

ターゲットを作るために必要なルールを宣言しておけば、あとは状況を見て必要な順に実行してくれるんですね！　makeってかしこーい！

makeの賢さはこんなもんじゃないぞ。このあとはいろいろな技を紹介していこう。

column

さまざまなmake

makeを厳密に分類すると、GNUが開発したgmake、マイクロソフトが開発したnmake、BSD用のpmakeなどさまざまな種類が存在し、それぞれ構文や使い方に違いがあります。本書では、最も一般的なgmakeを紹介していますが、基本的な考え方はすべてのmakeツールで共通しているため、一度基本を押さえてしまえば、それぞれのマニュアルを参照してすぐに使えるようになるでしょう。

15.3.3 ターゲットを省略した起動

makeツールには、起動時にターゲット名が指定されなかった場合、Makefileの先頭に書かれたターゲットを指定されたと解釈する、というルールがあります。そのため、コード15-7のMakefileでは、次のように、単に `make` とだけ入力してもmainappを生成することができます。

```
$ make
```

最もよく使うターゲットはMakefileの先頭で宣言する

本来、ターゲットの宣言順に制約はないが、よく使うターゲットを先頭に記述しておくと、コマンド入力を簡潔にできる。

15.3.4 差分コンパイルの実現

海藤さん！　今、misaki.cをちょっとだけ修正してmakeを実行したんです。そしたら、これ！

な？　makeって賢くて便利だろ？

一度makeを実行した上で、misaki.cの一部を修正してみてください。修正箇所はどこでもかまいません。その後、再びmakeを実行します。

```
$ make
```

画面には次のように表示され、重要なことに気づくはずです。

```
gcc -c -o misaki.o misaki.c
gcc -o mainapp akagi.o misaki.o
```

実行結果からわかるように、今回のmakeでは、akagi.cのコンパイルが省略されています。修正したのはmisaki.cだけですから、akagi.cの再コンパイルを省略するのは極めて合理的といえるでしょう。

今回の例ではたった2つのソースファイルですが、仮に100個のファイルからなるアプリケーションだったとしても、修正したファイルから影響を受けるものだけをコンパイルするため、高速にビルドすることができます。

このように、makeは実質的に不要な工程をスキップして、本当に必要なルールだけに絞って実行してくれるのです。

確かにこれは賢いですよ！　でも、どうやってこれを実現しているのかな？

ポイントは、依存性の定義とファイルの更新日時だな。

Makefileとシェルスクリプトの決定的な違いは、ソースファイル間に存在する依存関係を明確に定義しているか否かです。たとえば、コード15-7のMakefileには、「misaki.oはmisaki.cに依存している」ことが明記されています（7行目）。このように、makeツールは、修正されたソースファイルに応じて影響のあるソースファイルを認識でき、どのファイルの再作成が必要かを判断できるのです。

makeによるビルドの効率化

makeはソースコードの修正によって影響のあるファイルのみを差分コンパイルするため、短時間でのビルドが可能になる。

15.3.5 仮想ターゲットの利用

あのう、海藤さん。差分コンパイルはすごく便利だと思うんですが、やっぱり全部をコンパイルしたいっていうときもあるんじゃないですか？

うん、リリース前なんかはそうだろうな。そういうときは.oファイルを削除してやればいいのさ。

修正したソースファイルだけを対象にした差分コンパイルの便利さとは裏腹に、すべてのソースファイルをコンパイルし直したい場面も想定できます。たとえば、最終的に顧客へアプリケーションを納品する際には、真っさらな状態からビルドして完成品を作るのが一般的です。

強制的にすべてのコンパイルを実行する方法は実に単純です。生成済みのオブジェクトファイル（.oファイルや実行可能ファイルなど）をすべて削除してしまえばよいだけです。

そっか、`rm -f *.o` なんかのコマンドで一気に削除しちゃえばいいんだ。

でも、それだと消しちゃいけないファイルも間違って削除しちゃいそうで怖くない？ 「.o」を付け忘れたりしたらいろいろ終わるわよ。

赤城さんの心配事は、makeの仮想ターゲットという機能を使えば解消できます。コード15-7に次の10〜12行目を追加しましょう。

コード15-8 cleanを定義したMakefile

BC3F8

Makefile

```
01 mainapp: akagi.o misaki.o
02     gcc -o mainapp akagi.o misaki.o
03
04 akagi.o: akagi.c
05     gcc -c -o akagi.o akagi.c
06
07 misaki.o: misaki.c
08     gcc -c -o misaki.o misaki.c
09
10 .PHONY: clean
11 clean:
12     rm -f mainapp akagi.o misaki.o
```

（10行目 .PHONY）仮想的なターゲットであることを意味する

（11〜12行目）仮想ターゲット「clean」の定義

11、12行目で仮想ターゲット `clean` を定義しています。10行目にある `.PHONY` で、ファイルを生成しない仮想的なターゲットであることを明示的に表明しています。

追加できたら、`make clean` と入力して起動すると、対象のオブジェクトファイルが削除されます。

`make clean` で最終ターゲットをcleanに指定するから、ほかのターゲットは実行されないんだね。

15.3.6 マクロの利用

あのう、Makefileでは、C言語みたいな変数や定数は使えないんですか？

おっ、重複が気になってきたな、いいセンスだ。

コード15-7や15-8を見て、重複して書かれたファイル名が気になってきたら、もう立派なプログラマです。MakefileやC言語のソースコードに限らず、ITの世界では、同じ処理やリテラルを何度も書くことは保守性の低下や修正ミスを招く元凶として極力排除すべきと考えられています。Makefileでも、重複した記述は当然避けたいものです。

Makefileでは、C言語でいう定数に代わるものとして、**マクロ**というしくみを使うことができます。

マクロの宣言

```
マクロ名 = 値
```

マクロの利用

```
$(マクロ名)
```

Makefileのマクロは、プリプロセッサ命令のマクロ定数やマクロ関数（13.4節）とは一切関係ないわよ。

マクロを使うと、コード15-8は次のように改良することができます。

コード15-9 **マクロを利用したMakefile**

Makefile

```
01 CC = gcc
02 PGNAME = mainapp
03 OBJS = akagi.o misaki.o
04
05 $(PGNAME): $(OBJS)
06     $(CC) -o mainapp $(OBJS)
07
08 akagi.o: akagi.c
09     $(CC) -c -o akagi.o akagi.c
10
11 misaki.o: misaki.c
12     $(CC) -c -o misaki.o misaki.c
13
14 .PHONY: clean
15 clean:
16     rm -f $(PGNAME) $(OBJS)
```

マクロの宣言（01〜03行目）

たとえば、将来、gccでないコンパイラを使うことになったとしても、1行目の1箇所を修正するだけで対応できます。

えっと…、マクロのしくみはわかったんですが、これって全然ラクになってないっていうか…。

まったく、悠馬はすぐにラクしようとするなぁ（技術者としてはいい素質なんだよな）。じゃあこれでどうだ！

コード15-9は、さらに次のように書き換えることもできます。

コード15-10　内部マクロを利用したMakefile

BC3FA

Makefile

```
CC = gcc
PGNAME = mainapp
OBJS = akagi.o misaki.o

$(PGNAME): $(OBJS)
	$(CC) -o $@ $^

akagi.o: akagi.c
	$(CC) -c -o $@ $<

misaki.o: misaki.c
	$(CC) -c -o $@ $<

.PHONY: clean
clean:
	rm -f $(PGNAME) $(OBJS)
```

一見すると暗号のように見えるコード15-10ですが、これはMakefileに備わっている内部マクロという特殊な記法で記述されているためです。表15-1を参考に読み解いていけば、決して難しいものではないとわかるはずです。

表15-1　代表的な内部マクロ

記号	意味
`$@`	現在のターゲット名
`$^`	現在のターゲットの依存ファイル
`$?`	現在のターゲットの依存ファイル（スキップされるものは除く）
`$<`	現在のターゲットの依存ファイルのうちの先頭のファイル名

column 予約宣言されているマクロ

コード15-9や15-10で宣言された「CC」は、実はコンパイラプログラム名として使うことをmakeツールが定めているマクロです。その環境に適した値が初期設定されているため、明示的な宣言なしで利用可能です。予約宣言されているマクロは、ほかにもCPP（プリプロセッサ名）、CFLAGS（Cコンパイルのオプション指定）、LDFLAGS（リンカのオプション指定）などが存在します。

15.3.7 サフィックスルールの利用

マクロも使えるし、不要なコンパイルは省略してくれるし、makeさえあれば、1000ファイルあっても余裕ですね！

でも、ふと気づいちゃったんだけど、1000ファイル分のコンパイル用ターゲットを書くのって、すごく大変じゃない？

赤城さんの心配を解消するために、makeの**サフィックスルール**という構文を利用しましょう。

サフィックスルール

```
.拡張子1.拡張子2:
    拡張子1のファイルから、拡張子2のファイルを生成するコマンド
```

※ コマンドは、スペースではなく必ずタブで字下げを行う。
※ 拡張子以外は同名のファイルが生成される。

サフィックスルールを用いると、コード15-10はさらに次のように短い記述にできます。

第IV部

コード15-11 サフィックスルールを利用したMakefile

BC3FB

Makefile

```
01 CC = gcc
02 PGNAME = mainapp
03 OBJS = akagi.o misaki.o
04 
05 $(PGNAME): $(OBJS)
06     $(CC) -o $@ $^
07 
08 .c.o:
09     $(CC) -c -o $@ $<
10 
11 .PHONY: clean
12 clean:
13    rm -f $(PGNAME) $(OBJS)
```

～.cから～.oを生成するルール

なお、コード15-11の8、9行目を省略しても同様に動作します。なぜなら、makeには暗黙的に8、9行目と同じ内容のルールが宣言されるためです。

今回紹介したもののほかにも、makeには極めて豊富な構文や暗黙的に適用されるルールが存在します。通常の開発を行う上では、本書で扱った範囲程度の理解で差し支えありませんが、もっとmakeのディープな世界を覗いてみたいという人は、ぜひマニュアルを調べてみてください。

chapter 15

15.4 Doxygenの利用

15.4.1 仕様書とは

ここらで、自動化できるもう1つの大きな作業、仕様書の作成について話しておこう。

複数の人が協力して1つのアプリケーションを開発する一般的なプロジェクトでは、その仕様や設計情報を文書に記述して保存します。この文書を**仕様書**といい、システム全体の概要を説明するものや、ある関数の動作について詳細に記述したものなど、非常に多くの種類があります。それぞれの文書の名称や書き方のルールは、プロジェクトによって異なります。

特に作成の手間がかかる仕様書は、一般に**プログラム仕様書**と呼ばれる文書です（図15-3)。ここには、アプリケーションを構成する関数についての定義や動作の解説などをすべて記述するため、その量は膨大なものになります。また、関数の引数や戻り値、処理内容に変更が発生した場合には、仕様書もそれに合わせて修正しなければなりません。ソースコードと仕様書の乖離は、仕様書として意味がないばかりか、誤った情報の提供により、新たなバグを生み出す原因ともなります。

プログラム仕様書	システム名	機能名	関数名
	ATM システム	ログイン機能	Login

1. 属性

ファイル名	LoginApp.c
戻り値	int（ログイン成功：0、ログイン失敗：エラーコード 100〜150）

2. 引数

名前	型	初期値	意味
chrID	char(10)	空白	ログイン ID
chrPwd	char(32)	空白	パスワード

3. 説明

図15-3 一般的なプログラム仕様書

第IV部

15.4.2 自動生成ツール

WordやExcelなどで作成される場合もある仕様書ですが、仕様書を手で作成するのは手間と時間のコストが非常にかかる作業です。ミスをする可能性も否定できません。そこで、プログラムのソースコードを読み取って自動的に仕様書を作成してくれるツールがよく用いられます。

開発に使われるプログラミング言語によってさまざまな仕様書作成ツールが存在しますが、よく用いられているツールの1つが、**Doxygen**です。

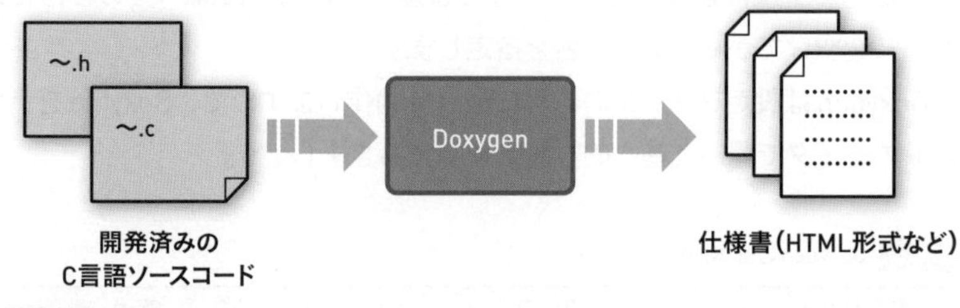

図15-4 ソースコードから仕様書を生成してくれる

Doxygenはさまざまな出力形式で仕様書を作成できますが、一般的にはHTML形式が最も便利です。Webブラウザでの閲覧やインターネットへの公開が可能なため、開発チーム内で仕様を共有するには最適といえるでしょう。

Doxygenにはいろいろなオプションが用意されているけれど、なかでも関数の呼び出し関係を図にしてくれる機能（コールグラフ出力）は便利よ。

プログラムの全体像を把握したい局面や、コードレビューを行う場面などで役立つだろう。

Doxygenの利用には、公式サイト（https://doxygen.jp）からのダウンロードとインストールが必要です。なお、本書の開発環境コンテナ（付録A）には、あらかじめ導入されています。

15.4.3 Doxygenの使い方

Doxygenで仕様書を作成するには、まず、設定ファイルを作ります。

```
$ doxygen -g
```

doxygenコマンドに-gオプションを付けて実行すると、カレントディレクトリにDoxyfileという名前で設定ファイルが作られます。

設定ファイルに独自の名前を付けて管理したい場合には、-gの後ろにスペースを空けてからファイル名を指定します。

Doxygenは設定ファイルの内容に従って動作しますので、Doxyfileをテキストエディタで開いて基本的な設定をしておきましょう。

表15-2 Doxygenの基本的な設定項目

設定オプション	初期設定	解説
PROJECT_NAME	"My Project"	プロジェクト名を指定
INPUT	カレントディレクトリ	プロジェクトのパスを指定
OUTPUT_DIRECTORY	カレントディレクトリ	出力先のパスを指定
OUTPUT_LANGUAGE	English	出力言語を選択
RECURSIVE	NO	サブディレクトリの作成を指定

このほかにも、Doxygenには多彩なオプション設定が用意されています。使用するプロジェクトやプログラミング言語に応じて調整するとよいでしょう。

設定ファイルを作成したら、doxygenコマンドで仕様書を生成します。


```
$ doxygen
```

このとき、Doxyfile以外の名前の設定ファイルを指定したい場合は、doxygenコマンドの後ろにスペースを空けてファイル名を入力します。

出力先のディレクトリ配下にサブディレクトリhtmlが作成され、その中に仕様書が保存されています。index.htmlをブラウザで開いて内容を確認してみましょう。

15.4.4 コメントの書き方

海藤さん、Doxygenは動いたみたいなんですが、仕様書に何にも書かれてないんです…。

あ、悪い。大事なことを伝えるの、忘れてた。

ソースコードをDoxygenに認識させるには、ファイルの先頭や関数の最初にコメントブロックを記述し、Doxygen独自の印を付ける必要があります。

コード15-12 Doxygen用コメントを付けたソースコード

BC3FC

misaki_sub.c

```
/**
  @file misaki_sub.c
  @brief 岬のサブルーチン
  @author 岬悠馬
  @date 2025/01/06
  @details さまざまな計算を行う
*/
#include <stdio.h>

/**
  @brief multi
  @param[in] a 掛けられる数
  @param[out] b 掛ける数
  @return int 掛け算の答え
  @details 掛け算をする
*/
int multi(int a, int b)
{
```

ファイルに対するコメント（01〜07行）

関数に対するコメント（10〜16行）

```
  int ans = 0;
  for (int count = 1; count <= b; count++) {
    ans = ans + a;
  }
  return ans;
}
```

このように、Doxygenは `/**` と `*/` で囲まれたコメントを認識し、その中に記述された `@` で始まる項目を拾って仕様書に反映させます。このソースコードから自動生成されたHTML形式の仕様書を図15-5に示します。

図15-5 自動生成された仕様書の例

15.5 テストと静的解析

15.5.1 ビルドによる品質改善

本章でこれまで紹介してきたシェルスクリプトやMakefileによる一連のビルドの流れを、**ビルドパイプライン**といいます。ビルドに必要となる各種のソースファイルやタスクが直列に連なり、ある処理の出力結果が次の処理の入力となる状態を表しています。

パイプラインを構成する主要なタスクはコンパイルやリンクですが、開発者がビルドの過程で行いたい処理があれば、自由に組み込むことができます。たとえば、テストの実行、仕様書の生成、検証環境あるいは本番環境へのリリース作業など、必ずしも人の手を必要としない、自動化が可能な作業を組み込むのが一般的です。手作業の排除によるヒューマンエラーの回避も、期待できる大きな効果です。

業務用アプリケーションの開発で組まれる本格的なパイプラインは非常に大規模となり、その実行には数分から数時間かかる場合もあります。

		15.5.2項	15.5.3項	15.4節
コンパイル	リンク	テスト	静的解析	仕様書作成

図15-6 一般的なパイプライン

処理の順序はあくまでも一例よ。もちろんプロジェクトや開発規模などによって変わってくるわ。

いきなり全部を実践する必要はもちろんないぞ。まずは品質まわりから自動化するのがオススメだ。

chapter 15

ビルドにソースコードの品質をチェックする過程を取り込み、もしバグや好ましくない処理が含まれていた場合には、ビルドを自動的に失敗させるようなパイプラインの構成は、広く用いられている手法です。

でも、バグがあったら、普通はコンパイルで止まってくれますよね？

コンパイルチェックもすり抜けちゃうような問題もチェックできるってことよ、きっと。

岬くんの言うように、C言語プログラムに基本的な構文エラーが含まれていた場合には、コンパイラが行う検証によってビルドが失敗するしくみになっています。しかし、次のような処理は、コンパイラによって検出できません。

(A) 構文としては間違っていないが、動作させると期待された結果と異なる動きをする。
(B) 動作させると期待された結果を出すが、まれに強制終了する恐れがある。
(C) 動作させると常に期待された結果を出すが、保守管理上は好ましくない表記が含まれている。

それぞれの具体的な例について、次のコードで見てみましょう。

code1513.c

コード15-13 さまざまな性質の問題を含むソースコード

```
#include <stdio.h>
#include <stdlib.h>

int add(int a, int b)
{
  return a - b;
}

```

(A) 足し算のはずなのに引き算をしている

```
int main(void)
{
    char* str = (char*)malloc(3);
    str[3] = -1;

    int x = 0;
    if (x != 0) { printf("something wrong?"); }

    return 0;
}
```

(B-1) 対応するfreeがない

(B-2) アクセスしてはならないメモリ領域に触れている

(C) ムダな比較を行っている

うーん、どれも絶対にやらない自信はないな…。

しかも、やらかしてしまったことをコンパイラは教えてくれないんだ。ある日突然、強制終了したりするんだぜ。

この例では、問題のあるソースコードの題材としてわかりやすい内容を挙げていますが、ある程度以上の規模の開発になると、さまざまな種類の「品質の悪い危険なコード」を書いてしまうリスクが増大します。

ビルドした時点でこのような問題点に気づくためには、その問題の性質に応じた対策を講じる必要があります。表15-3に、コンパイラによって検出できない問題（A）、（B）、（C）への対策を記しました。

表15-3 問題の性質と対策

<table>
<tr><th></th><th>問題の性質</th><th>対策</th></tr>
<tr><td>（A）</td><td>プログラムロジックの誤り</td><td>テストの実行</td></tr>
<tr><td>（B）</td><td>潜在的な実害を含むコード</td><td rowspan="2">静的解析</td></tr>
<tr><td>（C）</td><td>保守性に問題のあるコーディング</td></tr>
</table>

とりわけ厄介なのは（B）だ。いつ爆発するかわからない爆弾を抱えているようなもんだからな。

15.5.2 単体テスト

（B）と（C）についてはあとで解決するとして、まずは（A）のような問題について考えましょう。

アプリケーション全体ではなく、1つの部品としてあるプログラムに着眼し、さまざまなケースを想定して動作が正しいかどうかを検証することを**単体テスト**（Unit Test）といいます。たとえば、あるソースファイルに記述された関数について調べる場合、1つの関数を1つの部品と見なします。

先ほど挙げた、さまざまな問題を含むソースコード（コード15-13）のadd関数に対して単体テストを行うことを考えてみましょう。次のような動きが確認できれば、この関数の動作は正しいといえるでしょう。

- **引数に1と2を与えたら、3が戻り値として返される。**
- **引数に1と -1を与えたら、0が戻り値として返される。**

このような動作チェックに使う項目を**テストケース**といいます。テストを行うには、テストケースを実現するプログラムを作成し、そのプログラムを実行して動作を確認します。

第IV部

`add(1, 2)` みたいに関数を呼び出して、3と等しいかを調べればいいのね。

なぁんだ、簡単じゃないか。テスト用のプログラムはこんな感じだよね。

岬くんは、次のコード15-14のようなテスト用のプログラムを書きました。

コード15-14 岬くんが作った単体テスト（エラー）

BC3FE

code1514.c

```
01 #include <stdio.h>
02 #include "code1513.c"
03
04 int main(void)
05 {
06   if (add(1, 2) != 3) {
07     printf("テスト失敗！add(1, 2)=3ではありません");
08     return 1;
09   } else {
10     printf("テスト成功！");
11   }
12   return 0;
13 }
```

code1513.cをインクルードしたために main関数が重複

コード15-14は、code1513.cをインクルードした上で、add()を呼び出そうとしています（2行目）。しかし、このプログラムではコンパイルエラーが発生します。なぜなら、インクルードしているcode1513.cにもmain関数が定義されており、4行目で名前の衝突が起きてしまうためです。

でも、mainを作らないと実行できないし…。うーん。

ちょいと変則的なやり方だが、手軽にテストできるテクニックを紹介するよ。

コード15-14の2行目に記述しているインクルード処理の部分を次のように書き換えると、この問題は解決します。

```
#define main __old_main__
#include "code1513.c"
#undef main
```

#defineによる「main」の置換を解除

code1513.cをインクルードする前に、#defineによって「main」という文字列を「__old_main__」に置換するよう指示しています。これにより、テスト対象であるコード15-13の「main」関数は「__old_main__」関数となり、名前の衝突は回避されるしくみです。

インクルードが終われば、このプリプロセッサの指示は**#undef**で解除されますので、テスト用プログラムであるコード15-14のmain関数はそのままコンパイルされます。ただし、コード15-13のmain関数自体をテストしたい場合は、「__old_main__」という名前で呼び出す必要があることに注意してください。

なお、これは13.4節で紹介したマクロ定数の黒魔術的な使い方にほかならない。くれぐれも乱用は控えるようにな。

単体テストの粒度

単体テストとして扱う処理の単位は、会社や開発プロジェクトによって異なるため、その粒度はまちまちです。複数のC言語プログラムが連携して1つの大きなシステムとして動作する場合、1つのソースファイルを単体テストの単位とすることもあります。一方で、ソースファイルに定義された関数1つひとつに対するテストを単体テストと呼ぶ場合もあります。

この節で学んだ単体テストや、先に学んだ仕様書生成をビルドに組み込んだMakefileは次のようなものになるでしょう。

コード15-15 単体テストを組み込んだMakefile

BC3FF

Makefile

```
CC = gcc
PGNAME = mainapp
OBJS = akagi.o misaki.o
OBJST = code1514.o

$(PGNAME): $(OBJS)
	$(CC) -o $@ $^

code1514: $(OBJST)
	$(CC) -o $@ $^

.c.o:
	$(CC) -c -o $@ $<

.PHONY: clean
clean:
	rm -f $(PGNAME) $(OBJS) $(OBJST)

.PHONY: test
test: code1514
	./code1514

.PHONY: doc
doc:
	doxygen

.PHONY: all
all: clean $(PGNAME) test doc
```

テストプログラムを生成するルール

テスト実行用の仮想ターゲット

仕様書生成用の仮想ターゲット

全実行用の仮想ターゲット

chapter 15

column

単体テストフレームワーク

本文では、手軽に活用できる簡便な方法を紹介しましたが、実際の開発現場における単体テストでは、テスティングフレームワーク（testing framework）と呼ばれる専用ツールライブラリを使うことが一般的です。C言語プログラム用としては、CUnit（http://cunit.sourceforge.net/）がよく知られています。より本格的な開発を行う場合には、ぜひ活用を検討してみてください。

15.5.3 静的解析

コード15-13や表15-3で紹介した（B）や（C）のケースのような「発見が難しい危険なコード」は、単体テストではなかなか検証しづらいものです。

従来、このような問題に対しては、開発チーム内でのコーディング規約の策定や、相互にソースコードを読み合わせるコードレビューの実施などが基本的な対策でした。また、最終的には、プログラマ自身が熟練して注意を払うといった個人の技術力に依存せざるを得ない側面もありました。このような対策は、労力と時間のコストがかかるだけでなく、問題を見逃してしまう可能性もあり、根本的に解決するものではありません。

人間に向いてない作業は、そう、コンピュータにお願いしちゃえばいいのよ。

ソースコードの解析をコンピュータに支援させるには、**静的解析ツール**（static analyzer）と呼ばれるツールを使って、危険なコーディングが含まれていないかを分析する方法があります。

静的解析ツールを使おう

コンパイルチェックや単体テストをすり抜けてしまう危険なコードは、静的解析ツールを使って機械的にチェックする。

プログラミング言語に合わせてさまざまな静的解析ツールが存在しており、C言語ではフリーソフトウェアライセンスで使用できるツールとして、Cppcheckがあります。

Cppcheckのインストールについては、セットアップ手順をガイドしていますので、ぜひ利用してみてください。

Cppcheck導入ガイド
https://devnote.jp/cppcheck

15.5.4 Cppcheckの利用

それじゃ、実際にCppcheckを使って静的解析をやってみよう。

Cppcheckでコード15-13を解析するには、次のようなコマンドを入力します。

```
$ cppcheck --enable=all code1513.c
```

ファイル名の代わりにディレクトリ名を指定すると、そのディレクトリに含まれるすべてのソースファイルが解析の対象となります。

```
 :
code1513.c:12:6: error: Array 'str[3]' accessed at index 3, which is
out of bounds. [arrayIndexOutOfBounds]
  str[3] = -1;
     ^
code1513.c:17:3: error: Memory leak: str [memleak]
  return 0;
  ^
code1513.c:15:9: style: The comparison 'x != 0' is always false.
[knownConditionTrueFalse]
```

```
  if (x != 0) { printf("something wrong?\n"); }
        ^
code1513.c:14:11: note: 'x' is assigned value '0' here.
  int x = 0;
          ^
code1513.c:15:9: note: The comparison 'x != 0' is always false.
  if (x != 0) { printf("something wrong?\n"); }
        ^
code1513.c:4:0: style: The function 'add' is never used.
[unusedFunction]
int add(int a, int b)
^
nofile:0:0: information: Active checkers: 107/802 (use --checkers-
report=<filename> to see details) [checkersReport]
```

すごいや！ （A）も（B）も（C）の問題も、ちゃんと指摘してくれました！

今回はすべての種類を検証しましたが、通常は、オプション指定によって検査の種類を限定するのが一般的です。規模の大きなプログラムになると、全項目の検証には長い時間がかかる場合もあるため、日常的には絞った項目のみを検査し、リリース前などの節目ですべての項目を検証するといった工夫が必要になります。

夜間の自動ビルドや、品質管理担当者は常に全項目をチェックすることもあるんだ。

15.5.5 デッドコード

あら？　よく見ると、指摘は4つありますよ。ええと、関数addは使われていません、ですって。

コード15-13に定義されているadd関数は、どこからも呼び出されていません。このような、絶対に実行されることのないコードを、**到達不能コード**または**デッドコード**といいます。使われることのない変数や関数、return文の後ろに書かれたコードなどがそれに当たります。

使われないなら別にあってもいいんじゃないですか？

いいえ、プログラマが認識できていない問題をはらんでいる可能性があるから、無視はできないのよ。

そのソースコードの作成者が実行されることを前提に記述したにもかかわらずデッドコードとなっている場合には、そのプログラムには必然的にバグが存在します。また、デッドコードとなった理由が明確でない場合、開発と保守に携わる人員は通常異なるため、メンテナンスにかかるコストは増大し、保守性は低下します。

Javaなどの一部のプログラミング言語では、デッドコードは仕様上許されないものとして扱われ、コンパイラがエラーとして検出し、コンパイルを通さないしくみとなっています。

15.5.6 「危険な書き方」を知る

静的解析を学んだついでに、どんなコードが危険なのかを知る方法についても紹介しておこう。

前項で紹介したように、静的解析ツールを使うと、メモリの解放忘れのように極めて危険なコードのいくつかは検出することができます。しかし、一般的に好ましくないとされているすべてのコードを発見できるわけではありません。

最終的には、プログラマである人間が、「どのような書き方が危険なのか」「どうしてそのような書き方をしてはならないのか」「どのような書き方に修正すべきか」を十分知った上で、それを意識しながらコーディングを進めていく必要があります。

でも、C言語って「危険な書き方」がいっぱいありそうで…。

すでに世界中のC言語のプロフェッショナルがまとめてくれているから、俺たちはそれをしっかり活用していけば大丈夫なんだ。

長い歴史を持ち、かつ**軽微なミスが致命的な結果に結び付きやすい**特徴を持つC言語では、危険な書き方を避けるためのさまざまな工夫やノウハウがコーディング規約として蓄積されてきました。

そのような世界中で幅広く参照されているもののうち、とりわけ入門者から第一線で活躍するプロまで活用しやすい**CERT C コーディングスタンダード**を紹介しましょう。

CERT C コーディングスタンダード

https://www.jpcert.or.jp/sc-rules/

この規約は、日本においてコンピュータセキュリティやサイバー攻撃に関する情報を集約、告知している組織であるJPCERTコーディネーションセンターによって翻訳され、公開されています。この規約に従ってコーディングすれば、誰もがより品質の高い、堅牢なアプリケーション開発を目指すことが可能になります。

ソースコードの評価指標としても用いられており、安全なプログラミングを目指すすべてのC言語プログラマにとって欠かすことのできない規約といえるでしょう。

15.5.7 配列分野の掟を知る

CERT C コーディングスタンダードでは、16の分野にわたり、必須遵守事項（ルール）と推奨事項（レコメンデーション）が合わせて300項目以上も定義されています。この規約は、特にセキュリティ面でのリスクに注力したノウハウ集となっています。

たとえば、配列分野における推奨事項「ARR01-C」を見てみましょう。

ARR01-C.配列のサイズを求めるときにsizeof演算子をポインタに適用しない

（「CERT C コーディングスタンダード」より抜粋）

sizeof演算子は、オペランドのサイズ（バイト単位）を求める。オペランドは、式または括弧で囲まれた型の名前のいずれかである。sizeof演算子を使って配列のサイズを計算すると、コーディングエラーとなりやすい。

違反コード

```
void clear(int array[]) {
  for (size_t i = 0; i < sizeof(array) / sizeof(array[0]); ++i) {
    array[i] = 0;
  }
}

void dowork(void) {
  int dis[12];

  clear(dis);                // 配列を渡す
  /* ... */
}
```

ポインタ arrayに対する sizeofの使用

適合コード

```
void clear(int array[], size_t len) {
  for (size_t i = 0; i < len; i++) {
    array[i] = 0;
  }
}

void dowork(void) {
  int dis[12];

clear(dis, sizeof(dis) / sizeof(dis[0])); //配列と要素数を渡す
  /* ... */
}
```

配列変数disに対するsizeofの使用

深刻度	可能性	修正コスト	優先度	レベル
高	中	低	P18	L1

えっと、sizeof(array) / sizeof(array[0]) っていうのは何だ？

配列の要素数を求めるイディオムさ。深刻度が「高」に設定されているようなトラップが潜んでいるから、教えなかったけどな。

sizeofは厳密には演算子の一種であり、次ページの構文に示すように、渡すものに応じてメモリ上での消費サイズ（バイト数）を返してくれます。

本書では第2章で、データ型の消費サイズを調べる手段としてのみ紹介しましたが（p.59）、それ以外の用法は解説しませんでした。これは、海藤さんの言うように、ポインタを正しく理解していないと思わぬ落とし穴に落ちてしまう危険があったためです。

sizeof演算子

```
sizeof(対象)
```

※ 対象には以下のいずれかを指定する。
データ型名　　　：その型の変数の消費バイト数を返す。(①)
基本型変数名　　：その変数の消費バイト数を返す。(②)
構造体変数名　　：その構造体の変数の消費バイト数（パディング部分含む）を返す。(③)
配列変数名　　　：その配列の消費バイト数を返す。(④)
ポインタ変数名：そのポインタ変数の消費バイト数を返す。(⑤)

さきほどの「ARR01-C」で指摘しているのは、基本型変数名（②）と配列変数名（④）による利用を組み合わせて、配列変数arrayの要素数を導くやり方についてです。

```
int len = sizeof(array) / sizeof(array[0]);
```

sizeof(array[0])：arrayの1要素あたりの消費バイト数（sizeof用法②）
sizeof(array)：array配列全体の消費バイト数（sizeof用法④）

これって、適合コードと違反コードの両方で使っていますよね。使ってる場所の違いだけじゃないんですか？

ええ、たったそれだけの違いなのに誤動作してしまうから、sizeofは怖いのよ。

違反コードの2行目は、引数で渡されてきたarrayに対して前述のイディオムを使っています。ここで、C言語特有の「からくり構文①」の存在を思い出してください。引数arrayは一見すると配列型のように見えますが、実際にはint*型です。よって `sizeof(array)` は用法⑤となり、int*型のサイズ(おそらく8バイト）と判断され、意図した動作とは異なる結果を招いてしまうのです。

配列変数に対するsizeofの罠

その配列を生み出した関数内であればsizeofは意図どおりに動作するが、別の関数内では意図と違う結果となる。そして、この動作は、場合によってはオーバーランにつながることがある。

このようなsizeof演算子の落とし穴に落ちないためには、関数の引数として配列を扱う際に、次のような方法で渡すことを心がけておきましょう。

関数に配列を渡すときの作法

呼び出し先の関数ではsizeofで要素数を求められないため、要素数も引数として渡す。

※ strlen関数が有効なchar配列を除く。

確かに、振り返ってみれば、これまで自分で作ったり呼び出したりした関数も全部こういう作りになっていました。

なんでわざわざ配列を渡すときにサイズも別に渡すんだろうと思っていたけど、そういうことだったのか。

要素数を求める目的も含め、sizeof演算子はC言語の世界で多用されてきました。しかし、このような特有のリスクを抱えているため、特に入門者であると自覚している間は、可能な限り用法①に限定しての利用をおすすめします。

このほかのCERT C コーディングスタンダードのいずれの項目も、チェック指標として役立つばかりでなく、C言語の特性や深部を理解するためには絶好の教材となります。入門者レベルではやや難易度の高いものも含まれますが、それぞれの記事は独立していますから、理解できそうなものから少しずつ読み進めてみるとよいでしょう。

『スッキリわかるC言語入門』はもう卒業だけどさ、これは次の教科書としてピッタリなのさ。

えっ、卒業！？

column

最新のC言語で実現する柔軟な変数宣言

最新のC言語仕様（C23）では、sizeof演算子と似た名前のtypeof演算子が定められました。この演算子に変数や式などを渡すと、柔軟な変数宣言が可能になります。

```
int month = 10;
typeof(month) day = 1;    ← int day = 1; と同じ
```

この例では別の変数（month）の型に基づいて変数宣言していますが、代入文の右辺の値に基づいて変数宣言したい場合には、同じくC23で追加されたautoキーワードを用いて、次のような型推論を利用できます。

```
auto day = 1;    ← int day = 1; と同じ（右辺の1から、int型が適切と推論）
```

chapter 15

15.6 第15章のまとめ

ビルドの自動化

- シェルスクリプトを用いて、手軽にビルドを自動化できる。
- makeツールによって、高度なビルドの自動化を実現できる。
- ビルドの過程には、コンパイルやリンクのほか、単体テスト、仕様書生成、静的解析などさまざまな処理を組み込み、ビルドパイプラインを構成する。

makeツール

- Makefileには、最終ターゲットの出力に必要なターゲット、依存ファイル、コマンドの3種類からなるルールを複数記述する。
- makeを実行すると、指定した最終ターゲットを得るために必要最小限のコマンドが実行される。
- 仮想ターゲット、サフィックスルール、マクロなどのmake特有の記法を活用して、Makefile自体の保守性も高めることができる。

その他のツール

- Doxygenなどのツールでソースコードから仕様書を自動生成できる。
- マクロやテスト用のフレームワークを用いて、関数の単体テストを行える。
- Cppcheckなどのツールを用いて、ソースコードの静的解析を行える。

コードの安全性

- 警告や静的解析を活用して、ソースコードのリスクを抑制する。
- 各種のガイドラインを学び、危険なコードに関する知識を幅広く持つ。

15.7 練習問題

練習15-1

練習13-3で作成したすべてのファイルを任意のディレクトリにコピーし、ビルドを一括して実現するシェルスクリプトを作成してください。

また、作成したシェルスクリプトをシェルファイル名の指定だけで実行できるように設定してください。シェルファイル名は任意とします。

練習15-2

練習15-1で作成したシェルスクリプトと同様の動作をmakeで実現するためのMakefileを作成してください。ただし、実行可能ファイル名は「Message」としてください。

練習15-3

練習15-2で作成したビルドパイプラインに、日本語で仕様書を生成する工程を追加してください。また、createRand関数のソースコードにDoxygenコメントを追加してビルドを実行し、適切な仕様書がhtmlディレクトリ配下に生成されることを確認してください。

練習15-4

練習15-3で作成したビルドパイプラインに、cppcheckによる静的解析の結果をファイルcheckresult.txtに出力する工程を追加してください。なお、cppcheckコマンドに続けて、`> ファイル名 2>&1`というシェルのリダイレクト機能を指定すると、結果をファイルに出力できます。

chapter 15

練習15-5

第10章の10.5.3項で、memcmp関数では構造体を正しく比較できないと海藤さんは注意を促しています（p.367）。その理由が示されている箇所を「CERT C コーディングスタンダード」から探し出してください。

column

MISRA-C

C言語におけるセキュアなプログラミング標準として、本文で紹介したCERT C コーディングスタンダードのほかに、MISRA-Cが広く知られています。自動車に搭載する組み込みソフトウェアの安全性や信頼性の向上を推進する組織であるMISRAによって取りまとめられた標準規格で、CERT Cよりも長い歴史を持っています。

column

Doxygenのコメント方式

Doxygenが許容するコメントの記述方式は、本章で紹介した書き方以外にも豊富に用意されています。詳細はマニュアルに譲りますが、所属する開発チームのコーディング規約を確認の上、相性のよいものを選ぶとよいでしょう。

chapter 16
まだまだ広がるC言語の世界

私たちのC言語を巡る入門の旅もいよいよ終わりに近づいています。
変数や制御構文に始まり、ポインタの山やからくり構文の谷を越え、
私たちが学び得たものはC言語のプログラミングスキルだけでは
ありません。
本書を卒業したあとには、より広く深く楽しい世界が待っています。
C言語からつながる多彩な道を辿り、
広大なITの世界に飛び出していってください。

contents

16.1 C言語の可能性

16.1.1 最後の講義

2人とも、おめでとう。無事、合格だ。これで俺たちの仲間だな。

合格？　仲間？

2人のC言語入門の旅は、実は私たちセキュリティ推進特務室の配属選抜試験を兼ねてたの。

ウチの部署は特殊部隊みたいなもんだから、プログラミングはもちろん、コンピュータやメモリのしくみを含め、ITの奥深くまで学ぼうとする気概がないとちと辛いからな。

長かったみなさんとのC言語入門の旅もいよいよ終わりが近づいてきました。「hello, world」と画面に表示したあの頃がずいぶんと昔のように感じられたとしたら、それはみなさん自身が大いに成長したからにほかなりません。

岬くんと赤城さんの2人も、新入社員ながら「難しいC言語に立ち向かった」努力が認められ、企業内でセキュリティに関する調査や研究、現場支援や監査、事件対応などを行う「セキュリティ推進特務室」に無事配属が決まったようです。

お祝いに、C言語で実現できる世界をもう少しだけ紹介しよう。

最後に、まだまだ広がるC言語の世界を少しずつ巡りながら、入門の旅を終えることにしましょう。

16.2 データベースの操作

16.2.1 データベースとSQL

データベース（database）とは、データを整理して格納したり、取り出したりするためのソフトウェアとデータの集合体をいいます。複数のユーザーから同時に受けるアクセスに対しても、データの整合性を保ちつつ高速に処理できるのが大きな特長です。

一般的なデータベースは多数の表形式でデータを保存し、その値を取得したり、書き換えたりして利用します。実際に値を読み書きするには、**SQL**と呼ばれるデータベースを操作するための専用の言語を使ってデータベースに指示を出します。

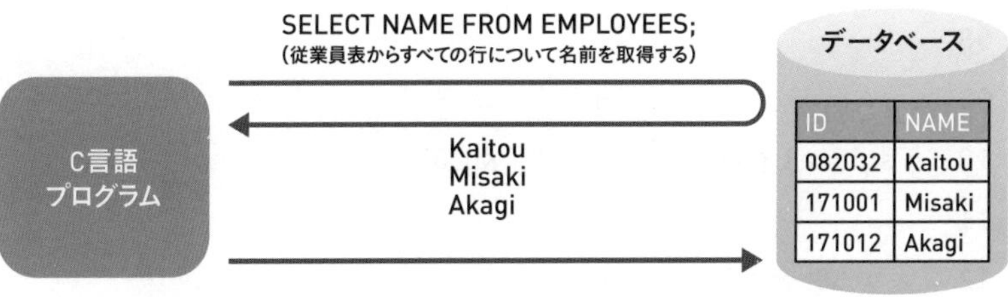
SELECT NAME FROM EMPLOYEES;
（従業員表からすべての行について名前を取得する）
C言語
プログラム
Kaitou
Misaki
Akagi
データベース
ID | NAME
082032 | Kaitou
171001 | Misaki
171012 | Akagi
INSERT INTO EMPLOYEES VALUES('083033', 'Kusagagi');
（従業員表に「083033」「Kusanagi」という行を追加する）

SQLについて詳しく知りたければ、『スッキリわかるSQL入門』などを参考にしてくれよな

図16-1 データベースはSQLで操作する

「SELECT～」とか「INSERT～」がSQLなんだね。

そうらしいわね。SQLをデータベースに送信すると、データ処理ができるのね。

ここでは、SQLiteというデータベースを使ったC言語プログラムの例を紹介します。このプログラムのビルドには、SQLiteライブラリのリンクが必要です。詳細はマニュアルを参照してください。

コード16-1 **SQLiteを使ったデータベース操作**

code1601.c

```
#include <sqlite3.h>
#include <stdlib.h>

int main(void)
{
   sqlite3* pDB = nullptr;
   char* errMsg = nullptr;

   // データベースを開く
   sqlite3_open("employee", &pDB);

   // SQLを実行 (INSERT)
   sqlite3_exec(pDB,
         "INSERT INTO EMPLOYEES VALUES ('083003', 'Kusanagi')",
         NULL, NULL, &errMsg);

   // データベースを閉じる
   sqlite3_close(pDB);

   return 0;
}
```

コンパイルエラーが発生する場合、nullptrをNULLに置き換えてください。

※エラー処理は省略。

16.3 ウィンドウアプリケーションの作成

16.3.1 CUIとGUI

人間がコンピュータを操作する際、物理的に最も人間に近く、人間が触れる部分を**ユーザーインタフェース**（UI：user interface）といい、主にコンピュータの操作性や処理された情報の表示方法を指します。

本書の第Ⅳ部では、ターミナルにキーボードからコマンドを入力することによって、C言語のプログラムを実行したりビルドしたりしてきました。このようなキーボードによる入力のみでコンピュータを操作する方法を、**CUI**（character user interface）といいます。

一方、グラフィカルなウィンドウ表示と、マウスやタッチパッドといった画面上の位置情報によってコンピュータを操作する方法を**GUI**（graphical user interface）と呼びます。

CUIプログラム

メインメニュー
　1:会員登録
　2:会員検索
　3:終了
選んでください> 2

キーワードを入力

GUIプログラム

C言語でも
GUIのプログラムを
作ることができる

図16-2 CUIとGUI

へえー、C言語でもウィンドウを表示できるんだね。

今までに実行したプログラムの結果は文字ばっかりだったし、何だか意外ね。

C言語でGUIプログラムを作るには、GTK+というオープンソースソフトウェアなどが利用されます。詳細な解説は専門書に譲り、ここでは「Hello World」というボタンのあるウィンドウを表示するサンプルコードを紹介しておきます。

BC3G2

コード16-2 ウィンドウを作成する

code1602.c

```
#include <gtk/gtk.h>

void hello(void)
{
  g_print("Hello World¥n");
}

void destroy(void)
{
  // ウィンドウを破棄するにはメインループを終了する
  gtk_main_quit();
}

int main(int argc, char *argv[])
{
  GtkWidget *window;
  GtkWidget *button;

  // GTK+の初期化
  gtk_init(&argc, &argv);

  // ウィンドウの作成
  window = gtk_window_new(GTK_WINDOW_TOPLEVEL);

  // ウィンドウの初期設定
```

```
    gtk_window_set_title(GTK_WINDOW(window), "Hello World");
    gtk_widget_set_size_request(window, 200, 100);

    // ボタンの作成
    button = gtk_button_new_with_label("Hello World");

    // ウィンドウ操作に関する設定
    //  (1) ウィンドウを閉じたらウィンドウを破棄
    gtk_signal_connect(GTK_OBJECT(window), "destroy",
        GTK_SIGNAL_FUNC(destroy), nullptr);
    //  (2) ボタンを押したら「Hello World」を表示して終了
    gtk_signal_connect(GTK_OBJECT(button), "clicked",
        GTK_SIGNAL_FUNC(hello), nullptr);
    gtk_signal_connect_object(GTK_OBJECT(button), "clicked",
        GTK_SIGNAL_FUNC(gtk_widget_destroy), GTK_OBJECT(window));

    // ウィンドウにボタンを追加
    gtk_container_add(GTK_CONTAINER(window), button);

    // ウィンドウを表示
    gtk_widget_show(button);
    gtk_widget_show(window);

    // メインループを開始
    gtk_main();

    return 0;
}
```

※このプログラムのビルドには、GTK+ライブラリのリンクが必要となる。詳細はマニュアルを参照。

chapter 16

16.4 インターネットへのアクセス

16.4.1 Webページを取得する

C言語プログラムでインターネットにアクセスしてWebページを取得するには、curlというライブラリを使うと便利です。

code1603.c

コード16-3 Webページを取得する

```c
#include <curl/curl.h>

int main(void)
{
  // 初期設定
  CURL* curl = curl_easy_init();
  curl_easy_setopt(curl, CURLOPT_URL,
      "https://book.impress.co.jp/");
  curl_easy_setopt(curl, CURLOPT_SSL_VERIFYPEER, 0);

  // 実行
  curl_easy_perform(curl);

  // 終了処理
  curl_easy_cleanup(curl);

  return 0;
}
```

※ このプログラムのビルドには、curlライブラリのリンクが必要となる。詳細はマニュアルを参照。

このプログラムを実行すると、画面にWebページを構成するHTMLのテキストが表示されます。

```
<!DOCTYPE html>
<html lang="ja" dir="ltr">
<head>
<meta charset="utf-8" />

<title>インプレスブックス - 本、雑誌と関連Webサービス</title>
⋮
```

これは、変数curlの出力先が初期設定では標準出力（画面）になっているためです。また、11行目で読み取りを実行すると、接続先のWebサーバを上流とするストリームが取得されます。C言語プログラムを介して、入力と出力の2つのストリームが構成され、HTMLテキストがそこを流れるしくみです。

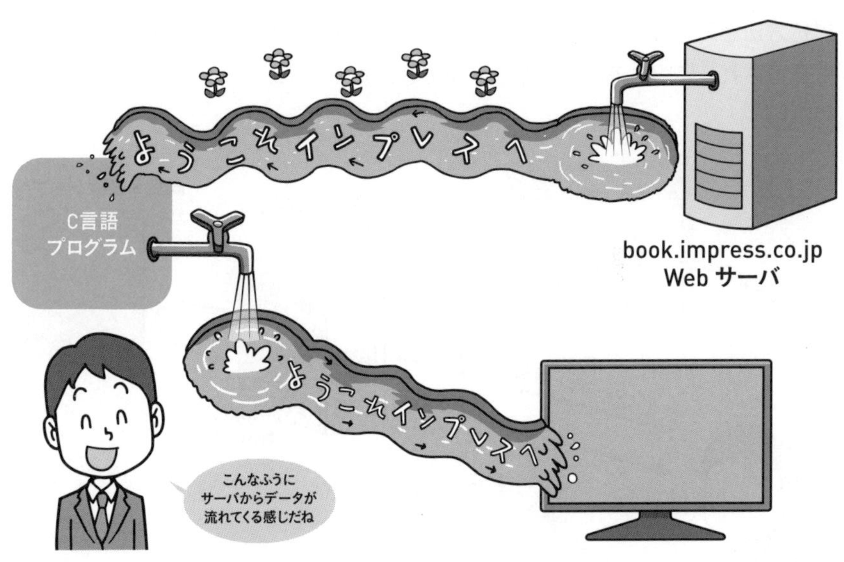

図16-3 Webサーバと標準出力につながるストリームでHTMLを取得

16.5 Webアプリケーションの作成

16.5.1 Webアプリケーションとは

インターネットが普及し始めた当時のWebサイトは、ブラウザでWebサーバにアクセスして、サーバ上に保存されているWebページを読むだけのものでした。しかし現代では、利用者が入力する情報に応じてサーバが必要な処理を実行し、その結果を利用者のブラウザに表示する、といった形式のWebサイトが広く利用されています。

たとえば、商品の購入ができるWebサイトでは、商品カテゴリーや検索ワードを指定して、店のデータベースからさまざまな商品の情報や在庫状況などを取得して閲覧できます。さらに、商品を選択し、届けてほしい住所や支払方法を入力して購入ボタンをクリックすれば、購入記録がデータベースに登録され、実際に商品を買うことができます。

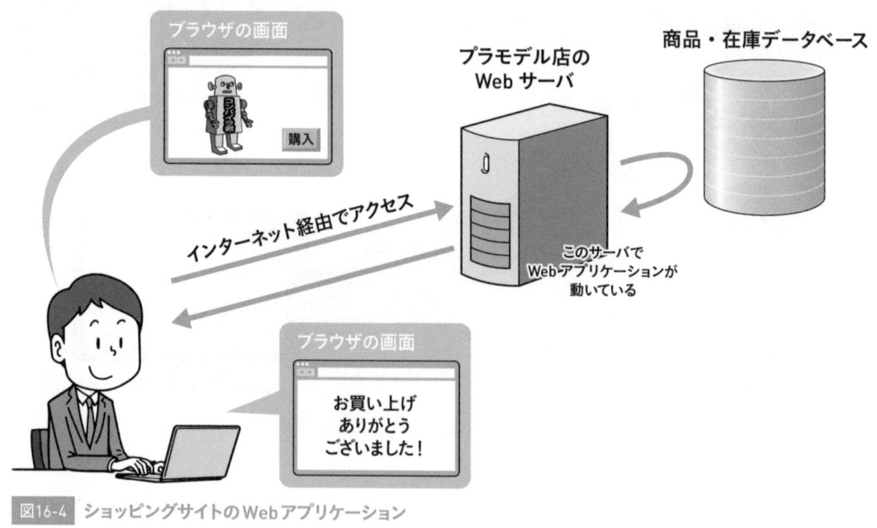

図16-4 ショッピングサイトのWebアプリケーション

第IV部

このような、利用者がブラウザから入力した情報をサーバ側のプログラムで処理するしくみを備えたWebサイトを**Webアプリケーション**（web application）といいます。ショッピングサイトだけでなく、検索サイトや、鉄道や映画などの予約サイト、あるいはSNSサイトなど、みなさんも数多くのWebアプリケーションを日々利用していることでしょう。

16.5.2 C言語で作るWebアプリケーション

Webアプリケーションは、さまざまなプログラミング言語で作成できますが、C言語の場合には、一般的に**CGI**（common gateway interface）というしくみを利用します。

次のコードは、アクセスされたら現在時刻を表示する時報のような動作を行うCGIプログラムの例です。

コード16-4 C言語によるWebアプリケーション

BC3G4

code1604.c

```
#include <stdio.h>
#include <time.h>

int main(void)
{
  time_t timer = time(nullptr);       // 現在時刻の取得

  printf("Content-type: text/html¥n¥n");
  printf("<HTML>¥n");
  printf("<BODY>¥n");
  printf("Now...%s", ctime(&timer)); // 時刻を文字列に変換して出力
  printf("</BODY>¥n");
  printf("</HTML>¥n");

  return 0;
}
```

Webページ（HTML）を作成

コンパイルエラーが発生する場合、nullptrをNULLに置き換えてください。

chapter 16

本来、CGIプログラムをWebアプリケーションとして動作させるには、Webサーバの構築が不可欠です。このサンプルコードを実際に動かすには、サーバを準備して、コンパイルしたファイルをサーバ上の適切な場所に配置することが必要になります。

たとえば、sukkiri.jpという名前のWebサーバにこのプログラムをcode1604としてビルドして配置したとすると、ブラウザからhttps://sukkiri.jp/code1604というURLにアクセスすれば動作を確認できます。その際、コード16-4は次の図のような流れで実行されます。

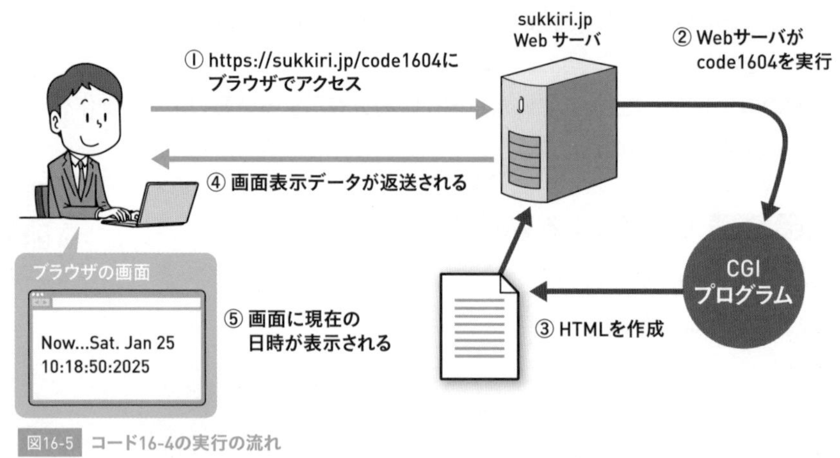

図16-5 コード16-4の実行の流れ

column

CSIRT

近年のセキュリティ事故の増加から、「セキュリティ推進特務室」のような組織を持つ企業は増加しており、こうした組織は一般にCSIRT（computer security incident response team）と呼ばれています。CSIRTのメンバーには、サイバー犯罪からシステムを守るための正義のハッカー（ホワイトハッカー）を含むこともあり、彼らには一般技術者よりさらに幅広くかつ深いIT関連知識が求められます。

16.6 C言語を学び終えて

16.6.1 C言語の特性を振り返る

16章にわたってC言語を学び終えたみなさんは、C言語というプログラミング言語の特性を十分に理解できたことと思います。ここで、もう一度振り返ってみましょう。

C言語の特性

- アプリケーション処理を簡易な文法で記述できる（高級言語の機能)。
- メモリやCPUを自由自在に制御できる（低級言語の機能)。

このような特徴を持つC言語は、1972年に誕生して以来、およそコンピュータと名の付く機械のほぼすべての内部で今も現役で活躍しています。現代社会の根幹をなすものの1つといっても過言ではないでしょう。

C言語はまた、世に知られる数多くのプログラミング言語の祖先となった言語でもあり、直接的にも間接的にも大きな影響を与え続けています。ここからは、C言語から派生した代表的なプログラミング言語を紹介します。

16.6.2 C言語から生まれた数々の言語

C++

1983年に誕生したC++は、大規模開発を可能にする「オブジェクト指向プログラミング」というしくみを持ち込んだC言語の進化版です。また、さまざまな構文や機能が追加され、ライブラリも豊富に用意されています。なお、

C++とは、Cをインクリメントしたもの、という意味で名付けられています。

C#

C#は、マイクロソフトがC言語やC++を参考に開発したプログラミング言語であり、同社が推し進める.NET Framework環境で動作します。Windows向けのアプリケーション開発に広く用いられてきましたが、Unityという著名なゲームエンジンにも採用されており、近年ではゲーム開発にも広く利用されています。

Java

CやC++が抱える多くの難解さ（メモリ管理や型サイズの環境依存の問題など）を仮想マシンというしくみを用いて克服した言語として、爆発的に普及したプログラミング言語です。特に企業用システムの開発に幅広く用いられているほか、Androidアプリの開発言語としても採用されています。

Ruby、Python、PHP、Perl、JavaScriptほか

Ruby、Python 、PHP、Perl、JavaScriptなどのスクリプト言語は、実行時にソースコードが逐次的に翻訳されていくためコンパイルを必要とせず、書き換えから実行までの手順がスピーディで手軽に扱えます。また、プログラミング言語の基礎知識があれば、C言語やJavaに比べて習得も比較的容易と考えられており、**軽量プログラミング言語**（LL：Lightweight Language）とカテゴライズされることもあります。これらの言語は、その性質を活かして主にWeb系のシステム開発に用いられています。

そのほか、グーグルによって開発されたGo、アップルのSwift、Mozillaによる Rustなど、すでに存在している複数の言語のさまざまなメリットを引き継いだ新しい言語も次々と誕生しています。

第IV部

特にGoは、その開発にC言語の生みの親が関わったこともあり、新しいわりにはCの文化を感じられる面白い言語だな。

ひと昔前のように、どれか1つの言語だけを選んでシステム開発をするような場面は、だんだんと見られなくなってきました。ここ数年で加速した、「複数の言語を適材適所に組み合わせる」という潮流は今後も続き、複数の

言語を使いこなせる技術者が当然のように求められていくでしょう。

ええっ…。やっとC言語をそこそこ使えるようになったっていうのに、また別の言語を勉強しなきゃならないのか…。

やっとの思いでC言語をマスターしたのに、また別の言語を学ぶことを億劫に感じる必要はありません。なぜなら、アセンブラなどの特殊な言語を除けば、ほとんどの言語はC言語の影響を強く受けており、似通った部分がとても多いのです。表面上の細かな構文は違いますし、現代的な新しい機能も備わっていますが、本質的かつ土台となる部分はC言語とまったく変わりません。むしろポインタや文字列に関しての細かい制約やリスクが少ないぶん、「かんたん」に感じる可能性さえあるでしょう。

「プログラミング言語の王」といわれるC言語の本質をしっかりと押さえた今、一から学ぶよりはるかに効率よく、ラクに新しい言語を学べる力をみなさんはすでに手に入れているのです。C言語に続く第2、第3の言語を学ぶことで、みなさんの実力はさらに開花していくでしょう。

C言語を学ぶということ

私たちは、どんなプログラミング言語が現れてもより簡単に習得できる。なぜなら、C言語入門を通して

コンピュータのしくみ と **プログラミングの本質**

を学んだから。

16.6.3 終わりに

今も活躍し続けているとはいえ、技術革新の速いITの世界でC言語だけを学んで満足していることはできません。インターネットや携帯端末、AIなど、社会のありとあらゆるところまでITが浸透した現代では、C言語はあくまでもプログラミングを学ぶきっかけであり、さらなる高みを目指すためのベースキャンプです。次にどこへ行くか、何を目指すかが重要といえるでしょう。

より近代的なアプリケーション開発に適した高級言語の習得にチャレンジするもよし、アセンブラや組み込み開発などのさらなるディープな世界を追求するのもよいでしょう。

みなさんもぜひ、岬くんや赤城さんとともに、新しい世界を見に行ってみてください。

海藤クン、はい、室長からお電話。河原町の現場に至急来てくれって。あなた好みのお宝（バグ）、ザックザクみたいよ？

…ってなワケで、俺は宝探しに戻るけど、お前さんたちのC言語人生はこれから始まるんだぜ。またどこかの現場で会おうな！

はい！

付録 A ローカル開発環境のセットアップと利用

巻頭で紹介したdokoCは、
あくまでも入門の最初の一歩のためのツールです。
簡易的な環境で制約も多く、本格的な学習や開発には適しません。
第Ⅳ部以降の学習にあたっては、PCに開発環境を準備して、
より本格的にC言語を学んでいきましょう。

contents

A.1 C言語による開発に必要なツール

A.1.1 開発の流れと必要なツール群

第1章で解説したように、C言語によるプログラム開発は次の3つの手順で進みます。

① ソースコードの作成と編集
② コンパイルによる実行可能ファイルへの変換
③ 完成プログラムの実行

これらの工程を行うためには、各工程に必要なツール類を準備して、PCの開発環境を整える必要があります。手順①では**テキストエディタ**を使ってソースコードを入力し、ソースファイルを作成します。手順②を担うツールはコンパイラです。C言語プログラムの場合、手順③はOSの標準機能で実行できるので、特別なツールを準備する必要はありません。

表A-1 開発手順で必要なツール

手順	ツール	代表的な製品名
① ソースファイルの作成	テキストエディタ	VSCode、メモ帳、nanoなど
② コンパイル	コンパイラ	GCC、Clang、Visual C++など
③ 実行	なし	なし

テキストエディタにはさまざまな種類がありますが、使い慣れたものでかまいません。上記の代表的な製品を実際に使ってみて慣れていくのもよいでしょう。Windowsに標準で搭載されているメモ帳のようなシンプルなエディタでもプログラムは作成できますが、VSCodeをはじめとするより高機能なエディタでは、キーワードやコメントのハイライト表示によってプログラムの構造を視覚的に把握できる、キーワード入力の補完機能によって入力ミスが軽減されるなど、開発をスムーズに進める機能が備わっています。

コンパイラには、本書ではGCCを利用します。

A.1.2 コンテナによる環境構築

C言語に限らず、プログラム開発環境の構築は、初学者にとっては少し複雑な作業です。「インストールはできたのですが、コンパイラが起動しません」「動かない原因をネットで調べてみたけれど、設定方法がよくわかりません」という声をよく耳にします。

特にWindows環境ではGCCのインストール自体が難しく、ほかのOSと比べて動作が異なるなど、学習の本筋ではない箇所でのつまずきが多く見受けられます。

そこで本書では、コンテナという技術を用いて、必要なツールやその設定をすべて整えた学習用の環境を用意しました。**コンテナ**（container）とは、物理的なコンピュータ上に専用のソフトウェアをインストールして、コンピュータ内部に「独立した別のコンピュータ環境」を作り出し、その中で開発をしたりプログラムを動かしたりできるしくみです。

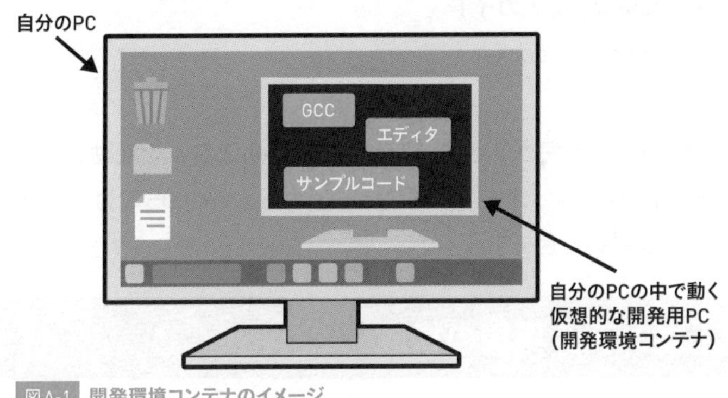

図A-1 開発環境コンテナのイメージ

なお、本書で準備しているコンテナは、Linuxという OSをベースに、①VSCodeなどのエディタ、②GCCやmakeなどの開発ツール、③本書掲載のサンプルコードをセットアップしてあります。

次節で紹介する手順に沿ってコンテナ環境をインストールすると、自分のPCの中に「①〜③の環境が整った仮想的なLinuxマシン」を生み出すことができます。みなさんはその仮想PCにブラウザ経由でアクセスして、C言語プログラミングを行うことができるというわけです（図A-1）。

A.2 開発環境コンテナのセットアップ

A.2.1 Docker Desktopの導入

PCでコンテナを利用するには、専用のソフトウェアが必要になります。本書では、Docker社が提供しているDocker Desktopという仮想化ソフトウェアを使用します。

まずは、Dockerの公式サイトからソフトウェアをダウンロードし、インストールします。詳細な手順はdevnoteでガイドしていますので、ぜひ利用してみてください。

Docker Desktop導入ガイド
https://devnote.jp/docker

以後、PCでDockerを使うときは、DockerDesktopアプリを起動しておきましょう（Windowsでは「スタートメニュー」から、macOSでは「アプリケーション」から起動できます）。

A.2.2 コンテナ環境の構成

それでは実際に、手元のPCにコンテナを構築してみましょう。

① コマンドプロンプト（ターミナル）の起動

コマンドプロンプト（Windows）またはターミナル（macOS）を起動します。念のため、Dockerコマンドが使えるか確認しておきましょう。

C:¥～> docker -v
macOSでは%で終わる文字列
Docker version xx.xx.x, build xxxxxxx
導入したDockerのバージョンが表示される

Dockerのバージョンが表示されないときは、インストールに失敗している可能性があります。その場合は、前項で紹介しているガイドに戻ってDockerの導入を確認してみましょう。

② コンテナのダウンロードとセットアップ

次のコマンドを入力すると、インターネットから開発環境コンテナがダウンロードされます。

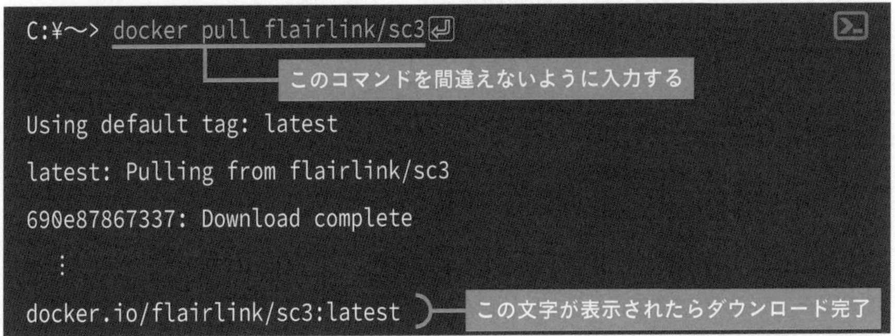

C:¥〜> docker pull flairlink/sc3
このコマンドを間違えないように入力する
Using default tag: latest
latest: Pulling from flairlink/sc3
690e87867337: Download complete
⋮
docker.io/flairlink/sc3:latest
この文字が表示されたらダウンロード完了

ダウンロードが完了したら、次はコンテナをセットアップします。

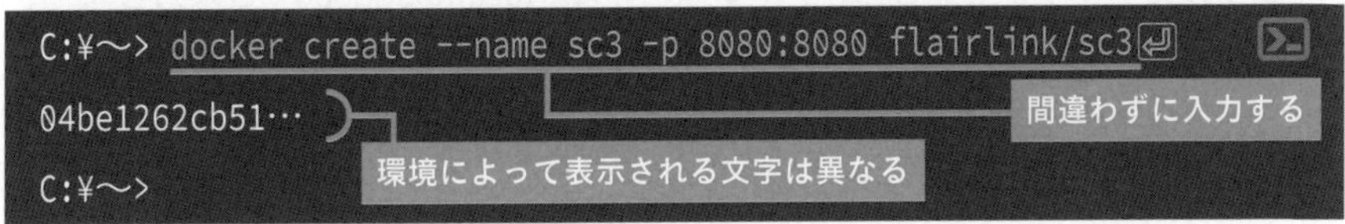

C:¥〜> docker create --name sc3 -p 8080:8080 flairlink/sc3
04be1262cb51…

以上で開発環境コンテナのセットアップは終了です。次項の手順に従ってコンテナにログインし、C言語プログラミングを始めてみましょう。

ここまでの手順でもしエラーが表示されてしまった場合は、次の内容を確認してみましょう。

- **PCがインターネットに接続されているか。**
- **DockerDesktopアプリは起動しているか。**
- **入力したコマンドに誤りがないか。**

また、sukkiri.jp（p.5）にもよくあるエラーや解決方法を掲載しているので参考にしてください。

なお、学校や会社など個人のPC以外での利用は、セキュリティ対応や

Dockerアカウントが必要になる場合があるため、システム管理者や担当の講師に解決方法を確認しましょう。

A.2.3 コンテナの起動・利用・停止

コンテナの起動

次のコマンドを入力すると、開発環境コンテナが起動します。

```
C:¥~> docker start sc3
sc3
C:¥~>
```

このような内容が表示されたら、コンテナは起動して、みなさんのアクセスを待っている状態です。

コンテナの利用

PCのWebブラウザを起動し、アドレスバーに「localhost:8080」と入力してコンテナにアクセスしてみましょう（検索バーに入力してしまうとアクセスできませんので注意してください）。図A-2のような認証画面が表示されます。もし、OSのセキュリティ設定やウィルス対策ソフトによる確認画面が表示される場合、表示内容を確認して通信を許可してください。

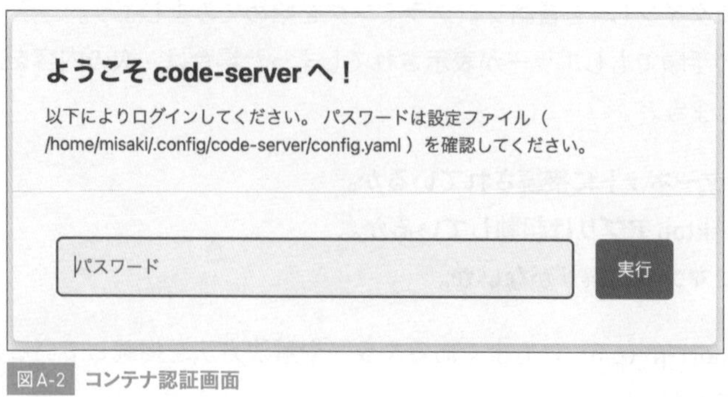
ようこそ code-server へ！
以下によりログインしてください。 パスワードは設定ファイル（
/home/misaki/.config/code-server/config.yaml ）を確認してください。
パスワード
実行

図A-2 コンテナ認証画面

パスワードとして「SC3Image」を入力すると、学習用の画面が表示されます（「Do you trust…？」という確認ダイアログが出る場合、「Yes, I trust the authors」を選択してください）。

表示された学習用の画面左のパネルにあるcode-sc3が、本書の掲載コードを格納しているフォルダです。フォルダ名をクリックしていくと、章ごとにソースコードが保存されているのがわかりますね（①）。試しに、code-sc3フォルダから、chap00フォルダ、code00-01フォルダと辿って、code0001.cをクリックし、コード0-1の内容を表示してみましょう。

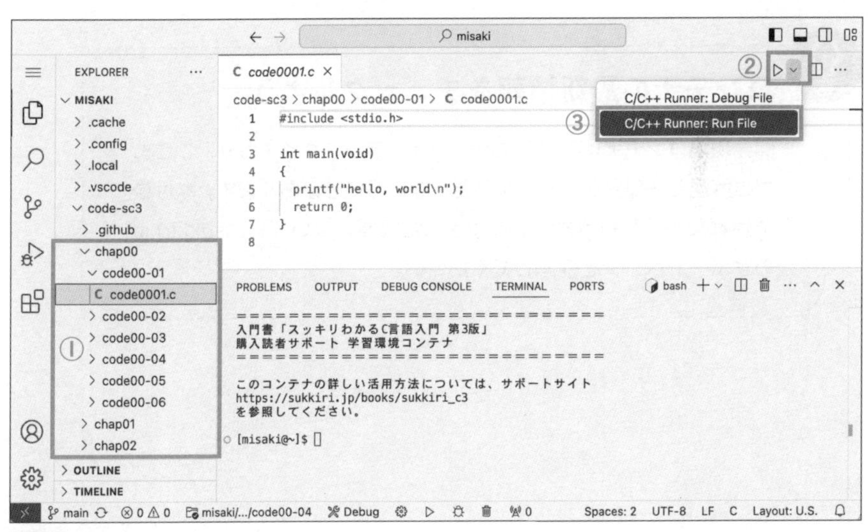

図A-3 開発環境コンテナ画面

画面右上にある再生マークのアイコン（②）をクリックするとコンパイル、もう一度クリックすると実行できます。もし、再生マークアイコンに虫マークが表示されている場合は、下向き矢印の部分をクリックしてRun File（③）を選んでください。

もし、再生マークをクリックしても実行結果が表示されない場合は、画面右下で「Run Task」という表示を探してクリックすると、結果を確認できるでしょう。

コンテナの停止

学習を終えるには、ブラウザを閉じ、コンテナを起動したコマンドプロンプトで次のコマンドを入力します。

```
C:¥～> docker stop sc3⏎
sc3
C:¥～>
```

コンテナを停止しても、コンテナ内で作成したソースファイルなどは消えません。後日また学習を再開するときは、この項で紹介した手順で再びコンテナを起動してブラウザからアクセスすれば利用を継続できます。

コンテナの最新情報をチェックしよう

開発環境コンテナは不定期にバージョンアップされており、ここまでの解説と一部異なる操作が必要となる可能性があります。本付録で触れなかった利用方法や追加された機能については、sukkiri.jpのサポートページを確認してください。

付録 B
エラー解決・虎の巻

プログラムとエラーは切っても切り離すことができません。
しかし、エラーは厄介なだけの存在でもないのです。
エラーを自力で解決することが、プログラミングの力を
最も向上させる側面も持っています。
エラー解決のコツを知り、エラーに立ち向かう力を
身に付けてください。

contents

B.1 エラーとの上手なつき合い方

B.1.1 エラー解決3つのコツ

C言語を学び始めて間もないうちは、作成したプログラムが思うように動かないことも多いでしょう。ささいなエラーの解決に長い時間を要するかもしれませんが、誰もが通る道ですから自信を失う必要はありません。

しかし、その「誰もが通る道」を可能な限り効率よく駆け抜けて、エラーを素早く解決できるようになれたら理想的です。幸いにも、エラーを解決するにはコツがあります。この節ではそのコツを、次節ではエラーが発生した状況別に対応方法を紹介します。

コツ1　エラーメッセージから逃げずにきちんと読む

はじめのうちは、エラーが出ると、エラーメッセージをきちんと読まずに思いつきでソースコードを修正してしまいがちです。しかし、**何が悪いのか、どこが悪いのかという情報は、エラーメッセージに書いてある**のです。その貴重な手がかりを読まずにエラーに立ち向かうのは、目隠しをして宝探しをするのも同然です。上級者でも難しい「ノーヒントでのエラー解決」は、初心者にとっては至難の業でしょう。

メッセージが英語、あるいは不親切な日本語であったとしても、エラーメッセージはきちんと読みましょう。特に、英語の意味を調べる手間を惜しまないでください。ほんの数分の手間で、その何倍もの時間を節約できる可能性があります。

コツ2　原因を理解して修正する

エラーが発生した原因を理解しないまま、ソースコードを修正してはいけません。原因がわからないままでは、いずれまた同じエラーに悩まされます。原因の理解に時間がかかったとしても、二度と同じエラーに悩まされないほうが合理的といえるでしょう。特に、原因を理解していなくても表面的にエラーを解消してしまう、開発ツールや統合開発環境（p.655）の「エラー修正支援機能」には注意が必要です。初心者のうちはできるだけこの機能を使わずに、自分でエラーに対応しましょう。

コツ3　エラーをチャンスと考える

熟練した開発者がエラーを素早く解決できるのは、C言語の文法に精通しているからという理由だけではありません。エラーを起こした失敗体験と、それを解決した成功体験がセットで大量に記憶されている、つまり**似たようなエラーで悩んだ経験がある**からなのです。

したがって、エラー解決の上達には、たくさんのエラーに出会い、試行錯誤し、その引き出しを1つずつ増やす過程が不可欠です。誰もが避けたいと思う**新しいエラーに直面して試行錯誤している時間こそ、自分が最も成長している時間**なのです。深く悩む場面や切羽詰まる状況もあるでしょう。しかし、そのようなときこそ「今、自分は成長しているのだ」と考え、前向きに試行錯誤してください。

B.1.2　コンパイルエラーの読み方

3つのコツの中で、最も基本かつ重要なのが、コツ1の「エラーメッセージをきちんと読む」ことです。それには、エラーメッセージの読み方を知っておく必要があります。ここでは、エラーメッセージの読み方を解説します。

文法に誤りのあるソースコードをコンパイルすると、次のような**コンパイルエラー**（compile error）が表示されます。

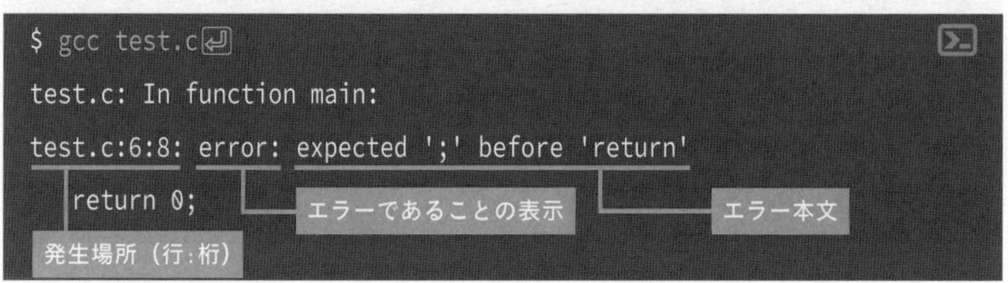
$ gcc test.c
test.c: In function main:
test.c:6:8: error: expected ';' before 'return'
return 0;
エラーであることの表示
エラー本文
発生場所（行:桁）

発生場所の情報に続き、errorという表記があれば、コンパイルの継続が不可能な誤り（エラー）を意味しています。発生場所は、どのソースファイルの、どの行のどの桁でエラーが発生しているのかを「ファイル名：行番号：

桁位置」で表しています。エラー本文と併せて必ず確認し、原因を理解してソースコードの修正を行いましょう。

なお、コンパイルエラーが複数表示された場合、入門して日が浅いうちは、上から1つずつ着実に修正するのが重要です。なぜなら、最初のエラーが原因で以降のエラーが誘発されているケースが少なくないからです。このような場合、最初のエラーを解決すると、ほかのエラーも自動的に解消できます。逆に、最初のエラーを飛ばしてしまうと、以降のエラーの解決は非常に困難、または不可能になってしまう場合もあります。

B.1.3 警告への対応

コンパイルの際、軽微な誤りや危険なコーディングを検知すると、コンパイラは**警告**（warning）を出力します。また、エラーや警告の原因が推定される場合には、その原因となった箇所が**参考情報**（note）として併せて報告されることもあります。

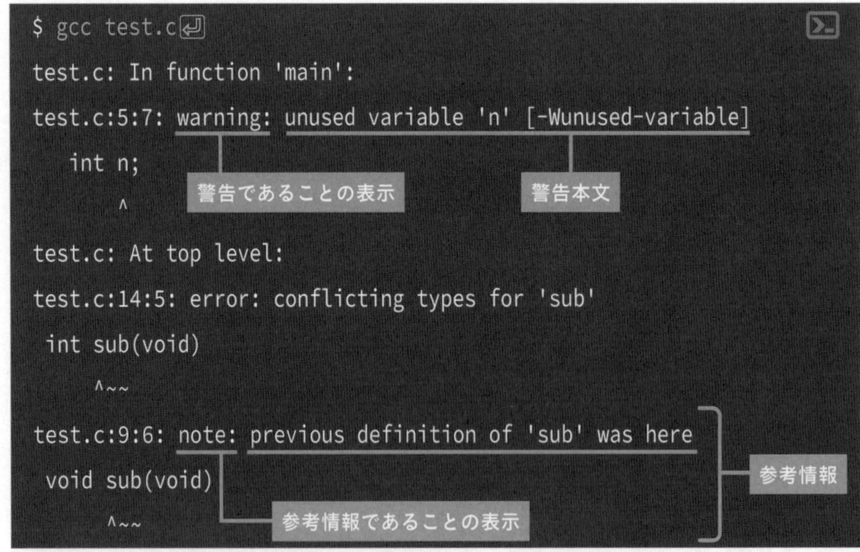

この例では、test.cの5行目で「変数nはどこにも使われていない」と警告されています（3行目）。また、subという同じ名前の関数が2か所で定義されており、2回目に定義した14行目に対してはエラーを、1回目に定義した9行目に対しては、「以前の'sub'の定義はここにあります」と参考情報が付記さ

れている様子がわかります（7〜12行目）。

エラーとは異なり、警告は報告されてもコンパイル処理自体は継続され、ほかにエラーがなければ実行可能ファイルも出力されます。しかし、警告の多くが致命的かつ潜在的な不具合につながるものも多いため、決して無視せず、エラー同様にすべての警告の解決を原則とすべきです。

コンパイルオプション `-Wall` の指定によって（表C-2、p.649）、このような警告機能を積極的に利用しましょう。コンパイラにコードのあら探しをさせ、細かな修正を重ねながら開発を進めるのが、スムーズなプログラミングの近道です。

B.1.4 実行時エラー

コンパイラはソースコードの文法的な誤りについてはチェックしてくれますが、処理の内容までは判断してくれません。そのため、許可されないメモリ領域への書き込みなど、コンピュータにとって不適切な処理を含むプログラムは、C言語の文法規則には抵触しないためコンパイルは正常に行われてしまいます。そして、実行して初めてエラーが起きる可能性があります。

コードB-1 実行時エラーが発生するプログラム

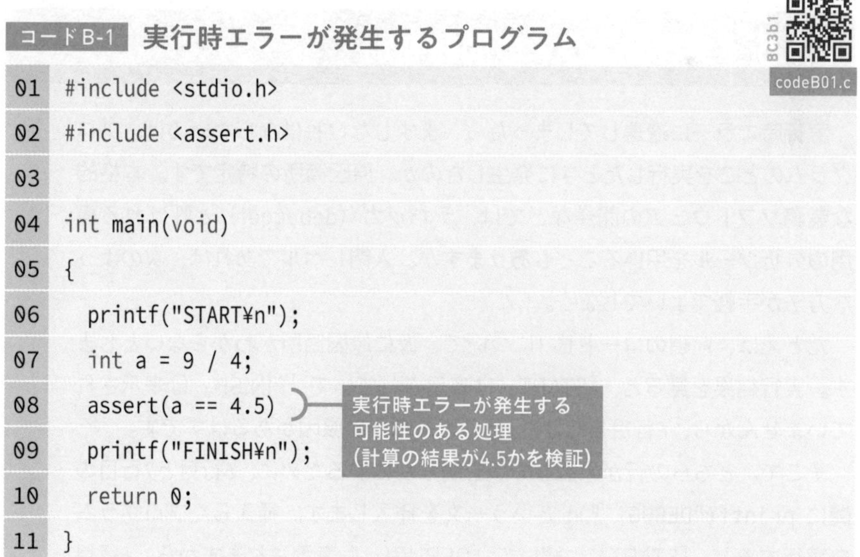


```
#include <stdio.h>
#include <assert.h>

int main(void)
{
  printf("START¥n");
  int a = 9 / 4;
  assert(a == 4.5)
  printf("FINISH¥n");
  return 0;
}
```

このコードには文法の誤りはないため、コンパイルは成功します。しかし、いざ実行すると、次のようなエラーメッセージが表示され、実行が中断されてしまいます（表示内容は実行環境によって異なります）。

```
START
Assertion failed: (a == 4.5), function main, file codeB01.c, line 7.
zsh: abort      ./a.out
```

このように、実行時に検出されるエラーを**実行時エラー**（runtime error）といいます。処理の内容によっては、実行時エラーが発生せずにそのまま処理を継続してしまうこともあります（実害のないメモリ領域を読み取った場合など）。しかし、実行環境によっては、メッセージを一切出さずにプログラムが突然終了してしまったり、OSごとフリーズしてしまったりする可能性もあります。

なお、さきほどのコードB-1に登場した**assert**は、指定した式の結果が真となるかを検証するための命令で、`#include <assert.h>` を記述すると利用可能になります。通常、複雑な計算処理の直後に記述し、結果が開発者の想定どおりであることを確認、保証する目的で用いられます。

B.1.5 実行時エラーの問題判別

実行時エラーに遭遇してしまったら、まずしなければならないのは、プログラムのどこを実行したときに発生したのか、原因箇所の特定です。本格的な業務ソフトウェアの開発などでは、**デバッガ**（debugger）と呼ばれる専用の分析ツールを用いることもありますが、入門レベルであれば、次のような方法が手軽でよいでしょう。

たとえば、前項のコードB-1について、仮に原因箇所がわからないとします。実行結果を見ると、「START」は表示されていて「FINISH」は表示されていませんから、6行目または7行目のどちらかに原因があるはずです。

そこで、どちらの行が原因なのかを明らかにするために、6行目と7行目の間に `printf("DEBUG! ");` という一文を挿入します。挿入したプログラムを実行すると、「START」に続いて「DEBUG!」も表示されますから、6行目は問題なく実行できていることがわかります。

このような手法を、**デバッグライト**（debug write）または**printfデバッグ**

といいます。実際には、ソースコードが数百行に及んでいる場合もありますので、怪しいと思われる箇所にprintf関数を追加して、原因箇所を絞り込んでいきます。

デバッグライトのためにソースコードのあちらこちらにprintf関数を追加すると、エラーが解決したあと、一連のprintf関数を消し忘れてしまう恐れがあります。それを防ぐためには、第13章で紹介したマクロを利用して、デバッグモードを作成しておくとよいでしょう。

```
#ifdef DEBUG
  printf(～);
#end
```

「DEBUG」が宣言されたときのみ有効になる

column

デバッグ用マクロ定義

付録Eで紹介する定義済みマクロなどを組み合わせて、次のようにマクロを定義しておくと便利です。

```
#ifdef DEBUG
#define DEBUG_PRINT(...) ({printf("%s:%d(%s):", __FILE__,
     __LINE__, __func__); printf(__VA_ARGS__); printf("¥n");})
#else
#define DEBUG_PRINT(...) do {} while(0);
#endif
```

このマクロは、DEBUGマクロ定数が宣言されている場合に限り、`DEBUG_PRINT("デバッグメッセージ");`のように、ファイル名・行番号・関数・メッセージを1行にまとめて表示してくれます。

B.2 トラブルシューティング

B.2.1 開発環境のセットアップができない

(1) GCCのインストール方法がわからない

症状 一般書籍やインターネットなどに掲載されているGCCのインストール方法を参照しながらセットアップを試みましたが、うまくいきません。

原因 GCCのインストールは、OSによって必要なソフトウェアが異なる、公式サイトが英語で書かれているなど、プログラミングが初めての入門者には難しい場合があります。

対応 本書では、dokoCや、あらかじめGCCをインストールした開発環境コンテナを提供していますので、難しい導入作業をしなくてもC言語プログラミングを始めることができます。

参照 dokoCの使い方（p.4）、付録A

B.2.2 ソースコードが作成できない

(1) ソースコードに「¥」という文字を入力できない

症状 ¥という文字を入力しようとすると、画面には\が表示されてしまいます。

原因 開発環境によっては、キーボード上の¥を入力すると\が表示されます。または¥を\として扱うフォントを使用している可能性があります。

対応 金額の意味で入力したい場合を除き、エスケープシーケンスやディレクトリの区切りを表す記号は本来バックスラッシュ（\）が正しいため、問題はありません。

参照 コラム「円記号とバックスラッシュ」（p.88）

B.2.3 コンパイルが通らない

(1) gccコマンドを入力しても動かない

症状 ターミナルに「gcc」を入力すると、「not found」と表示されます。

原因 GCCが正しくインストールされていません。

対応 GCCをインストールし直すか、本書で提供している開発環境の利用を検討してください。

参照 付録A

(2)「ファイル名:そのようなファイルやディレクトリはありません」と表示される

症状 コンパイルすると、「ファイル名:そのようなファイルやディレクトリはありません」と表示されます。

原因 ①ソースファイルのあるディレクトリでコンパイルしていない可能性があります。②インクルード命令に指定したファイル名が間違っているか、存在していません。

対応 ①コンパイルしたいソースファイルが保存されているディレクトリに移動してコンパイルします。②インクルード命令に指定したファイル名やファイル名を囲む記号が正しいかを確認します。

参照 ②13.3.3項

(3)「invalid preprocessing directive」と表示される

症状 コンパイルすると、「invalid preprocessing directive」と表示されます。

原因 プリプロセッサによる前処理の部分に無効な命令が記述されています。

対応 インクルード命令やマクロ定義の記述内容を確認します。

参照 1.2.2項、13.3〜13.5節

(4)「expected ';' before '〜'」と表示される

症状 コンパイルすると、「expected ';' before '〜'」と表示されます。

原因 文の終わりにセミコロン(;)がありません。

対応 文の終わりには、必ずセミコロンを付けます。

参照 1.2.5項

(5)「'変数名' undeclared (first use in this function)」と表示される

症状 コンパイルすると、「'変数名' undeclared (first use in this function)」と表示されます。

原因 宣言されていない変数を使おうとしています。

対応 変数名に表示された変数について、宣言されているかを確認します。

参照 2.1.1項

(6)「redefinition of '変数名'」と表示される

症状 コンパイルすると、「redefinition of '変数名'」と表示されます。

原因 同じ名前の変数を2回宣言しています。

対応 変数名に表示された変数について、宣言を確認します。

参照 2.1.2項

(7) 真偽値trueとfalseを使えない

症状 ソースコードにtrueやfalseの真偽値をそのまま記述するとエラーが表示されます。

原因 C23より前のバージョンを使っている場合、bool型やtrue、falseを使うには、ヘッダーファイルstdbool.hをインクルードする必要があります。

対応 ソースコードの先頭に、`#include <stdbool.h>`を追加します。

参照 2.2.5項

(8)「assignment of read-only variable '変数名'」と表示される

症状 コンパイルすると、「assignment of read-only variable '変数名'」と表示されます。

原因 定数を上書きしようとしています。定数として宣言したら、別の値を代入することはできません。

対応 代入しようとしている定数を確認し、通常の変数とするか、代入先を変更します。

参照 2.3.3項

(9) ＋演算子で文字列の連結ができない

症状 文字列を+演算子で連結しようとすると、「invalid operands to binary + (have '型名' and '型名')」と表示されます。

原因 +演算子は文字列を連結する機能を持っていません。

対応 文字列を連結するには、strcat関数を使います。

参照 3.4.1項、11.6.4項

(10) 宣言した構造体型を使えない

症状 `struct EX {…}`として構造体を作成しましたが、その構造体型の変数`EX exp;`を宣言できません。

原因 構造体の型は`struct タグ名`であり、`struct EX`が型名となります。

対応 ①`struct EX exp;`として宣言します。②typedef宣言を使って別名「Ex」を付け、`Ex exp;`と宣言できるようにします。

参照 6.3.1項、6.4.2項

(11) 関数定義を変更したらエラーが発生するようになった

症状 引数や戻り値を変更したら、コンパイルが通らなくなってしまいました。

原因 プロトタイプ宣言に記述された関数定義の修正が漏れている可能性があります。

対応 変更した関数定義に合わせて、プロトタイプ宣言についても同様に修正します。

参照 8.1.6項

付録
B

(12)「warning: '関数名' accessing 1024 bytes in a region of size 数値」と表示される

症状 コンパイルすると、「warning: '関数名' accessing 1024 bytes in a region of size 数値」と表示されます（警告は表示されるが、コンパイル自体は成功して、実行可能ファイルは生成される）。

原因 String型またはchar[1024]型を引数とする関数に、より短い配列や文字列リテラルなどを引き渡しています。

対応 本書では、C言語入門を目的としてString型を用いる方法を紹介しています。第11章までの学習に取り組む間、この警告が表示される場合がありますが、対応は不要です。第12章でString型を卒業できるよう学習を進めましょう。

(13)「too few arguments to function '関数名'」と表示される

症状 コンパイルすると、「too few arguments to function '関数名'」と表示されます。

原因 関数に渡している引数の数が足りません。

対応 関数の定義を見て、どのような引数が必要かを確認します。

参照 8.2節

(14)「too many arguments to function '関数名'」と表示される

症状 コンパイルすると、「too many arguments to function '関数名'」と表示されます。

原因 関数に渡している引数の数が多すぎます。

対応 関数の定義を見て、どのような引数が必要かを確認します。

参照 8.2節

(15) void*型のポインタ変数を別の型のポインタ変数に代入できない

症状 void*型変数に格納したアドレス情報をint*型などの別のポインタ変数に代入しようとすると「invalid conversion from 'void*' to 'int*'」と表示されます。

原因 void*型は型情報を持たないため、int*型など領域の情報を持つ型には変換できません。なお、このエラーはC++としてコンパイルしたときに発生します。C言語ではこの型変換を違反としていませんが、C++では厳格にエラーと定められています。

対応 ①C言語としてコンパイルしたい場合は、ソースファイルの拡張子が小文字のcであるかを確認します。大文字のCやcppではC++としてコンパイルされます。②C++としてコンパイルしたい場合は、`(int*)`などのキャストを付けて型変換を明示的に指示します。

参照 3.5.3項、9.4.2項

(16)「implicit declaration of function '関数名'」と表示される

症状 コンパイルすると、「implicit declaration of function '関数名'」と表示されます。

原因 関数が定義されていないと見なされています。主に、①関数名が間違っている、②関数呼び出しよりも後ろで関数が定義されている、③必要なヘッダファイルをインクルードしていない、④必要なライブラリをリンクしていない、の4つの原因が考えられます。

対応 ①入力した関数名を確認します。②関数呼び出しよりも前で関数を定義します。または、関数のプロトタイプ宣言をソースファイルの冒頭に記述します。③④関数を呼び出すために必要なヘッダファイルやライブラリを確認します。

参照 8.1.6項、13.7.1項

(17)「'nullptr' undeclared」と表示される

症状 コンパイルすると、「'nullptr' undeclared」と表示されます。

原因 アドレス0番地のポインタ情報を表す「nullptr」はC23以降で対応しているため、それより前のバージョンでコンパイルすると「nullptr」は定義されていないというエラーが発生します。

対応 ①C23でコンパイルします。②「nullptr」ではなく「NULL」とします。

参照 10.6.2項

(18) ヘッダファイルをインクルードすると、変数や関数宣言の重複エラーが発生する

症状 あるヘッダファイルをインクルードすると、変数や関数の定義が重複しているというエラーが発生します。

原因 ヘッダファイルをインクルードすると、include命令を記述した箇所にヘッダファイルの内容がまるごと取り込まれます。このとき、重複エラーの原因は2つ考えられます。①二重インクルードの回避が施されていないヘッダファイルを2回以上インクルードしています。②ヘッダファイルで定義されたものと同じ名前の変数や関数を自分のソースコードでも定義しています。

対応 ①インクルードしようとするヘッダファイルに、`#ifndef`～`#endif`などによる二重インクルード回避の対策が講じられているかを確認します。②重複した変数や関数について、どのスコープで定義すべきかを再度検討します。

参照 4.2.1項、8.4.1項、13.5.2項

(19)「現在のコードページ (932) で表示できない文字を含んでいます」と表示される

症状 Visual C++でコンパイルすると、「C4819: ファイルは、現在のコード ページ (932) で表示できない文字を含んでいます。データの損失を防ぐために、ファイルをUnicode形式で保存してください」と表示されます。

原因 ソースコードの文字コードとVisual C++の文字コードが一致していないために、ソースコードに書かれた文字をコンパイラが正しく解釈できていません。

対応 ソースコードの文字コードをUTF-8とします。Visual Studio 2015以降の場合、/source-charsetオプションにUTF-8を指定してコンパイルします (`/source-charset:utf-8`)。Visual Studio 2013以前の場合、ソースコードにBOMを付けてコンパイルします。

参照 付録C.6.3項

B.2.4 プログラムを実行できない

(1)「a.out」と入力しても動かない（Windows以外）

症状 ターミナルに「a.out」を入力すると、「command not found」と表示されます。

原因 ファイル名の入力だけでは、コンピュータはa.outの場所を判断できません。

対応 `./a.out`のように、カレントディレクトリを示す`.`（ピリオド）と、ディレクトリの区切りを示す`/`（スラッシュ）を付加して実行します。

参照 付録A

B.2.5 エラーは出ないが動作がおかしい

(1) 金額やディレクトリの画面表示がおかしい

症状 `printf("¥1200");`や`printf("c:¥user");`のように記述すると、おかしな文字が表示されたり、表示が崩れます。

原因 円記号（¥）は、エスケープシーケンスとして利用される特殊文字であり、意図と異なる解釈をされているためです。

対応 文字列リテラルの中で円記号を表示したい場合は、`printf("¥¥1200")`のように`¥¥`を指定します。

参照 3.2.2項

(2) ¥nを指定しても改行されない

症状 `printf("こんにちは¥n");`のように記述しても、文末で改行されません。

原因 改行を指示するにはエスケープシーケンスを入力する必要があります。本書ではエスケープシーケンスを円記号（¥）として紹介していますが、コンピュータがエスケープシーケンスとして認識する文字コードは、本来バックスラッシュ（\）です。開発環境によっては、円記号とバックスラッシュが明確に区別されており、円記号を入力している可能性があります。

対応 エスケープシーケンスに円記号ではなくバックスラッシュを入力します。

参照 コラム「円記号とバックスラッシュ」(p.88)

(3)「040」と入力すると、おかしな数字が表示される

症状 `a = 040;`とした変数aを`printf("%d", a);`で表示すると、40ではなく32と表示されます。

原因 整数リテラルの先頭に0を付けると8進数として解釈されます。printf関数に指定したプレースホルダ%dは、8進数としての40を10進数である32に変換して表示しました。

対応 整数リテラルを10進数として扱いたいときは、先頭に0を付けません。

参照 コラム「10進数以外の整数リテラル記法」(p.87)

(4) 割り算の結果が小数にならない

症状 `double n = 7 / 2;`を実行した結果、変数nには3.5ではなく3が代入されてしまいます。

原因 7も2もint型のリテラルですから、int型同士で計算されるため、その結果もint型になります。

対応 結果を小数で得たい場合は、`double n = (double)7 / 2;`のようにどちらかの値を小数を格納する型にキャストします。

参照 3.5.4項

(5) プログラムが動き続けて終わらない

症状 プログラムを実行すると、動き続けて終了しません。

原因 ①プログラムはユーザーからの入力を待っている状態です。scanf関数などの入力関数を用いるとこのような状態になります。②プログラムは無限ループに陥っています。意図しない場合は、繰り返し処理に誤った条件を記述している可能性があります。

対応 ターミナルでは、Ctrl＋Cキーでプログラムを強制終了できます。統合開発環境では、操作メニューからプログラムを終了します。①入力を待っている状態では、プログラムが動作し続けるのは正しい動作です。このような場合は、ユーザーに入力を促すメッセージを表示するとよいでしょう。②意図した無限ループでない場合は、繰り返しの条件やループ変数に代入される値の推移を確認してみましょう。

参照 3.6.5項、4.1.3項、11.6.6項

(6) if文の条件式が正しく判定されない(その1)

症状 if文の条件式が想定とは違って判定されてしまいます。

原因 `if (age = 10)`のように、単独の=演算子で判定しようとしている可能性があります。C言語では判定の結果が真偽値でなくても条件式として認められるため、コンパイルエラーになりません。このような場合、0ならば偽、0以外ならば真と解釈されます。

対応 等しいことを判定するには、条件式に==を記述します。なお、`if (10 == age)`のように条件式の左辺側にリテラルを書くと、=を1つしか記述しなかった場合にもコンパイルエラーが発生してミスに気づくことができます。

参照 4.3.3項

(7) if 文の条件式が正しく判定されない（その2）

症状 `if (isalpha('a') == true)` のように関数呼び出しを含むif文の条件式が想定とは違って判定されてしまいます。

原因 標準ライブラリ関数のisalpha()など、真偽値をint型で返す関数を使用する場合、結果が真なら0以外が返されますが、1である保証はありません。そのため、true（int型における1）と等しいかという比較をすべきではありません。

対応 `if (isalpha('a'))` のように、戻り値をint型に想定した記述を行います。

参照 4.3.3 項

(8) 複数の値を正しく比較できない

症状 3つ以上の値の比較が正しく判定されません。

原因 複数の値の比較に `a < b < c` のような条件式を記述すると、まず `a < b` の部分が判定され、結果が真の場合には0以外の値、偽の場合には0に評価されます。そして、その結果とcとを比較するため、本来の意味での比較ができません。

対応 複数の値の比較、つまり2つ以上の条件を組み合わせて比較したい場合には、論理演算子を使って `a < b && b < c` とします。

参照 4.3.5項、コラム「数学と C 言語における条件式の表現の違い」(p.147)

(9) switch文で複数のcaseラベルの処理が実行されてしまう

症状 switch文で、複数のcaseラベルの処理が実行されてしまいます。

原因 break文を書き忘れています。switch文は条件に一致するcaseラベルまで処理をジャンプさせる命令に過ぎないため、break文で明示的にswitch文を抜ける指示がないと、処理は順次進みます。

対応 各caseラベルの処理の終わりにbreak文を記述します。

参照 5.3.4項

(10) goto文を多用していたらソースコードがわかりにくくなってしまった

症状 goto文を使っていたら、ソースコードの内容がわかりにくくなってしまいました。

原因 goto文は多用するとプログラム構造を複雑にしてしまう危険な道具です。誤った使い方によって、原因の特定が非常に難しい深刻なバグを作ってしまうリスクもあります。

対応 基本的にgoto文は使用禁止と心得ましょう。3つの制御構造（順次・分岐・繰り返し）だけでどのようなプログラムでも作れるはずです。

参照 5.3.4項

(11) 関数の引数が一致しないのにコンパイルエラーにならない

症状 プロトタイプ宣言した仮引数のない関数の呼び出しに実引数を指定してもコンパイルエラーが出ません。

原因 引数のない関数のプロトタイプ宣言でvoidを省略すると、引数がないという意味ではなく、任意の個数の引数を許可することになり、コンパイルチェックが行われず、リスクの高いソースコードになってしまいます。

対応 引数のない関数では、必ずvoidを記述して引数がないことを明示します。

参照 コラム「仮引数がない関数ではvoidを明記する」(p.269)

(12) 関数で変数や構造体の内容を変更できない

症状 引数として渡した変数や構造体の内容を関数内部で変更しましたが、その関数を呼び出したあとも呼び出し元では値が変化しません。

原因 ローカル変数の独立性に起因します。引数にはコピーを渡しており、関数の呼び出し元で宣言された変数や構造体とは別の変数として存在します。

対応 関数内部で変更した値を呼び出し元に返すには、戻り値を使います。

参照 8.4.1項

(13) 複数のポインタ変数を同時に宣言できない

症状 `int* a, b;`としても、変数bがポインタ変数と見なされません。

原因 この場合、変数bはint型として宣言されます。

対応 複数のポインタ変数を宣言するには、`int *a, *b;`と記述します。ただし、本書では、型名が分離されてしまうこと、誤解を生じやすい表記であることから、1つの文による複数の変数宣言は推奨していません。

参照 9.4.4項、コラム「ポインタ型変数を2つ以上同時に宣言する」(p.331)

(14) 関数で配列や文字列の内容が変更されてしまう

症状 引数として渡した配列や文字列の内容を関数内部で変更しましたが、その関数を呼び出したあと、呼び出し元で値が変化してしまいます。

原因 ローカル変数には独立性がありますが、配列や文字列はからくり構文①によってポインタと見なされます。関数の中で内容を変更すると、呼び出し元で宣言された配列や文字列そのものが書き換えられてしまいます。

対応 呼び出し元の情報を変更したくない場合は、配列や文字列を別の領域にコピーし、コピー情報へのポインタを関数に渡します。

参照 10.2.1項

(15) 配列や文字列を=演算子で代入できない

症状 =で代入した配列や文字列を使おうとすると、正しく動作しません。

原因 配列変数や文字列は、からくり構文②によって、その配列の先頭要素を示すアドレスと見なされます。=演算子は、単純にそのアドレス値を代入します。

対応 配列変数や文字列を代入したい場合は、memcpy関数やstrcpy関数を使います。

参照 10.2.2項、10.5.2項、11.6.3項

(16) ポインタ変数の計算結果が正しくない

症状 アドレス値3000が格納されているポインタ変数に2を加算しても、結果が3002になりません。

原因 ポインタ変数に対して加減算をすると、ポインタ変数の型を考慮したポインタ演算が行われます。たとえば、int*型のポインタ変数に1を足すと、結果はint型の消費バイト数（一般的には4バイト）が加算された結果が返されます。

対応 アドレス値の計算としては正しい結果です。

参照 10.3.2項

(17) sizeofで構造体のサイズを正しく取得できない

症状 sizeofに構造体の変数型を渡すと、想定よりも大きな値が返されます。

原因 構造体は、処理効率のためにパディングと呼ばれる隙間を空けて領域が確保されることがあります。sizeofは、このパディングを含めた領域のサイズを返します。

対応 malloc関数などでメモリ領域を確保するために構造体のサイズを調べたい場合には、パディングを含んだサイズで確保すればよいでしょう。なお、パディング部分の内容が異なる可能性があるためmemcmp関数では構造体の一括比較はできません。

参照 コラム「構造体のメモリ配置」(p.358)、10.5.3項

(18) sizeofで配列の要素数を正しく取得できない

症状 `sizeof(array) / sizeof(array[0])`のように記述しても、配列の正しい要素数を取得できません。

原因 配列を引数として渡した先の関数では、配列はポインタ変数と見なされます。sizeof関数にポインタ変数を指定すると、配列ではなくポインタとしての消費バイト数が返されるため、正しい要素数を求めることができません。

対応 配列を渡した先の関数で要素数を利用したい場合は、あらかじめ引数として要素数を渡すように関数を定義します。

参照 10.2.1項、15.5.7項

(19)「assignment of read-only location」と表示される

症状 コンパイルすると、「assignment of read-only location」というエラーが出ます。

原因 本来割り当てられていないメモリ領域へアクセスしようとしています（オーバーランの発生）。

対応 配列やchar配列として文字列を扱っている場合など、ポインタ操作に問題のある処理になっていないかを確認します。

参照 10.4.1項、11.5.1項

(20) 文字列を正しく比較できない

症状 同じ内容の文字列を比較しているはずなのに、同じと判定されません。

原因 文字配列をa == bのように比較すると、aの先頭アドレスとbの先頭アドレスが等しいかを判定しようとします。

対応 格納されている文字の内容を比較するには、memcmp関数やstrcmp関数などを利用します。

参照 10.5.3項、11.6.2項

(21) 文字列の後ろにゴミが付いて表示されることがある

症状 文字列を表示すると、意味のわからない文字が後ろに表示されることがあります。

原因 文字列の終端を表す¥0が失われたため、文字列の終わりを判断できずに後続のメモリ領域に格納されている情報が表示されています。

対応 終端文字¥0が失われる処理になっていないかを確認します。

参照 11.2節、11.5節

(22) 実行するたびに結果や動作が変化する

症状 乱数などは使っていないにもかかわらず、実行するたびに表示される値や計算結果が変わります。

原因 ①変数や配列、malloc関数によって確保したメモリ領域を初期化せずに使っています。②文字列のオーバーランによって、本来アクセスしてはならないメモリ領域を使っています。いずれの場合も、メモリに書かれている値によって、意図しない動作を引き起こしています。

対応 ①プログラムで使っている変数すべてについて、初期化を確認します。②文字列に関する3つの領域を意識したプログラムを作成します。

参照 2.3.1項、7.2.3項、10.6.2項、11.5節

付録 C
C 言語標準と処理系

幅広い用途のソフトウェア開発に利用されるC言語ですが、
その特徴ゆえに、システム環境に依存する文法や命令も多く、
それが問題となることも少なくありませんでした。
現在では標準仕様が定められ、多くの処理系が準拠しています。
ここでは、標準規格と代表的な処理系について紹介します。

contents

C.1 C言語の歴史

C.1.1 C言語の誕生

ITの発達した現代からは想像しにくいかもしれませんが、1940年代のコンピュータ誕生当初は、OSはまだ存在せず、物置のように巨大な大型コンピュータに機械語で記述されたプログラムを直接与えて使うのが一般的でした。

1950年代にOSの概念が初めて登場すると、さまざまなコンピュータのためにOSが開発され始めました。AT&Tのベル研究所が1960年代に開発したMulticsや、その反省から生まれたUNIXは、世界のさまざまなOSに強い影響を与えていきます。しかし、当時、UNIXで動くプログラムを作るには、アセンブラ（assembler）と呼ばれる言語を使う必要がありました。

アセンブラにはprintf()のような便利な命令はなく、機械語とほぼ1対1で対応した単純な命令しか利用できません。そのため、C言語なら1〜2行で書けるような処理でも、数十行から数百行、多い場合は数千行の命令を複雑に組み合わせて記述していく必要がありました。

そこで、ベル研究所のケン・トンプソンとデニス・リッチーらは、少ない行数で複雑なプログラムを記述できる新たなプログラミング言語「B言語」を開発します。このB言語をさらに改良して誕生したのがC言語です。

表C-1 コンピュータとC言語誕生の歴史

西暦	できごと
1946年	ENIACが発表され、世界初のコンピュータとして認知される。
1950年代	OSの概念が登場し、各社で開発開始。技術確立が進む。
1960年代	より手軽な中型、小型コンピュータが普及し始める。 MIT、GE、AT&TなどによりOS「Multics」が開発される。
1969年	AT&T、Multicsの開発から離脱し新たなOS「UNIX」を開発。ケン・トンプソンとデニス・リッチーら、B言語を開発。
1973年	デニス・リッチー、B言語を改良してC言語を開発。 UNIXのソースがアセンブラからC言語に書き換えられる。

C.1.2 「プログラミング言語C」の出版

C言語は、Windows（1985年）もmacOS（1984年）もLinux（1991年）も存在しなかった時代に生まれましたが、その後、汎用性と移植性の高さからさまざまなOSやアプリケーション開発に採用され、普及していきます。C言語コンパイラも、AT&T以外の企業によって数多く開発されていきました。

1978年、ベル研究所のブライアン・カーニハンとデニス・リッチーは、C言語に関する文法や解説を盛り込んだ書籍『**プログラミング言語C**（原題：The C Programming Language)』を出版します。

著者の頭文字を取って**K&R**ともいわれるこの書籍は、多くのC言語プログラマに読まれただけでなく、「実質的なC言語の標準仕様書」として各社のC言語コンパイラの仕様統一に貢献しました。今でも「C言語のバイブル」として、幅広く読まれています。なお、第0章で紹介したコード0-1（p.21）は、K&Rに最初に登場する有名なプログラムです。

column

K&Rとコーディングスタイル

プログラムのどこに空白を入れるか、どれだけ字下げをするかといった決まりごとを**コーディングスタイル**（coding style）といいますが、特にK&Rの書籍で用いられたスタイルは**K&Rスタイル**と呼ばれ、今でも使われています。

ほかにも、ANSIスタイル、オールマン、GNUスタイル、BSD/KNFなど、さまざまなスタイルが提唱、利用されています。どのスタイルを選ぶかは基本的に自由ですが、業務で開発する場合は、メンバーとの協働作業をスムーズに進めるためにも、チームやプロジェクトで決められたコーディングスタイルを遵守しましょう。

C.2 C言語の標準規格

C.2.1 ANSI-Cの登場

K&Rにより、文法やルールはある程度明文化されたとはいえ、「用いるコンパイラによって使える構文が異なる」という互換性の問題は、C言語の普及とともに増えていきました。

そこで「C言語仕様の統一と標準化」を実現すべく、1989年に米国国家規格協会（ANSI：American National Standards Institute）によって定められた米国内の標準規格が**ANSI-C**です。策定年号の下2桁をとって**C89**とも呼ばれます。この規格は、翌1990年に国際標準化機構（ISO：International Organization of Standardization）によって国際標準規格になりました。この規格は**C90**と呼ばれていますが、内容はC89と同じものです。

ANSI-Cの策定後、多くのコンパイラ（**処理系**ともいいます）が規格に準拠するよう改良されていきました。これによりさらに学習、利用しやすくなったC言語は、爆発的に普及し、その後も改訂を重ねていくことになります。

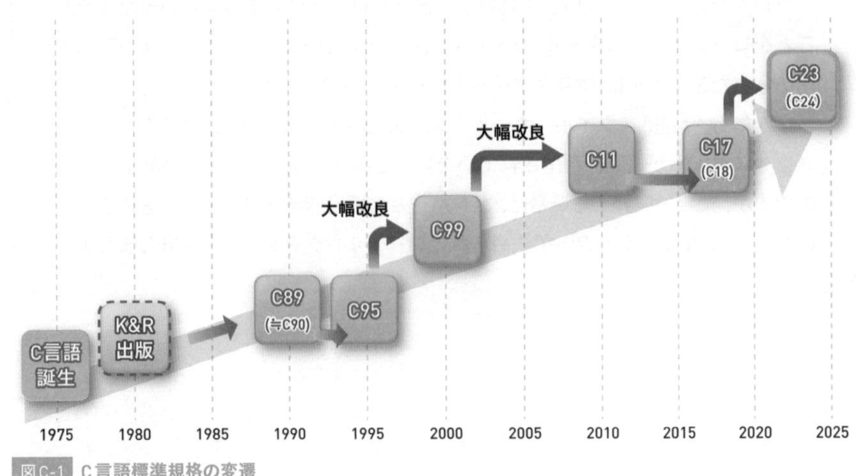

図C-1 C言語標準規格の変遷

C.2.2 標準規格の改訂と処理系の対応

C89は1995年に小さな改良がなされ（C95）、1999年（C99）、2011年（C11）、2017年（C17）と改訂を繰り返していきます。そして2023年、bool型の標準化をはじめとする近代的な言語機能が取り込まれたC23が策定され、2024年にリリースされました。

新仕様の発表後、すぐに新しい仕様に対応する処理系もある一方、なかなか対応が進まない処理系もありました。特に比較的利用者が多かった処理系Visual C++では、2012年頃までC99の一部仕様に非対応の状態が続きました。このような状況を受け、しばらくの間「処理系によって動かない可能性があるC99以降の文法を用いたプログラミング」は避けられる傾向にありました。同様の理由から、C言語の入門書でもC89やC95を前提とした解説が一般的だった時代も続きました。

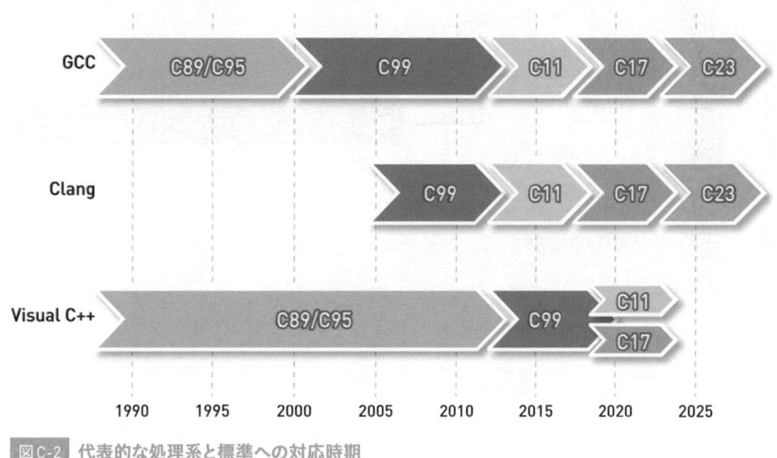

図C-2 代表的な処理系と標準への対応時期

その後、標準規格への対応が進み、現在では多くの著名な処理系がC99対応をほぼ終えていることや、現代の学び手のスムーズな学習を支援するため、本書ではC23を基準にC99以降を対象として解説しています。なお、最新のC言語仕様については、Webサイト（http://www.open-std.org/jtc1/sc22/wg14/www/docs/n3220.pdf）などで閲覧が可能です。

以降では、各標準規格の主な違いと、図C-2に掲載した3つの代表的な処理系について、その特徴を紹介していきます。

column

C23で利用可能になった「属性」

最新の標準規格であるC23では、C++などで採用されている**属性**（attribute）という構文を取り込んでいます。属性とは、コード中にプログラマの意図を書き込むための特殊なコメントのようなもので、属性の示す意図に反するコードに対して、コンパイラの出す警告を制御する目的などに用いられます。

具体的には、次のコードに登場する4つの属性が代表的です。

```
[[deprecated]]  enum ELEMENT {1, 2, 3, 4};
[[nodiscard]]  int f(int age, [[maybe_unused]] ELEMENT e) {
  switch(age) {
    0:
      year += age;
      [[fall_through]]
    default:
       age++;
  }
  reutrn age;
}
```

- [[deprecated]]：利用は非推奨であることを宣言
- [[maybe_unused]]：未使用の可能性を宣言
- [[nodiscard]]：戻り値スルー禁止の宣言（図8-13、p.274）
- [[fall_through]]：意図的なフォールスルー（p.162）を宣言

C.3 標準規格による違い

C.3.1 C11／C17環境での注意点

前節で紹介したとおり、C言語の世界では長らくC89やC95が幅広く使われてきました。そのため、業務や学校のテキストで見るソースコードがC89で書かれていたり、開発ツールがC17までしか対応しておらずC23が使えなかったりするケースもあるでしょう。

本書はC23を前提に解説を進めているため、利用している環境によっては、本書掲載の構文や機能の一部が利用できない可能性があります。ここでは、C11/17環境を対象に、注意点を以下に列挙します。

bool型やtrue/falseを標準で使えない

C17以前の環境でbool型やtrue／falseを利用するには、ソースコードの冒頭に `#include<stdbool.h>` の記載が必要です。

nullptrを標準で使えない

C17以前の環境では、ヌルポインタを表すnullptrは利用できず、伝統的な表記であるNULLを用います。NULLは、stddef.hやstdio.hなどの標準ライブラリをインクルードすると利用できるようになります。

配列初期化で={}を使えない

C17以前の環境では、配列の中身をすべてゼロで初期化する `={}` は記述できず、 `={0}` とする必要があります。

なお、C23は2024年に策定されたばかりであり、各処理系では順次対応を進めている段階です。そのため、標準ではC17モードで動作する処理系でも、コンパイル時にオプション（GCCやclangでは `-std:c23`、Visual C++では `/std:clatest`）を指定すると、C23に対応した動作が可能な場合があります。boolやnullptrの利用でコンパイルエラーが発生する場合は、これらのコンパイルオプションを指定してみるとエラーを解決できるかもしれません。

C.3.2 C89／C95環境での注意点

伝統的なC言語環境であるC89／C95を利用する場合、前項の注意点に加えて、以下にも注意が必要です。

関数ブロックの先頭でしか変数宣言ができない

C89／C95環境では関数ブロックの先頭でしか変数を宣言できません。

//で始まるコメント文が使えない

C89／C95環境では、`/* */` によるコメントしか使えません（一部処理系は独自拡張として利用を許している場合もあります）。

bool型とlong long型が使えない

真偽値型として紹介したbool型やtrue／false、およびlong型より大きな整数を表すlong long型などはC99以降の機能です。また、C89／C95前提の処理系にはstdbool.h自体が含まれていないことがあります。

指示初期化子による配列や構造体の初期化ができない

配列で一部の要素だけを指定して初期化したり、構造体や共用体の一部のメンバだけを指定して初期化したりすることはできません。C99以降では、指示初期化子により配列や構造体のこのような初期化が可能です。

マクロ定数__func__が利用できない

マクロ定数 `__func__` （13.4.1項）は利用できません。

複合リテラルが利用できない

複合リテラルによるテクニック（コラム「その場で集成体型の実体を生み出す」、p.291）は利用できません。

snprintf関数などが利用できない

stdio.hに含まれるsnprintf関数などのいくつかの関数が利用できません。

関数の戻り値の省略が許されてしまう

関数の戻り値を明示しないと、暗黙的にint型を指定したものと見なされます。

インライン関数が利用できない

頻繁に呼び出す小さな関数の処理を高速化できるインライン関数（D.8.3項）は、C99以降の機能です。

ネスト内の構造体でタグ名と型名の両方を省略できない

無名構造体という構文により、メンバ内の構造体をスマートに定義することができるのは、C11以降です。

fopen関数における排他処理を指定できない

fopen関数のアクセスモードに「x」を指定してファイルをロックし、ほかのプログラムから同時に操作できないよう安全にファイルを開くことができるのは、C11以降の機能です。

C.4 GCC（GNU Compiler Collection）

C.4.1 GCCの概要

GCC（GNU Compiler Collection）は、主にUNIXやLinuxなどのオープンソースのOSを対象としたツールセットの一部として、フリーソフトウェア財団が開発している言語処理系です。C言語のみならず、C++、Java、Fortran、Goといったほかのプログラミング言語のコンパイラも含んでいます。

UNIX系開発の事実上の標準処理系として長く用いられてきましたが、専用デバイス向けのプログラム開発（組み込み開発）のためのクロスコンパイル環境としても広く用いられています。また、Windows移植版（MinGW）やWSLといったしくみを用いることにより、Windowsでも利用可能です。

GCCの主なスペック

サポートサイト：https://gcc.gnu.org
対応するC言語標準規格：C89、C95、C99、C11、C17、C23
動作プラットフォーム：Linux、UNIX、mac OS、Windows※、他多数
※ MinGWとして。

C.4.2 主なコマンド

GCCでC言語プログラムをコンパイルするには、主にgccコマンドを使います。ただし、macOSで標準機能として利用できるgccコマンドは、後述のclangコマンドの別名として登録されているため、gccコマンドを使っても実際に動作するのはclangである点に注意が必要です。

gccコマンド

```
gcc [option] file.c …
```

※option ：表C-2を参照
※file.c ：ソースファイル名（複数指定可）
※デフォルトではa.out（a.exe）が出力される。

付録C

gccコマンドには非常にたくさんのオプションを指定することができます。代表的なものを以下に示します。

表C-2 gccコマンドの代表的なオプション

オプション	機能と例
-E	プリプロセッサによる前処理のみを実行して、標準出力に出力する。 例)gcc -E file.c
-c	プリプロセッサによる前処理とコンパイルのみ実行する。デフォルトでは拡張子 .c を .o に変えたファイル名で出力。 例)gcc -c file.c 出力)file.o
-o ファイル名	出力ファイル名を指定する。 例)gcc -o file.exe file.c 出力)file.exe
-g	出力ファイル中に、デバッグ用の情報を含める。この情報が含まれているとデバッグ作業が行いやすくなることがある。 例)gcc -g file.c 出力)デバッグ情報を含む a.out (a.exe)
-Wall	警告をすべて出力する。開発時やデバッグ時に指定しておけば、危険なコードに気づくことができる。
-O0 -O1 -O2	最適化(コンパイル時にコードサイズや実行速度を自動的に改善する処理)の程度を指定する。 0:なし　1:通常水準の最適化　2:積極的な最適化 例)gcc -O0 file.c
-std= 規格名	従う標準規格を指定する(コラム「std オプションによる準拠モードの指定」、p.650)。
-I ディレクトリ	コンパイラがヘッダファイルを探すディレクトリを追加する。 例)gcc -I/usr/include file.h
-L ディレクトリ	リンカがライブラリファイルを探すディレクトリを追加する。 例)gcc -L/usr/lib file.o

C.4.3 互換性に関する注意点

GCC特有の言語拡張（構造体における配列宣言での変数添え字や、関数内での関数宣言など）が多数存在しているため、そうした拡張に依存したコードはほかの処理系でコンパイルできない可能性があり、注意が必要です。ただし、次節で紹介するようにClangとは高い互換性があります。

column

stdオプションによる準拠モードの指定

GCCおよびClangでは、stdオプションによって準拠する標準規格とGCC独自拡張を選択できます。主に利用されるのは次の10個です。

表C-3 -stdオプションの指定

		GCC独自の拡張構文	
		許可しない	許可する
標準規格	C89	-std=c89	-std=gnu89
	C99	-std=c99	-std=gnu99
	C11	-std=c11	-std=gnu11
	C17	-std=c17	-std=gnu17
	C23	-std=c23	-std=gnu23

Visual C++では、Visual Studio 2019バージョン16.8以降で、`/std:c11`や`/std:c17`を指定できるほか、`/std:clatest`を指定してC23を含む最新規格の一部にも対応します。なお、stdオプションを指定しない場合に選択されるモードは、処理系の種類やバージョンによって異なります。

C.5 Clang

C.5.1 Clangの概要

Clang（クラン）は、アップルによって開発された比較的新しい処理系です。イリノイ大学で研究されていたコンパイラ基盤LLVMの応用製品として2005年頃から開発が始まり、2007年以降はオープンソースとして公開、メンテナンスされています。C言語以外にもC++やObjective-Cをコンパイルできますが、JavaやGoなどには対応していません。

GCCとの互換性が高く、ほとんどのGCC用のソースコードを修正することなくコンパイルできます。加えて、GCCよりコンパイルが高速であること、より強力に最適化が行われること、エラーメッセージが親切であること、新しいC言語標準規格への対応が迅速なことなどから、近年利用が広まっています。

Clangの主なスペック

サポートサイト　：https://clang.llvm.org
対応するC言語標準規格　：C89、C95、C99、C11、C17、C23
動作プラットフォーム　：Windows、macOS、Linux、各種UNIX

C.5.2 主なコマンド

ClangでC言語プログラムをコンパイルするには、clangコマンドを使います。gccコマンドと同じ（または類似の）使い方が可能です。

オプションについてもGCCとの互換性が高く、gccコマンド用のオプションのほとんどを利用できます（表C-2、p.649）。

clangコマンド

```
clang [option] file.c …
```

※ option：表C-2（p.649）を参照
※ file.c　：ソースファイル名（複数指定可）
※ デフォルトではa.out（a.exe）が出力される。

C.5.3 互換性に関する注意点

ClangはGCCと高い互換性を持つよう設計されているため、GCCからClangへの移行は比較的容易でしょう。ただし、GCCと異なり、Shift_JISなどUTF-8ではない文字コード（付録D.4）で書かれたソースファイルを正しく解釈できない点には注意が必要です。

また、対応プラットフォームや標準規格への準拠および独自拡張について細かな違いがあるほか、組み込み系を中心として周辺ツールが対応しないケースがありますので注意してください。

column

Cの精神

C言語の標準規格は、次のような**Cの精神**（The spirit of C）を尊重して改訂を進めることが基本原則として定められています。

(a) プログラマを信頼する。
(b) プログラマがやろうとすることを妨げない。
(c) 言語を小さくシンプルに保つ。
(d) 1つのことを実現する方法を1つだけ提供する。
(e) 移植性を犠牲にしても高速さを重視する。

特に(a)と(b)はC言語の最大の思想的特徴といっていいでしょう。なお、C11の策定では、この精神に(f)「セキュリティや安全性に対する支援を行う」が追加されました。C言語は、時代に合わせてその「精神」も改訂を続けているのです。

C.6 Visual C++

C.6.1 Visual C++の概要

Visual C++は、マイクロソフトによって開発されたWindows用の処理系です。1980年代に商用製品（Microsoft C）として登場した歴史ある処理系であり、現在はMicrosoft Visual Studioの一部として提供されています。処理系の名が示すように、CのほかにC++のソースコードもコンパイルができます。

優れた最適化とデバッグ機能、Windowsアプリの開発に必要な各種ライブラリやマニュアルの付属、統合開発環境で利用可能などの特徴に加え、2003年からは無償版(最新はVisual Studio Community)も公開され、主にWindows系開発で幅広く利用されています。

なお、長年C99への非準拠が懸念されていましたが（C.2.2項）、2013年公開のVisual Studio 2013にてほぼ準拠が完了しています。また、2020年にはC11やC17にも対応し、C23の一部についても対応を開始しています。

Visual C++の主なスペック

サポートサイト：

　https://www.microsoft.com/ja-jp/dev/default.aspx

対応するC言語標準規格　：C89、C95、C99、C11、C17

動作プラットフォーム　　：Windows

C.6.2 主なコマンド

Visual C++でC言語プログラムをコンパイルするには、clコマンドを利用します。

clコマンド

```
cl [option] file.c …
```

※ option：表C-4を参照
※ file.c　：ソースファイル名（複数指定可）
※ デフォルトではソースファイル名.exeが出力される。

clコマンドにもたくさんのオプションを指定でき、歴史的経緯からgccコマンドと類似しているものもあります。代表的なものを以下に示します。

表C-4　clコマンドの代表的なオプション

オプション	意味 および 例
/E	プリプロセッサによる前処理のみを実行し、標準出力に出力する。 例)`cl /E file1.c`
/c	プリプロセッサによる前処理とコンパイルのみ実行する。デフォルトでは拡張子 .c を .o に変えたファイル名で出力。 例)`cl /c file.c` 出力)file.obj
/Fe ファイル名	出力する実行可能ファイル名を指定する。 例)`cl /Fe app.exe file1.c` 出力)app.exe
/Zi	デバッグ用情報を生成する。 例)`cl /Zi file.c`
/Wall	警告をすべて出力する。開発時やデバッグ時に指定しておけば、危険なコードに気づくことができる。
/std: 規格名	対応する C 言語規格名を指定する。規格名の部分には c11 や c17、clatest を指定する。
/Od /Ox	最適化の程度を指定する。 /Od：最適化なし　/Ox：最大限の最適化 例)`cl /Od file.c`
/I ディレクトリ	コンパイラがヘッダファイルを探すディレクトリを追加する。 例)`cl /I c:¥include file.h`
/LIBPATH: ディレクトリ	リンカがライブラリファイルを探すディレクトリを追加する。 例)`cl /LIBPATH:c:¥lib file.o`

C.6.3 互換性に関する注意点

入門学習用途であればGCCやClangとの共通点も多少ありますが、実用レベルでは大きな違いがあります。特に、ソースファイルがUTF-8の場合、先頭にバイトオーダーを示すBOM（D.1.3項）が付いていないと正しく認識されません。

column

統合開発環境の利用

入門学習を目的とする本書では紹介しませんでしたが、実際の開発現場では、**統合開発環境**（IDE：Integrated Development Environment）を用いるのが一般的です。エディタ、コンパイラ、リンカ、デバッガなどのツールが含まれており、これだけであらゆる開発作業が可能です。

C言語での開発に用いられるIDEとしては、次のものがよく知られています。

・Microsoft Visual Studio

マイクロソフトが提供しているIDEで、コンパイル時には内部でVisual C++コンパイラと連携動作する。Windows用アプリケーション開発の事実上の標準。商用製品だが、無償版（Microsoft Visual Studio Community）も存在する。

・Xcode

アップルが無償提供しているIDEで、内部でClangなどと連係動作する。macOSで動作し、macOS用・iOS用アプリの開発に用いられる。

・Eclipse（CDT）

Eclipse財団が提供しているオープンソースのIDE。もともとはJava開発用だが、CDT（C/C++ Development Tooling）と呼ばれるプラグインを導入すると、GCCやClangなどと連係動作できるようになる。

付録 D
補講

C言語には、至るところに注意点や補足事項が存在します。
その特徴は基礎的な部分であっても例外ではないため、
本編では「入門学習で道に迷わない」ことを優先し、
学習の「幹」となる部分にフォーカスして紹介してきました。
そこで、この付録では、本編では解説できなかったC言語の
魅力的な周辺事項についてトリビア形式で補講します。

contents

D.1 情報のビット表現と型

D.1.1 符号あり型と符号なし型

C言語標準では、2.2.2項で紹介したchar、short、int、longの4つに加え、さらに大きなlong long型も整数型として定めています。なお、char型は文字を格納する型という印象が強いかもしれませんが、単なる整数である文字コードを格納しているだけですから、整数型の1つと考えられます（2.2.6項）。

これらの整数型は、通常、正と負の値を格納できます。たとえば、多くの処理系では、short型には-32768から+32767までの値を入れられます。しかし、実用上は「負の値の格納は絶対にあり得ないので不要。その代わり、より大きな正の値まで入れられるほうが嬉しい」ケースもよくあります。そのため、C言語ではこれらの整数型の先頭に「符号なし」を意味するキーワードunsignedを付けた**符号なし整数型**を準備しています。

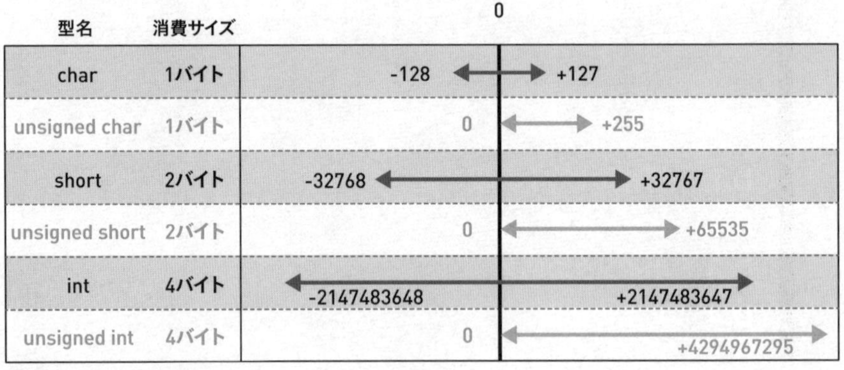

図D-1 符号なし整数型（char、short、intの例）

たとえば、第III部で標準関数の引数の型として登場したsize_t型は、たいていの処理系でunsigned int型の別名として定義されています。また、このunsigned int型は、単にunsignedと略記することも許されています。

なお、通常の整数型名の前にキーワードsignedを付けて、「符号あり整数型である」と明示するのも可能です。例を挙げると、short型とsigned short型は同じものです。しかし、通常はsignedの表記は省略します。

厳密にいうと、char型だけは、「signedを省略すると符号あり整数型になる保証がない」の。マイナーな処理系を初めて使うときには、念のため仕様を確認したほうがいいわね。

付録 D

D.1.2 ビットの解釈の違い

業務アプリケーション開発ではあまり意識しませんが、変数に格納されたデータは、実際には0と1のビットの並びです。ただし、符号あり型と符号なし型では**同じビットの並びでも違う値と解釈されます**。たとえば、unsigned char型とsigned char型（ともに1バイト）は、同じビットの並びでも表D-1のように解釈するため、動作に違いが生じます。

単純にわかりやすいのは符号なし型です。右端から左端に向かってビットを1つずつ使っていくのに従って、順に大きな値に変化します。

一方、符号あり型は、左端の先頭1ビット以外をすべて使い尽くしたところで正の数としての利用が終了し、以降、負の最大値から0に向かってビット列を解釈します。この様子は、オーバーフローの特性と同じ構図であると気づくかもしれません（2.2.3項）。

表D-1 unsigned char型とsigned char型の解釈の違い

ビット列	char 型の値	
	unsigned	signed
00000000	0	0
00000001	1	1
00000010	2	2
00000011	3	3
⋮	⋮	⋮
01111111	127	127
10000000	128	-128
10000001	129	-127
⋮	⋮	⋮
11111101	253	-3
11111110	254	-2
11111111	255	-1

符号あり型は先頭ビットを見れば符号がわかるでしょ？　だからビット列の先頭は**符号ビット**とも言われているわ。

D.1.3 バイトオーダー

2バイト以上のサイズを持つデータ型について、1バイトのまとまりをどのような順序でメモリに格納するかを**バイトオーダー**（byte order）といい、使用するコンピュータのCPUによって異なります。

人間が日常生活で数字の桁を扱う場合と同様に、バイト列の右側から順に情報を並べる方式を**ビッグエンディアン**（big endian）、逆にバイト列の左側から順に情報を並べる方式を**リトルエンディアン**（little endian）といいます。

たとえば、2バイトのメモリを消費するshort型に数値256を格納する様子を見てみましょう。10進数での256は、2進数では0000000100000000と表現されます。1バイト目は「00000001」、2バイト目は「00000000」で、メモリ上では、バイトオーダーによってその並び方に次のような違いが現れます。

バイトオーダーによるビット表現の違い

ビッグエンディアン	00000001	00000000
リトルエンディアン	00000000	00000001

IBM汎用機、SPARC、Javaなどではビッグエンディアンを、インテル製CPUなどではリトルエンディアンを採用しています。

なお、あるデータについて採用されているエンディアンを示すために、データの先頭に**BOM**（byte order mark）と呼ばれるコードを付記することがあります。BOMは16進数で「FEFF」と決められているため、「FE、FF」の並びであればビッグエンディアン、「FF、FE」であればリトルエンディアンと識別できます。

バイトオーダーが異なる機種間でデータの保存や伝送をやり取りするときには注意が必要よ。

D.1.4 サイズが明確な整数型

第2章で触れたように、C言語の整数型のサイズは明確には決められておらず、処理系や環境によって異なる可能性があります（2.2.2項）。そのため、異なるシステム間で連携する場合に予期せぬ不具合の原因となったり、プログラムの移植性が大きく損なわれたりすることが懸念されてきました。

そこでC99から追加されたのが、サイズ固定の整数型です（表D-2）。これらを利用する場合は、stdint.hのインクルードが必要です。

表D-2 サイズ固定の整数型

サイズ	符号	型名	備考
8ビット(1バイト)	あり	int8_t	本書でのcharに相当
	なし	uint8_t	本書でのunsigned charに相当
16ビット(2バイト)	あり	int16_t	本書でのshortに相当
	なし	uint16_t	本書でのunsigned shortに相当
32ビット(4バイト)	あり	int32_t	本書でのintに相当
	なし	uint32_t	本書でのunsigned intに相当
64ビット(8バイト)	あり	int64_t	本書でのlongに相当
	なし	uint64_t	本書でのunsigned longに相当

なお、C99より過去には、サイズが固定であることを表すために、BYTE（1バイト）、WORD（2バイト）、DWORD（4バイト）、QWORD（8バイト）という用語でサイズを表現し、型の別名などに対して伝統的に用いていた歴史も頭の片隅に置いておくとよいでしょう。

D.2 ビット演算

D.2.1 ビット単位で情報操作を行う演算子

使う機会は限られるかもしれないけど、ビットの演算を紹介しておくわ。

D.1節では変数に格納される情報のビット表現について紹介しましたが、C言語には、ビット単位で情報を操作するための演算子も備わっています。

表D-3に挙げたこれらの演算子のうち、~演算子、&演算子、|演算子、^演算子は**ビット論理演算子**（bit logical operator）、<<演算子と>>演算子は**シフト演算子**（shift operator）と総称されています。

表D-3 ビット演算子

演算子	機能	解説	例
~	ビットごとのNOT	aの各ビットの0と1を反転	~a
&	ビットごとのAND	aとbのビット単位のAND ※1、※4	a & b
|	ビットごとのOR	aとbのビット単位のOR ※2、※4	a | b
^	ビットごとのXOR	aとbのビット単位のXOR ※3、※4	a ^ b
<<	左シフト	aをbビット分、左へずらす	a << b
>>	右シフト	aをbビット分、右へずらす	a >> b

※1 ANDは、aとbが1なら結果は1、それ以外は0を返す。
※2 ORは、aかbが1なら結果は1、それ以外は0を返す。
※3 XORは、aとbのビットが異なれば1、等しければ0を返す。
※4 演算と同時に代入も行う&=、|=、^=演算子も利用可能。

シフトとは、ビットの並びを左や右へずらす処理です。たとえば、「00000001」を2ビットだけ左シフトすると「00000100」になります。

シフトさせる方法は、溢れたビットや補充されるビットをどのように扱うかによっていくつかの方式が存在します。

表D-4 ビットシフト方式

シフト方式	シフトする範囲	溢れたビットの扱い	補充の扱い	
			全ビット	右シフト時
論理シフト	全ビット	捨てる	0を補充	0を補充
算術シフト	符号ビット以外	捨てる	0を補充	符号ビットを補充
循環シフト	全ビット	補充に使用	溢れたビット値	溢れたビット値

ビットシフト演算子の評価で採用されるシフト方式は、厳密には処理系に一部依存しますが、GCCをはじめとする多くの処理系では、**符号あり型は算術シフト、符号なし型は論理シフト**で処理されます。

D.2.2 ビットフラグに関する利用例

いろいろなビット演算子があったけど、こんなのいつ使うのかしら？

D.2.1項で紹介したビット演算子を使って、ビット単位で情報を操作しなければならない状況として代表的なのは、家電などの機器制御用プログラムの組み込み開発（D.8節）です。

しかし、組み込み開発に限らず、C言語ではビット演算を駆使して高効率なフラグ管理を実現する書き方が広く使われてきました。

フラグ（flag）とは、ある事柄についてYesまたはNoの2つの状態を管理するための1ビットの情報です。旗の動作になぞらえて、フラグの状態をYesにする操作を「立てる」「上げる」、Noにする操作を「倒す」「降ろす」と表現します。

ドラマやマンガで「あ、この人もうすぐ死んじゃうな」っていう状況を、「フラグが立つ」とかいいますね。

フラグの実現のために用いられる代表的な道具が2.2.5項でも紹介したbool型（古くはint型の0と0以外の値）です。

ゲームプログラムなんかだと、bool型変数としてisDeadを準備しておいて、死んだらtrueを代入すればいい、ってワケ。

ここで、ある事柄に対して複数のフラグを準備する状況を考えましょう。たとえば、ゲームのモンスターがバトル中に「毒」「眠り」「小人」「沈黙」の4つの状態異常になり得るとします。この4つは独立したステータスであり、「毒」かつ「眠り」という状況もあり得ます。これを単純なプログラムで表すと次のようになるでしょう。

```
struct MONSTER {
  int hp;
  bool isPoison;      // 毒かどうか
  bool isSleep;       // 眠りかどうか
  bool isSmall;       // 小人かどうか
  bool isSilent;      // 沈黙かどうか
   ⋮
```

これはこれで意味が理解しやすく優れた実現方法といえますが、bool型は1つの変数ごとに1〜4バイトを消費するのが一般的であるため、本来1ビットしか必要のないフラグ情報を扱うと、メモリが無駄になってしまいます。そこで、メモリ制約が厳しい状況などでは、ビット演算を活用した次のような手法が採用されるケースが多くあります。

コードD-1 **ビットフラグの利用例**

BC3d1

codeD01.c

```
#include <stdio.h>

typedef struct {
  int hp;
  char status;
} Monster;

```

```
enum {
  STATUS_POISON = 1,    // 2進数では00000001
  STATUS_SLEEP = 2,     // 2進数では00000010
  STATUS_SMALL = 4,     // 2進数では00000100
  STATUS_SILENT = 8     // 2進数では00001000
};

int main(void)
{
  Monster m;
  m.hp = 100;
  m.status = 0;         // 2進数では00000000（全フラグOFF）

  printf("モンスターは毒状態になった！¥n");
  m.status |= STATUS_POISON;

  printf("モンスターは「眠り覚まし」を使った！¥n");
  m.status &= ~STATUS_SLEEP;

  printf("毒が効いてきた！¥n");
  printf("（毒状態ならダメージを2だけ受ける）¥n");
  if (m.status & STATUS_POISON) m.hp -= 2;

  printf("「奇跡の石」を使った！¥n");
  printf("（毒状態または眠りなら、HPを100回復）¥n");
  if (m.status & (STATUS_POISON | STATUS_SLEEP)) m.hp = 100;

  return 0;
}
```

ORでフラグを立てる

NOTとANDでフラグを倒す

ANDでフラグ判定

複数フラグの状況を一括して判定

付録 D

1、2、4、8…の順に定数が定めてあるのを見かけたら、ビット演算を利用したフラグ管理だと思っていいわ。

こういう節約、うっとりします…。

column

ビットフィールド構造体

コードD-1の構造体メンバstatusのように、「ビットフラグの並び」として利用するメモリ領域を**ビットフィールド**（bit field）といいます。歴史的経緯から、コードD-1のような実装が多く見られますが、構造体の拡張構文を使って、次のようにビットフィールドを実現することも可能です。

```
struct MonsterStatus {
  bool isPoison : 1,
  bool isSleep : 1,
  bool isSmall : 1,
  bool isSilent : 1
};
```

各メンバの後ろに記述された `: 整数` は、そのフィールドについて、パディングを使わずに厳密な指定ビット数で実現することをコンパイラに指示するものです。

D.3 ポインタの応用

付録 D

D.3.1 ポインタ変数へのconst修飾

const修飾子（2.3.3項）は、変数宣言時に指定すると内容の変更を不可能にする効果がありました。この修飾はポインタ変数に対しても使うことができます。ポインタ変数に用いる場合には、2つの方法で指定でき、それぞれ効果が異なります。

```
int a = 10;
const int* b = &a;              // 用法1：定数ポインタ
int* const c = &a;              // 用法2：不変ポインタ
```

用法1は、`*b = 20;` のような、ポインタが指す先の値の変更を禁止します。実質的に、**bは定数を指しているポインタ**といえます。

用法2は `c = nullptr;` のような、ポインタ変数が格納しているアドレス値の変更を禁止します。実質的に、**cは指すアドレスが不変なポインタ**といえます。

なお、用法1と用法2を組み合わせて、不変な定数ポインタを宣言することも可能です。

```
const int* const d = &a;        // 用法1+2：不変な定数ポインタ
```

うっ、constが1行に2つも…。知らなかったらまた混乱するところでしたよ。

ホント、C言語の紛らわしさには遠慮ってものがないわよね。混乱しないように、注意して使うのよ。

D.3.2 関数の先頭アドレス

次は、関数をポインタで扱う方法を紹介するわ。

えっ、「関数をポインタで扱う」ってどういうことですか？

C言語プログラムに登場する変数は、その実体がメモリ上のどこかに確保され、&演算子によってその先頭アドレスを知ることができるのは、第9章で紹介したとおりです（9.3.1項）。また、ソースコード上に記載されたリテラルは、プログラムの起動時に自動的にメモリの静的領域に読み込まれ、そのアドレスを取得できると11.4節で紹介しました。

実は、プログラム起動時にメモリの静的領域に読み込まれるのはリテラルだけではありません。私たちが記述した関数（をマシン語に翻訳したもの）も静的領域に読み込まれます。

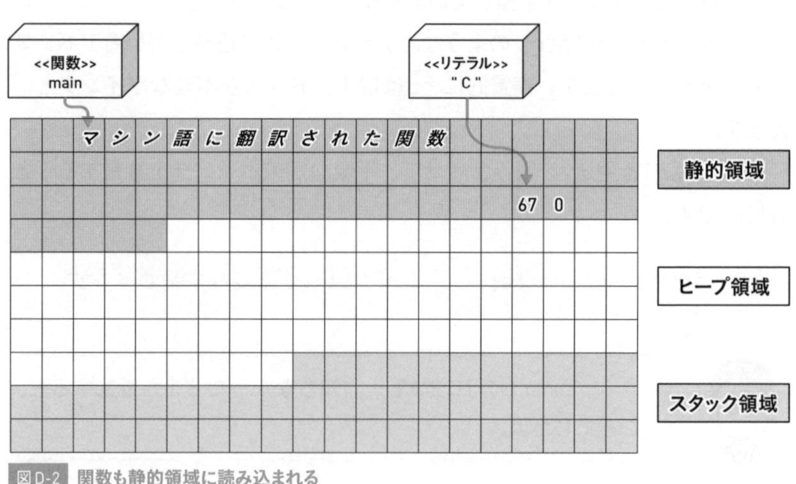

図D-2 関数も静的領域に読み込まれる

つまり、私たちが宣言したり、呼び出したりしている関数についても、「処理内容であるマシン語がメモリ上の何番地から並んでいるか」という意味で、先頭アドレスというものを考えることができるのです。

関数の先頭アドレスは、次のコードD-2のように、関数名を指定すれば調べることができます。これは、ソースコード上に単に関数名のみを記述すると、関数の先頭アドレスに評価されるためです。

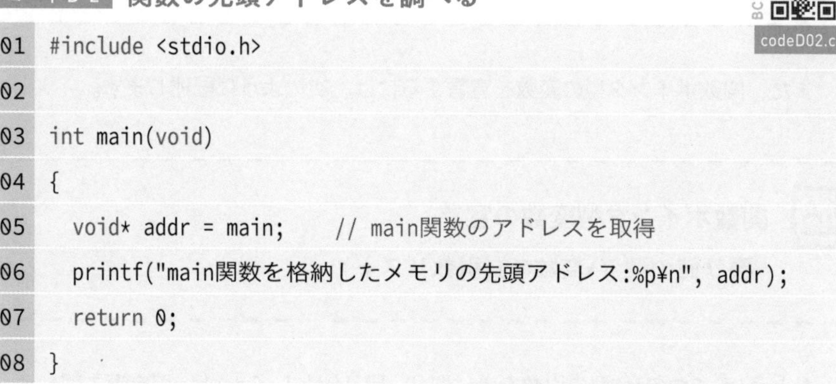

コードD-2 **関数の先頭アドレスを調べる**

BC3d2

codeD02.c

```
#include <stdio.h>

int main(void)
{
  void* addr = main;     // main関数のアドレスを取得
  printf("main関数を格納したメモリの先頭アドレス:%p¥n", addr);
  return 0;
}
```

関数の先頭アドレス

私たちが宣言したすべての関数には、格納したメモリの先頭アドレスがあり、関数名を記述するとその値を取得できる。

ちなみに、関数呼び出しの構文 **関数名(引数)** は、直前に記述されたアドレスから始まる処理を呼び出す()演算子の働きによって動作するのよ。

D.3.3 関数の先頭アドレスを格納するポインタ型

ポインタを格納する型は、そのポインタが参照する型に*記号を付けて表記するのでした。int型変数のアドレスを格納するポインタはint*型、char*型変数のアドレスを格納するポインタはchar**型といった具合です。

同様に、C言語には関数のアドレスを格納するための型が存在します。これを**関数ポインタ**といい、次のように定められています。

関数ポインタ型

戻り値の型 (*)(引数リスト)型

また、関数ポインタ型の変数を宣言するには、次のように記述します。

関数ポインタ型変数の宣言

戻り値の型 (*変数名)(引数リスト)

たとえば、2つのint型の引数を受け取り、戻り値としてdouble型を返す関数subのアドレスは「double (*) (int, int)型」のポインタ変数に格納します。この関数を、実際に関数ポインタを使って呼び出してみましょう。

コードD-3 先頭アドレスから関数を呼び出す

BC3d3

codeD03.c

```
#include <stdio.h>

double sub(int m, int n)
{
  return (double)m / n;
}

int main(void)
{
  double (*sub_addr)(int, int) = sub;
  printf("関数subの結果:%f¥n", sub_addr(5, 4));
  return 0;
}
```

関数ポインタ型の変数sub_addrを宣言してsubのアドレスを格納

sub_addrに()演算子を適用して関数呼び出し

見慣れない書き方で奇妙に思えるかもしれないけれど、関数ポインタを利用すると、「関数（アルゴリズム）を受け取る関数」も実現できちゃうの。頭の片隅に置いておくと、後々役立つこともあると思うわ。

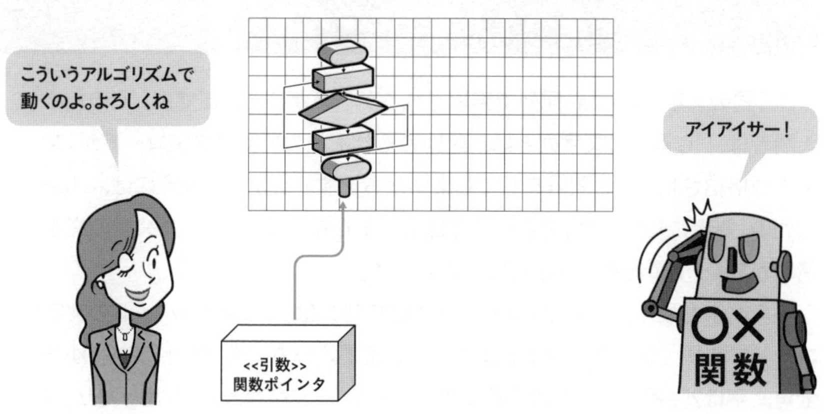

こういうアルゴリズムで
動くのよ。よろしくね
<<引数>>
関数ポインタ
アイアイサー！
○×
関数

図D-3 「アルゴリズム」を関数に渡す

D.4 文字の応用

D.4.1 シングルバイト文字とマルチバイト文字

C言語の文字列はchar配列で実現されるケースがほとんどです。そのため入門者は、「C言語の文字列とは、配列のそれぞれの要素に文字コードが1文字ずつ格納される」と誤解をしてしまいがちです。しかし、実際には、char配列の1要素に1文字が格納されるとは限りません。なぜなら、**1文字の文字情報が1バイトであるとは限らない**からです。

半角文字を取り扱うASCIIコード（付録E.10）は、1文字が1バイトの文字コードであり、**シングルバイト文字**といいます。一方、漢字などのいわゆる全角文字は256種類だけでは表現できないため、1文字が2バイトだったり、4バイトだったりすることもあります。これを**マルチバイト文字**といいます。

マルチバイト文字の場合、1文字を表現するには2バイト以上の情報量が必要なため、メモリ1つのマス目に1文字を格納することはできません。図D-4の下の図のように、1文字が複数の区画にまたがって格納されます。

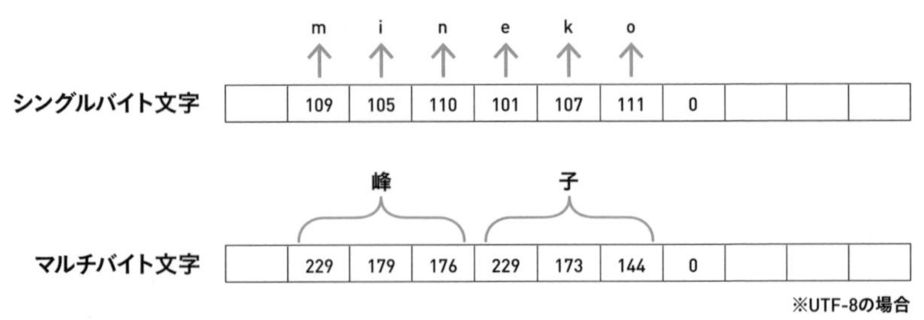

図D-4 マルチバイト文字はメモリ区画をまたがる

私たち人間は、文字列をchar配列で扱っていると、つい「1文字＝1バイト＝メモリ1区画分」と考えてしまいます。しかし、C言語にとって文字列とは、¥0で終端するまでのひと続きのメモリ領域にすぎません。1文字の区切りがどこであっても問題はないのです。

本編に半角文字しか登場しなかったのは、まずは1文字は1バイト、と捉えるほうがわかりやすいからなの。ごめんなさいね。

D.4.2 伝統的な文字コード

ASCIIコードに限らず、コンピュータの世界にはさまざまな文字コードが存在します。まずは、コンピュータが誕生した当初から使われている伝統的な文字コードを紹介しましょう。

表D-5 伝統的な文字コード

文字コード名	使える文字種	1文字のバイト数	備考
ASCII (ISO-646) (ISO-8859-1)	半角英数、記号	1	ISO-8859-1、Latin-1ともいわれる。
EBCDIC (エビシディック)	半角英数、記号	1	IBM製、主に大型汎用機向け。英字は小文字を含まず、連続したコードではない。
Shift_JIS (CP943) (Windows-31J)	半角英数、記号、 全角英数、かな、漢字	1:半角文字 2:全角文字	MS-DOSやWindowsで採用され、日本で広く普及した。

EBCDICは、`if (c >= 'A' && c <= 'Z')` のように、A～Zに対応する文字コードが連続している状況を前提とした処理は正しく動作しないのよ。

Shift_JISは、日本でコンピュータが普及する際に幅広く用いられ、後述のUTF-8と並んで、現在国内で最も利用されている文字コードです。この文字コードは、半角文字を1文字1バイトで、全角文字を1文字2バイトで表現すると定めており、「1つの文字列の中に、シングルバイト文字とマルチバイト文字が混在する」「文字列の文字数と所要バイト数が倍数関係にならない」という特徴があります。

```
//ソースコードがShift_JISで記述されていると…
char[] msg = "hello世界";
```

7文字で9バイトを消費する

D.4.3 Unicode

Shift_JISは、日本国内でコンピュータを使うには十分なものでしたが、決定的な弱点を抱えていました。それは、日本語圏の文字（ひらがな・カタカナ・漢字・数字・アルファベット）以外の文字を使うことができないという点です。アメリカ・ドイツ・フランス・中国など各国でも、それぞれ自国で使う文字を収録した文字コードはありましたが、「複数の言語圏の文字を同時に使える文字コード」はありませんでした。

たとえば、「世界中の文化を現地の言葉で紹介するWebページ」を作ろうとすれば、英語・フランス語・イタリア語・ヒンズー語・中国語・韓国語・日本語など、世界中の言語を1つのページ内に表示する必要がありますが、Shift_JISなどの従来の文字コードではそれを実現できなかったのです。

そこで、世界中で使われている文字を集めて作られたのがUnicode（ユニコード）という文字の集合です。世界中の文字をすべて集めたため、1文字を表現するには2バイトだけでは足らず、4バイトが必要になりました（UTF-32）。

半角でも全角でも、1文字で必ず4バイトも消費しちゃうなんて、なんだかムダに感じちゃいます。

倹約家らしい感想ね。でも安心して。ゆりちゃんにも満足してもらえる節約文字コードも併せて定められたの。

UTF-8は、すべてのUnicode文字を使える文字コードで、現在世界で最も広く利用されている文字コードの1つです。半角英数などの世界中でよく使われる文字は1文字を1バイトで表現しますが、一部の文字は2〜4バイトで表現されます。たとえば半角英数は1文字で1バイト、日本語のほとんどの全角文字は1文字で3バイト（稀に4バイト）になります。

UTF-16も、すべてのUnicode文字を扱える文字コードです。基本的に1文字を2バイトで表現しますが、一部の文字は4バイトで表現されます。日本語の半角文字も全角文字も、そのほとんどが2バイトで表現されます。

表D-6 Unicode文字を扱う文字コード

文字コード名	1文字のバイト数
UTF-8	1:半角文字など
	2:基本的な文字
	3:多くの全角文字
	4:一部の全角文字
UTF-16	2:ほとんどの半角文字と全角文字
	4:ごく一部の全角文字
UTF-32	4

また、Unicodeは1文字を2バイト以上で表現するため、D.1.3項で紹介したバイトオーダーによって、メモリ上に配置されるバイト列の並び方が変わる点には注意が必要です。

なお、Unicodeという用語は、狭義では「世界中の文字を集めたもの（**文字集合**）」を指しますが、UTF-8、UTF-16、UTF-32などの「Unicode文字に割り当てる数値の体系（**符号化スキーム**）」の総称としても用いられます。

D.4.4 ワイド文字

前述したように、現在日本国内で幅広く使われている文字コード体系はShift_JISとUTF-8です。両者ともに、文字種によって1文字あたりのバイト数が変化するという特徴を持っています。

この特徴によって、プログラム内での文字列処理には、ある種の複雑さや煩雑さが持ち込まれることになります。たとえば、「10文字の文字列を格納できる変数msgを宣言したい」という場合、何バイトのchar配列を確保しておけばよいかを正確に決めておくのは困難です。また、「変数msgの5文字目以降を画面に表示したい」場合、msgの先頭アドレスのどのくらい後ろから使えばよいかを計算で即座に求めることができません。

そこでC言語に導入されたのが、「1文字あたりのバイト数が通常2バイト以上で、かつ、文字によって変化しない」という特性を持つ**ワイド文字**（wide character）というしくみです。

具体的には、ワイド文字のための型とリテラルがいくつか定められました。これらは、wchar.hをインクルードすると利用可能になります。

表D-7 ワイド文字やユニコード文字に関するデータ型

文字型	サイズ(バイト)	内部表現	リテラル
wchar_t	環境依存 (通常2～4)	環境依存	L'文字' L"文字列"
char32_t	4	UTF-32	U'文字' U"文字列"
char16_t	2	UTF-16	u'文字' u"文字列"
char8_t	1	UTF-8	u8'文字' u8"文字列"

たとえば、次のコードは、全角文字と半角文字が混在する文字列msgを定義しています。全角文字も半角文字もUTF-32に従って、1文字あたり4バイトを使って格納されますので、文字情報としては32バイト(4バイト×8文字、¥0を含む)が消費されます。

```
char32_t msg[] = U"Hello世界";
```

なお、wchar.hにはワイド文字列を扱うさまざまな標準ライブラリ関数も準備されています。必要に応じて利用してください。

column

「マルチバイト」のマルチな意味

D.4.1項で紹介したように、**1文字の表現に複数のバイトを使う**文字をマルチバイト文字、その並びを「マルチバイト文字列」といいます。

一方で、**1つの文字列の中に1バイト文字や2バイト文字が混在する**文字列のことも「マルチバイト文字列」と呼ぶことがあります。この場合は、D.4.4項で紹介した「ワイド文字列」の対義語となります。

D.5 リスクを抱えた標準ライブラリ関数

文字列といえば、コピーひとつするにしても危険と隣り合わせだったけれど、環境によってはより安全な関数が利用可能なの。

D.5.1 エラーを検出できない関数

本書の序盤でも紹介したatoi関数は、実はC言語において使用リスクが高いとされており、実務ではあまり利用されません。なぜなら、「12abc」のような数値に変換できない文字列を渡された場合などに、エラーを検出できないためです。同様の理由から、その兄弟関数であるatof()、atol()、atoll()なども利用を控えるべき関数といわれています。

そこで、それらの関数の代替として用いられるのがstrtol()やstrtod()です。これらの関数は、エラー判定の結果や数値に変換できなかった部分についての情報を取得できるほか、「何進数で書かれた文字列として解釈するか」を指定する機能も持ち合わせています。

入門学習をひととおり卒業したら、atoi()などのリスクの高い関数も卒業するようにしましょう。

D.5.2 最大長を制限できない文字列関数

本編でも紹介したように、strcpy()などの文字列操作関数の多くは終端文字（¥0）に到達するまでのメモリ領域を処理対象にするため、オーバーランのリスクと常に隣り合わせです。そのようなリスクを少しでも低減するため、C言語によるプログラム開発の現場では、次ページの表D-8に示す「動作時に操作するメモリ領域の最大長を明示的に指定する関数」の使用がより好ましいとされています。各関数の詳細は、付録Eの関数リファレンスを参照してください。

表D-8 安全性を意識した文字列関数との対応

基本的な関数	最大長が指定可能な関数
strcmp	strncmp
strcpy	strncpy
strcat	strncat
sprintf	snprintf

D.5.3 C11で追加されたより安全な関数

前項で紹介した関数にも、いくつかの落とし穴や紛らわしさが存在するリスクが長らく指摘されてきました。たとえばstrncpy()は、コピー先のメモリ領域が不足する場合は、¥0で終端する保証がありません。

そこで、C11規格では既存の関数をより安全にした関数群が追加されました（表D-9）。これらの関数の定義は、末尾に「_s」が付いていない従来の関数と基本的に同じですが、C11規格においては実装が必須とされていません。そのため、GCCをはじめとした一部の処理系では利用できない場合があります。

表D-9 より安全性を意識した新しい関数（抜粋）

fprintf_s	fscanf_s	gets_s	localtime_s
memcpy_s	printf_s	scanf_s	snprintf_s
sprintf_s	sscanf_s	strcat_s	strcpy_s
strncat_s	strncpy_s	strnlen_s	

D.6 日付や時間の取り扱い

ここでは、日付や時間を扱うための方法を紹介するわ。この節に掲載する標準関数は、time.hをインクルードすると使えるようになるわよ。

D.6.1 日時を扱う3つの型

C言語では、文字列型（char*）、time_t型、そしてtm構造体という3つの型で日付情報を扱います。time_tはtime.hで定義されていますが、その実体は、ほとんどの処理系で64ビット整数型（long）とされています。

tm構造体は、time.hの標準関数で日時を扱うために準備された構造体です。時刻や日付に関する情報を保持するメンバを持っています。

表D-10 tm構造体のメンバ

型	メンバ名	意味
int	tm_sec	秒（0～60）
int	tm_min	分（0～59）
int	tm_hour	時間（0～23）
int	tm_mday	日（1～31）
int	tm_mon	月（1月からの月数、0～11）
int	tm_year	年（1900年からの年数）
int	tm_wday	曜日（日曜日からの日数、0～6）
int	tm_yday	日数（1/1からの日数0～365）
int	tm_isdst	夏時間フラグ 夏時間を採用している　：正の値 夏時間を採用していない：0 不明　　　　　　　　　：負の値

D.6.2 現在日時の取得

現在の日時を取得するには、time関数を使います。

現在日時の取得

```
time_t time(time_t* t)
```

※t　　：取得した現在日時を書き込む先（nullptrの場合は書き込まれない）
※戻り値：取得した現在日時

コードD-4 **現在時刻をtime関数で取得**

codeD04.c

```
#include <stdio.h>
#include <time.h>

int main(void)
{
  time_t t = time(nullptr);
  printf("time関数で取得した値：%ld¥n", t);
  return 0;
}
```

コンパイルエラーが発生する場合、nullptrをNULLに置き換えてください。

```
time関数で取得した値：1737780301
```

表示された値は、基準日時である1970年1月1日0時0分0秒からの経過秒数です。この基準日時を**エポックタイム**、基準日時からの経過秒数を**UNIXタイム**などと呼びます。C言語に限らず、ほとんどのプログラミング言語やコンピュータシステムで、このような時間表現の方法が採用されています。

しかし、人間にとっては、このままでは具体的な日時が非常にわかりにくいため、取得した現在時刻を文字列型やtm構造体に変換して利用します。

D.6.3 time_tからの変換

time_t型の値を文字列に変換するには、ctime関数を使います。

time_tを文字列に変換

```
char* ctime(const time_t* t)
```

※t　　：変換元となるtime_t型の値
※戻り値：変換された文字列へのポインタ

time関数によって取得した現在日時を文字列に変換するプログラムは、次のようになるでしょう。

```
time_t t = time(nullptr);
printf("%s", ctime(&t));
```

これを実行すると、「Sat Jan 25 13:45:01 2025」のように表示されます。

ctime関数による変換は、現在日時に限らずいろんなtime_t型の値に使えるわよ。

timet_tの情報を文字列ではなく、tm構造体として取得したい場合は、次のlocaltime関数を使います。

time_tをtm構造体に変換

```
struct tm* localtime(const time_t* t)
```

※t　　：変換元となるtime_t型の値
※戻り値：変換されたtm構造体へのポインタ

コード D-5　**現在時刻をわかりやすく表示する**

BC3d5

codeD05.c

```
01 #include <stdio.h>
02 #include <time.h>
03
04 int main(void)
05 {
06   char* yobi[] = {"日", "月", "火", "水", "木", "金", "土"};
07   struct tm* tm;
08   time_t t = time(nullptr);
09   tm = localtime(&t);
10   printf("%04d年%2d月%2d日 %s曜日 %2d時%2d分%2d秒¥n",
11          tm->tm_year + 1900,
12          tm->tm_mon + 1,
13          tm->tm_mday,
14          yobi[tm->tm_wday],
15          tm->tm_hour,
16          tm->tm_min,
17          tm->tm_sec);
18   return 0;
19 }
```

コンパイルエラーが発生する場合、nullptrをNULLに置き換えてください。

```
2025年  1月25日  土曜日  13時45分  1秒
```

なお、11〜17行目に記述した -> は第9章で紹介したアロー演算子です(p.337)。構造体へのポインタからメンバにアクセスします。

D.6.4　tm構造体からtime_tへの変換

tm構造体に保持している日時情報からtime_t型へ変換するには、mktime関数を使います。

tm構造体からtime_tに変換

```
time_t mktime(struct tm* tm)
```

※ tm　　：変換元となるtm構造体型へのポインタ
※ 戻り値：time_t型に変換された値、変換できなかった場合は−1

mktime関数は、tm構造体のtm_wday（曜日）とtm_yday（日数）にセットされている値は使わず、自動的に適切な値を格納し直します。よって、ある日付から正しい曜日や年間日数を取得するためにmktime関数を利用することも可能です。

D.6.5 日時を扱う型と関数の相互関係

最後に、この節で紹介した日時を扱うための型と、関数との相互関係を図で振り返っておきましょう。

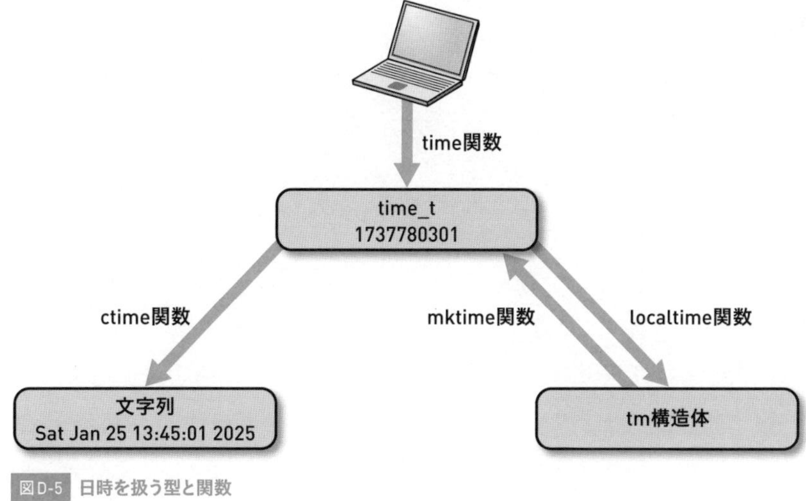

図D-5 日時を扱う型と関数

column

2038年問題

64ビットシステムが登場するまで、time_t型は多くのシステムで符号ありの32ビット整数として扱われていました。この整数の最大値は2147438647であり、UNIXタイムで解釈すると2038年1月19日3時14分7秒（UTC）です。この時刻を過ぎると、32ビット整数で取り扱っているシステムは正常に動作しなくなる可能性が指摘されており、これを2038年問題といいます。

しかも、2038年まで待たなくても、この問題はすでに発生しているのよ。2つの日時の中間を求める処理を考えてみてね。

比較的新しいOSや処理系では、time_t型を64ビットで扱ったり、エポックタイムをより新しい日時としたりする対応がされていますが、古い環境で動作しているプログラムは未対応である可能性もあるため、注意が必要です。

D.7 スコープとリンケージ

D.7.1 スコープ

変数や関数、ラベル、構造体のメンバなどは識別子と総称されますが、それらが利用可能な範囲をスコープといいます。また、それら識別子の存在を認識できる範囲という意味で、可視範囲ともいいます。

スコープについては、第4章や第8章で軽く触れましたが（4.2.1項、8.4.1項）、ここでは2種類のスコープについて紹介しておきます。

表D-11 スコープの定義

スコープ名	有効範囲	例
ブロックスコープ （またはローカルスコープ）	宣言行から宣言を含むブロックの終了まで	・関数内での変数宣言 ・関数定義の仮引数
ファイルスコープ	宣言行から宣言を含むソースファイルの終了まで	・関数外での変数宣言 ・関数宣言

※ 厳密には、プロトタイプスコープ、関数スコープも存在する。

D.7.2 エクステント

スコープと密接に関係するものの、厳密には異なる概念として、**エクステント**（extent）があります。エクステントとは、変数にアクセス可能な時間、いわゆる寿命を意味します。

スコープが空間的な制約とすれば、エクステントは時間的な制約ともいえるわね。

たとえば、関数内で宣言された変数は、通常、そのブロックの終了により不可視となってアクセス不能となり、さらに寿命が尽きて内容も失われます。一方で、関数内でstaticを付けて宣言された変数は、ブロックが終了すると不可視となりますが寿命は尽きませんので、次回、同じ関数が呼び出されたときには、値を保持したまま再度利用することができます。

コードD-6 staticで延命されたローカル変数

BC3d6

codeD06.c

```
#include <stdio.h>

int local_counter(void)
{
  int cntr = 0;
  cntr++;
  return cntr;
}

int static_counter(void)
{
  static int cntr = 0;
  cntr++;
  return cntr;
}

int main(void) {
  int lnum = 0;
  int snum = 0;

  for (int i = 1; i <= 3; i++) {
    lnum = local_counter();
    snum = static_counter();
    printf("%d回目 local：%d static：%d¥n", i, lnum, snum);
  }
  return 0;
}
```

static付き

ここで紹介したstaticは、変数の値をメモリに保持し続ける働きをするのよ。次項では、staticのもう1つの役割が登場するわ。

D.7.3 リンケージ

第13章で紹介したように、C言語プログラムは複数のソースファイルで構成することができます。このとき、主にファイルスコープに属する識別子について、あるソースファイルで定義したものを別のソースファイルと共有して利用可能とするかどうかを指示できます。

C言語では、このような指示を**リンケージ**（linkage）といいます。別のファイルとの共有が許可されているものを「外部リンケージを持つ」、共有が許可されていないものを「内部リンケージを持つ」と表現します。

外部リンケージを持つ識別子は、一定の手順に従って別ソースファイルから利用可能になります。

(1) 関数のリンケージ

関数は、**特に指定しなければ外部リンケージを持ちます**。ほかのファイルからは、その関数のプロトタイプ宣言をすると利用可能になります。これは第13章で紹介した分業のための手法そのものです。

逆に、関数をほかのソースファイルから利用されたくない場合は、次のように関数宣言の先頭にstaticを記述します。

コードD-7 staticで利用を制限した関数

codeD07.c

```
static int add(int a, int b)
{
  return a + b;
}
```

staticで利用を制限

staticを付けたadd関数を別のソースファイルから呼び出そうとすると、add関数は存在しないというコンパイルエラーになります。

(2) 変数のリンケージ

ファイルスコープを持つ変数（関数外で宣言された変数）についても、**特に指定をしなければ外部リンケージを持ちます。**この変数をほかのファイルで共有して利用するには、利用しようとするファイル側でexternを付け、同じ名前の変数を宣言します。

コードD-8 外部リンケージを持つ変数を宣言

BC3d8 codeD08.c

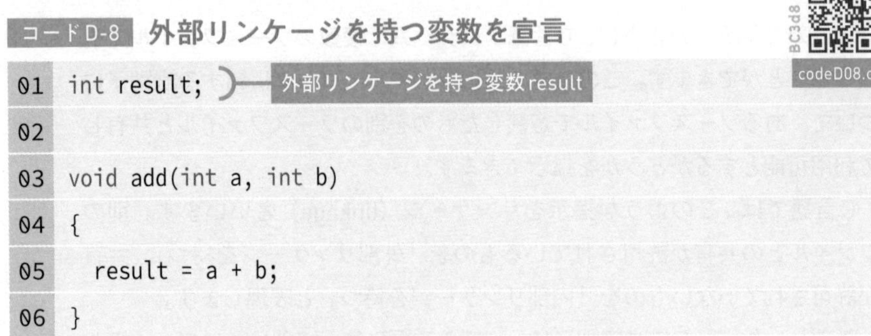

```
int result;

void add(int a, int b)
{
  result = a + b;
}
```


コードD-9 別ファイルで定義された変数を利用

BC3d9 codeD09.c

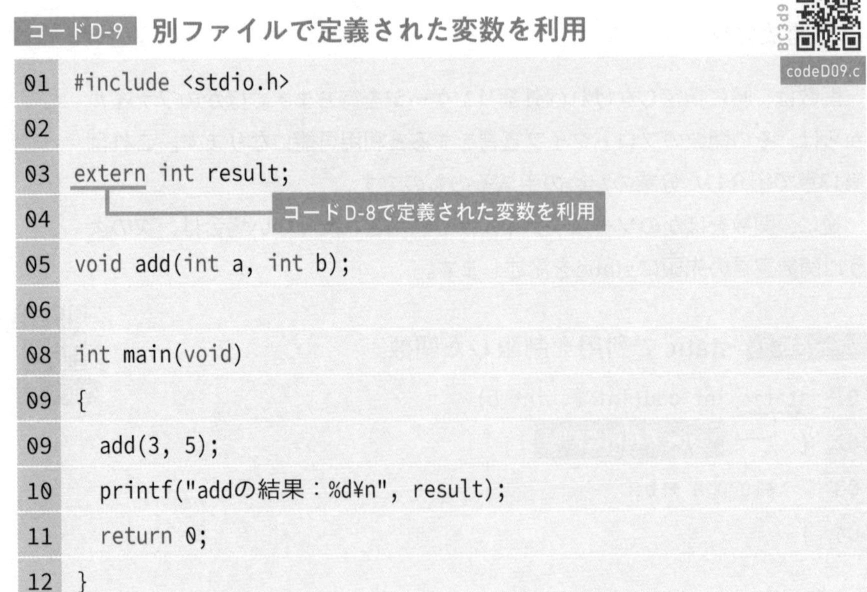

```
#include <stdio.h>

extern int result;

void add(int a, int b);

int main(void)
{
  add(3, 5);
  printf("addの結果：%d¥n", result);
  return 0;
}
```


ファイルスコープを持つ変数はグローバル変数ともいいますが（8.4.2項）、これは、externを付けて宣言すれば、ファイルの境界を越えてどこからでも自由に内容を読み書きできるからです。

　ほかのファイルから使われたくない場合は、関数のリンケージと同様にstaticを付けて宣言しておきます。たとえば、コードD-8の1行目の先頭にstaticを追加すると内部リンケージを指定したことになり、コードD-9からはアクセスできなくなります。

staticには、関数内の宣言で使うと寿命を伸ばす（D.7.2項）、関数外の宣言で使うとリンケージを制限する（D.7.3項）という2つの効果があるの。

相変わらず紛らわしいですね…。偶然同じ名前だけど、「ほぼ別物」だと考えておこうっと。

D.8 コンパイラと最適化

D.8.1 コンパイルの最適化

GCCをはじめとする多くの処理系は、コンパイル時、ソースコードのマシン語化に加え、**最適化**（optimization）といわれる処理を行います。これは、ソースコードに記述されてはいるものの、実際には使われていないムダな部分を削ったり、適切なロジックに処理を書き換えたりすることで、より高速でコンパクトな実行可能ファイルを生成する機能です。

近年のコンパイラは、特に指定しなくてもある程度の最適化を行います。デバッグ時など最適化が不要な場合には、-O0オプションを明示的に指定すると、コンパイルはわずかに高速化します（オプションについては付録Cを参照）。

D.8.2 変数アクセスの最適化

変数宣言時、先頭にregisterを付けることができます。これは、変数をスタック領域ではなく**レジスタ**と呼ばれる領域に格納するようコンパイラに最適化の指示をするものです。

レジスタ変数の宣言

```
register 型名 変数名;
```

たとえば、次のコードは、変数aをレジスタ領域に確保するマシン語の生成をコンパイラに推奨します。

```
register int a;                // 高速に読み書きできる変数aの宣言
```

レジスタとは、メモリではなくCPUの中に存在する記憶領域です。極めて小さな容量（通常は数バイト）しかない代わりに、スタックやヒープよりもはるかに高速に読み書きすることができます。つまり、非常に頻繁に読み書きする小さな変数はレジスタ領域を利用するように最適化すれば、動作性能の向上が見込めます。

なお、registerを指定してもコンパイラの判断によりスタック領域が使われる可能性もあります。逆に、registerを指定しなくても自動的にレジスタ領域が使われる場合もあります。

近年では、コンパイラの最適化技術の発達により、プログラマが明示的にregisterを指定しなくても、コンパイラが自動的にレジスタ領域を活用してくれることが多く、registerの必要性は大幅に減っています。

D.8.3 関数呼び出しの最適化

関数呼び出しは、CPUやメモリにとって比較的負担がかかる処理です。なぜなら、関数を呼び出すためには、スタック領域の制御やマシン語の実行箇所の変更など、関数自体を実行する以外にもコンピュータはさまざまな作業をする必要に迫られるためです。

関数呼び出しの舞台裏

関数呼び出しは、コンピュータにとって少しだけ大変な処理。
関数を呼び出すたびに、CPUの処理能力をロスしてしまう。

このような、動作の実現のため仕方なく支払うことになる処理能力の代償を**オーバーヘッド**（overhead）といいます。

えっ？　僕、関数ガンガン呼んでますけど、全然遅くないですよ？

PC上では、ね。でも家電で動くようなプログラムの場合、そのわずかなオーバーヘッドも節約したいのよ。

内容が数行しかないシンプルな関数の場合、関数そのものの処理に関しては大した負荷でないにもかかわらず、呼び出しにオーバーヘッドがかかり、処理能力をムダ遣いしているように感じられることがあります。

そのような頻繁に呼び出される短い関数については、関数宣言の先頭にstaticと併せて**inline**を付けると、コンパイラの最適化を支援することができます。

インライン関数の宣言

```
static inline 戻り値 関数名(引数リスト) {…}
```

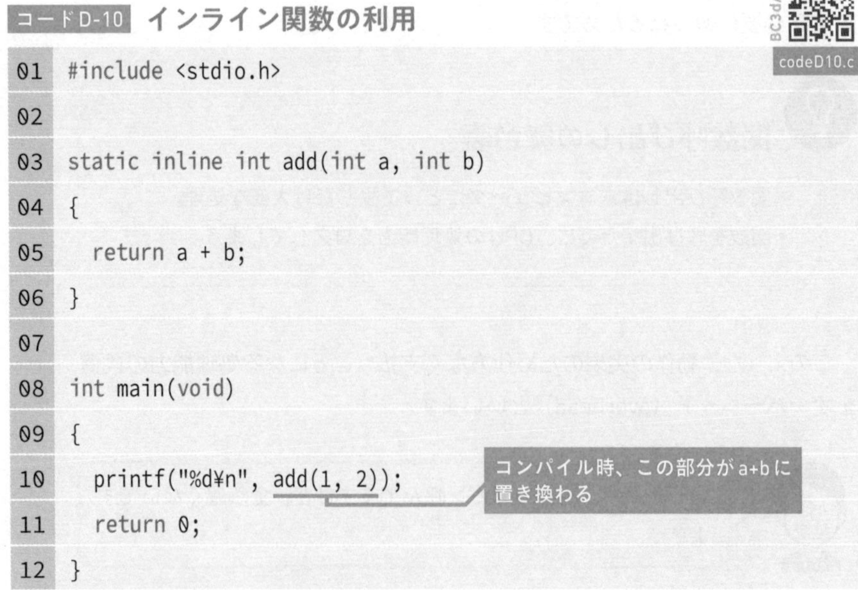

コードD-10 インライン関数の利用

BC3dA
codeD10.c
コンパイル時、この部分がa+bに置き換わる

```c
#include <stdio.h>

static inline int add(int a, int b)
{
  return a + b;
}

int main(void)
{
  printf("%d¥n", add(1, 2));
  return 0;
}
```

inlineキーワードが付けられた関数を呼び出す部分では、コンパイル時に

インライン展開と呼ばれる最適化がより積極的に図られます。インライン展開が行われると、関数を呼び出す代わりに、呼び出し側に関数の処理内容そのものが反映されます。関数を呼び出す必要がなくなりスタック制御なども不要になるため、より高速に動作するというわけです。

なお、inlineもregisterと同様、コンパイラに最適化のアドバイスを与えるだけであって、必ずインライン展開が行われるとは限りません。

付録D

その昔はマクロ関数（13.4.2項）でインライン展開を実現していたけど、C99以降はinlineの利用をオススメするわ。

D.8.4 最適化の抑制

これまで紹介してきた最適化は、稀にトラブルの原因となる場合があります。たとえば、プログラムの動作中、CPUやOSが別の処理を同時並行で円滑に処理するために**割り込み**を発生させることがあります。これにより、実行中のプログラムは一瞬停止し、メモリの一部が書き換えられる可能性もあります。このような動作を想定しない最適化が行われてしまうと、変数の内容が異常な値となり、予期しない結果となる恐れがあるのです。

そこで、そのような事態を回避するために、変数宣言の先頭に**volatile**を付けることがあります。このキーワードが指定された変数は、コンパイラによる最適化は極力避けられ、より安全に読み書きできるようになります。

マルチコアCPUを並列フル稼働させるような科学計算プログラムや、次で紹介する組み込み開発では、重要になるわよ。

D.9 組み込み開発

D.9.1 組み込み開発とは

家電や自動車などの一般機器に埋め込まれたコンピュータで動作するプログラムの開発を、**組み込み開発**（embedded system development）といいます。C言語は組み込み開発に最もよく用いられるプログラミング言語の1つです。

組み込みの世界では、家電や自動車といった機械それ自体が主役であって、その制御を電子的に行う1つの構成要素としてプログラムを開発します。組み込み開発には、PCやサーバ上で動作するプログラムの開発とはまた違った特有の難しさが伴います。

ここでは、主に3つの特徴を紹介するわ。

(1) CPUの性能やメモリの容量が小さい

大量生産される家電や工業製品では、原材料価格を低く抑えることが極めて重要とされています。当然、搭載されるCPUやメモリも極力スペックを抑えたものが選定され、一般的なPCに搭載されているものと比較すると、数分の1や数十分の1であるケースも少なくありません。

実際、PCやサーバでは一般的であるインテル製CPUが家電や電子機器に採用されることは非常に稀です。H8やSH-2、PICなどの**マイクロコントローラ**（マイコン）と呼ばれる安価なCPUの採用がほとんどでしょう。

(2) 主な処理はリアルタイムな機器制御である

PCやサーバ向けのプログラムの場合、何らかのデータについて計算したり、表示や保存、分析したりすることが主な働きであって、その本質は「データ処理」です。ゲームなどの特別なものを除き、リアルタイム性もさほど厳しくは求められません。

一方、組み込み用プログラムの主な役割は「機器制御」です。たとえば、自動車の心臓部で動くプログラムは、アクセルの踏み込み具合やエンジンの回転数、燃料の状態などをセンサーから取得しながら、燃料に対する点火タイミングをリアルタイムに制御し続けるという動作をしなければなりません。

(3) OSが特殊、または非搭載のことがある

前述のように、組み込み用のプログラムは業務用プログラムとは違った特性の動作が求められます。そのためOSも、WindowsやmacOSなどの私たちが通常目にするOSとは異なる**組み込みOS**が使われてきました。代表的な組み込みOSとしては、iTRONやT-Kernelなどが知られています。しかしその一方、最近ではLinuxのようなもともとPC用に作られたOSを内部で利用する家電も増えてきています。

なお、OSすら搭載せず、機器の電源ONと同時にプログラムが即時起動するような組み込み機器も存在します。C言語標準では、このような環境のことを**フリースタンディング環境**（free standing environment）と呼んでいます。ほとんどの標準ライブラリがサポートされない、起動時の関数名にmainが使えないなど、一定のルールが定められています。

ひと昔前に比べればずいぶんと敷居は下がったけれど、PC向けのプログラム開発に慣れ親しんだ人たちからすれば、まだまだ特殊な世界に感じるかもね。

column

インライン関数とリンケージ

inlineキーワードは、①staticを併記、②externを併記、③併記なし、の3ケースで動作が複雑に異なります。このうち②と③は外部リンケージを持てる一方、その取り扱いが複雑化するためコンパイルエラーの原因となりやすく、処理系によっても動作が異なるため混乱の元となります。通常は、①の方法だけで多くの状況をまかなうことができるでしょう。

付録 E クイックリファレンス

構文やよく使われる関数など、プログラミングに必要な項目を
簡易リファレンスとして一覧にまとめました。
さらに詳細な情報や最新の状況は、必要に応じて各種マニュアルを
参照してください。

contents

E.1 代表的な構文

構文の凡例

文… ……………………「文」を繰り返し記述

要素A,… ………………「要素A」をカンマ区切りで繰り返し記述

[要素A] ……………… 省略可能

(要素A|要素B)…… 要素Aか要素Bのどちらかを記述

[要素A|要素B]…… 要素Aか要素Bのどちらかを記述するか、何も記述しない

⇒構文A……………… 構文A を参照

Cソースファイル

[⇒インクルード文|⇒マクロ宣言]…
[⇒typedef宣言|⇒構造体宣言|⇒共用体宣言|⇒列挙型宣言]…
[⇒プロトタイプ宣言]…
[⇒グローバル変数宣言]…
[⇒関数定義]…

インクルード文

#include (<ファイル名> | "ファイル名") …… 参照 p.480

マクロ宣言

#define マクロ定数 (値) …… 参照 p.481
または #define マクロ関数 (引数, …) (式) …… 参照 p.484

typedef宣言

typedef 型名 型の別名; …… 参照 p.197

構造体宣言

struct タグ名 {[型名 メンバ名,]…}…… 参照 p.191
または typedef struct {[型名 メンバ名,]…} 構造体型名; …… 参照 p.198

共用体宣言

union タグ名 {[型名 メンバ名,]…}…… 参照 p.358
または typedef union {[型名 メンバ名,]… } 共用体型名; …… 参照 p.358

列挙型宣言

enum タグ名[: 型名] {(列挙定数名[=値],)…} …… 参照 p.199
または typedef enum {(列挙定数名[=値],)…} 列挙型名; …… 参照 p.199

プロトタイプ宣言

戻り値の型 関数名(((引数の型 [仮引数名],)…| void)); …… 参照 p.260

グローバル変数宣言

[extern] [const] [static] 型名 変数名; .... 参照 p.281

関数定義

```
[static] 戻り値の型  関数名(((引数の型 仮引数名,)…| void)) ........ 参照 p.271
 {
   [⇒文|ラベル名:]…
 }
```

文

(⇒制御構文|⇒変数宣言の文|⇒式の文)
または (break; | continue;) .... 参照 p.174
または return [戻り値]; .... 参照 p.271

制御構文

(⇒if文|⇒switch文|⇒for文|⇒while文|⇒do-while文)
または gotoラベル名; .... 参照 p.177

if文

```
if (条件式) { ........ 参照 p.131、p.154
   [⇒文]…
} [else if (条件式) {
   [⇒文]…
} ]…[else {
   [⇒文]…
} ]
```

switch文

```
switch (条件式) { ........ 参照 p.159
   [case値:
      [⇒文]…
      [break;]
   ]…
   [default:
      [⇒文]…
      [break;]
   ]}
```

for文

```
for (初期化処理; 繰り返し条件; 繰り返し時処理) {........ 参照 p.168
   [⇒文]…
}
```

while文

```
while (条件式) { ........ 参照 p.133、p.165
   [⇒文]…
}
```

do-while文

```
do { ........ 参照 p.166
   [⇒文]…
} while (条件式);
```

変数宣言の文

[const] [static] (auto | 型名) 変数名[=初期値]; .... 参照 p.55、p.68
または [const] [static] 配列要素型名 配列変数名[[要素数]][= {[初期値,]…}] .... 参照 p.214、p.217
または [const] [static] 構造体型名 構造体変数名 [={初期値,}… | ={.メンバ名=初期値,}…] .... 参照 p.195、p.196
または [const] [static] 共用体型名 共用体変数名 [={初期値,}… | ={.メンバ名=初期値,}…]

式の文

⇒式;

式

(値|変数名) ……… 参照 p.85
または 式[演算子 式] ……… 参照 p.85
または &変数名 ……… 参照 p.315
または *ポインタ変数名 ……… 参照 p.321
または sizeof((型名|変数名)) ……… 参照 p.59、p.591
または typeof((型名|⇒式)) ……… 参照 p.593
または ⇒メンバアクセス式
または ⇒配列アクセス式
または ⇒関数呼び出し

メンバアクセス式

構造体変数名.メンバ名 ……… 参照 p.194
または 構造体へのポインタ変数名->メンバ名 ……… 参照 p.337
または 共用体変数名.メンバ名
または 共用体へのポインタ変数名->メンバ名

配列アクセス式

配列変数名[添え字] ……… 参照 p.215

関数呼び出し

関数名([実引数,]…) ……… 参照 p.267

ヘッダファイル

#ifndef ヘッダファイル固有文字列 ……… 参照 p.490
#define ヘッダファイル固有文字列 ……… 参照 p.490
[⇒インクルード文|⇒マクロ宣言]…
[⇒typedef宣言|⇒構造体宣言|⇒共用体宣言|⇒列挙型宣言]…
[⇒プロトタイプ宣言]…
#endif

※この構文リファレンスは、入門学習者向けに代表的な構文を紹介するものであるため、厳密な構文については、C言語標準仕様を参照。

E.2 予約語

alignas	alignof	auto	bool	break
case	char	const	constexpr	continue
default	do	double	else	enum
extern	false	float	for	goto
if	inline	int	long	nullptr
register	restrict	return	short	signed
sizeof	static	static_assert	struct	switch
thread_local	true	typedef	typeof	typeof_unqual
union	unsigned	void	volatile	while
_Atomic	_BitInt	_Complex	_Decimal128	_Decimal32
_Decimal64	_Generic	_Imaginary	_Noreturn	

付録 E

E.3 演算子

優先順位	演算子	機能	結合規則
1	()	関数呼び出し	左→右
	[]	要素参照	
	.	メンバ参照	
	->	メンバアドレス解決	
	++ --（後置）	1 加算 / 1 減算	
2	sizeof	容量算出	右→左
	alignof	アライメント算出	
	*	間接参照	
	&	アドレス参照	
	++ --（前置）	1 加算 / 1 減算	
	+ -（単項）	数値符号	
	~	ビット反転	
	!	論理否定	
3	(型)	キャスト	
4	* %	乗算 / 除算 / 剰余	左→右
5	+ -	加算 / 減算	
6	>> <<	ビットシフト	
7	< <= > >=	比較	
8	== !=	比較	
9	&	ビット論理積	
10	^	ビット排他的論理和	
11	|	ビット論理和	
12	&&	論理積（かつ）	
13	||	論理和（または）	
14	?:	条件評価	右→左
15	= += *= など	代入 / 算術代入	
16	,	順次	左→右

E.4 定義済みマクロ

言語処理系があらかじめ定義しているマクロを、**定義済みマクロ**といいます。各処理系によってさまざまなマクロが定義されていますが、ここでは、C言語標準で定められ、すべての処理系で利用可能な定義済みマクロを紹介します。

付録 E

マクロ	内容
__DATE__	コンパイルした日付
__FILE__	ソースファイル名
__func__ ※	関数名
__LINE__	現在の行番号
__TIME__	コンパイルした時刻
__TIMESTAMP__	ソースファイルの最終更新日時
__STDC__	標準 C 言語規格に準拠していれば 1
__STDC_HOSTED__	規格に準拠したホスト処理系ならば 1
__STDC_IEC_559__	浮動小数点の内部表現が ISO60559 を満たすならば 1
__STDC_IEC_559_COMPLEX__	複素数の内部表現が ISO60559 を満たすならば 1
__STDC_ISO_10646__	wchar_t の内部表現が Unicode 仕様を満たすならそのバージョンを yyyymmL 形式で定義
__STDC_VERSION__	準拠する C 言語規格のバージョンを定義 199409L : C95 に準拠 199901L : C99 に準拠 201112L : C11 に準拠 201710L : C17 に準拠 202311L : C23 に準拠

※ __func__は、厳密にはマクロではなく定数識別子。

E.5 標準ライブラリ関数

E.5.1 < stdio.h > — 入出力

ファイルアクセス関数

戻り値	関数名と引数	処理
FILE*	fopen(const char* filename, const char* mode)	ファイルを開く
FILE*	fclose(FILE* fp)	ファイルを閉じる
int	feof(FILE* fp)	ファイルの終端を判定する
int	ferror(FILE* fp)	エラーの有無を判定する

ファイルを操作する関数

戻り値	関数名と引数	処理
int	remove(const char* filename)	ファイルを削除する
int	rename(const char* old, const char* new)	ファイル名を変更する
FILE*	tmpfile(void)	一時的なバイナリファイルを作成

入出力関数

戻り値	関数名と引数	処理
int	fgetc(FILE* fp)	1文字を読み取る
int	fputc(int ch, FILE* fp)	1文字を書き込む
char*	fgets(char* s, int n, FILE* fp)	1行を読み取る
int	fputs(const char* str, FILE* fp)	1行を書き込む
int	fprintf(FILE* fp, const char* format, …)	書式付きで書き込む
int	fscanf(FILE* fp, const char* format, …)	書式付きで読み取る
int	sprintf(char* str, const char* format, …)	書式付きで文字配列に書き込む
int	snprintf(char* str, size_t n, const char* format, …)	書式付きで文字配列に書き込む (指定文字数分)
int	sscanf(char* str, const char* format, …)	書式付きで文字配列から読み取る

戻り値	関数名と引数	処理
size_t	fread(void* p, size_t s, size_t n, FILE* fp)	s × n バイトを読み取る
size_t	fwrite(const void* p, size_t s, size_t n, FILE* fp)	s × n バイトを書き込む

標準入出力関数

戻り値	関数名と引数	処理
int	getchar(void)	標準入力から 1 文字を読み取る
int	putchar(int ch)	標準出力に 1 文字を書き込む
int	puts(const char* str)	標準出力に 1 行を書き込む
int	printf(const char* format, …)	書式付きで標準出力に書き込む
int	scanf(const char* format, …)	書式付きで標準入力から読み取る

位置付け関数

戻り値	関数名と引数	処理
long	ftell(FILE* fp)	ファイルの読み書き位置を得る
int	fseek(FILE* fp, long offset, int pos)	ファイルの読み書き位置を変更する

E.5.2 < stdlib.h > ― 一般ユーティリティ

計算関数

戻り値	関数名と引数	処理
int	abs(int number)	絶対値を求める（int 型）
long	labs(long number)	絶対値を求める（long 型）
div_t	div(int numer, int denom)	商と剰余を求める（int 型）
ldiv_t	ldiv(long numer, longt denom)	商と剰余を求める（long 型）
int	rand(void)	疑似乱数を求める
void	srand(unsigned seed)	乱数種を設定する

型変換の関数

戻り値	関数名と引数	処理
double	atof(const char* str)	文字列を double 型に変換する
int	atoi(const char* str)	文字列を int 型に変換する
long	atol(const char* str)	文字列を long 型に変換する

戻り値	関数名と引数	処理
long	strtol(const char* s, char** endp, int base)	文字列を整数として解釈する
double	strtod(const char* s, char** endp)	文字列を小数として解釈する

メモリを操作する関数

戻り値	関数名と引数	処理
void*	calloc(size_t n, size_t s)	s × n バイトのメモリを確保する(0で初期化)
void*	malloc(size_t s)	s バイトのメモリを確保する(初期化しない)
void*	realloc(void* p, size_t s)	メモリを再割り当てする
void	free(void* p)	メモリを解放する

プログラムを制御する関数

戻り値	関数名と引数	処理
void	abort(void)	プログラムを異常終了する
void	exit(int status)	プログラムを正常終了する
char*	getenv(const char* name)	環境変数を取得する

E.5.3 < string.h > — 文字列操作

メモリを取り扱う関数

戻り値	関数名と引数	処理
void*	memchr(const void* str, int ch, size_t n)	メモリ領域で文字を探索する
int	memcmp(const void* s1, const void* s1, size_t n)	メモリ領域で等価判定する
void*	memcpy(void* s1, const void* s2, size_t n)	メモリ領域をコピーする
void*	memmove(void* s1, const void* s2, size_t n)	メモリ領域をコピーする (一時領域を利用して転送)
void*	memset(void* s, int ch, size_t n)	メモリ領域を上書きする

文字列を取り扱う関数

戻り値	関数名と引数	処理
char*	strchr(const char* str, int ch)	文字列の先頭から文字を探索する
char*	strrchr(const char* str, int ch)	文字列の末尾から文字を探索する
char*	strstr(const char* s1, const char* s2)	文字列から文字列を探索する

戻り値	関数名と引数	処理
char*	strcat(char* s1, const char* s2)	文字列を連結する
char*	strncat(char* s1, const char* s2, size_t n)	文字列を連結する（指定文字数分）
int	strcmp(const char* s1, const char* s2)	文字列を等価判定する
int	strncmp(const char* s1, const char* s2, size_t n)	文字列を等価判定する（指定文字数分）
char*	strcpy(char* s1, const char* s2)	文字列をコピーする
char*	strncpy(char* s1, const char* s2, size_t n)	文字列をコピーする（指定文字数分）
size_t	strlen(const char* str)	文字列の長さを取得する

E.5.4 < ctype.h > — 文字操作

文字を判定する関数

戻り値	関数名と引数	処理
int	isalnum(int ch)	英数字かどうかを判定する
int	isalpha(int ch)	英字かどうかを判定する
int	islower(int ch)	小文字かどうかを判定する
int	isupper(int ch)	大文字かどうかを判定する
int	isdigit(int ch)	10 進数字かどうかを判定する
int	isxdigit(int ch)	16 進数字かどうかを判定する
int	isgraph(int ch)	表示文字かどうかを判定する（空白を除く）
int	isprint(int ch)	表示文字かどうかを判定する（空白を含む）
int	iscntrl(int ch)	制御文字かどうかを判定する
int	ispunct(int ch)	区切り文字かどうかを判定する
int	isspace(int ch)	空白類文字かどうかを判定する

文字に関する変換関数

戻り値	関数名と引数	処理
int	tolower(int ch)	大文字を小文字に変換する
int	toupper(int ch)	小文字を大文字に変換する

E.5.5 < math.h > — 数学

戻り値	関数名と引数	処理
double	ceil(double x)	天井関数を計算する
double	exp(double x)	指数関数 e^x を計算する
double	fabs(double x)	絶対値を計算する
double	floor(double x)	床関数を計算する
double	fmod(double x, double y)	剰余を計算する
double	log(double x)	自然対数 $\log_x$ を計算する
double	log10(double x)	常用対数 $\log_{10}$ を計算する
double	modf(double val, double* ingr)	整数部と小数部に分解する
double	pow(double x, double y)	べき乗 x^y を計算する
double	sqrt(double x)	平方根を計算する

E.5.6 < time.h > — 日付及び時間

時間を求める関数

戻り値	関数名と引数	処理
time_t	time(time_t* t)	現在時刻を取得する
double	difftime(time_t t1, time_t t2)	時刻の差を求める
clock_t	clock(void)	プログラム実行時間を取得する

時間に関する変換関数

戻り値	関数名と引数	処理
char*	ctime(const time_t* t)	時刻型を文字列に変換する
struct tm*	gmtime(const time_t* t)	時刻型を標準時間に変換する
struct tm*	localtime(const time_t* t)	時刻型を地域時間に変換する
char*	asctime(cosnt struct tm* t)	tm 構造体を文字列に変換する
time_t	mktime(struct tm* t)	tm 構造体を時刻型に変換する
size_t	strftime(char* s, size_t max, const char* format, const struct tm* t)	tm 構造体を書式付き文字列に変換する

E.6 標準ライブラリマクロ／標準ライブラリデータ型

E.6.1 標準ライブラリマクロ

ヘッダファイル	マクロ名	処理
assert.h	assert	実行時に診断機能を追加する
errno.h	errno	エラー番号を取得する
limits.h	INT_MAX	int 型の最大値 (≧ 32767)
	INT_MIN	int 型の最小値 (≦ -32768)
	UINT_MAX	unsigned int 型の最大値 (≧ 65535)
	SHRT_MAX	short 型の最大値 (≧ 32767)
	SHRT_MIN	short 型の最小値 (≦ -32768)
	USHRT_MAX	unsigned short 型の最大値 (≧ 65535)
	LONG_MAX	long 型の最大値 (≧ 2147483647)
	LONG_MIN	long 型の最小値 (≦ -2147483648)
	ULONG_MAX	unsigned long 型の最大値 (≧ 4294967295)
	LLONG_MAX	long long 型の最大値 (≧ 9223372036854775807)
	LLONG_MIN	long long 型の最小値 (≦ -9223372036854775808)
	ULLONG_MAX	unsigned long long 型の最大値 (≧ 18446744073709551615)
	CHAR_MAX	char 型の最大値 (SCHAR_MAX または UCHAR_MAX と同じ)
	CHAR_MIN	char 型の最小値 (SCHAR_MIN または 0 と同じ)
	SCHAR_MAX	signed char 型の最大値 (≧ 127)
	SCHAR_MIN	signed char 型の最小値 (≦ -128)
	UCHAR_MAX	unsigned char 型の最大値 (≧ 255)
	CHAR_BIT	char 型を構成するビット数 (≧ 8)
	MB_LEN_MAX	マルチバイト文字の最大バイト数
stdbool.h	bool	_Bool に展開する
	true	整数の定数 1 に展開する
	false	整数の定数 0 に展開する

ヘッダファイル	マクロ名	処理
stdio.h	stderr	標準エラー出力を表す
	stdin	標準入力を表す
	stdout	標準出力を表す
	EOF	ファイルの終わりを表す（< 0）
	NULL	空ポインタ定数を表す
	SEEK_CUR	その時点のファイル位置を表す（fseek 関数の第 3 引数として）
	SEEK_END	ファイルの末尾を表す（fseek 関数の第3引数として）
	SEEK_SET	ファイルの先頭を表す（fseek 関数の第3引数として）
stdlib.h	NULL	空ポインタ定数を表す
string.h	NULL	空ポインタ定数を表す
time.h	NULL	空ポインタ定数を表す
	CLOCK_PER_SEC	clock 関数の戻り値を秒に変換するための単位

E.6.2 標準ライブラリデータ型

ヘッダファイル	型名	内容
stddef.h	size_t	大きさや長さを表す整数（stdio.h、stdlib.h、string.h、time.h でも定義される）
	nullptr_t	ヌルポインタ
time.h	time_t	1970 年 1 月 1 月からの経過秒数を表す整数
	clock_t	CPU 時間（clock 関数の戻り値として）

E.7 プレースホルダ

E.7.1 printf関数などによる出力

プレースホルダ

種別	プレースホルダ	引数の型	表示形式
整数	%d %i	int 型	符号あり 10 進数
	%u	unsigned int 型	符号なし 10 進数
	%o	unsigned int 型	符号なし 8 進数
	%x %X	unsigned int 型	符号なし 16 進数
	%b %B	unsigned int 型	符号なし 2 進数
小数	%f %F	double 型	浮動小数点数
	%e %E	double 型	指数表現
	%g %G	double 型	最適な形式（e または f）
	%a %A	double 型	16 進浮動小数点数
文字	%c	unsigned char 型	文字
	%s	ポインタ型	文字列
	%p	void* 型	アドレス

※ 大文字のプレースホルダを指定すると、大文字で表示される。

プレースホルダ修飾

文字	対応するプレースホルダ	意味
h	%b %B %d %i %o %u %x %X	short 型または unsigned short 型を指定する
l	%b %B %d %i %o %u %x %X	long 型または unsigned long 型を指定する
L	%f %F %e %E %g %G %a %A	long double 型を指定する

E.7.2 scanf関数などによる入力

プレースホルダ

種別	プレースホルダ	引数の型※	読み取り形式
整数	%d	int 型	10 進数
	%i	整数型	10 進数
	%u	符号なし整数型	10 進数
	%o	符号なし整数型	8 進数
	%b	符号なし整数型	2 進数
	%x %X	符号なし整数型	16 進数
小数	%f %e %E %g %G	小数型	浮動小数点数
文字	%c	文字	文字
	%s	文字列	文字列
	%p	void** 型	アドレス

※ 引数の型はいずれも記載のデータ型を格納可能なポインタ型。大文字のプレースホルダを指定すると、大文字で読み取られる。

プレースホルダ修飾

文字	対応するプレースホルダ	意味
h	%d %i	引数の型に short 型を指定する
	%b %o %u %x %X	引数の型に unsigned short 型を指定する
l	%d %i	引数の型に long 型を指定する
	%b %o %u %x %X	引数の型に unsigned long 型を指定する
	%f %e %E %g %G	引数の型に double 型を指定する
L	%f %e %E %g %G	引数の型に long double 型を指定する

E.8 エスケープシーケンス

リテラル	ASCII コード（10 進数）	意味
¥a	7	BEL　ビープ音を鳴らす
¥b	8	BS　バックスペース
¥e	27	ESC　エスケープ
¥n	10	LF　改行
¥r	13	CR　復帰
¥f	2	FF　改ページ
¥t	9	HT　水平タブ
¥v	11	VT　垂直タブ
¥¥	92	¥ 文字
¥?	63	? 文字
¥'	39	' 文字
¥"	34	" 文字
¥0	0	ヌル文字（文字列終端）
¥nnn	—	8 進定数（nnn は最大 3 桁の 8 進数）
¥xnnn	—	16 進定数（nnn は 1 文字以上の 16 進数）

※ ¥e は、厳密には C 言語規格には含まれない。本書紹介の多くの処理系がサポートするが、非対応の処理系では ¥x1b で代用する。

E.9 ディスプレイ制御シーケンス

E.9.1 画面制御

リテラル	効果
¥x1b[2J	画面クリア
¥x1b[K	カーソルと行末の間にある文字を削除
¥x1b[nA	カーソルを上に n 行分だけ移動
¥x1b[nB	カーソルを下に n 行分だけ移動
¥x1b[nC	カーソルを右に n 行分だけ移動
¥x1b[nD	カーソルを左に n 行分だけ移動

E.9.2 文字属性制御

リテラル	効果
¥x1b[0m	属性リセット
¥x1b[1m	太字にする
¥x1b[4m	下線を付ける
¥x1b[7m	色を反転
¥x1b[3nm	文字色をカラーコード n に設定
¥x1b[39m	文字色をリセット
¥x1b[4nm	背景色をカラーコード n に設定
¥x1b[49m	背景色をリセット

※ カラーコード　0：黒　1：赤　2：緑　3：黄　4：青　5：紫　6：水色　7：白

※ ディスプレイ制御シーケンスは、環境によっては効果が画面に反映されないことがある。

E.10 ASCII文字コード

ASCIIコード			文字と意味 ※()内はエスケープシーケンス
10進数	16進数	2進数	
0	0x00	0000 0000	NUL　ヌル文字(¥0)
1	0x01	0000 0001	SOH　ヘッダ開始
2	0x02	0000 0010	STX　テキスト開始
3	0x03	0000 0011	ETX　テキスト終了
4	0x04	0000 0100	EOT　伝送終了
5	0x05	0000 0101	ENQ　問い合わせ
6	0x06	0000 0110	ACK　肯定応答
7	0x07	0000 0111	BEL　ビープ音(¥a)
8	0x08	0000 1000	BS　バックスペース(¥b)
9	0x09	0000 1001	HT　水平タブ(¥t)
10	0x0a	0000 1010	LF　改行(¥n)
11	0x0b	0000 1011	VT　垂直タブ(¥v)
12	0x0c	0000 1100	FF　改ページ(¥f)
13	0x0d	0000 1101	CR　復帰(¥r)
14	0x0e	0000 1110	SO　シフトアウト
15	0x0f	0000 1111	SI　シフトイン
16	0x10	0001 0000	DLE　伝送制御拡張
17	0x11	0001 0001	DC1　装置制御1
18	0x12	0001 0010	DC2　装置制御2
19	0x13	0001 0011	DC3　装置制御3
20	0x14	0001 0100	DC4　装置制御4
21	0x15	0001 0101	NAK　否定応答
22	0x16	0001 0110	SYN　同期信号
23	0x17	0001 0111	ETB　伝送ブロック集結
24	0x18	0001 1000	CAN　取消
25	0x19	0001 1001	EM　媒体終端
26	0x1a	0001 1010	SUB　置換
27	0x1b	0001 1011	ESC　エスケープ(¥e)
28	0x1c	0001 1100	FS　ファイル区切り
29	0x1d	0001 1101	GS　グループ区切り
30	0x1e	0001 1110	RS　レコード区切り
31	0x1f	0001 1111	US　ユニット区切り
32	0x20	0010 0000	(空白)
33	0x21	0010 0001	!
34	0x22	0010 0010	"　(¥")
35	0x23	0010 0011	#
36	0x24	0010 0100	$
37	0x25	0010 0101	%
38	0x26	0010 0110	&
39	0x27	0010 0111	'　(¥')
40	0x28	0010 1000	(
41	0x29	0010 1001	)
42	0x2a	0010 1010	*
43	0x2b	0010 1011	+
44	0x2c	0010 1100	,
45	0x2d	0010 1101	-
46	0x2e	0010 1110	.
47	0x2f	0010 1111	/
48	0x30	0011 0000	0
49	0x31	0011 0001	1
50	0x32	0011 0010	2
51	0x33	0011 0011	3
52	0x34	0011 0100	4
53	0x35	0011 0101	5
54	0x36	0011 0110	6
55	0x37	0011 0111	7
56	0x38	0011 1000	8
57	0x39	0011 1001	9
58	0x3a	0011 1010	:
59	0x3b	0011 1011	;
60	0x3c	0011 1100	<
61	0x3d	0011 1101	=
62	0x3e	0011 1110	>
63	0x3f	0011 1111	?　(¥?)
64	0x40	0100 0000	@
65	0x41	0100 0001	A
66	0x42	0100 0010	B

ASCII コード			文字と意味 ※()内はエスケープシーケンス
10 進数	16 進数	2 進数	
67	0x43	0100 0011	C
68	0x44	0100 0100	D
69	0x45	0100 0101	E
70	0x46	0100 0110	F
71	0x47	0100 0111	G
72	0x48	0100 1000	H
73	0x49	0100 1001	I
74	0x4a	0100 1010	J
75	0x4b	0100 1011	K
76	0x4c	0100 1100	L
77	0x4d	0100 1101	M
78	0x4e	0100 1110	N
79	0x4f	0100 1111	O
80	0x50	0101 0000	P
81	0x51	0101 0001	Q
82	0x52	0101 0010	R
83	0x53	0101 0011	S
84	0x54	0101 0100	T
85	0x55	0101 0101	U
86	0x56	0101 0110	V
87	0x57	0101 0111	W
88	0x58	0101 1000	X
89	0x59	0101 1001	Y
90	0x5a	0101 1010	Z
91	0x5b	0101 1011	[
92	0x5c	0101 1100	¥(¥¥)
93	0x5d	0101 1101	]
94	0x5e	0101 1110	^
95	0x5f	0101 1111	_
96	0x60	0110 0000	`
97	0x61	0110 0001	a
98	0x62	0110 0010	b
99	0x63	0110 0011	c
100	0x64	0110 0100	d
101	0x65	0110 0101	e
102	0x66	0110 0110	f
103	0x67	0110 0111	g
104	0x68	0110 1000	h
105	0x69	0110 1001	i
106	0x6a	0110 1010	j
107	0x6b	0110 1011	k
108	0x6c	0110 1100	l
109	0x6d	0110 1101	m
110	0x6e	0110 1110	n
111	0x6f	0110 1111	o
112	0x70	0111 0000	p
113	0x71	0111 0001	q
114	0x72	0111 0010	r
115	0x73	0111 0011	s
116	0x74	0111 0100	t
117	0x75	0111 0101	u
118	0x76	0111 0110	v
119	0x77	0111 0111	w
120	0x78	0111 1000	x
121	0x79	0111 1001	y
122	0x7a	0111 1010	z
123	0x7b	0111 1011	{
124	0x7c	0111 1100	|
125	0x7d	0111 1101	}
126	0x7e	0111 1110	~
127	0x7f	0111 1111	DEL　削除

付録 F
パズルRPG製作のヒントと解答例

第12章「パズルRPGの製作」に取り組むにあたって活用できるヒントや解答例は、本書の紙面外に準備してあります。
この付録では、それらの入手方法と活用法を紹介します。

contents

F.1 ヒントと解答例

F.1.1 初級用ヒントコード

第12章を「初級」で取り組む場合は、各課題のために準備されているヒント用のソースコードファイル（ヒントコード）を使用して学習を行います。

ヒントコードには、記述すべき内容がC言語ではなく日本語のコメント文ですでに書き込まれています。各ヒントに従って対応したC言語のプログラムを書いていくと、課題を完成できます。

ヒントコードの各ファイル（puzmon1hint.c～puzmon3hint.c）を入手するには、以下の2つの方法があります。

1. 「開発環境コンテナ」に収録されているファイルを使う

付録Aの手順に従って導入した開発環境コンテナには、ヒントコードが収録されています。その利用方法については、sukkiri.jpのサポートページを参照してください。

2. CLUB Impressからダウンロードする

読者用会員サイト「CLUB Impress」に登録すると、読者特典としてヒントコードをダウンロードすることができます。詳細は、「CLUB Impress」の案内ページを参照してください。

F.1.2 解答例コード

第12章の課題1～9の解答例ソースコード（puzmon1.c～puzmon9.c）は、教育研修現場における使用の可能性を考慮し、本書紙面や開発環境コンテナには収録していません。

解答例コードは、F.1.1項で紹介した「CLUB Impress」からの読者特典ダウンロードでのみ入手可能です。

column

学校や企業研修で課題に取り組むみなさんへ

第12章の課題は非常に難しく設計してあるため、つい「解答例を見たい」と思うこともあるでしょう。しかし、考える時間を設けずにすぐに解答例を当たってしまうと、技術力を磨くチャンスの芽を自ら摘んでしまうことになります。はじめのうちは時間がかかりますが、以下のような学び方によってスキルは着実に向上し、結果的には目標到達への時間短縮につながるでしょう。

1. 限度とする時間を定め、まずは自力で試行錯誤してみましょう。本書を読み返し、いろいろな書き方を試し、コンパイルエラーをたくさん出して悩む時間こそが、最もスキルを進化させます。

2. プログラミングが得意そうな友人や同僚、先輩に相談しましょう。このとき、①わからないところをある程度明確にしてから相談する、②「答え」ではなく「答えに至る考え方」を教えてもらう、③相手の話を聞くだけでなく、対話をしながら理解しようとする、④なるべくSNSやメールではなく対面で相談する、の4つがポイントです。
   あるコードについて、「これは○○ということですか？」「それなら、ここは××とも書けますよね？」などとあれこれ会話をする時間も、みなさんのスキルを着実に高めていきます。

3. それでもわからないところは、先生や講師に質問しましょう。質問のポイントは友人や同僚へ相談するときと同じです。このとき、解答例やその一部を渡されて、参考にするよう指示されるかもしれません。

4. 解答例の入手は、自分の判断だけで行わず、事前に先生や講師に確認してからにしましょう。

なお、上記はあくまでも一般的な学習方法です。みなさんのことをよく知る担当の先生や講師は、指導上の意図から、別のガイドや指示をする場合もあるでしょう。そのときは、それらの指示を優先させてください。

付録 G
練習問題の解答

chapter 1 練習問題の解答

練習1-1

(ア) ソースコード　または　ソースファイル

(イ) コンパイル　(ウ) .c　(エ) コンパイラ　(オ) マシン語

練習1-2

(イ) (ウ) (オ)

練習1-3

```
#include <stdio.h>

int main(void)
{
  printf("プログラムを開始します¥n");
  printf("プログラムを終了します¥n");
  return 0;
}
```

BC31b

chapter 2 練習問題の解答

練習2-1

```
(ア) long number = 1504611718L;
(イ) char alphabet = 'X';
(ウ) bool isError = false;
(エ) double pi = 3.1415;
(オ) int price = 19800;
```

BC32b

※変数名は一例である。

練習2-2

```
(1) int balance;          // 預金残高
(2) float bodyFatRate;    // 体脂肪率
(3) bool isHoliday;       // 休日か否か
(4) char numChar;         // 文字としての数字
(5) long asset;           // 資産
```

※変数名とコメントは一例である。

練習2-3

(1) 変数を宣言した後、変数に値を代入せずに使っているから。

(2) 変数ageとyearの宣言文を以下のものに書き換えます。

```
    int age = 22;
    int year = 2003;
```

chapter 3 練習問題の解答

練習3-1

(ア) double型　(イ) long型　(ウ) char型

(エ) float型　(オ) String型または文字列　(カ) int型

※(ウ) C言語仕様ではint型だが、本書では入門時に限定してchar型とする(表3-1、p.86)。

※(オ) 厳密にはString型ではないが、第3章時点ではString型でも正解とする。

練習3-2

(ア) 31.4 (double型)　(イ) エラー　(ウ) 10 (int型)

(エ) 65または'A' (char型)　(オ) 60010 (long型)

練習3-3

```
#include <stdio.h>
#include <stdlib.h>
#include <time.h>

int main(void)
{
  printf("4桁の暗証番号を生成します¥n");
  srand((unsigned)time(nullptr));
  int a = rand() % 10;
  int b = rand() % 10;
  int c = rand() % 10;
  int d = rand() % 10;
  printf("暗証番号：%d%d%d%d¥n", a, b, c, d);
  return 0;
}
```

コンパイルエラーが発生する場合、nullptrをNULLに置き換えてください。

BC33a

練習3-4

```
#include <stdio.h>
#include <stdlib.h>

typedef char String[1024];

int main(void)
{
  printf("カレンダーから縦に並んだ数字を3つ選び、その合計を入力してください¥n");
  String numStr;
  scanf("%s", numStr);
```

```
  int num = atoi(numStr) / 3;
  printf("あなたが選んだ数字は%dと%dと%dですね？¥n", num - 7,
      num, num + 7);
  return 0;
}
```

chapter 4 練習問題の解答

練習4-1

（1）変数priceに1.08を掛けた値は10000以下か

（2）変数nの値は0と等しいか

（3）×

（4）変数aとbの合計は60より大きいか、または変数dayの値は1か

（5）変数answerの値はtrue（0以外）か

練習4-2

（1）`initial == 'W'`

（2）`(age + year) % 7 == 0`

（3）`magic >= 50 && lv < 20`

（4）`day == 28 || day == 30 || day == 31`

（5）`!(x == y)`

練習4-3

変数tenkiの値に関わらず、常に「映画の感想をブログに書きます」が表示されてしまう現象が発生しています。原因は、elseブロックが波カッコで囲まれておらず、elseブロックは「映画を観ます」という処理だけであると認識されてしまうためです。修正するには、次のようにelseブロックを波カッコで囲みます。

```
  } else {
    printf("映画を観ます¥n");
    printf("映画の感想をブログに書きます¥n");
  }
  return 0;
}
```

BC34b

練習4-4

コンパイルエラーが発生する場合、#include <stdbool.h> を追加してください。

```
#include <stdio.h>

int main(void)
{
  printf("いただきます¥n");
  printf("バナナを食べます¥n");

  bool more = true;
  if (more) {
    printf("おかわりをください¥n");
  } else {
    printf("お腹がいっぱいです¥n");
  }
  printf("ごちそうさまでした¥n");
  return 0;
}
```

BC34c

練習4-5

```
#include <stdio.h>
#include <stdlib.h>

```

```
typedef char String[1024];

int main(void)
{
  int temp = 30;
  int ansNo = 1;
  String answer;

  while (ansNo == 1) {
    printf("現在の設定温度：%d¥n", temp);
    printf("暑いですか？　Yes=1　No=0¥n");
    scanf("%s", answer);
    ansNo = atoi(answer);
    if (ansNo == 1) {
      temp = temp - 1;
    } else {
      printf("設定を終了します¥n");
    }
  }
  return 0;
}
```

BC34d

chapter 5　練習問題の解答

練習5-1

（1）ifのみの構文　（2）if-else構文　（3）if-else if-else構文

練習5-2

（1）10回　（2）1回　（3）11回

練習5-3

```
#include <stdio.h>
#include <stdlib.h>

typedef char String[1024];

int main(void)
{
  String input;
  printf("1〜9の数を入力してください¥n");
  scanf("%s", input);
  int position = atoi(input);
  switch (position) {
    case 1: case 2:
      printf("バッテリー¥n");
      break;
    case 3: case 4: case 5: case 6:
      printf("内野手¥n");
      break;
    case 7: case 8: case 9:
      printf("外野手¥n");
      break;
    default:
      printf("入力された守備位置はありません¥n");
  }
  return 0;
}
```

BC35b

練習5-4

```
#include <stdio.h>

int main(void)
{
  const int MONEY = 3000;
  int pocket = MONEY;

  printf("リンゴ　");
  while (pocket >= 120) {
    printf("*");
    pocket = pocket - 120;
  }
  printf("　余りは%d円¥n", pocket);

  pocket = MONEY;
  printf("ミカン　");
  while (pocket >= 400) {
    for (int i = 1; i <= 6; i++) {
      printf("*");
    }
    pocket = pocket - 400;
  }
  printf("　余りは%d円¥n", pocket);
  return 0;
}
```

BC35c

練習5-5

```
#include <stdio.h>
#include <stdlib.h>
#include <time.h>

typedef char String[1024];

int main(void)
{
  printf("***数当てゲーム（レベル1）***¥n回答のチャンスは4回までです¥n1桁の数を入力してください>");
  srand((unsigned)time(nullptr));
  int answer = rand() % 10;
  int input;
  String inputStr;

  for (int i = 1; i <= 4; i++) {
    scanf("%s", inputStr);
    input = atoi(inputStr);
    if (answer == input) {
      printf("当たり！%d回目の入力でした¥n", i);
      break;
    } else if (answer < input) {
      printf("はずれ！答えはもっと小さな数です¥n");
    } else {
      printf("はずれ！答えはもっと大きな数です¥n");
    }
  }
  if (answer != input) {
```

コンパイルエラーが発生する場合、nullptrをNULLに置き換えてください。

```
    printf("答えは%dでした¥n", answer);
  }
  return 0;
}
```

BC35d

chapter 6 練習問題の解答

練習6-1

(1) 書名、著者名、出版社、価格、ページ数、判型、発売日など

(2) 氏名、電話番号、メールアドレス、会社名、住所など

(3) 日時、タイトル、本文、写真、評価、コメントなど

練習6-2

```
struct BOOK {
  String title;        // 書名
  String author;       // 著者名
  String publisher;    // 出版社
  int price;           // 価格
  int pages;           // ページ数
};
```

BC36b

練習6-3

・変数「text」の例

```
struct BOOK text = {"スッキリ家計簿", "立花いずみ",
    "蜜柑書房", 1200, 258};
```

＊ QRコードは練習6-3の２つの解答で共通。

・変数「dictionary」の例

```
struct BOOK dictionary = {"マンモス大全", "湊雄輔", "雅出版", 5500,
    208};
```

練習6-4

```
typedef struct {
  String name;        // 氏名
  String phone;       // 電話番号
  String company;     // 会社名
  String address;     // 住所
} BizCard;
```

BC36d

練習6-5

```
#include <stdio.h>

typedef char String[1024];

int main(void)
{
  typedef struct {
    String title;         // 件名
    String from;          // 送信元メールアドレス
    String datetime;      // 受信日時
    int size;             // サイズ（KB）
    bool attached;        // 添付ファイルの有無
    String body;          // 本文
  } Mail;

  Mail m = {"あけましておめでとう", "sugawara@miyabilink.jp",
```

```
        "2025/01/01 10:10:58", 302, false};

    printf("%sさんから、%sにメールです。サイズは%dKB、添付は%s。¥n",
        m.from, m.datetime, m.size, m.attached ? "あり" : "なし");

    return 0;
}
```

BC36e

chapter 7 練習問題の解答

練習7-1

＊QRコードは（1）～（4）で共通。

BC37a

（1）
```
int scores[5] = {};
```

（2）
```
char primary[3] = {'R', 'G', 'B'};
```

（3）
```
double averages[30];
```

（4）
```
int table[9][9];
```

練習7-2

```
#include <stdio.h>

int main(void)
{
  enum {LEN = 5};   //  const定数は配列確保時に使えないため
  int scores[LEN] = {88, 61, 90, 75, 93};
  int sum = 0;
```

```
  int max = scores[0];
  int min = scores[0];

  for (int i = 0; i < LEN; i++) {
    sum = sum + scores[i];

    if (max < scores[i]) {
      max = scores[i];
    }
    if (min > scores[i]) {
      min = scores[i];
    }
  }

  printf("最高点：%d¥n", max);
  printf("最低点：%d¥n", min);
  printf("平均点：%.2f¥n", (double)sum / LEN);
  return 0;
}
```

BC37b

練習7-3

```
#include <stdio.h>

int main(void)
{
  typedef struct {
    int code;
    char character;
  } Ascii;

```

```
  Ascii characters[26];

  for (int i = 0; i < 26; i++) {
    characters[i].code = i + 65;
    characters[i].character = i + 65;
    printf("%d %c¥n",
        characters[i].code, characters[i].character);
  }

  return 0;
}
```

BC37c

付録 G

練習7-4

コンパイルエラーが発生する場合、nullptrをNULLに置き換えてください。

```
#include <stdio.h>
#include <stdlib.h>
#include <time.h>

typedef char String[1024];

int main(void)
{
   srand((unsigned)time(nullptr));

   printf("***数当てゲーム（レベル2）***¥n");
   printf("3桁の数を当ててください！¥n");
   printf("ただし各桁の数字は重複しません¥n");

   int answer[3];
   int input[3];
   bool check;
```

```

  /* 答えを決める */
  for (int i = 0; i < 3; i++) {
    do {
      answer[i] = rand() % 10;  // ランダムな0〜9を設定

      // これまでの桁に同じ数字が使われているかをチェック
      for (int j = 0; j < i; j++) {
        check = false;
        if (answer[i] == answer[j]) {  // 同じ数字はNG
          break;
        }
        check = true;                   // 重複なければOK
      }
    } while (i > 0 && check == false); // 1桁目はチェック不要
  }

  do {  // ゲームが続く間はループする
    /* 結果を初期化 */
    int hit = 0;
    int blow = 0;

    /* 入力された予想を変数に設定 */
    for (int i = 0; i < 3; i++) {
      printf("%d桁目の予想を0〜9の数字で入力してください>", i + 1);
      String inputStr;
      scanf("%s", inputStr);
      input[i] = atoi(inputStr);
    }

```

```
    /* 答えあわせ */
    for (int i = 0; i < 3; i++) {
      if (input[i] == answer[i]) {
        hit++;      // 位置も数字も一致ならhit
      }
      for (int j = 0; j < 3; j++) {
        if (input[i] == answer[j] && i != j) {
          blow++;  // 位置の異なる数字はblow
        }
      }
    }

    /* 結果発表 */
    printf("%dヒット！ %dブロー！¥n", hit, blow);

    if (hit == 3) {
      // 正解
      printf("正解です！¥n");
      break;
    } else {
      // 不正解
      printf("続けますか？ (0：終了  0以外の数字：続ける) >");
      String retryStr;
      scanf("%s", retryStr);

      // 終了するなら正解を表示
      if (atoi(retryStr) == 0) {
        printf("正解は・・・");
        for (int i = 0; i < 3; i++) {
          printf("%d", answer[i]);
```

```
        }
        printf("でした！¥n");
        break;  // ループを抜けて終了
      }
    }
  } while (true);

  return 0;
}
```

BC37d

chapter 8 練習問題の解答

練習8-1

＊QRコードは（1）～（4）で共通。

BC38c

(1) `void weather(void) { }`

(2) `double calcCircleArea(double radius) { }`

(3) `long now() { }`

(4) `bool isLeapYear(int year) { }`

練習8-2

コンパイルエラーが発生する場合、#include <stdbool.h>を追加してください。

```
#include <stdio.h>

bool isLeapYear(int year)
{
  return (year % 400 == 0 || (year % 4 == 0 && year % 100 != 0));
```

```
}

int main(void)
{
  int year = 2100;

  if (isLeapYear(year)) {
    printf("%d年は、うるう年です。¥n", year);
  } else {
    printf("%d年は、うるう年ではありません。¥n", year);
  }
  return 0;
}
```

BC38d

練習8-3

1. run関数の処理の最後に、walk関数の呼び出しを追加する。
2. walk関数の定義を、run関数の定義よりも前に移動する。

練習8-4

```
#include <stdio.h>
#include <stdlib.h>

typedef char String[1024];

int iscanf(void)
{
  String inputStr;
  scanf("%s", inputStr);
  return atoi(inputStr);
}
```

```
int calcPayment(int dividend, int divisor)
{
  // 総額を人数で割る（端数も保持）
  double dnum = (double)dividend / divisor;
  // 100円未満を切り捨ててみる
  int person = (int)(dnum / 100) * 100;
  // 元の値と比較して、小さければ100円未満があったので上乗せ
  if (dnum > person) {
    person = person + 100;
  }
  return person;
}

void showPayment(int general, int manager, int numbers)
{
  printf("*** 支払額 ***¥n");
  printf("1人あたり%d円（%d人）、幹事は%d円です。¥n", general,
      numbers - 1, manager);
}

int main(void)
{
  // 計算データの入力
  printf("支払総額を入力してください：");
  int amount = iscanf();
  printf("参加人数を入力してください：");
  int people = iscanf();

  // 割り勘の計算
  int pay = calcPayment(amount, people);
```

```
    // 幹事の支払額を計算
    int payorg = amount - pay * (people - 1);

    // 結果の表示
    showPayment(pay, payorg, people);

    return 0;
}
```

BC38e

chapter 9 練習問題の解答

練習9-1

(1) char型　(2) int型　(3) char*型　(4) int*型
(5) Monster*型　(6) char*型　(7) void*型

※（6）は、char配列の先頭要素がchar型であるため、そのアドレスを指すポインタはchar*型となる。

練習9-2

```
printf("(1)char型：%dバイト¥n", (int)sizeof(char));
printf("(2)int型：%dバイト¥n", (int)sizeof(int));
printf("(3)char*型：%dバイト¥n", (int)sizeof(char*));
printf("(4)int*型：%dバイト¥n", (int)sizeof(int*));
```

BC39b

※ 目的の部分のコードのみ掲載。

```
(1)char型：1バイト
(2)int型：4バイト
(3)char*型：8バイト
(4)int*型：8バイト
```

char型とint型の変数は、意味のある情報の格納が目的であり、また、より大きな値を格納できるint型のほうが消費メモリが多い。

一方、char*型とint*型は、アドレス値の格納が目的の型である。アドレスが指し示す先にある情報の型の違いはあるものの、変数に格納するのはどちらもアドレス値に過ぎないため、サイズも同じである。

練習9-3

```c
#include <stdio.h>

void printIntByAddress(int* valAddr)
{
  printf("格納されている値：%d¥n", *valAddr);
}

int main(void)
{
  int num = 999;
  printIntByAddress(&num);
  return 0;
}
```

練習9-4

（1）スタック領域　（2）変数b　（3）後ろから前へ向かって利用される

chapter 10 練習問題の解答

練習10-1

（1）からくり構文①：void sub(char ages[3])（4行目）

からくり構文②：main関数で配列変数名aとbを記述している箇所すべて
（宣言部分を除く、15～18行目の6か所）

(2)

```
01 #include <stdio.h>
02 #include <string.h>
03
04 void sub(char* addr)
05 {
06   for (int i = 0; i < 3; i++) {
07     printf("%d番目：%d¥n", i+1, *(addr+i));
08   }
09 }
10
11 int main(void)
12 {
13   char a[] = {1, 2, 3};
14   char b[3];
15   sub(&a[0]);
16   memcpy(&b[0], &a[0], 3);
17   sub(&b[0]);
18   if (memcmp(&a[0], &b[0], 3) == 0) {
19     printf("正常にコピーされました¥n");
20   }
21
22   return 0;
23 }
```

引数をポインタに変更

ポインタ演算によって各要素にアクセスする

配列a、bの先頭アドレスを渡すように変更（6か所）

BC3Ab

※ この解答例ではからくり構文②による解釈を明示するために、15～18行目の配列a、bをすべて&a[0]、&b[0]とした。しかし、関数の引数に配列を渡す場合には配列変数名だけを記述するのが一般的。

練習10-2

(エ)

※（イ）も（エ）と同一のアドレス値を指すが、厳密には型が異なるため、本書では不正解とする。

練習10-3

```c
#include <stdio.h>
#include <string.h>
#include <stdlib.h>

void sub(char* addr)
{
  for (int i = 0; i < 3; i++) {
    printf("%d番目：%d¥n", i+1, *(addr+i));
  }
}

int main(void)
{
  char a[] = {1, 2, 3};
  char* b = (char*)malloc(3);
  sub(a);
  memcpy(b, a, 3);
  sub(b);
  if (memcmp(a, b, 3) == 0) {
    printf("正常にコピーされました¥n");
  }

  free(b);

```

ヒープにメモリ3バイト分を確保する

必ずメモリを解放する

```
  return 0;
}
```

chapter 11 練習問題の解答

練習11-1

（ア）含まない　（イ）等価　（ウ）文字列をコピーする　（エ）strcat

練習11-2


```
#include <stdio.h>
#include <string.h>
#include <stdlib.h>

int main(void)
{
  char a[] = {49, 50, 51, 52, 53, 0};
  char b[] = "12345";

  // （1）長さを表示
  printf("aの長さ：%ld  bの長さ：%ld¥n", strlen(a), strlen(b));

  // （2）内容が等しいかを比較
  if (strcmp(a, b) == 0) {
    printf("文字列aとbは文字列として等しいです。¥n");
  }

  // （3）ヒープ領域に必要分のみ確保
  char* c = malloc(strlen(a) + strlen(b) + 1);
```

```

  //  (4) abをcに格納
  strcpy(c, a);        // まずcにaをコピー
  strcat(c, b);        // 次にcにbを連結

  //  (5) メモリ解放
  free(c);

  return 0;
}
```

BC3Bc

練習11-3

(1)

文字列	使用中領域	使用可能領域
a	1000 ～ 1005 番地	1000 ～ 1005 番地
b	2000 番地のみ	2000 ～ 2005 番地
c	3004 ～ 3006 番地	3000 ～ 3009 番地

※ 文字列cの使用可能領域はcallocによって連続領域が確保されているため、3000番地を開始位置とした(c[-4] などマイナスの添え字によってアクセス可能)。

(2) 文字列bの5番目の要素以降に格納されている情報にアクセスするが、文字列の終端文字がないため、オーバーランが発生する。

練習11-4

```
#include <stdio.h>

int main(void)
{
  char memarea[] = "misaki¥0akagi";
  char* names[2] = {&memarea[0], &memarea[7]};
  for (int i = 0; i < 2; i++) {
    printf("%s¥n", names[i]);
```

akagiの後ろの¥0はリテラルのルール(p.385)により自動的に付けられる

memareaの0バイト目と7バイト目のアドレスを要素数2のchar*型配列に格納

```
  }

 return 0;
}
```

BC3Bd

chapter 13 練習問題の解答

練習13-1

（ア）プリプロセッサ　（イ）コンパイラ　（ウ）リンカ

練習13-2

main.c

```
#include <stdio.h>
#include "sub.c"

int main(void)
{
  printf("これはmainです。¥n");
  sub();
  return 0;
}
```

sub関数をインクルード

sub.c

```
#include <stdio.h>

void sub(void)
{
  printf("これはsubです。¥n");
}
```

BC3Dc

練習13-3

(1) ファイル名は「sub.h」として保存します。

sub.h

```
int createRand(int max);
```

(2)

sub.h

```
int createRand(int max);
char* selectMsg(int num);
```

selectMsg関数の宣言を追記

BC3Dd

＊QRコードは（2）、（3）で共通。

(3)

① createRand関数とselectMsg関数の本体を持つ「sub.c」を準備します。

sub.c

コンパイルエラーが発生する場合、nullptrをNULLに置き換えてください。

```
#include <stdlib.h>
#include <time.h>

int createRand(int max)
{
  srand((unsigned)time(nullptr));
  return (rand() % max) + 1;
}

char* selectMsg(int num)
{
  char* rem;

  switch (num) {
    case 1:
      rem = "When you give up, that's when the game is over.";
      break;
    case 2:
      rem = "He stole something quite precious...your heart.";
```

```
      break;
    case 3:
      rem = "There's only one truth!";
      break;
  }
  return rem;
}
```

②「sub.c」をコンパイルしてオブジェクトファイル「sub.o」を作成します。

```
$ gcc -c sub.c
```


③ main関数を持つ「main.c」を作成します。

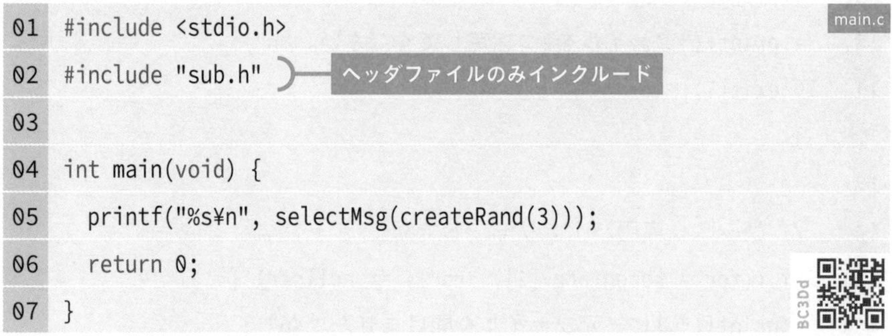

main.c

```
#include <stdio.h>
#include "sub.h"

int main(void) {
  printf("%s¥n", selectMsg(createRand(3)));
  return 0;
}
```


④ main関数のコンパイル時に「sub.o」をリンクして実行可能ファイルを作成します。

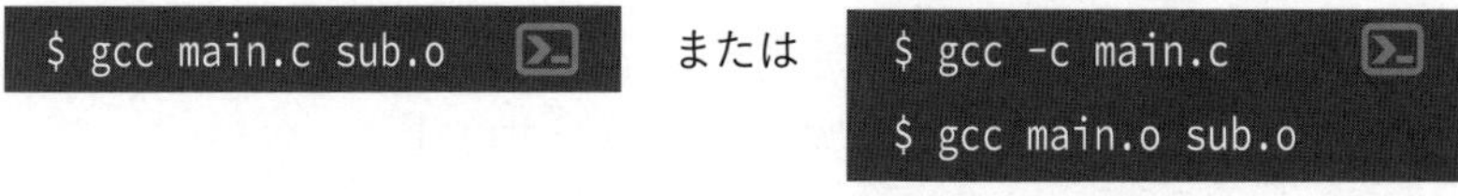

```
$ gcc main.c sub.o
```

または

```
$ gcc -c main.c
$ gcc main.o sub.o
```

chapter 14 練習問題の解答

練習14-1

```
#include <stdio.h>
#include <stdlib.h>

int main(int argc, char** argv)
{
  FILE* fpr;
  FILE* fpw;

  if (argc != 3) {
    printf("ファイルを2つ指定してください。¥n");
    exit(1);
  }

  // 読み取り専用バイナリモードで開く
  if ((fpr = fopen(argv[1], "rb")) == nullptr) {
    printf("コピー元ファイルを開けません。¥n");
    exit(1);
  }

  // 書き込み専用バイナリモードで開く
  if ((fpw = fopen(argv[2], "wb")) == nullptr) {
    fclose(fpr);              /* エラーならコピー元ファイルを閉じる */
    printf("コピー先ファイルを開けません。¥n");
    exit(1);
  }

```

コンパイルエラーが発生する場合、nullptrをNULLに置き換えてください。

```
  // コピー元ファイルの終わりまで読み書きを繰り返す
  int ch;
  while ((ch = fgetc(fpr)) != EOF) {
    fputc(ch, fpw);
  }

  fclose(fpr);
  fclose(fpw);

  return 0;
}
```

BC3Ea

付録 G

練習14-2

```
#include <stdio.h>
#include <stdlib.h>

int main(void)
{
  FILE* fp;
  char header[54] = {};           // 管理情報を格納する
  char image[192] = {};           // 画像データを格納する (3×W8×H8)

  // 管理情報を作成
  header[0] = 66;
  header[1] = 77;

  int* di;
  di = (int*)(header + 2);        // ファイルサイズ
  *di = 246;
  di = (int*)(header + 10);
```

```
  *di = 54;
  di = (int*)(header + 14);
  *di = 40;
  di = (int*)(header + 18);      // 横幅ピクセル数W
  *di = 8;
  di = (int*)(header + 22);      // 縦幅ピクセル数H
  *di = 8;

  short* ds;
  ds = (short*)(header + 26);
  *ds = 1;
  ds = (short*)(header + 28);
  *ds = 24;

  // 画像データを作成
  for (int i = 0; i < 192; i += 3){
    image[i] = -1;               // 青
    image[i+1] = 0;              // 緑
    image[i+2] = 0;              // 赤
  }

  if ((fp = fopen("bluebox.bmp", "wb")) == nullptr) {
    exit(1);
  }

  // データ書き込み
  fwrite(header, 54, 1, fp);  // 管理情報
  fwrite(image, 192, 1, fp);  // 画像データ

  fclose(fp);
```

コンパイルエラーが発生する場合、nullptrをNULLに置き換えてください。

```

    return 0;
}
```

BC3Eb

chapter 15 練習問題の解答

練習15-1

① シェルスクリプトを作成します（build.sh）。

build.sh

```
#!/bin/sh
gcc -c sub.c
gcc main.c sub.o
```

BC3Fa

② ターミナルで次のコマンドを入力します。

```
$ chmod +x ./buld.sh
```

③ シェルファイル名でのビルド実行と、実行可能ファイルの生成を確認します。

```
$./build.sh
```

練習15-2

解答例① シンプルなMakefile

＊ QRコードは解答例①、②で共通。

Makefile

```
Message: main.c sub.o
    gcc -o Message main.c sub.o

sub.o: sub.c
    gcc -c -o sub.o sub.c

```

```
.PHONY: clean
clean:
	rm -f Message sub.o
```


解答例② マクロとサフィックスルールを利用したMakefile

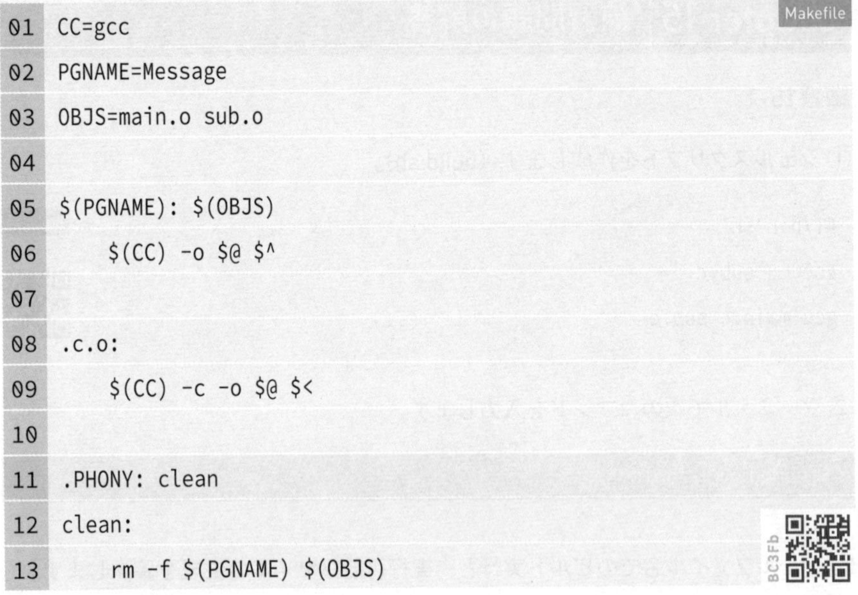

```
CC=gcc
PGNAME=Message
OBJS=main.o sub.o

$(PGNAME): $(OBJS)
	$(CC) -o $@ $^

.c.o:
	$(CC) -c -o $@ $<

.PHONY: clean
clean:
	rm -f $(PGNAME) $(OBJS)
```


練習15-3

① Makefileに仕様書生成ターゲット、一括実行ターゲットを追加します。

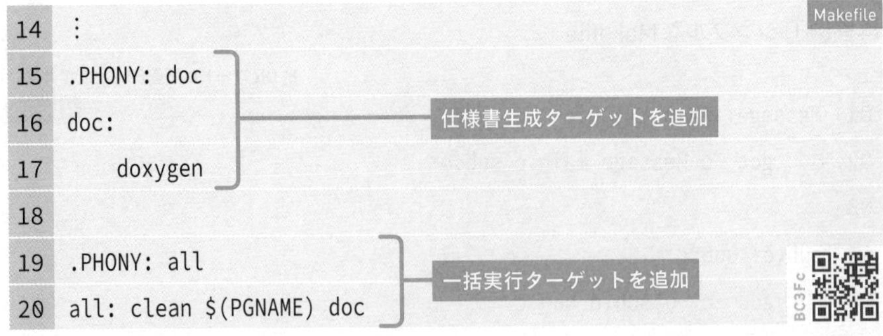

```
⋮
.PHONY: doc
doc:
	doxygen

.PHONY: all
all: clean $(PGNAME) doc
```


＊ QRコードは①、②で共通。

② createRand関数にDoxygen用のコメントを記述します。

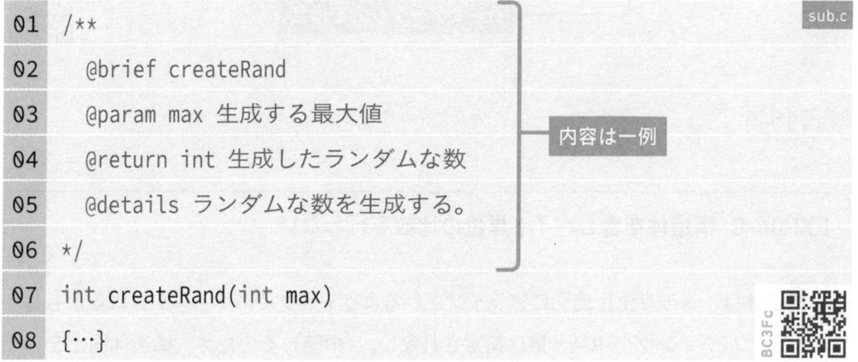
sub.c

```
/**
  @brief createRand
  @param max 生成する最大値
  @return int 生成したランダムな数
  @details ランダムな数を生成する。
*/
int createRand(int max)
{…}
```


③ カレントディレクトリ上で次のコマンドを入力してDoxygenの設定ファイルを作成し、OUTPUT_LANGUAGEオプションに「Japanese」を指定します。

```
$ doxygen -g
```

④ ビルドパイプラインを一括実行します。

```
$ make all
```

練習15-4

Makefileに静的解析を実行するコマンドを追加します。

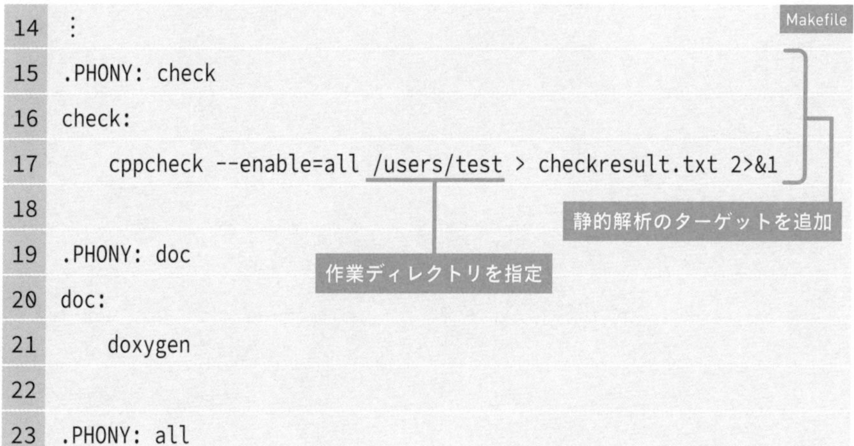
Makefile

```
:
.PHONY: check
check:
    cppcheck --enable=all /users/test > checkresult.txt 2>&1

.PHONY: doc
doc:
    doxygen

.PHONY: all
```

```
all: clean check $(PGNAME) doc
```

checkターゲットを追加

練習15-5

EXP04-C. 構造体を含むバイト単位の比較を行わない

構造体は、メモリ上に適切にアラインされるようデータでパディングされるかもしれない。パディングの中身と量は指定されない。（中略）そのため、構造体同士をバイト単位で比較しても間違った結果が得られる可能性がある。

INDEX
索引

記号

数字

A

B

C

D

E

F

G

I

K

L

M

N

P

Q

R

S

T

U

V

W

あ行

か行

さ行

た行

な行

は行

ま行

や行

ら行

わ行

■著者

中山清喬（なかやま・きよたか）

株式会社フレアリンク代表取締役。IBM内の先進技術部隊に所属しシステム構築現場を数多く支援。退職後も研究開発・技術適用支援・教育研修・執筆講演・コンサルティング等を通じ、「技術を味方につける経営」を支援。現役プログラマ。講義スタイルは「ふんわりスパルタ」。

■執筆協力

飯田理恵子

■イラスト

高田ゲンキ（たかた・げんき）

イラストレーター／神奈川県出身、ドイツ・ベルリン在住／1976年生。東海大学文学部卒業後、デザイナー職を経て、2004年よりフリーランス・イラストレーターとして活動。書籍・雑誌・Web・広告等で活動中。

ホームページ　https://www.genki119.com

YouTube　https://www.youtube.com/@genkistudio

STAFF

編集	佐藤実穂
編集協力	八島俊介
イラスト	高田ゲンキ
DTP制作	SeaGrape
カバー・本文デザイン	米倉英弘（米倉デザイン室）
編集長	片元 諭

■商品に関する問い合わせ先

このたびは弊社商品をご購入いただきありがとうございます。本書の内容などに関するお問い合わせは、下記のURLまたは二次元コードにある問い合わせフォームからお送りください。

https://book.impress.co.jp/info/

上記フォームがご利用いただけない場合のメールでの問い合わせ先
info@impress.co.jp

※お問い合わせの際は、書名、ISBN、お名前、お電話番号、メールアドレス に加えて、「該当するページ」と「具体的なご質問内容」「お使いの動作環境」を必ずご明記ください。なお、本書の範囲を超えるご質問にはお答えできないのでご了承ください。

- 電話やFAX でのご質問には対応しておりません。また、封書でのお問い合わせは回答までに日数をいただく場合があります。あらかじめご了承ください。
- インプレスブックスの本書情報ページ https://book.impress.co.jp/books/1124101052 では、本書のサポート情報や正誤表・訂正情報などを提供しています。あわせてご確認ください。
- 本書の奥付に記載されている初版発行日から4年が経過した場合、もしくは本書で紹介している製品やサービスについて提供会社によるサポートが終了した場合はご質問にお答えできない場合があります。

■落丁・乱丁本などの問い合わせ先

FAX 03-6837-5023
service@impress.co.jp
※古書店で購入された商品はお取り替えできません。

スッキリわかるC言語入門 第3版

2024年11月21日 初版発行

著　者　中山 清喬
監　修　株式会社フレアリンク
発行人　高橋 隆志
編集人　藤井 貴志
発行所　株式会社インプレス
〒101-0051　東京都千代田区神田神保町一丁目105番地
ホームページ　https://book.impress.co.jp/

印刷所　日経印刷株式会社

ISBN978-4-295-02029-5 C3055

Printed in Japan